消声器声学理论与设计

季振林　著

科学出版社

北京

内 容 简 介

本书为系统介绍消声器声学理论与设计的专业著作。全书共10章,第1章简要介绍消声器设计所需要的声学与噪声分析基础知识,第2章介绍管道中的声传播理论,第3章介绍管道消声系统的数学表述方法以及相关问题的表述与求解方法,第4~8章详细介绍消声器声学性能计算的一维平面波理论、三维解析方法、有限元法、边界元法和时域方法,第9章介绍消声器声学性能测量方法以及吸声材料、声源阻抗和管口反射系数的测量方法,第10章讨论消声器的典型应用及其设计。

本书可供动力机械、汽车、船舶、工程机械、流体机械、通风空调、供热制冷、石油化工、航空航天以及相关领域的研究人员和工程技术人员参考。

图书在版编目(CIP)数据

消声器声学理论与设计/季振林著.—北京:科学出版社,2015
ISBN 978-7-03-044572-8

Ⅰ.消… Ⅱ.季… Ⅲ.消声器–声学–研究 Ⅳ.TB535

中国版本图书馆 CIP 数据核字(2015)第 124630 号

责任编辑:裴 育 王 苏 / 责任校对:桂伟利
责任印制:吴兆东 / 封面设计:蓝正设计

科学出版社 出版
北京东黄城根北街 16 号
邮政编码:100717
http://www.sciencep.com

北京九州迅驰传媒文化有限公司印刷
科学出版社发行 各地新华书店经销

*

2015 年 6 月第 一 版 开本:720×1000 1/16
2025 年 1 月第九次印刷 印张:21
字数:407 000

定价:180.00 元
(如有印装质量问题,我社负责调换)

作 者 简 介

季振林,男,1965 年生。1993 年获哈尔滨船舶工程学院(现为哈尔滨工程大学)工学博士学位,先后在南京大学、大连理工大学、澳大利亚西澳大学、美国俄亥俄州立大学和加拿大 Silex 公司工作,2003 年至今任哈尔滨工程大学动力与能源工程学院教授、博士生导师。在国内外核心学术期刊上发表论文 100 多篇,其中 SCI 收录 30 余篇,EI 收录 60 余篇。完成和承担国内外各类科研课题 30 余项,为企业设计研发各种类型的消声器产品 100 余种。

电子邮箱:jizhenlin@hrbeu.edu.cn;zhenlinji@yahoo.com。

前　言

噪声是一种环境污染。从人的主观要求来讲,任何不希望听到的声音都是噪声。从物理学观点来讲,噪声是由许多不同频率与强度的声音无规律地叠加而成,它的时域信号杂乱无章,频域信号包含一定的连续宽带频谱。这类声音容易使人烦躁。如果一个人在过高的噪声环境中暴露时间过长,可能会造成听力损伤,甚至永久性耳聋。因此,很多国家制定了环境和职业噪声法规以限制过高的噪声。

噪声是机电产品的一项重要性能评价指标。噪声过高的产品,消费者不可能乐于接受。国家对某些机电产品实施了强制性法规以限制噪声水平。例如,在我国汽车加速行驶车外通过噪声的国家标准从 1979 年的 84dB(A),1985 年的 78dB(A),降低到 2006 年的 74dB(A)。随着科学技术的进步和对环境保护的重视,国家法规对影响公共健康和生活环境的噪声控制要求会越来越严格。

噪声控制对军用装置同样是极其重要的,过高的自噪声很容易暴露自己,被敌方发现。低噪声装置不仅增强了自身的隐蔽性,还能形成一个安静的生活和工作环境。因此,在产品设计阶段考虑噪声控制是非常必要的。

内燃机、燃气轮机、鼓风机、真空泵、压缩机等装置产生的气体动力性噪声是一类常见的噪声,控制气体动力性噪声最有效的办法就是在管路中或管口处安装消声器。消声器是一种能够允许气流通过,又能有效降低管道内噪声传播的装置。尽管消声器的种类繁多,结构形式多种多样,但是根据消声原理和结构特点,可将消声器分为三大类:阻性消声器、抗性消声器和阻抗复合式消声器。

阻性消声器(也称为吸收型消声器)通过在气流通过的途径上固定纤维或多孔吸声材料,利用吸声材料对声波的摩擦和阻尼作用将通道内传播的声能转化为热能,从而达到消声的目的。阻性消声器一般具有良好的中、高频消声效果,且消声频带较宽,但对低频噪声的消声效果较差。阻性消声器适合于消减内燃机进气噪声、燃气轮机进排气噪声、通风及空调管道内的噪声。

抗性消声器(也称为反射式消声器)由一些管道和腔体连接而成,其消声机理是:横截面积不连续使得管道内传播的声波产生阻抗失配,从而导致部分声波反射回声源或在消声器内部来回反射,阻碍了声波能量向下游传播。抗性消声器主要适合于消除低、中频噪声,对宽带高频噪声的消声效果较差。抗性消声器被广泛应用于内燃机排气噪声控制。

　　鉴于阻性消声器和抗性消声器各自的特点,可以将它们组合在一起形成阻抗复合式消声器,从而获得从低频到高频的良好消声效果。阻抗复合式消声器在大功率内燃机排气噪声控制、工业鼓风机和真空泵的进排气噪声控制中得到了广泛应用。

　　此外,由于应用场合不同,消声器设计还可以兼顾一些其他功能,如火星熄灭、尾气净化、余热回收、排气冷却等。

　　上述讨论的几种消声器都是利用声能的吸收和声波的反射来降低噪声的装置,这种类型的消声器统称为被动消声器。

　　主动消声器(或者称为有源消声系统)通过使用传感器检测管道内的噪声信号,然后由前馈和反馈技术产生一个反相信号输送给次级声源(扬声器),再由次级声源向管道内发射一个幅值相等、相位相反的噪声,从而达到消减下游声级的目的。尽管噪声主动控制技术已取得了长足进展,而且主动消声的思想既简单又诱人,但是在实际应用中还有许多问题有待解决。例如,检测传感器和次级声源在气流作用下的适用性和稳定性;传感器检测到的声信号既包含来自噪声源的声波,也有次级声源发出的声波,而在宽频范围内将二者分离也是一项难度很高的技术。在现阶段,主动消声器的费用仍然过高、使用寿命较短、稳定性较差,而且高频消声效果不够理想,还很难被市场广泛接受。主动消声器的广泛应用将取决于低成本系统的开发和性能的完善,主动消声器性能的改善需要通过使用较好的控制算法、传感器和信号处理器来实现。

　　本书内容只涉及被动消声器,介绍声学与噪声分析的基础知识,管道与吸声材料中的声传播,消声器声学性能的计算方法、分析方法和测量方法,以及消声器应用与设计。

季振林

2014 年 12 月

目　　录

第1章 声学与噪声分析基础知识

声学是研究声音的科学,包括声音的产生、传播、接收及其效应。广义上讲,声音是任意扰动在弹性介质(包括气体、液体和固体)中的传播。声学是噪声控制和消声器设计的基础。本章简要介绍消声器设计与噪声分析涉及的声学基础知识。

1.1 基本声学参量

基本声学参量包括描述声波状态的物理变量和表示声波特性的参数。

1. 声压和质点振速

一个人能听到声音是因为耳道内空气压力的变化引起听觉频率范围内耳膜的振动。高于和低于大气压的压力变化叫做声压,单位是帕斯卡(Pa)。声学测量仪器(如声级计)一般测量的并不是声压的幅值,而是声压的有效值(均方根值)。

质点振速定义为声波传播的介质中,质点在平衡位置附近的振动速度。声压 p 和质点振速 u 之间的比值叫做声阻抗 Z,表示为

$$Z = \frac{p}{u} \tag{1.1.1}$$

声阻抗通常表示成复数的形式,以表述声压与质点振速之比的幅值和它们之间的相位差,单位是 Pa·s/m,为纪念 Lord Rayleigh,也使用 Rayl 作为单位。

2. 声速

声速是声波在介质中传播的速度。理想气体中声速的计算公式为

$$c = \sqrt{\gamma R T} \quad (\text{m/s}) \tag{1.1.2}$$

其中,γ 是比热比(定压比热与定容比热之比),对于多数实际气体,γ 随气体状态的变化是可以忽略的,对于空气,可取 $\gamma = 1.4$;T 是气体的热力学温度(单位为 K);$R = R_0/M$ 是气体常量,$R_0 = 8314 \text{J/(kg·K)}$ 为通用气体常量,M 为气体的平均相对分子质量。空气是一种混合气体,除水蒸气外,各主要成分所占的体积比基本是恒定的。干空气(不含水)的体积百分比大致是 78% 的氮气(相对分子质量为 28)、21% 的氧气(相对分子质量为 32)和 1% 的惰性气体(相对分子质量为 40),因此干空气的平均相对分子质量为 $(0.78 \times 28 + 0.21 \times 32 + 0.01 \times 40) = 29.0$,相应的气体常量 $R = 8314/29 = 287 \text{J/(kg·K)}$。

3. 频率和周期

每秒钟压力变化的次数叫做频率,单位是赫兹(Hz)。一个具有正常听力的年轻人可以听到的声音频率范围为 20~20000Hz,定义为正常可听频率范围。一个频率对应一个独立的纯音。因此,远处的雷声具有较低的频率,而哨声具有较高的频率。在实际生活中,纯音很少遇到,多数声音是由不同频率的声波组成的。如果噪声在可听声的频率范围内均匀分布,则称之为白噪声,听起来非常像湍急的流水声。

频率的倒数是周期,单位是秒(s)。它是一个正弦信号完成一个循环所用的时间。

4. 波长和波数

一个纯音声波在一个周期内传播的距离叫做波长,等于声速 c 除以频率 f:

$$\lambda = \frac{c}{f} \tag{1.1.3}$$

波数是声学分析中经常使用的一个参数,定义为

$$k = \frac{\omega}{c} = \frac{2\pi f}{c} = \frac{2\pi}{\lambda} \tag{1.1.4}$$

其中,ω 为圆频率(或角频率)。

1.2 理想气体中的声波方程

声场的特性可以通过介质中的声压、质点振速以及密度变化量来表征。在声波传播过程中,同一时刻、声场中不同位置都有不同的数值,也就是声压随位置有一个分布,另外,每个位置的声压又随时间而变化。根据声波过程的物理性质,建立声压随空间位置的变化和随时间的变化两者之间的联系,这种联系的数学表示就是声波方程。波动是声传播介质的物质运动,可由牛顿质点动力学体系描述得到流体运动的基本方程[1~3]。

相对于环境状态,声扰动通常可以看作小幅扰动。对于流体介质,在没有声扰动时,环境状态可用压力(P_0)、速度(U_0)和密度(ρ_0)来表示,这些表示状态的变量满足流体动力学方程。在有声扰动时,状态变量可表示为

$$\tilde{p} = P_0 + p, \quad \tilde{u} = U_0 + u, \quad \tilde{\rho} = \rho_0 + \rho \tag{1.2.1}$$

其中,p、u 和 ρ 分别是声压、质点振速和密度变化量,它们代表声扰动对压力、速度和密度场的贡献。环境状态定义了声波传播的介质,各向同性的介质与位置不相

关。在很多情况下,把流体介质假设为理想化的各向同性静态介质,从而可以实现声学现象的定量分析,这些简化允许我们引出一些基本概念。

在各向同性介质中,状态变量 $\tilde{p}$、$\tilde{u}$ 和 $\tilde{\rho}$ 满足连续性方程

$$\frac{\partial \tilde{\rho}}{\partial t} + \nabla \cdot (\tilde{\rho}\tilde{u}) = 0 \tag{1.2.2}$$

和动量方程

$$\tilde{\rho}\frac{D\tilde{u}}{Dt} + \nabla \tilde{p} = 0 \tag{1.2.3}$$

其中,$D/Dt = \partial/\partial t + \tilde{u} \cdot \nabla$ 为全导数;$\partial/\partial t$ 代表对时间的偏导数。对于静态介质($U_0 = 0$),将式(1.2.1)代入式(1.2.2)和式(1.2.3),忽略二阶以上声学小量得到如下线性化声学方程

$$\frac{\partial \rho}{\partial t} + \rho_0 \nabla \cdot u = 0 \tag{1.2.4}$$

$$\rho_0 \frac{\partial u}{\partial t} + \nabla p = 0 \tag{1.2.5}$$

理想气体中的声扰动是一个绝热过程,状态变量满足等熵方程,即

$$\frac{P_0 + p}{P_0} = \left(\frac{\rho_0 + \rho}{\rho_0}\right)^\gamma \tag{1.2.6}$$

将 ρ/ρ_0 作为变量,使用泰勒级数展开,并且忽略二阶以上声学小量得到

$$\frac{p}{P_0} = \gamma\left(\frac{\rho}{\rho_0}\right) \tag{1.2.7}$$

将理想气体状态方程 $P_0 = R\rho_0 T$ 代入式(1.2.7),得到第三个线性化声学方程

$$\frac{p}{\rho} = c^2 \tag{1.2.8}$$

其中

$$c = \sqrt{\frac{\gamma P_0}{\rho_0}} \tag{1.2.9}$$

于是,应用理想气体状态方程即可得到式(1.1.2)。

将式(1.2.8)代入式(1.2.4)消去 ρ,然后对时间进行微分,再对式(1.2.5)取散度,二者相减得到

$$\nabla^2 p - \frac{1}{c^2}\frac{\partial^2 p}{\partial t^2} = 0 \tag{1.2.10}$$

其中,∇^2 是 Laplace 算子,即梯度的散度。式(1.2.10)即为声波方程或波动方程。

假设声压随时间变化的关系是简谐的,即声压表示成

$$p(x,y,z,t) = p(x,y,z)e^{j\omega t} \tag{1.2.11}$$

将式(1.2.11)代入声波方程(1.2.10),得到只含有空间坐标的微分方程为

$$\nabla^2 p(x,y,z) + k^2 p(x,y,z) = 0 \qquad (1.2.12)$$

即亥姆霍兹(Helmholtz)方程,也就是简谐声场的控制方程。

当气体流动效应可以忽略时,消声器声学问题的计算就是求解满足边界条件的亥姆霍兹方程。

声波方程也可以表示成速度势的形式。对线性化的动量方程两边取旋度,并且注意到 $\nabla \times \nabla p$ 总是为 0,得到

$$\frac{\partial}{\partial t}(\nabla \times u) = 0 \qquad (1.2.13)$$

因此,旋度 $\nabla \times u$ 在时间域为常数。如果考虑 $\nabla \times u$ 的初值为 0,则任意时刻 $\nabla \times u$ 的值恒为 0,因而 u 可以被看作一个标量 $\phi(x,t)$ 的梯度。流体的线性化动量方程要求 $p - \rho_0 \partial \phi / \partial t$ 具有零梯度,因此只是时间 t 的函数。如果速度势 ϕ 被进一步限制,以至于这个关于时间 t 的函数为 0,则有

$$u = -\nabla \phi \qquad (1.2.14)$$

$$p = \rho_0 \frac{\partial \phi}{\partial t} \qquad (1.2.15)$$

显然,上述两个表达式满足线性化的动量方程。结合线性化的连续性方程(1.2.4)和等熵关系式(1.2.8),可以得到

$$\nabla^2 \phi - \frac{1}{c^2} \frac{\partial^2 \phi}{\partial t^2} = 0 \qquad (1.2.16)$$

这个方程也叫做波动方程。尽管速度势有些抽象,但是用它来描述声场很方便,因为其他声学量都可以用速度势 ϕ 来表示。

1.3　声场中的能量关系

声波的传播过程伴随着声能量的传播,与声能量有关的物理量有声能密度、声功率和声强。

1. 声能量和声能密度

声波传到原先静止的介质中,一方面使介质质点在平衡位置附近来回振动,同时在介质中产生了压缩和膨胀的过程。前者使介质具有振动动能,后者使介质具有形变(弹性)势能,两者之和就是因声扰动而使介质得到的声能量。

设想在声场中取一个足够小的体积元,其原先的体积为 V_0、压强为 P_0、密度为 ρ_0。由于声扰动,该体积元得到的动能为

$$\Delta E_k = \frac{1}{2}(\rho_0 V_0) u^2(t) \qquad (1.3.1)$$

此外,由于声扰动,该体积元的声压从 P_0 变为 $P_0 + p$,于是该体积元具有了势能

$$\Delta E_p = -\int_0^p p \mathrm{d}V \tag{1.3.2}$$

其中,负号表示在体积元内,压强和体积的变化方向相反。例如,压强增加,体积减小,此时外力对体积元做功,其势能增加,即压缩过程使系统存储能量;反之,当体积元对外做功时,体积元内的势能就会减小,即膨胀过程使系统释放能量。

利用绝热状态方程得到体积元 $\mathrm{d}V$ 与 $\mathrm{d}p$ 的关系,即

$$\mathrm{d}p = -\frac{\rho_0 c^2}{V_0} \mathrm{d}V \tag{1.3.3}$$

将式(1.3.3)代入式(1.3.2),可求得小体积元的势能为

$$\Delta E_p = \frac{V_0}{\rho_0 c^2} \int_0^p p \mathrm{d}p = \frac{V_0}{2\rho_0 c^2} p^2 \tag{1.3.4}$$

体积元里的总声能为动能和势能之和,故瞬时声能为

$$\Delta E = \Delta E_k + \Delta E_p = \frac{V_0}{2} \rho_0 \left(u^2 + \frac{1}{\rho_0^2 c^2} p^2 \right) \tag{1.3.5}$$

单位体积内的声能量称为声能密度:

$$\varepsilon(t) = \frac{\Delta E}{V_0} = \frac{1}{2} \rho_0 \left(u^2 + \frac{p^2}{\rho_0^2 c^2} \right) \tag{1.3.6}$$

式(1.3.6)为声能密度的瞬时值。如果将它在一个周期内取平均值,则得到平均声能密度:

$$\bar{\varepsilon} = \frac{1}{T} \int_0^T \varepsilon(t) \mathrm{d}t \tag{1.3.7}$$

2. 声功率和声强

单位时间内声源辐射的声能量称为声功率,用 W 表示,单位为瓦特(W)。通过垂直于声传播方向的单位面积上的声功率称为声强,用 I 表示,单位为 $\mathrm{W/m^2}$。由定义可写出瞬时声强为

$$I(t) = p(t) \cdot u(t) \tag{1.3.8}$$

将瞬时声强在一个周期内取平均值,则得到平均声强为

$$I = \frac{1}{T} \int_0^T p(t) \cdot u(t) \mathrm{d}t = \frac{1}{T} \int_0^T \mathrm{Re}\{p(t)\} \cdot \mathrm{Re}\{u(t)\} \mathrm{d}t \tag{1.3.9}$$

由定义可知,声强是矢量,不仅有大小,还有方向,其方向就是声能量传播的方向。在理想流体介质中,声强矢量的方向取决于质点振速的方向。因此,利用测量出的声强矢量分布图可以清楚地表示出声能的强度和流向。

声源声功率的大小表示其辐射声波本领的高低,声强则表示声能流的强弱和方向。声功率的大小等于声强在包围声源的封闭曲面上的积分,即

$$W = \oint_S I \mathrm{d}S \tag{1.3.10}$$

必须指出,声压或声强表示的是声场中某一点声波的强度,而声功率表示声源辐射的总强度,它与测量距离及测点的具体位置无关。

1.4　声　　级

一个健康的年轻人能够听到声压为 20μPa 的声音,与标准大气压(1.013×10^5Pa)相比,两者相差十几个数量级。人耳能感受到的声压的上下限相差数百万倍。显然,对如此宽广范围的数量使用对数标度要比使用绝对标度方便。此外,从声音的接受来看,人耳对声音响度的感觉并不是与声压的绝对值成正比,而是与声压的对数成正比。基于这两方面的原因,引出了声级的概念,声级的单位是分贝(dB),值得注意的是,分贝代表的是一个相对比值[4]。

1. 声压级

声压级用 L_p 或 SPL 来表示,定义为声压与参考声压比值取对数的 20 倍,即

$$L_p=20\lg\left(\frac{p}{p_{\text{ref}}}\right)\quad(\text{dB})\tag{1.4.1}$$

其中,在空气中,参考声压 $p_{\text{ref}}=20\mu$Pa$=2\times10^{-5}$Pa,它代表正常人耳对 1000Hz 声音刚好能觉察其存在的声压值,也就是可听阈声压。一般来讲,低于这个声压值,人耳就不能觉察出声音的存在了。显然,可听阈声压级为 0dB,它不代表没有声音存在,只是声压等于参考声压而已。

2. 声功率级

声功率级用 L_W 或 SWL 来表示,定义为声功率与参考声功率比值取对数的 10 倍,即

$$L_W=10\lg\left(\frac{W}{W_{\text{ref}}}\right)\quad(\text{dB})\tag{1.4.2}$$

其中,在空气中,$W_{\text{ref}}=10^{-12}$W,是参考声压 p_{ref} 相对应的声功率(计算时取空气的特性阻抗为 400Pa·s/m)。

3. 声强级

声强级用 L_I 或 SIL 来表示,定义为声强与参考声强比值取对数的 10 倍,即

$$L_I=10\lg\left(\frac{I}{I_{\text{ref}}}\right)\quad(\text{dB})\tag{1.4.3}$$

其中,在空气中,$I_{\text{ref}}=10^{-12}$W/m²,是参考声压 p_{ref} 相对应的声强(计算时取空气的特性阻抗为 400Pa·s/m)。

1.5　频 谱 分 析

　　噪声的强度或能量(声压、声强、声功率、声级等)随频率的分布叫做噪声的频谱。通过分析频谱来了解和掌握噪声特性的方法叫做频谱分析。在噪声控制工程中,频谱分析占有很重要的地位[5]。

　　检测到的噪声声压一般是以时间为参数的过程。通过频谱分析能够了解噪声的强度和能量随频率的变化。通常,频谱与产生噪声的机械结构和部件的参数以及工作状态(如发动机的转速和气缸数、风机的转速和叶片数等)有密切联系,成为噪声源识别的有力工具。

　　一个声波可能只含有一个纯音,也可能是由一些具有频率简谐相关的纯音合成或者由一些频率非简谐相关的纯音合成,其中频率的个数可能是有限的,也可能是无限的。有限个纯音的组合即线谱,无限个纯音的组合即连续谱。线谱和连续谱的组合叫做复杂谱。

　　人们对噪声的分辨是从声音的强弱和频率的高低做出判断的。人耳可听声的频率为 20～20000Hz,它有 1000 倍的变化范围。在进行噪声频谱分析时,为了便于研究在各种频率下噪声强度和能量的分布,通常把如此宽广的声波频率范围人为地划分成几个连续的频率区域,这些频率区域被称为频带或频程。频带的划分通常有两种类型:恒定带宽和恒比带宽。

1. 恒定带宽

　　恒定带宽保持频带宽度恒定,即采用频带的线性刻度。随着数字信号处理技术及计算机的发展,各种快速傅里叶变换(FFT)分析仪或信号处理机都实现了恒定带宽分析,频带宽度可以任意设定。

　　白噪声是单位频带内能量相等的一种噪声模型,对于恒定带宽频谱,各个频带上的谱级相等。

2. 恒比带宽

　　恒比带宽保持频带相对宽度恒定。一个频带的上限频率和下限频率分别用 f_u 和 f_l 表示。如果对于每一个频带,f_u/f_l 都是相同的,则称为恒比频带。在噪声控制工程中,这些频带用如下关系来表示:

$$\frac{f_u}{f_l}=2^n \tag{1.5.1}$$

其中,指数 n 可以是正整数或分数。当 $n=1$ 时,$f_u/f_l=2$,称为倍频程;当 $n=1/3$ 时,$f_u/f_l=2^{1/3}=1.26$,称为 1/3 倍频程;当 $n=1/m$ 时,$f_u/f_l=2^{1/m}$,称为 1/m 倍频程。一个倍频程划分成 3 个 1/3 倍频程,或 m 个 1/m 倍频程。频带的中心频率

f_c 是上限频率和下限频率的几何平均值,即

$$f_c = \sqrt{f_l f_u} \tag{1.5.2}$$

上限频率和下限频率能够由中心频率确定,并且表示为

$$f_u = 2^{n/2} f_c \tag{1.5.3}$$

$$f_l = 2^{-n/2} f_c \tag{1.5.4}$$

带宽 B 为

$$B = f_u - f_l = (2^{n/2} - 2^{-n/2}) f_c = \beta f_c \tag{1.5.5}$$

n 数值一定时,β 值也恒定,带宽与中心频率成正比,这种带宽称为恒比带宽。

任何一个恒比带宽的频带可以由中心频率和 n 来确定。在噪声控制中,最常用的是倍频程和 1/3 倍频程,其中心频率、上限频率和下限频率的数值列于表 1.5.1 中。

表 1.5.1　倍频程和 1/3 倍频程的中心频率、上限频率和下限频率

倍频程			1/3 倍频程		
下限频率 /Hz	中心频率 /Hz	上限频率 /Hz	下限频率 /Hz	中心频率 /Hz	上限频率 /Hz
			22.4	25	28.2
22	31.5	44	28.2	31.5	35.5
			35.5	40	44.7
			44.7	50	56.2
44	63	88	56.2	63	70.8
			70.8	80	89.1
			89.1	100	112
88	125	177	112	125	141
			141	160	178
			178	200	224
177	250	355	224	250	282
			282	315	355
			355	400	447
355	500	710	447	500	562
			562	630	708
			708	800	891
710	1000	1420	891	1000	1122
			1122	1250	1413

倍频程			1/3 倍频程		
下限频率 /Hz	中心频率 /Hz	上限频率 /Hz	下限频率 /Hz	中心频率 /Hz	上限频率 /Hz
			1413	1600	1778
1420	2000	2840	1778	2000	2239
			2239	2500	2818
			2818	3150	3548
2840	4000	5680	3548	4000	4467
			4467	5000	5623
			5623	6300	7079
5680	8000	11360	7079	8000	8913
			8913	10000	11220
			11220	12500	14130
11360	16000	22720	14130	16000	17780
			17780	20000	22390

在恒比带宽分析中,中心频率越高,对应的频带越宽,得出的数据越粗糙。而在恒定带宽分析中,在高频域仍保持同样的带宽,可达到很高的分析精度,但其代价是大大增加了分析的工作量。因此,当要求在频率变化不大的范围内进行频谱分析时,宜采用恒定带宽;反之,要求在较宽的频率范围内进行频谱分析时,宜采用恒比带宽。

1.6　计权声级

人耳对不同频率声音感觉到的响度是不一样的,对 1000~5000Hz 的声音比较敏感,而对较低或较高频率的声音不敏感。在声级计中,除了能直接测量总声级(线性挡)外,还设有随频率变化的计权网络,使测量时接收到的声信号经网络滤波后按频率获得不同程度的衰减或增益。A 计权滤波网络用于修正人耳对不同频率声音响度的感觉,使用 A 计权网络滤波后测得的声级叫做 A 计权声级(简称为 A 声级),单位为 dB(A)。在噪声控制中,广泛使用 A 声级作为噪声评价指标。表 1.6.1 中列出了 1/3 倍频程中心频率的 A 计权因子。

表 1.6.1　声级计中使用的 A 计权因子

中心频率 /Hz	A 计权因子 /dB	中心频率 /Hz	A 计权因子 /dB
25	−44.7	800	−0.8
31.5	−39.4	1000	0
40	−34.6	1250	+0.6
50	−30.2	1600	+1.0
63	−26.2	2000	+1.2
80	−22.5	2500	+1.3
100	−19.1	3150	+1.2
125	−16.1	4000	+1.0
160	−13.4	5000	+0.5
200	−10.9	6300	−0.1
250	−8.6	8000	−1.1
315	−6.6	10000	−2.5
400	−4.8	12500	−4.3
500	−3.2	16000	−6.6
630	−1.9	20000	−9.3

　　值得注意的是,A 声级与噪声源的频谱密切相关。在噪声控制中,用 A 声级的降低来反映降噪的实际效果时,必须给出噪声源的频谱。

　　此外,某些声级计中还设有 B、C 和 D 计权网络,经滤波后测得的声级分别叫做 B、C、D 计权声级。图 1.6.1 为各种计权曲线。

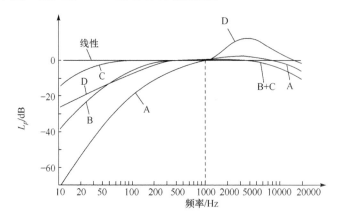

图 1.6.1　计权曲线

1.7　声级的合成与分解

噪声通常是来自多个声源的辐射,或者一个声源含有不同的频率,因此有必要计算合成的总声级。通常情况下,噪声均为不相干波,适用能量相加法则,因此总声级可由下式确定:

$$L(OA) = 10\lg\left(\sum_{i=1}^{n} 10^{L_i/10}\right) \tag{1.7.1}$$

其中,每一个声级可能包含 n 个独立的噪声源或 n 个频带上的声级,它们既可以是声功率级也可以是声压级。

声级的合成也可以使用下面介绍的简便方法进行计算。当两个声级 L_1 和 L_2 叠加时,总声级 L_c 主要由其中较大的那个声级决定。设 $L_1 \geqslant L_2$,则

$$L_c = L_1 + \Delta L \tag{1.7.2}$$

ΔL 可看作附加的修正值,仅取决于声级之差 $L_1 - L_2$。当声级之差 $L_1 - L_2$ 给定时,修正值 ΔL 可由表 1.7.1 查出。重复使用上述公式,可推广至多个声级叠加时的情况。

表 1.7.1　两个声级 L_1 和 L_2 合成时的附加修正值

$L_1 - L_2$	0	1	2	3	4	5	6
ΔL	3.0	2.5	2.1	1.8	1.5	1.2	1.0
$L_1 - L_2$	7	8	9	10	11~12	13~14	15
ΔL	0.8	0.6	0.5	0.4	0.3	0.2	0.1

由表 1.7.1 可以看出,两个声级相同的噪声叠加后,总声级增加 3dB;声级相差 10dB 时,叠加后只增加 0.4dB;声级相差 15dB 以上时,对总声级的影响在 0.1dB 以下。声级低的那个噪声对合成声级的贡献通常可以忽略不计。

下面通过一个例子给出由倍频程声级计算总声级和总 A 声级的具体过程。

某柴油机距排气口 1m 处测得的倍频程声压级数据如下:

中心频率/Hz	63	125	250	500	1000	2000	4000	8000
声压级/dB	126	132	128	119	115	108	98	90

计算总声级的过程如下:

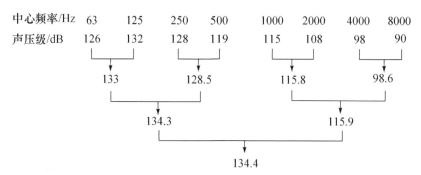

为计算总 A 声级,首先需要计算出各频率的 A 加权声级,然后进行叠加。

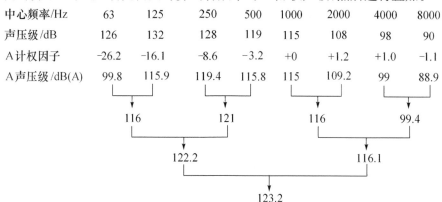

计算得到的线性和 A 计权总声级分别为 134.4dB 和 123.2dB(A),二者数值上相差 11.2dB。

在工程实际中,往往需要从总声级中分离出某一个噪声源。例如,在现场测量中,机器先不开,测出背景噪声声压级 L_b,然后开动机器,测出总声压级 L_c,则机器本身所产生的声压级 L_a 为

$$L_a = 10\lg(10^{L_c/10} - 10^{L_b/10}) \qquad (1.7.3)$$

例如,在消声室内的某一测点处测得车辆的辐射声压级为 76dB(A);然后把排气管引出到室外,在同一测点处测得的声压级为 70dB(A),由式(1.7.3)计算出发动机的排气噪声为 74.7dB(A)。

声级的分解也可以使用下面介绍的简便方法进行估算。两个声级分别为 L_c 和 L_b,则

$$L_a = L_c - \Delta L \qquad (1.7.4)$$

ΔL 可看作附加的修正值,仅取决于声级之差 $L_c - L_b$。当声级之差 $L_c - L_b$ 给定时,修正值 ΔL 可由表 1.7.2 查出。

表 1.7.2　两个声级 L_c 和 L_b 分解时的附加修正值

L_c-L_b	1	2	3	4	5	6	7	8
ΔL	6.9	4.3	3.0	2.0	1.7	1.3	1.0	0.7
L_c-L_b	9	10	11	12	13	14	15	
ΔL	0.6	0.5	0.4	0.3	0.2	0.2	0.1	

由表 1.7.2 可以看出,声级相差 10dB 时,修正值只有 0.5dB;声级相差 15dB 以上时,修正值在 0.1dB 以下,背景噪声的影响可以忽略不计。

参 考 文 献

[1] Pierce A D. Acoustics: Introduction to its Physical Principles and Applications. New York: Acoustical Society of America, 1996.

[2] Kinsler L E, Frey A R, Coppens A B, et al. Fundamentals of Acoustics. 4th Ed. New York: John Wiley & Sons, 2000.

[3] 杜功焕,朱哲民,龚秀芬. 声学基础. 2 版. 南京:南京大学出版社,2001.

[4] Beranek L L, Ver I L. Noise and Vibration Control Engineering. 2nd Ed. New York: John Wiley & Sons, 2006.

[5] 马大猷. 噪声与振动控制工程手册. 北京:机械工业出版社,2002.

第 2 章　管道中的声传播

管道是进排气系统和消声器中最基本的结构单元。研究管道中的声波传播是消声器声学计算和分析的核心内容[1,2]。本章介绍无流和有均匀流存在时管道内平面声波和三维声波控制方程的推导过程及其求解方法。

2.1　静态介质中的平面波

对于内部为静态理想流体的刚性壁管道,当横向尺寸较小且频率较低时,小幅声波在管道内以平面波的形式传播。在任意一个横截面上的声学量处处相同,波阵面与声波传播方向(即管道轴线)垂直。于是,连续性方程(1.2.4)和动量方程(1.2.5)可以简化为

$$\frac{\partial \rho}{\partial t} + \rho_0 \frac{\partial u}{\partial x} = 0 \tag{2.1.1}$$

$$\rho_0 \frac{\partial u}{\partial t} + \frac{\partial p}{\partial x} = 0 \tag{2.1.2}$$

其中,x 是轴向坐标。

将等熵关系式(1.2.8)代入连续性方程(2.1.1),然后取关于时间 t 的微分,对动量方程(2.1.2)取关于坐标 x 的微分,二者相减消去含质点振速 u 的项后得到

$$\frac{\partial^2 p}{\partial x^2} - \frac{1}{c^2} \frac{\partial^2 p}{\partial t^2} = 0 \tag{2.1.3}$$

式(2.1.3)就是平面波方程或一维声波方程。

假设声压随时间变化的关系是简谐的,即

$$p(x,t) = p(x) e^{j\omega t} \tag{2.1.4}$$

将式(2.1.4)代入式(2.1.3),得到如下关于坐标 x 的微分方程

$$\frac{d^2 p(x)}{dx^2} + k^2 p(x) = 0 \tag{2.1.5}$$

式(2.1.5)的解可以表示成正弦和余弦函数的叠加或如下复指数形式:

$$p(x) = A e^{-jkx} + B e^{jkx} \tag{2.1.6}$$

把式(2.1.6)代入式(2.1.4)得

$$p(x,t)=Ae^{j(\omega t-kx)}+Be^{j(\omega t+kx)} \tag{2.1.7}$$

把式(2.1.7)代入式(2.1.2)得

$$u(x,t)=\frac{1}{\rho_0 c}\{Ae^{j(\omega t-kx)}-Be^{j(\omega t+kx)}\} \tag{2.1.8}$$

式(2.1.7)和式(2.1.8)中的第一项代表沿 x 正向传播的声波,第二项代表沿 x 负向传播的声波,系数 A 和 B 能够由施加在管道两端的边界条件确定。

2.2　静态介质中的三维波

当频率较低时,管道内的声波以平面波的形式传播。随着频率的升高,高阶模态将被激发,三维声波在管道内传播。本节将推导典型管道内三维声波方程解的表达式,进而分析管道内三维声波传播的基本特性。

2.2.1　矩形管道

为了求解矩形管道(图 2.2.1)内的三维波传播,使用三维直角坐标系最简便,相应的 Laplace 算子为

$$\nabla^2=\frac{\partial^2}{\partial x^2}+\frac{\partial^2}{\partial y^2}+\frac{\partial^2}{\partial z^2} \tag{2.2.1}$$

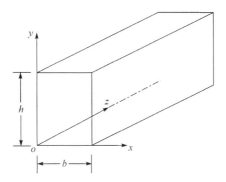

图 2.2.1　矩形管道

使用分离变量法,并且假设

$$p(x,y,z)=X(x)Y(y)Z(z) \tag{2.2.2}$$

将式(2.2.2)代入控制方程(1.2.12)得

$$\frac{1}{X(x)}\frac{\partial^2 X(x)}{\partial x^2}+\frac{1}{Y(y)}\frac{\partial^2 Y(y)}{\partial y^2}+\frac{1}{Z(z)}\frac{\partial^2 Z(z)}{\partial z^2}+k^2=0 \tag{2.2.3}$$

由于式(2.2.3)中的第一项只含有变量 x,第二项只含有变量 y,第三项只含有变量 z,于是可以分离出如下三个独立方程:

$$\frac{\mathrm{d}^2 X(x)}{\mathrm{d}x^2} = -k_x^2 X(x) \tag{2.2.4}$$

$$\frac{\mathrm{d}^2 Y(y)}{\mathrm{d}y^2} = -k_y^2 Y(y) \tag{2.2.5}$$

$$\frac{\mathrm{d}^2 Z(z)}{\mathrm{d}z^2} = -k_z^2 Z(z) \tag{2.2.6}$$

其中,k_x、k_y 和 k_z 分别是 x、y 和 z 方向上的波数,满足如下约束关系:

$$k_x^2 + k_y^2 + k_z^2 = k^2 \tag{2.2.7}$$

式(2.2.4)、式(2.2.5)和式(2.2.6)的通解可以表示成如下复指数的形式:

$$X(x) = C_1 \mathrm{e}^{-\mathrm{j}k_x x} + C_2 \mathrm{e}^{\mathrm{j}k_x x} \tag{2.2.8}$$

$$Y(y) = C_3 \mathrm{e}^{-\mathrm{j}k_y y} + C_4 \mathrm{e}^{\mathrm{j}k_y y} \tag{2.2.9}$$

$$Z(z) = C_5 \mathrm{e}^{-\mathrm{j}k_z z} + C_6 \mathrm{e}^{\mathrm{j}k_z z} \tag{2.2.10}$$

于是声压的通解可以写成

$$p(x,y,z) = (C_1 \mathrm{e}^{-\mathrm{j}k_x x} + C_2 \mathrm{e}^{\mathrm{j}k_x x})(C_3 \mathrm{e}^{-\mathrm{j}k_y y} + C_4 \mathrm{e}^{\mathrm{j}k_y y})(C_5 \mathrm{e}^{-\mathrm{j}k_z z} + C_6 \mathrm{e}^{\mathrm{j}k_z z}) \tag{2.2.11}$$

对于宽度为 b、高度为 h 的刚性壁管道,边界条件可以表示成

$$\frac{\partial p}{\partial x} = 0, \quad x=0, \quad x=b \tag{2.2.12}$$

$$\frac{\partial p}{\partial y} = 0, \quad y=0, \quad y=h \tag{2.2.13}$$

将式(2.2.11)代入上述边界条件,得

$$C_1 = C_2, \quad k_x = \frac{m\pi}{b}, \quad m=0,1,2,\cdots \tag{2.2.14}$$

$$C_3 = C_4, \quad k_y = \frac{n\pi}{h}, \quad n=0,1,2,\cdots \tag{2.2.15}$$

把 m 和 n 的组合叫做模态,它只与管道的横截面形状相关。于是 (m,n) 模态的声压分量可表示成

$$p_{m,n}(x,y,z) = \cos\frac{m\pi x}{b}\cos\frac{n\pi y}{h}\{A_{m,n}\mathrm{e}^{-\mathrm{j}k_{z,m,n}z} + B_{m,n}\mathrm{e}^{\mathrm{j}k_{z,m,n}z}\} \tag{2.2.16}$$

(m,n) 模态的轴向波数 $k_{z,m,n}$ 由下式确定:

$$k_{z,m,n} = \left[k^2 - \left(\frac{m\pi}{b}\right)^2 - \left(\frac{n\pi}{h}\right)^2\right]^{1/2} \tag{2.2.17}$$

管道内的声压为所有模态声压分量的叠加,即

$$p(x,y,z) = \sum_{m=0}^{\infty} \sum_{n=0}^{\infty} \cos\frac{m\pi x}{b}\cos\frac{n\pi y}{h}\{A_{m,n}\mathrm{e}^{-\mathrm{j}k_{z,m,n}z} + B_{m,n}\mathrm{e}^{\mathrm{j}k_{z,m,n}z}\}$$

(2.2.18)

记 $\Psi_{m,n}(x,y) = \cos\dfrac{m\pi x}{b}\cos\dfrac{n\pi y}{h}$,称为本征函数,表示声压在截面上随坐标 x 和 y 的变化情况。

由式(2.2.16)和式(2.2.18)可以看出,在管道的任何一个截面上,(m,n) 模态的声压分量 $p_{m,n}(x,y,z)$ 呈现出如图 2.2.2 所示的分布特点,即 $p_{m,n}(x,y,z)$ 在 x 和/或 y 方向上从"正"变成"负",然后又从"负"变成"正",于是存在一系列声压为零的线,称为节线。因此,在矩形管道中,m 和 n 代表横向声压分布的节线数。

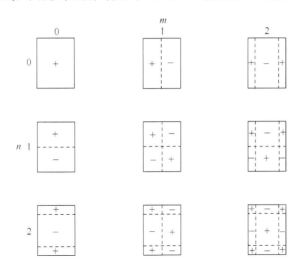

图 2.2.2　矩形管道中横向声压分布的节线

由式(2.2.17)可知,$(0,0)$ 模态的轴向波数 $k_{z,0,0}=k$,此时式(2.2.16)变成了式(2.1.6)。因此,平面波对应于式(2.2.18)中的 $(0,0)$ 模态。

如果 $k_{z,m,n}$ 是实数,则 (m,n) 模态成为无衰减传播的波,也就是需要满足如下条件:

$$k^2 - \left(\frac{m\pi}{b}\right)^2 - \left(\frac{n\pi}{h}\right)^2 \geqslant 0$$

(2.2.19)

即

$$f \geqslant \frac{c}{2}\sqrt{\left(\frac{m}{b}\right)^2 + \left(\frac{n}{h}\right)^2}$$

(2.2.20)

假设 $h>b$,当 $f \geqslant c/(2h)$ 时,第一个高阶模态(0,1)能够传播。也就是说,如果 $f<c/(2h)$,则只有平面波能够传播,高阶模态即使存在,也将按指数规律迅速衰减。把第一个高阶模态的激发频率叫做平面波的截止频率,即

$$f_{\text{cut-off}} = \frac{c}{2h} \tag{2.2.21}$$

为了求 (m,n) 模态的轴向质点振速,可以使用动量方程

$$\rho_0 \frac{\partial u_{z,m,n}}{\partial t} + \frac{\partial p_{z,m,n}}{\partial z} = 0$$

于是得到

$$u_{z,m,n} = \frac{k_{z,m,n}}{\rho_0 \omega} \cos \frac{m\pi x}{b} \cos \frac{n\pi y}{h} \{A_{m,n} e^{-jk_{z,m,n}z} - B_{m,n} e^{jk_{z,m,n}z}\} \tag{2.2.22}$$

声质量速度可以通过积分求出,即

$$v_{z,m,n} = \rho_0 \int_0^b \int_0^h u_{z,m,n} \mathrm{d}x \mathrm{d}y = \begin{cases} \dfrac{bh}{c} \{A_{0,0} e^{-jkz} - B_{0,0} e^{jkz}\}, & m = n = 0 \\ 0, & m+n \neq 0 \end{cases} \tag{2.2.23}$$

可见,只有平面波或(0,0)模态的声质量速度不为零。对于高阶模态来说,声质量速度或声体积速度没有任何实际意义。

轴向质点振速可以通过各个模态分量的叠加获得,于是有

$$u_z(x,y,z) = \frac{1}{\rho_0 \omega} \sum_{m=0}^{\infty} \sum_{n=0}^{\infty} k_{z,m,n} \cos \frac{m\pi x}{b} \cos \frac{n\pi y}{h} \{A_{m,n} e^{-jk_{z,m,n}z} - B_{m,n} e^{jk_{z,m,n}z}\} \tag{2.2.24}$$

2.2.2　圆形管道

对于圆形管道(图 2.2.3),使用柱坐标系最方便。柱坐标系下的 Laplace 算子为

$$\nabla^2 = \frac{\partial^2}{\partial r^2} + \frac{1}{r} \frac{\partial}{\partial r} + \frac{1}{r^2} \frac{\partial^2}{\partial \theta^2} + \frac{\partial^2}{\partial z^2} \tag{2.2.25}$$

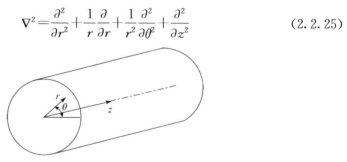

图 2.2.3　圆形管道和柱坐标系 (r,θ,z)

使用式(2.2.25)的 Laplace 算子的亥姆霍兹方程构成了圆形管道内声波传播的控制方程,可以使用分离变量法求出声压的解析表达式。

假设

$$p(r,\theta,z)=R(r)\Theta(\theta)Z(z) \tag{2.2.26}$$

将式(2.2.26)代入式(1.2.12)得

$$\frac{1}{R(r)}\frac{\partial^2 R(r)}{\partial r^2}+\frac{1}{rR(r)}\frac{\partial R(r)}{\partial r}+\frac{1}{r^2\Theta(\theta)}\frac{\partial^2\Theta(\theta)}{\partial\theta^2}+\frac{1}{Z(z)}\frac{\partial^2 Z(z)}{\partial z^2}+k^2=0 \tag{2.2.27}$$

于是可以得到如下三个独立方程:

$$\frac{\mathrm{d}^2 Z(z)}{\mathrm{d}z^2}=-k_z^2 Z(z) \tag{2.2.28}$$

$$\frac{\mathrm{d}^2\Theta(\theta)}{\mathrm{d}\theta^2}=-m^2\Theta(\theta) \tag{2.2.29}$$

$$\frac{\mathrm{d}^2 R(r)}{\mathrm{d}r^2}+\frac{1}{r}\frac{\mathrm{d}R(r)}{\mathrm{d}r}+\left(k^2-k_z^2-\frac{m^2}{r^2}\right)R(r)=0 \tag{2.2.30}$$

其中,径向波数 k_r 和轴向波数 k_z 满足如下约束关系:

$$k_r^2=k^2-k_z^2 \tag{2.2.31}$$

式(2.2.28)和式(2.2.29)的通解可以表示成如下复指数形式:

$$\Theta(\theta)=C_3 \mathrm{e}^{-jm\theta}+C_4 \mathrm{e}^{jm\theta} \tag{2.2.32}$$

$$Z(z)=C_5 \mathrm{e}^{-jk_z z}+C_6 \mathrm{e}^{jk_z z} \tag{2.2.33}$$

式(2.2.30)是贝塞尔方程,其通解为

$$R_m(r)=C_1 \mathrm{J}_m(k_r r)+C_2 \mathrm{Y}_m(k_r r) \tag{2.2.34}$$

其中,$\mathrm{J}_m(k_r r)$ 和 $\mathrm{Y}_m(k_r r)$ 分别是第一类和第二类 m 阶贝塞尔函数。在 $r=0$ 处(即轴线上),$\mathrm{Y}_m(k_r r)$ 趋于无限大。由于管道内各处的声压都是有限的,因此常数 C_2 必须为 0。

由于刚性壁面上的径向质点振速为 0,因此有

$$\left.\frac{\partial R_m(r)}{\partial r}\right|_{r=a}=0 \tag{2.2.35}$$

其中,a 为管道的半径。将式(2.2.34)代入式(2.2.35)得

$$\mathrm{J}'_m(k_r a)=0 \tag{2.2.36}$$

对于给定的 m,有无限多个 k_r 值满足式(2.2.36),将 k_r 的第 n 个根记为 $k_{r,m,n}$。表 2.2.1 给出了方程 $\mathrm{J}'_m(\alpha_{m,n})=0$ 的根,其中 m 和 n 分别代表周向和径向模态号。

表 2.2.1　方程 $J_m'(\alpha_{m,n})=0$ 的根 $\alpha_{m,n}$

m＼n	0	1	2	3	4	5
0	0.0	3.832	7.016	10.174	13.324	16.470
1	1.841	5.331	8.536	11.706	14.864	18.016
2	3.054	6.706	9.969	13.170	16.348	19.513
3	4.201	8.015	11.346	14.586	17.789	20.973
4	5.318	9.282	12.682	15.964	19.196	22.401
5	6.415	10.520	13.987	17.313	20.576	23.804

管道内的声压为各个模态声压分量的叠加，于是得到声压的解析表达式为

$$p(r,\theta,z)=\sum_{n=0}^{\infty} J_0(\alpha_{0,n}r/a)\{A_{0,n}e^{-jk_{z,0,n}z}+B_{0,n}e^{jk_{z,0,n}z}\}$$
$$+\sum_{m=1}^{\infty}\sum_{n=0}^{\infty} J_m(\alpha_{m,n}r/a)\Big\{[A_{m,n}^+ e^{-jm\theta}+A_{m,n}^- e^{jm\theta}]e^{-jk_{z,m,n}z}$$
$$+[B_{m,n}^+ e^{-jm\theta}+B_{m,n}^- e^{jm\theta}]e^{jk_{z,m,n}z}\Big\} \qquad (2.2.37)$$

或

$$p(r,\theta,z)=\sum_{m=0}^{\infty}\sum_{n=0}^{\infty} J_m(\alpha_{m,n}r/a)\{[A_{1m,n}\cos(m\theta)+A_{2m,n}\sin(m\theta)]e^{-jk_{z,m,n}z}$$
$$+[B_{1m,n}\cos(m\theta)+B_{2m,n}\sin(m\theta)]e^{jk_{z,m,n}z}\} \qquad (2.2.38)$$

其中，(m,n) 模态的轴向波数 $k_{z,m,n}$ 由下式确定：

$$k_{z,m,n}=(k^2-k_{r,m,n}^2)^{1/2}=[k^2-(\alpha_{m,n}/a)^2]^{1/2} \qquad (2.2.39)$$

式(2.2.38)对应的本征函数有两个，分别为 $\Psi_{1m,n}(r,\theta)=J_m(\alpha_{m,n}r/a)\cos(m\theta)$，$\Psi_{2m,n}(r,\theta)=J_m(\alpha_{m,n}r/a)\sin(m\theta)$。

与矩形管道相似，如果用 n 表示横向声压分布中的节线圆号，可以形成如图 2.2.4 所示的节线图。使用这种表示法，在圆形管道和矩形管道中的平面波模态都是(0,0)，并且 m 和 n 具有相同的含义，即横向声压分布中的节线号。

任何一个模态(m,n)能够无衰减地传播的条件是轴向波数 $k_{z,m,n}$ 为实数，即需要满足

$$k\geqslant \alpha_{m,n}/a \qquad (2.2.40)$$

或

$$f\geqslant \frac{\alpha_{m,n}}{2\pi a}c \qquad (2.2.41)$$

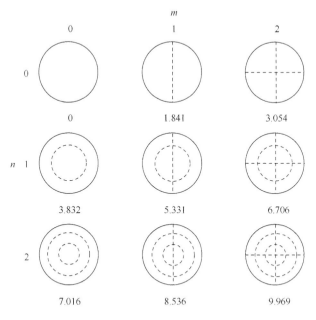

图 2.2.4　圆形管道中横向声压分布的节线

如果 $k_{z,1,0}$ 和 $k_{z,0,1}$ 是实数,也就是 k 大于 $k_{r,1,0}$ 和 $k_{r,0,1}$,第一个周向和径向高阶模态 $(1,0)$ 和 $(0,1)$ 将成为可传播的波,分别对应 $\alpha_{1,0}=1.841$ 和 $\alpha_{0,1}=3.832$。因此,$(1,0)$ 和 $(0,1)$ 模态的激发波数分别为 $1.841/a$ 和 $3.832/a$,也就是说,第一个周向模态在 $ka=1.841$ 时开始传播,第一个径向模态在 $ka=3.832$ 时开始传播。由式(2.2.40)可知,如果满足以下条件:

$$ka<1.841 \tag{2.2.42}$$

或

$$f<\frac{1.841}{2\pi a}c \tag{2.2.43}$$

则只有平面波能够传播,高阶模态即使存在,也将按指数规律迅速衰减。因此,平面波的截止频率为

$$f_{\text{cut-off}}=\frac{1.841}{2\pi a}c \tag{2.2.44}$$

将声压表达式代入轴向的动量方程,得到质点振速表达式为

$$u_z(r,\theta,z) = -\frac{1}{j\rho_0\omega}\frac{\partial p(r,\theta,z)}{\partial z}$$

$$= \frac{1}{\rho_0\omega}\Big\{\sum_{n=0}^{\infty}k_{z,0,n}J_0(\alpha_{0,n}r/a)[A_{0,n}e^{-jk_{z,0,n}z} - B_{0,n}e^{jk_{z,0,n}z}]$$

$$+ \sum_{m=1}^{\infty}\sum_{n=0}^{\infty}k_{z,m,n}J_m(\alpha_{m,n}r/a)[(A_{m,n}^+e^{-jm\theta} + A_{m,n}^-e^{jm\theta})e^{-jk_{z,m,n}z}$$

$$- (B_{m,n}^+e^{-jm\theta} + B_{m,n}^-e^{jm\theta})e^{jk_{z,m,n}z}]\Big\} \qquad (2.2.45)$$

或

$$u_z(r,\theta,z) = \frac{1}{\rho_0\omega}\sum_{m=0}^{\infty}\sum_{n=0}^{\infty}k_{z,m,n}J_m(\alpha_{m,n}r/a)\{[A_{1m,n}\cos(m\theta) + A_{2m,n}\sin(m\theta)]e^{-jk_{z,m,n}z}$$

$$- [B_{1m,n}\cos(m\theta) + B_{2m,n}\sin(m\theta)]e^{jk_{z,m,n}z}\} \qquad (2.2.46)$$

与矩形管道一样,可以证明高阶模态对圆形管道中的声质量速度或声体积速度没有任何实际意义。

如果管道进出口边界条件关于某个平面具有对称性,则有 $\Theta(\theta)=\Theta(-\theta)$,于是声压和质点振速表达式可以简化为

$$p(r,\theta,z) = \sum_{m=0}^{\infty}\sum_{n=0}^{\infty}J_m(\alpha_{m,n}r/a)\cos(m\theta)\{A_{m,n}e^{-jk_{z,m,n}z} + B_{m,n}e^{jk_{z,m,n}z}\}$$

$$(2.2.47)$$

$$u_z(r,\theta,z) = \frac{1}{\rho_0\omega}\sum_{m=0}^{\infty}\sum_{n=0}^{\infty}k_{z,m,n}J_m(\alpha_{m,n}r/a)\cos(m\theta)\{A_{m,n}e^{-jk_{z,m,n}z} - B_{m,n}e^{jk_{z,m,n}z}\}$$

$$(2.2.48)$$

此时本征函数只有一个: $\Psi_{m,n}(r,\theta)=J_m(\alpha_{m,n}r/a)\cos(m\theta)$。

如果管道进出口边界条件具有轴对称性,则周向模态不会被激发,即声压和质点振速与角度 θ 无关,于是声压和质点振速表达式可进一步简化为

$$p(r,z) = \sum_{n=0}^{\infty}J_0(\alpha_{0,n}r/a)\{A_{0,n}e^{-jk_{z,0,n}z} + B_{0,n}e^{jk_{z,0,n}z}\} \qquad (2.2.49)$$

$$u_z(r,z) = \frac{1}{\rho_0\omega}\sum_{n=0}^{\infty}k_{z,0,n}J_0(\alpha_{0,n}r/a)\{A_{0,n}e^{-jk_{z,0,n}z} - B_{0,n}e^{jk_{z,0,n}z}\} \qquad (2.2.50)$$

此时,第一个高阶模态为径向模态(0,1),对应的平面波截止频率为

$$f_{\text{cut-off}} = \frac{3.832}{2\pi a}c \qquad (2.2.51)$$

本征函数简化为 $\Psi_{0,n}(r)=J_0(\alpha_{0,n}r/a)$。

2.2.3 环形管道

对于如图 2.2.5 所示的同轴圆环状管道,使用与圆形管道相同的处理方法,可以得到三个独立方程的通解表达式(2.2.32)~(2.2.34)。

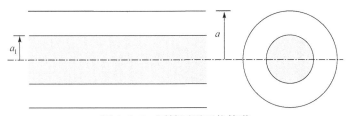

图 2.2.5 同轴圆形环状管道

由于刚性壁面上的径向质点振速为 0,因此有

$$\frac{\partial R_m(r)}{\partial r}\bigg|_{r=a}=0 \qquad (2.2.52)$$

$$\frac{\partial R_m(r)}{\partial r}\bigg|_{r=a_1}=0 \qquad (2.2.53)$$

将式(2.2.34)代入式(2.2.52)和式(2.2.53)可以得到

$$J_m'(k_r a)-[J_m'(k_r a_1)/Y_m'(k_r a_1)]Y_m'(k_r a)=0 \qquad (2.2.54)$$

式(2.2.54)的根可通过数值方法求得。对于每一个 m 值,都有无限个 $k_r a$ 满足式(2.2.54),把第 n 个根 $k_{r,m,n}a$ 用 $\beta_{m,n}$ 来表示,将各个模态声压分量叠加得到声压解析表达式为

$$\begin{aligned}
p(r,\theta,z)=&\sum_{n=0}^{\infty}R_0(\beta_{0,n}r/a)\{A_{0,n}\mathrm{e}^{-\mathrm{j}k_{z,0,n}z}+B_{0,n}\mathrm{e}^{\mathrm{j}k_{z,0,n}z}\}\\
&+\sum_{m=1}^{\infty}\sum_{n=0}^{\infty}R_m(\beta_{m,n}r/a)\Big\{[A_{m,n}^{+}\mathrm{e}^{-\mathrm{j}m\theta}+A_{m,n}^{-}\mathrm{e}^{\mathrm{j}m\theta}]\mathrm{e}^{-\mathrm{j}k_{z,m,n}z}\\
&+[B_{m,n}^{+}\mathrm{e}^{-\mathrm{j}m\theta}+B_{m,n}^{-}\mathrm{e}^{\mathrm{j}m\theta}]\mathrm{e}^{\mathrm{j}k_{z,m,n}z}\Big\}
\end{aligned} \qquad (2.2.55)$$

或

$$\begin{aligned}
p(r,\theta,z)=&\sum_{m=0}^{\infty}\sum_{n=0}^{\infty}R_m(\beta_{m,n}r/a)\{[A_{1m,n}\cos(m\theta)+A_{2m,n}\sin(m\theta)]\mathrm{e}^{-\mathrm{j}k_{z,m,n}z}\\
&+[B_{1m,n}\cos(m\theta)+B_{2m,n}\sin(m\theta)]\mathrm{e}^{\mathrm{j}k_{z,m,n}z}\}
\end{aligned} \qquad (2.2.56)$$

其中,$R_m(\beta_{m,n}r/a)=J_m(\beta_{m,n}r/a)-[J_m'(\beta_{m,n})/Y_m'(\beta_{m,n})]Y_m(\beta_{m,n}r/a)$,$(m,n)$ 模态的轴向波数 $k_{z,m,n}$ 由下式确定:

$$k_{z,m,n}=[k^2-(\beta_{m,n}/a)^2]^{1/2} \qquad (2.2.57)$$

式(2.2.56)所对应的两个本征函数为 $\Psi_{1m,n}(r,\theta)=R_m(\beta_{m,n}r/a)\cos(m\theta)$ 和 $\Psi_{2m,n}(r,\theta)=R_m(\beta_{m,n}r/a)\sin(m\theta)$。

与圆形管道相似,如果用 n 来表示横向声压分布中的圆形节线号,可以形成相应的节线图,并且 m 和 n 的含义与圆形管道相同。相应地,第一个周向模态在 $ka=\beta_{1,0}$ 时开始传播,第一个径向模态在 $ka=\beta_{0,1}$ 时开始传播。因此,对于一般的三维问题,平面波截止频率为

$$f_{\text{cut-off}}=\frac{\beta_{1,0}}{2\pi a}c \tag{2.2.58}$$

将声压表达式代入动量方程,得到轴向质点振速的表达式为

$$u_z(r,\theta,z)=\frac{1}{\rho_0\omega}\Big\{\sum_{n=0}^{\infty}k_{z,0,n}R_0(\beta_{0,n}r/a)(A_{0,n}e^{-jk_{z,0,n}z}-B_{0,n}e^{jk_{z,0,n}z})$$
$$+\sum_{m=1}^{\infty}\sum_{n=0}^{\infty}k_{z,m,n}R_m(\beta_{m,n}r/a)\big[(A_{m,n}^+e^{-jm\theta}+A_{m,n}^-e^{jm\theta})e^{-jk_{z,m,n}z}$$
$$-(B_{m,n}^+e^{-jm\theta}+B_{m,n}^-e^{jm\theta})e^{jk_{z,m,n}z}\big]\Big\} \tag{2.2.59}$$

或

$$u_z(r,\theta,z)=\frac{1}{\rho_0\omega}\sum_{m=0}^{\infty}\sum_{n=0}^{\infty}k_{z,m,n}R_m(\beta_{m,n}r/a)\big\{[A_{1m,n}\cos(m\theta)+A_{2m,n}\sin(m\theta)]e^{-jk_{z,m,n}z}$$
$$-[B_{1m,n}\cos(m\theta)+B_{2m,n}\sin(m\theta)]e^{jk_{z,m,n}z}\big\} \tag{2.2.60}$$

如果管道进出口边界条件关于某个平面具有对称性,则声压和质点振速表达式可以简化为

$$p(r,\theta,z)=\sum_{m=0}^{\infty}\sum_{n=0}^{\infty}R_m(\beta_{m,n}r/a)\cos(m\theta)\{A_{m,n}e^{-jk_{z,m,n}z}+B_{m,n}e^{jk_{z,m,n}z}\} \tag{2.2.61}$$

$$u_z(r,\theta,z)=\frac{1}{\rho_0\omega}\sum_{m=0}^{\infty}\sum_{n=0}^{\infty}k_{z,m,n}R_m(\beta_{m,n}r/a)\cos(m\theta)\{A_{m,n}e^{-jk_{z,m,n}z}-B_{m,n}e^{jk_{z,m,n}z}\} \tag{2.2.62}$$

相应的本征函数为 $\Psi_{m,n}(r,\theta)=R_m(\beta_{m,n}r/a)\cos(m\theta)$。

如果管道进出口边界条件具有轴对称性,则声压和质点振速表达式简化为

$$p(r,z)=\sum_{n=0}^{\infty}R_0(\beta_{0,n}r/a)\{A_{0,n}e^{-jk_{z,0,n}z}+B_{0,n}e^{jk_{z,0,n}z}\} \tag{2.2.63}$$

$$u_z(r,z)=\frac{1}{\rho_0\omega}\sum_{n=0}^{\infty}k_{z,0,n}R_0(\beta_{0,n}r/a)\{A_{0,n}e^{-jk_{z,0,n}z}-B_{0,n}e^{jk_{z,0,n}z}\} \tag{2.2.64}$$

此时第一个高阶模态为径向模态 $(0,1)$,对应的平面波截止频率为

$$f_{\text{cut-off}}=\frac{\beta_{0,1}}{2\pi a}c \tag{2.2.65}$$

相应的本征函数为 $\Psi_{0,n}(r)=R_0(\beta_{0,n}r/a)$。

2.2.4　任意形状等截面管道

对于等截面直管道,可以将声压表示成

$$p(x,y,z)=\phi(x,y)Z(z) \tag{2.2.66}$$

将式(2.2.66)代入声场控制方程(1.2.12),应用分离变量法可以得到以下两个独立方程:

$$\nabla^2_{xy}\phi(x,y)+k^2_{xy}\phi(x,y)=0 \tag{2.2.67}$$

$$\frac{\mathrm{d}^2Z(z)}{\mathrm{d}z^2}+k^2_zZ(z)=0 \tag{2.2.68}$$

其中,∇^2_{xy} 为二维笛卡儿坐标系下的 Laplace 算子;k_{xy} 和 k_z 分别为横向和轴向波数,并且满足如下约束关系:

$$k^2_{xy}+k^2_z=k^2 \tag{2.2.69}$$

对于刚性壁管道,由式(2.2.66)和边界条件$\partial p/\partial n=0$ 可以得到

$$\frac{\partial\phi}{\partial n}=0 \tag{2.2.70}$$

对于任意形状的横截面,可以应用数值方法求解式(2.2.67)。下面简要介绍求解式(2.2.67)的二维有限元法(声学有限元法的详细内容将在第 6 章中专门介绍)。

将横向量 $\phi(x,y)$ 表示为

$$\phi(x,y)=\{N\}^{\mathrm{T}}\{\phi\} \tag{2.2.71}$$

其中,$\{N\}$ 为广义形函数的列向量;$\{\phi\}$ 为节点上 ϕ 值组成的列向量。

结合边界条件(2.2.70),应用伽辽金加权余量法可以得到如下有限元方程:

$$([M]-k^2_{xy}[S])\{\phi\}=\{0\} \tag{2.2.72}$$

其中,$[M]=\sum_e\int_{S_e}\{\nabla N\}_e\{\nabla N\}^{\mathrm{T}}_e\mathrm{d}S$ 和$[S]=\sum_e\int_{S_e}\{N\}_e\{N\}^{\mathrm{T}}_e\mathrm{d}S$ 分别为广义质量矩阵和广义刚度矩阵,下标 e 代表单元。

假设横截面上节点数为 N,求解式(2.2.72)得到 N 个本征波数和本征列向量。记第 n 个本征波数和本征列向量分别为$k_{xy,n}$和$\{B\}_n$,于是有

$$\{\phi\}=\sum_{n=1}^N\beta_n\{B\}_n=[B]^{\mathrm{T}}\{\beta\} \tag{2.2.73}$$

其中,$[B]$是由所有本征向量所组成的矩阵,其维数为 $N\times N$;$\{\beta\}$为系数列向量,其阶数为 N。

于是,横截面上任意位置处的 ϕ 能够写成

$$\phi(x,y)=\{N\}^{\mathrm{T}}[B]^{\mathrm{T}}\{\beta\}=\sum_{n=1}^N\beta_n\{N\}^{\mathrm{T}}\{B\}_n \tag{2.2.74}$$

对应于第 n 个本征波数(第 n 个模态)的轴向波数为

$$k_{z,n} = (k^2 - k_{xy,n}^2)^{1/2} \tag{2.2.75}$$

相应地,式(2.2.68)的解可以表示为

$$Z_n(z) = C_n^+ e^{-jk_{z,n}z} + C_n^- e^{jk_{z,n}z} \tag{2.2.76}$$

于是,声压可表示成

$$p(x,y,z) = \sum_{n=1}^{N} \beta_n \{N\}^{\mathrm{T}} \{B\}_n Z_n(z) = \sum_{n=1}^{N} \Psi_n(x,y)(D_n^+ e^{-jk_{z,n}z} + D_n^- e^{jk_{z,n}z}) \tag{2.2.77}$$

其中,$\Psi_n(x,y) = \{N\}^{\mathrm{T}} \{B\}_n$ 为本征函数。

结合动量方程,可以得到轴向质点振动速度表达式为

$$u_z(x,y,z) = \frac{1}{\rho_0 \omega} \sum_{n=1}^{N} k_{z,n} \Psi_n(x,y)(D_n^+ e^{-jk_{z,n}z} - D_n^- e^{jk_{z,n}z}) \tag{2.2.78}$$

2.3 运动介质中的平面波

声波的传播是由介质的惯性和弹性效应引起的,因此声波相对于介质的质点在运动。当介质本身以均匀速度 U 运动时,声波相对于介质的运动速度保持 c 不变,所以相对于静止的参考系,前进波以绝对速度 $U+c$ 运动,而反向波则以绝对速度 $U-c$ 运动,这种声波叫做运动流体介质中的声波。此时,对于静态介质的线性声学方程(2.1.1)和(2.1.2)中对时间的偏微分 $\partial/\partial t$ 将由全微分 $\mathrm{D}/\mathrm{D}t$ 替代,于是均匀流动介质中声波的两个基本方程写成如下形式。

连续性方程:

$$\frac{\mathrm{D}\rho}{\mathrm{D}t} + \rho_0 \frac{\partial u}{\partial x} = 0 \tag{2.3.1}$$

动量方程:

$$\rho_0 \frac{\mathrm{D}u}{\mathrm{D}t} + \frac{\partial p}{\partial x} = 0 \tag{2.3.2}$$

其中,$\mathrm{D}/\mathrm{D}t = \partial/\partial t + U\partial/\partial x$。在上述两个方程和式(1.2.8)中消去 ρ 和 u 后,得到如下均匀流动介质中的一维声波方程:

$$\frac{\partial^2 p}{\partial x^2} - \frac{1}{c^2} \frac{\mathrm{D}^2 p}{\mathrm{D}t^2} = 0 \tag{2.3.3}$$

将全导数展开后,式(2.3.3)变成

$$\frac{\partial^2 p}{\partial t^2} + 2U \frac{\partial^2 p}{\partial x \partial t} + (U^2 - c^2) \frac{\partial^2 p}{\partial x^2} = 0 \tag{2.3.4}$$

如果声压随时间变化的关系是简谐的,即 $p(x,t)=p(x)e^{j\omega t}$,将其代入式(2.3.4),得到只含有空间坐标的微分方程为

$$\frac{\partial^2 p(x)}{\partial x^2}-M^2\frac{\partial^2 p(x)}{\partial x^2}-2jkM\frac{\partial p(x)}{\partial x}+k^2 p(x)=0 \tag{2.3.5}$$

其中,$M=U/c$ 为介质流动马赫数。式(2.3.5)的解可以写成如下形式:

$$p(x)=C_1 e^{-jkx/(1+M)}+C_2 e^{jkx/(1-M)} \tag{2.3.6}$$

于是有

$$p(x,t)=[C_1 e^{-jkx/(1+M)}+C_2 e^{jkx/(1-M)}]e^{j\omega t} \tag{2.3.7}$$

将质点振速表达式写成如下形式:

$$u(x,t)=[C_3 e^{-jkx/(1+M)}+C_4 e^{jkx/(1-M)}]e^{j\omega t} \tag{2.3.8}$$

将式(2.3.7)和式(2.3.8)代入式(2.3.2),令 $e^{-jkx/(1+M)}$ 和 $e^{jkx/(1-M)}$ 的系数分别为 0,得到 $C_3=C_1/(\rho_0 c)$,$C_4=-C_2/(\rho_0 c)$。于是,质点振速的表达式写成

$$u(x,t)=\frac{1}{\rho_0 c}[C_1 e^{-jkx/(1+M)}-C_2 e^{jkx/(1-M)}]e^{j\omega t} \tag{2.3.9}$$

由式(2.3.7)和式(2.3.9)可以看出,介质流动对两个行波分量的运流效应,其中顺行波和逆行波的波数分别为 $k^+=k/(1-M)$ 和 $k^-=k/(1+M)$。

2.4 运动介质中的三维波

假设等截面管道内流体介质本身以均匀速度 U 运动,则三维声波的连续性方程和动量方程为

$$\frac{D\rho}{Dt}+\rho_0 \nabla \cdot u=0 \tag{2.4.1}$$

$$\rho_0 \frac{Du}{Dt}+\nabla p=0 \tag{2.4.2}$$

在上述两个方程和式(1.2.8)中消去 ρ 和 u,得到均匀流动介质中的三维声波方程为

$$\nabla^2 p-\frac{1}{c^2}\frac{D^2 p}{Dt^2}=0 \tag{2.4.3}$$

将全导数展开后,式(2.4.3)变成

$$\frac{\partial^2 p}{\partial t^2}+2U\frac{\partial^2 p}{\partial z\partial t}+U^2\frac{\partial^2 p}{\partial z^2}-c^2 \nabla^2 p=0 \tag{2.4.4}$$

如果声压随时间变化的关系是简谐的,即 $p(x,y,z,t)=p(x,y,z)e^{j\omega t}$,于是得到均匀流动介质中简谐声场的控制方程为

$$\nabla^2 p(x,y,z) - M^2 \frac{\partial^2 p(x,y,z)}{\partial z^2} - 2jkM \frac{\partial p(x,y,z)}{\partial z} + k^2 p(x,y,z) = 0$$

$$(2.4.5)$$

将声压表示成式(2.2.66)的形式,代入式(2.4.5),应用分离变量法可以得到以下两个独立的方程:

$$\nabla_{xy}^2 \phi(x,y) + k_{xy}^2 \phi(x,y) = 0 \qquad (2.4.6)$$

$$(1-M^2)\frac{\mathrm{d}^2 Z(z)}{\mathrm{d}z^2} - 2jkM \frac{\mathrm{d}Z(z)}{\mathrm{d}z} + (k^2 - k_{xy}^2)Z(z) = 0 \qquad (2.4.7)$$

可以看出,平均流对声场的横向分量没有任何影响,只是影响了轴向分量。

式(2.4.7)的通解可以写成如下形式:

$$Z(z) = C_5 \mathrm{e}^{-jk_z^+ z} + C_6 \mathrm{e}^{jk_z^- z} \qquad (2.4.8)$$

其中,k_z^+ 和 k_z^- 分别为顺行波和逆行波的波数。将式(2.4.8)代入式(2.4.7)得到如下约束关系:

$$k_{xy}^2 + (k_z^{\pm})^2 = (k \mp M k_z^{\pm})^2 \qquad (2.4.9)$$

由此得到

$$k_z^{\pm} = \frac{\mp Mk + [k^2 - (1-M^2)k_{xy}^2]^{1/2}}{1-M^2} \qquad (2.4.10)$$

进而,可以使用与 2.2 节中相同的求解方法得到声压和质点振速表达式。

2.4.1　矩形管道

使用与 2.2.1 节中相同的求解方法,可以得到式(2.4.5)的解为

$$p(x,y,z) = \sum_{m=0}^{\infty} \sum_{n=0}^{\infty} \cos\frac{m\pi x}{b} \cos\frac{n\pi y}{h} \{ A_{m,n} \mathrm{e}^{-jk_{z,m,n}^+ z} + B_{m,n} \mathrm{e}^{jk_{z,m,n}^- z} \}$$

$$(2.4.11)$$

其中,$k_{z,m,n}^+$ 和 $k_{z,m,n}^-$ 为 (m,n) 模态在 z 轴正向和反向上的波数:

$$k_{z,m,n}^{\pm} = \frac{\mp Mk + \left\{ k^2 - (1-M^2)\left[\left(\frac{m\pi}{b}\right)^2 + \left(\frac{n\pi}{h}\right)^2 \right] \right\}^{1/2}}{1-M^2} \qquad (2.4.12)$$

由式(2.4.12)可知,高阶模态$(m>0,n>0)$能够无衰减传播的条件是

$$k^2 - (1-M^2)\left[\left(\frac{m\pi}{b}\right)^2 + \left(\frac{n\pi}{h}\right)^2 \right] \geqslant 0 \qquad (2.4.13)$$

即

$$f \geqslant (1-M^2)^{1/2} \frac{c}{2} \left[\left(\frac{m}{b}\right)^2 + \left(\frac{n}{h}\right)^2 \right]^{1/2} \qquad (2.4.14)$$

如果假设 $h>b$,则平面波的截止频率为

$$f_{\text{cut-off}} = (1-M^2)^{1/2} \frac{c}{2h} \qquad (2.4.15)$$

对于质点振速,假设它具有与式(2.4.11)相同的形式,只是将系数 $A_{m,n}$ 和 $B_{m,n}$ 用 $C_{m,n}$ 和 $D_{m,n}$ 来代替,将 p 和 u 的 (m,n) 分量代入轴向动量方程,令 $\mathrm{e}^{-\mathrm{j}k_{z,m,n}^{+}z}$ 和 $\mathrm{e}^{\mathrm{j}k_{z,m,n}^{-}z}$ 的系数分别为 0,于是得到了用 $A_{m,n}$ 表示的 $C_{m,n}$ 和用 $B_{m,n}$ 表示的 $D_{m,n}$,然后将所有模态的 $u_{z,m,n}$ 叠加,最后得到

$$u_z(x,y,z) = \frac{1}{\rho_0 c} \sum_{m=0}^{\infty} \sum_{n=0}^{\infty} \cos\frac{m\pi x}{b} \cos\frac{n\pi y}{h}$$
$$\times \left\{ \frac{k_{z,m,n}^{+}}{k-Mk_{z,m,n}^{+}} A_{m,n} \mathrm{e}^{-\mathrm{j}k_{z,m,n}^{+}z} - \frac{k_{z,m,n}^{-}}{k+Mk_{z,m,n}^{-}} B_{m,n} \mathrm{e}^{\mathrm{j}k_{z,m,n}^{-}z} \right\} \tag{2.4.16}$$

2.4.2　圆形管道

使用与 2.2.2 节中相同的求解方法,可以得到式(2.4.5)的解为

$$p(r,\theta,z) = \sum_{n=0}^{\infty} \mathrm{J}_0(\alpha_{0,n}r/a) \{ A_{0,n} \mathrm{e}^{-\mathrm{j}k_{z,0,n}^{+}z} + B_{0,n} \mathrm{e}^{\mathrm{j}k_{z,0,n}^{-}z} \} + \sum_{m=1}^{\infty} \sum_{n=0}^{\infty} \mathrm{J}_m(\alpha_{m,n}r/a)$$
$$\times \{ [A_{m,n}^{+} \mathrm{e}^{-\mathrm{j}m\theta} + A_{m,n}^{-} \mathrm{e}^{\mathrm{j}m\theta}] \mathrm{e}^{-\mathrm{j}k_{z,m,n}^{+}z} + [B_{m,n}^{+} \mathrm{e}^{-\mathrm{j}m\theta} + B_{m,n}^{-} \mathrm{e}^{\mathrm{j}m\theta}] \mathrm{e}^{\mathrm{j}k_{z,m,n}^{-}z} \} \tag{2.4.17}$$

或

$$p(r,\theta,z) = \sum_{m=0}^{\infty} \sum_{n=0}^{\infty} \mathrm{J}_m(\alpha_{m,n}r/a) \{ [A_{1m,n}\cos(m\theta) + A_{2m,n}\sin(m\theta)] \mathrm{e}^{-\mathrm{j}k_{z,m,n}^{+}z}$$
$$+ [B_{1m,n}\cos(m\theta) + B_{2m,n}\sin(m\theta)] \mathrm{e}^{\mathrm{j}k_{z,m,n}^{-}z} \} \tag{2.4.18}$$

其中,$k_{z,m,n}^{+}$ 和 $k_{z,m,n}^{-}$ 为 (m,n) 模态在 z 轴正向和反向上的波数:

$$k_{z,m,n}^{\pm} = \frac{\mp Mk + [k^2 - (1-M^2)k_{r,m,n}^2]^{1/2}}{1-M^2} \tag{2.4.19}$$

因此,高阶模态 $(m>0, n>0)$ 能够无衰减地传播的条件是

$$k^2 - (1-M^2)k_{r,m,n}^2 \geqslant 0 \tag{2.4.20}$$

即

$$f \geqslant (1-M^2)^{1/2} \frac{\alpha_{m,n}c}{2\pi a} \tag{2.4.21}$$

于是,平面波的截止频率为

$$f_{\text{cut-off}} = (1-M^2)^{1/2} \frac{1.841c}{2\pi a} \tag{2.4.22}$$

采用与 2.4.1 节中相同的办法,可以得到圆形管道内的质点振速表达式为

$$u_z(r,\theta,z) = \frac{1}{\rho_0 c} \sum_{n=0}^{\infty} J_0(\alpha_{0,n} r/a) \left\{ \frac{k_{z,0,n}^+}{k - M k_{z,0,n}^+} A_{0,n} e^{-jk_{z,0,n}^+ z} - \frac{k_{z,0,n}^-}{k + M k_{z,0,n}^-} B_{0,n} e^{jk_{z,0,n}^- z} \right\}$$

$$+ \frac{1}{\rho_0 c} \sum_{m=1}^{\infty} \sum_{n=0}^{\infty} J_m(\alpha_{m,n} r/a) \left\{ \frac{k_{z,m,n}^+}{k - M k_{z,m,n}^+} \left[A_{m,n}^+ e^{-jm\theta} + A_{m,n}^- e^{jm\theta} \right] e^{-jk_{z,m,n}^+ z} \right.$$

$$\left. - \frac{k_{z,m,n}^-}{k + M k_{z,m,n}^-} \left[B_{m,n}^+ e^{-jm\theta} + B_{m,n}^- e^{jm\theta} \right] e^{jk_{z,m,n}^- z} \right\} \qquad (2.4.23)$$

或

$$u_z(r,\theta,z)$$

$$= \frac{1}{\rho_0 c} \sum_{m=0}^{\infty} \sum_{n=0}^{\infty} J_m(\alpha_{m,n} r/a) \left\{ \frac{k_{z,m,n}^+}{k - M k_{z,m,n}^+} \left[A_{1m,n} \cos(m\theta) + A_{2m,n} \sin(m\theta) \right] e^{-jk_{z,m,n}^+ z} \right.$$

$$\left. - \frac{k_{z,m,n}^-}{k + M k_{z,m,n}^-} \left[B_{1m,n} \cos(m\theta) + B_{2m,n} \sin(m\theta) \right] e^{jk_{z,m,n}^- z} \right\} \qquad (2.4.24)$$

如果管道进出口边界条件关于某个平面具有对称性,则声压和质点振速表达式可以简化为

$$p(r,\theta,z) = \sum_{m=0}^{\infty} \sum_{n=0}^{\infty} J_m(\alpha_{m,n} r/a) \cos(m\theta) \left\{ A_{m,n} e^{-jk_{z,m,n}^+ z} + B_{m,n} e^{jk_{z,m,n}^- z} \right\}$$

$$(2.4.25)$$

$$u_z(r,\theta,z) = \frac{1}{\rho_0 c} \sum_{m=0}^{\infty} \sum_{n=0}^{\infty} J_m(\alpha_{m,n} r/a) \cos(m\theta)$$

$$\times \left\{ \frac{k_{z,m,n}^+}{k - M k_{z,m,n}^+} A_{m,n} e^{-jk_{z,m,n}^+ z} - \frac{k_{z,m,n}^-}{k + M k_{z,m,n}^-} B_{m,n} e^{jk_{z,m,n}^- z} \right\} \qquad (2.4.26)$$

如果进出口边界条件也是轴对称的,则声压和质点振速的表达式可简化为

$$p(r,z) = \sum_{n=0}^{\infty} J_0(\alpha_{0,n} r/a) \left\{ A_{0,n} e^{-jk_{z,0,n}^+ z} + B_{0,n} e^{jk_{z,0,n}^- z} \right\} \qquad (2.4.27)$$

$$u_z(r,z) = \frac{1}{\rho_0 c} \sum_{n=0}^{\infty} J_0(\alpha_{0,n} r/a) \left\{ \frac{k_{z,0,n}^+}{k - M k_{z,0,n}^+} A_{0,n} e^{-jk_{z,0,n}^+ z} - \frac{k_{z,0,n}^-}{k + M k_{z,0,n}^-} B_{0,n} e^{jk_{z,0,n}^- z} \right\}$$

$$(2.4.28)$$

相应地,平面波截止频率为

$$f_{\text{cut-off}} = (1 - M^2)^{1/2} \frac{3.832c}{2\pi a} \qquad (2.4.29)$$

2.4.3　环形管道

由 2.2 节的分析可知,圆形管道和环形管道内的声压和轴向质点振速表达式中只是径向分量不同,如果将 2.4.2 节中的圆形管道内声压和质点振速表达式中的 $J_m(\alpha_{m,n}r/a)$ 用 $R_m(\beta_{m,n}r/a)=J_m(\beta_{m,n}r/a)-[J'_m(\beta_{m,n})/Y'_m(\beta_{m,n})]Y_m(\beta_{m,n}r/a)$ 来代替,即成为环形管道内声压和质点振速表达式。

相应地,环形管道内高阶模态 (m,n) 无衰减传播的条件为

$$f\geqslant(1-M^2)^{1/2}\frac{\beta_{m,n}c}{2\pi a} \tag{2.4.30}$$

于是,平面波的截止频率为

$$f_{\text{cut-off}}=(1-M^2)^{1/2}\frac{\beta_{1,0}c}{2\pi a} \tag{2.4.31}$$

如果进出口边界条件也是轴对称的,则平面波截止频率为

$$f_{\text{cut-off}}=(1-M^2)^{1/2}\frac{\beta_{0,1}c}{2\pi a} \tag{2.4.32}$$

2.4.4　任意形状等截面管道

使用与前述相同的方法,可以得到任意形状等截面直管道内的声压和轴向质点振动速度表达式为

$$p(x,y,z)=\sum_{n=1}^{N}\Psi_n(x,y)(D_n^+\mathrm{e}^{-jk_{z,n}^+z}+D_n^-\mathrm{e}^{jk_{z,n}^-z}) \tag{2.4.33}$$

$$u_z(x,y,z)=\frac{1}{\rho_0\omega}\sum_{n=1}^{N}\Psi_n(x,y)\left\{\frac{k_{z,n}^+}{k-Mk_{z,n}^+}D_n^+\mathrm{e}^{-jk_{z,n}^+z}-\frac{k_{z,n}^-}{k+Mk_{z,n}^-}D_n^-\mathrm{e}^{jk_{z,n}^-z}\right\} \tag{2.4.34}$$

其中,$\Psi_n(x,y)$ 为本征函数,与无流时相同;轴向波数

$$k_{z,n}^{\pm}=\frac{\mp Mk+[k^2-(1-M^2)k_{xy,n}^2]^{1/2}}{1-M^2} \tag{2.4.35}$$

因此,高阶模态 $(m>0,n>0)$ 能够无衰减地传播的条件是

$$k^2-(1-M^2)k_{xy,n}^2\geqslant0 \tag{2.4.36}$$

即

$$f\geqslant(1-M^2)^{1/2}\frac{k_{xy,n}c}{2\pi} \tag{2.4.37}$$

于是,平面波的截止频率为

$$f_{\text{cut-off}}=(1-M^2)^{1/2}\frac{k_{xy,1}c}{2\pi} \tag{2.4.38}$$

其中，$k_{xy,1}$为第一个高阶模态对应的横向波数。

通过对以上四种类型管道的分析可以得出：有流时平面波的截止频率低于无流时的截止频率，二者比值为$(1-M^2)^{1/2}$；顺行波和逆行波的截止频率是相同的；有流和无流时管道的本征函数也是相同的。

2.5 本 章 小 结

本章介绍了介质为静态和均匀流动时典型管道内部平面声波和三维声波的控制方程及其求解方法，给出了声压和质点振动速度的解析表达式，分析了高阶模态的激发、传播和衰减等问题，这些内容是管道及消声器声学计算与分析必需的基础理论知识。在工程中还存在一些更加复杂的情形，如三维流动介质中的声传播、考虑介质吸收时的声传播、考虑管壁透声时的声传播、管道内大幅波的非线性效应等问题，这些内容值得开展深入研究。

参 考 文 献

[1] Morse P M, Ingard K U. Theoretical Acoustics. New York: McGraw-Hill, 1968.

[2] Munjal M L. Acoustics of Ducts and Mufflers. New York: Wiley-Interscience, 1987.

第 3 章　管道消声系统

使用电声类比描述管道消声系统是一种简便而有效的方法,在消声器声学性能分析中被广泛使用[1~12]。本章介绍使用电声类比的管道消声系统的表述方法,给出消声器声学性能评价指标和相应的计算公式,介绍管道和消声器的传递矩阵、管口辐射阻抗和声源阻抗的求解方法。由于吸声材料和穿孔元件在消声器中被广泛使用,本章将推导吸声材料中的声波方程,并介绍吸声材料声学特性的表述方法,最后讨论穿孔元件声阻抗计算公式。

3.1　管道消声系统的表述方法

管道声学系统包括从噪声源到管道出口的全部结构,典型的管道消声系统如图 3.1.1(a)所示。一般情况下,消声器的一端通过连接管与声源(如内燃机)相接,另一端经尾管与大气相通。连接管、消声器本体以及尾管组成一个完整的管道消声系统。管道消声系统始端(声源辐射面)的声压和声质量速度分别记为 p_1 和 v_1($=\rho_1 S_1 u_1$),末端的相应值分别记为 p_2 和 v_2($=\rho_2 S_2 u_2$)。如果把声压和声质量速度分别用电压和电流来代替,则管道消声系统可以通过声电类比使用等效电路加以描述,从而进行管道消声系统的声学分析。

如果把噪声源看作压力源,则管道声学系统相应的等效电路类比如图 3.1.1(b)所示。图中 p_s 为噪声源提供的恒稳声压,Z_s 为噪声源输出阻抗,$[T_s]$ 为管道消声系统从进口到出口总的传统矩阵(其四个元素 A_s、B_s、C_s、D_s 被称为四极参数),$Z_r = p_2/v_2$ 为系统出口处的声辐射阻抗。当 $p_s/v_s \gg Z_s$ 时,可以近似认为 Z_s 为零,即可设对应于输出阻抗的电路为短路,由此得到 $p_1 \approx p_s$,但质量速度 v_1 以及声源辐射声功率将随传递矩阵和管口辐射声阻抗的变化而变化。

如果把噪声源看作速度源,则管道声学系统相应的等效电路类比如图 3.1.1(c)所示,管道消声系统的传统矩阵和管口的声阻抗仍保持相同,声源输出阻抗由串联改变成并联,v_s 为噪声源提供的恒稳质量速度。当 $p_s/v_s \ll Z_s$ 时,可以近似认为 Z_s 为无限大,即可设对应于输出阻抗的旁路近似为开路,由此近似得 $v_1 \approx v_s$,但声压 p_1 将随传递矩阵和管口辐射声阻抗的变化而变化,从而使声源辐射的声功率也相应地变化。

实际的流体机械噪声源介于恒压声源与恒速声源之间。

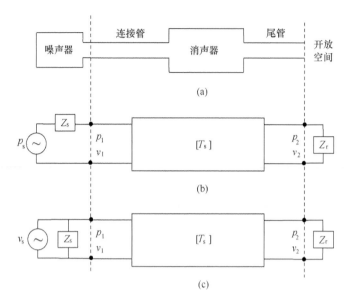

图 3.1.1　管道消声系统及其表述方法

3.2　消声器声学性能评价指标

消声器常用的声学性能评价指标有插入损失(insertion loss, IL)、传递损失(transmission loss, TL)和减噪量(noise reduction, NR)。下面分别给出这些性能指标的定义并推导相应的计算公式。

3.2.1　插入损失

插入损失定义为安装消声器前后,由管口向外辐射噪声的声功率级之差。如果安装消声器前后声场分布近似保持不变,那么插入损失就是在给定测点处安装消声器前后的声压级之差,如图 3.2.1 所示,即

$$IL = L_{p'} - L_p = 20\lg|p'/p| \tag{3.2.1}$$

由于安装消声器前后管道系统出口处的声辐射阻抗基本保持不变,插入损失也可以表示成

$$IL = 20\lg|p'_2/p_2| \tag{3.2.2}$$

其中,p'_2 和 p_2 分别是安装消声器前后管道系统出口处的声压。

使用如图 3.1.1(b)所示的类比方法,对于有消声器的管道系统可以得到如下关系式:

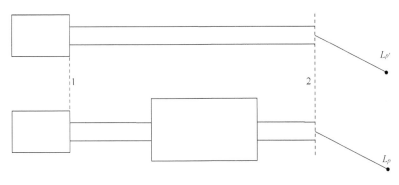

图 3.2.1　消声器插入损失的定义

$$p_s = p_1 + Z_s v_1 \tag{3.2.3}$$

$$\left\{ \begin{array}{c} p_1 \\ v_1 \end{array} \right\} = \left[\begin{array}{cc} A_s & B_s \\ C_s & D_s \end{array} \right] \left\{ \begin{array}{c} p_2 \\ v_2 \end{array} \right\} \tag{3.2.4}$$

$$p_2 = Z_r v_2 \tag{3.2.5}$$

其中,下标 1 和 2 分别代表管道系统的进口和出口;A_s、B_s、C_s、D_s 为有消声器时管道系统的四极参数。结合式(3.2.3)～式(3.2.5),消去 p_1、v_1 和 v_2 得到

$$p_2 = \frac{Z_r p_s}{Z_r A_s + B_s + Z_s Z_r C_s + Z_s D_s} \tag{3.2.6}$$

对于没有消声器的管道系统,使用同样的方法可以得到

$$p_2' = \frac{Z_r p_s}{Z_r A_s' + B_s' + Z_s Z_r C_s' + Z_s D_s'} \tag{3.2.7}$$

其中,A_s'、B_s'、C_s'、D_s' 为没有消声器(使用替代管)时管道系统的四极参数。

将式(3.2.6)和式(3.2.7)代入式(3.2.2)得到消声器的插入损失为

$$\mathrm{IL} = 20\lg \left| \frac{Z_r A_s + B_s + Z_s Z_r C_s + Z_s D_s}{Z_r A_s' + B_s' + Z_s Z_r C_s' + Z_s D_s'} \right| \tag{3.2.8}$$

可见,插入损失与噪声源、消声器、管道、管口和周围环境相关。需要特别指出的是,声源阻抗和管口辐射阻抗直接影响消声器的插入损失。因此,插入损失反映了整个系统在安装消声器前后声学特性的变化,也就是说,插入损失并不是消声器单独具有的属性。因此,同一个消声器安装在不同的系统中,其插入损失可能会不相同。然而,插入损失的测量比较容易,并且反映了安装消声器后的实际消声效果,是消声器声学性能的最终评价指标,在现场测量中被广泛使用。

对于大管径消声器,由于进出口管的平面波截止频率低,需要考虑相应的策略计算高于平面波截止频率时消声器的插入损失[13]。

3.2.2　传递损失

传递损失定义为出口为无反射端时，消声器进口处的入射声功率级与出口处的透射声功率级之差，表示为

$$\mathrm{TL}=L_{W_i}-L_{W_t}=10\lg(W_i/W_t) \tag{3.2.9}$$

其中，W_i 和 W_t 分别为消声器进口处的入射声功率和出口处的透射声功率，如图 3.2.2 所示。

图 3.2.2　消声器传递损失的定义

当进出口管道内的声波为平面波时，入射和透射声功率可表示为[14,15]

$$W_i=S_1 I_i=\frac{S_1(1+M_1)^2\,|\,p_i\,|^2}{\rho_1 c_1} \tag{3.2.10}$$

$$W_t=S_2 I_t=\frac{S_2(1+M_2)^2\,|\,p_t\,|^2}{\rho_2 c_2} \tag{3.2.11}$$

其中，I_i 和 p_i、I_t 和 p_t 分别为消声器进口处的入射声强和声压、出口处的透射声强和声压；S_1、ρ_1、c_1、M_1 和 S_2、ρ_2、c_2、M_2 分别为消声器进口和出口的横截面积、介质密度、声速和气流马赫数。值得注意的是，当气体流动方向与声波传播方向相同时，马赫数 M 取为正数，否则为负数。于是，消声器的传递损失可以表示为

$$\mathrm{TL}=20\lg\left\{\left(\frac{S_1}{S_2}\right)^{1/2}\left(\frac{1+M_1}{1+M_2}\right)\left(\frac{\rho_2 c_2}{\rho_1 c_1}\right)^{1/2}\left|\frac{p_i}{p_t}\right|\right\} \tag{3.2.12}$$

如果消声器进出口处的温度相同，则介质的特性阻抗也相同，于是式(3.2.12)简化为

$$\mathrm{TL}=20\lg\left\{\left(\frac{S_1}{S_2}\right)^{1/2}\left(\frac{1+M_1}{1+M_2}\right)\left|\frac{p_i}{p_t}\right|\right\} \tag{3.2.13}$$

如果消声器进出口的横截面积也相同，则式(3.2.13)进一步简化为

$$\mathrm{TL}=20\lg\left|\frac{p_i}{p_t}\right| \tag{3.2.14}$$

消声器的传递损失可以用四极参数来表示。将消声器进出口间的声压和质量速度表示成

$$\begin{Bmatrix}p_1\\v_1\end{Bmatrix}=\begin{bmatrix}A & B\\C & D\end{bmatrix}\begin{Bmatrix}p_2\\v_2\end{Bmatrix} \tag{3.2.15}$$

声压和质点振速可使用入射和反射声压来表示，即

$$p_1=p_i+p_r \tag{3.2.16}$$

$$p_2 = p_t \tag{3.2.17}$$

$$u_1 = \frac{1}{\rho_1 c_1}(p_i - p_r) \tag{3.2.18}$$

$$u_2 = \frac{1}{\rho_2 c_2}p_t \tag{3.2.19}$$

将式(3.2.16)~式(3.2.19)代入式(3.2.15),可以得到

$$2p_i = \left\{ A + B\left(\frac{S_2}{c_2}\right) + C\left(\frac{c_1}{S_1}\right) + D\left(\frac{c_1}{S_1}\frac{S_2}{c_2}\right) \right\} p_t \tag{3.2.20}$$

将式(3.2.20)代入式(3.2.12),得

$$\mathrm{TL} = 20\lg\left\{ \left(\frac{S_1}{S_2}\right)^{1/2}\left(\frac{1+M_1}{1+M_2}\right)\left(\frac{\rho_2 c_2}{\rho_1 c_1}\right)^{1/2}\frac{1}{2}\left| A + B\left(\frac{S_2}{c_2}\right) + C\left(\frac{c_1}{S_1}\right) + D\left(\frac{c_1}{S_1}\frac{S_2}{c_2}\right) \right| \right\} \tag{3.2.21}$$

如果消声器进出口处的温度相同,进出口横截面积也相同,则式(3.2.21)简化为

$$\mathrm{TL} = 20\lg\left\{ \frac{1}{2}\left| A + B\left(\frac{S_1}{c_1}\right) + C\left(\frac{c_1}{S_1}\right) + D \right| \right\} \tag{3.2.22}$$

如果把消声器进出口间的关系表示成

$$\left\{ \begin{array}{c} p_1 \\ \rho_1 c_1 u_1 \end{array} \right\} = \left[\begin{array}{cc} T_{11} & T_{12} \\ T_{21} & T_{22} \end{array} \right] \left\{ \begin{array}{c} p_2 \\ \rho_2 c_2 u_2 \end{array} \right\} \tag{3.2.23}$$

则消声器的传递损失表达式为

$$\mathrm{TL} = 20\lg\left\{ \left(\frac{S_1}{S_2}\right)^{1/2}\left(\frac{1+M_1}{1+M_2}\right)\left(\frac{\rho_2 c_2}{\rho_1 c_1}\right)^{1/2}\frac{|T_{11}+T_{12}+T_{21}+T_{22}|}{2} \right\} \tag{3.2.24}$$

如果消声器进出口处的温度相同,且进出口的横截面积也相同,则式(3.2.24)简化为

$$\mathrm{TL} = 20\lg\left(\frac{1}{2}|T_{11}+T_{12}+T_{21}+T_{22}| \right) \tag{3.2.25}$$

显然,传递损失与声源阻抗和管口辐射阻抗无关,只与消声器本体有关,因此传递损失在消声器声学性能的理论分析中被普遍使用。但是消声器传递损失的测量比较困难,因为需要测量管道内的入射声压和透射声压。

3.2.3 减噪量

减噪量定义为消声器进口和出口处的声压级之差,如图 3.2.3 所示,即

$$\mathrm{NR} = L_{p_1} - L_{p_2} = 20\lg|p_1/p_2| \tag{3.2.26}$$

如果使用声压和质量速度作为状态变量,则减噪量可以用四极参数的形式表示为

$$\mathrm{NR} = 20\lg\left| \frac{Z_r A_1 + B_1}{Z_r A_2 + B_2} \right| \tag{3.2.27}$$

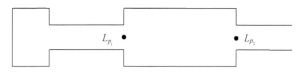

图 3.2.3　消声器减噪量的定义

其中，A_1 和 B_1 为消声器进口到下游管道出口间传递矩阵的元素；A_2 和 B_2 为消声器出口到下游管道出口间传递矩阵的元素。

可以看出，减噪量不仅与消声器本体相关，还与管口辐射阻抗相关。需要注意的是，降噪量的测量仍然需要在管道内进行。

以上讨论的三个声学性能指标中，插入损失是评价消声器实际消声效果最合适的参数，它反映了安装消声器前后管口辐射声功率级之差。插入损失虽然容易测量，但是难以预测，因为它与声源阻抗和管口辐射阻抗相关。相比之下，传递损失易于预测，但是它只是消声器真实消声性能的一个近似参数。值得注意的是，当声源和管端为无反射时，消声器的插入损失和传递损失是相同的。减噪量虽然不要求知道噪声源信息，但仍然与管口辐射特性相关。

消声器声学性能评价指标的最终选取取决于预期获得的计算精度和能够得到的数据信息。例如，为预测插入损失所需要的声源阻抗 Z_s 一般需要通过实验的方法来确定，但是对于多数的实际应用，这个过程所需付出的代价通常是比较高的。因此，在消声器设计时，通常使用传递损失作为性能指标，但是需要对其近似有比较清晰的了解，而在现场实验时的最终评价仍然是插入损失的测量结果。

3.3　管道及消声器的四极参数

3.3.1　四极参数的计算方法

为计算消声器的声学性能，首先需要求出消声器和整个管道系统传递矩阵的四极参数。计算四极参数的方法可以分为两类：频域方法和时域方法。

频域方法就是结合相应的边界条件在频率域内求解声波传播的控制方程——亥姆霍兹方程。对于流动介质中的声传播，控制方程中还包含流动马赫数项。常用的频域方法有：基于平面波理论的传递矩阵法、二维和三维解析方法、有限元法和边界元法。平面波理论只适用于消声器的低频声学分析，即消声器内不存在高阶模态，其优点是公式简单、计算速度快。二维和三维解析方法可应用于计算具有规则形状的消声器和声学结构的四极参数，并且能够考虑多维波效应。有限元法和边界元法属于数值计算方法，能够计算任意形状消声器或声学结构的四极参数和声学性能，其优点是适用性强，且可以考虑介质的流动效应，缺点是需要进行离散化处理，数据准备工作量大、计算时间长。

时域方法是基于非稳态流体动力学模型,使用有限差分法或有限体积法求解流体的流动方程以获得流体参数在时间域内的变化历程,然后使用快速傅里叶变换得到频率域内的相关参数。时域方法分为一维时域方法和三维时域方法。一维时域方法已经得到了较为广泛的应用,这种方法不仅可以预测消声器中的声传播、传递损失、插入损失和尾管辐射噪声等参数,而且作为一个完整的进气系统—发动机—排气系统模拟,对于影响发动机和消声器性能的诸多因素,如随空间位置变化的流速、平均压力和温度等都可以包括在计算模型中。但在模拟计算时,需要假设排气系统中的声波以平面波的形式传播,使得该方法的有效频率范围只限于平面波域。三维时域方法应用于计算和分析消声器的声学性能才刚刚开始。与频域方法相比,时域方法的优点是可以考虑消声器和管道系统内复杂流动和介质的黏滞性对声传播的影响,而且可以模拟消声器和管道系统中的非线性效应;其缺点是计算时间过长,目前还很难应用于预测和分析实际消声器的声学性能。

管道声学单元四极参数和消声器声学性能的计算方法将在以后各章中详细介绍。

3.3.2　低马赫数流的影响

在实际的消声器和管道系统中都存在气体的流动,气体的流动直接影响声波的传播,进而影响消声器的消声特性。对于等截面管道内的声传播,可以使用第 2 章中的理论直接求出其四极参数表达式。但是多数消声器内部的流场是三维的,需要使用三维数值方法计算消声器内的流场并考虑流场对消声性能的影响。然而,求解三维流动介质中的声传播是个复杂的过程,首先需要计算流场,然后计算声场。研究表明[16],对于具有低马赫数势流的抗性声学单元,其四极参数可以使用无流时该单元的四极参数来表述。下面建立有流和无流时抗性声学单元四极参数间的关系式。

对于各向同性的无旋低马赫数运动流体中的声传播,流场与声场的控制方程可表示为[17]

$$\nabla^2 \phi^F = 0 \tag{3.3.1}$$

$$\nabla^2 \phi^A + 2\mathrm{j}(k/c)\nabla \phi^F \cdot \nabla \phi^A + k^2 \phi^A = 0 \tag{3.3.2}$$

其中,ϕ^F 和 ϕ^A 分别为稳态流速度势和声速度势。流体速度、质点振速和声压用速度势的形式分别表示为

$$u^F = -\nabla \phi^F \tag{3.3.3}$$

$$u^A = -\nabla \phi^A \tag{3.3.4}$$

$$p^A = \rho_0(\mathrm{j}\omega \phi^A - \nabla \phi^F \cdot \nabla \phi^A) \tag{3.3.5}$$

将声速度势做如下变换：

$$\phi^A = \phi^B \exp(-jk\phi^F/c) \tag{3.3.6}$$

将式(3.3.6)代入式(3.3.2)得

$$\nabla^2\phi^B + k^2\phi^B + k^2\phi^B\ (\nabla\phi^F/c)^2 = 0 \tag{3.3.7}$$

其中，$(\nabla\phi^F/c)^2$ 为马赫数的二阶小量，与第二项相比，第三项可以忽略。因此，式(3.3.7)变成

$$\nabla^2\phi^B + k^2\phi^B = 0 \tag{3.3.8}$$

显然，式(3.3.8)是亥姆霍兹方程，相应地，ϕ^B 即为静态介质中的声速度势。

对于静态介质中的声场，质点振速 u^B 和声压 p^B 与声速度势 ϕ^B 之间的关系可表示为

$$u^B = -\nabla\phi^B \tag{3.3.9}$$

$$p^B = j\rho_0\omega\phi^B \tag{3.3.10}$$

把式(3.3.6)、式(3.3.9)和式(3.3.10)代入式(3.3.5)式(3.3.4)，并且忽略掉马赫数的二阶小量，得

$$p^A = \exp(-jk\phi^F/c)(p^B - \rho_0 cM \cdot u^B) \tag{3.3.11}$$

$$u^A = \exp(-jk\phi^F/c)\left[u^B - Mp^B/(\rho_0 c)\right] \tag{3.3.12}$$

其中，M 为介质流动马赫数，即

$$M = -\nabla\phi^F/c \tag{3.3.13}$$

当进出口满足平面波和均匀流条件时，可以得到如下关系式：

$$\begin{Bmatrix} p_1^A \\ \rho_0 c u_1^A \end{Bmatrix} = \exp(-jk\phi_1^F/c)\begin{bmatrix} 1 & -M_1 \\ -M_1 & 1 \end{bmatrix}\begin{Bmatrix} p_1^B \\ \rho_0 c u_1^B \end{Bmatrix} \tag{3.3.14}$$

$$\begin{Bmatrix} p_2^A \\ \rho_0 c u_2^A \end{Bmatrix} = \exp(-jk\phi_2^F/c)\begin{bmatrix} 1 & -M_2 \\ -M_2 & 1 \end{bmatrix}\begin{Bmatrix} p_2^B \\ \rho_0 c u_2^B \end{Bmatrix} \tag{3.3.15}$$

其中，下标 1 和 2 分别代表进口和出口。

对于静态介质情况，声学单元进出口间的关系可以表示成

$$\begin{Bmatrix} p_1^B \\ \rho_0 c u_1^B \end{Bmatrix} = \begin{bmatrix} T_{11}^B & T_{12}^B \\ T_{21}^B & T_{22}^B \end{bmatrix}\begin{Bmatrix} p_2^B \\ \rho_0 c u_2^B \end{Bmatrix} \tag{3.3.16}$$

其中，T_{11}^B、T_{12}^B、T_{21}^B、T_{22}^B 为无流时声学单元的四极参数。

结合式(3.3.13)～式(3.3.16)，忽略掉马赫数二阶小量，得

$$\begin{Bmatrix} p_1^A \\ \rho_0 c u_1^A \end{Bmatrix} = \begin{bmatrix} T_{11}^A & T_{12}^A \\ T_{21}^A & T_{22}^A \end{bmatrix}\begin{Bmatrix} p_2^A \\ \rho_0 c u_2^A \end{Bmatrix} \tag{3.3.17}$$

其中，T_{11}^A、T_{12}^A、T_{21}^A、T_{22}^A 为有低马赫数流时声学单元的四极参数，可以表示为

$$\begin{bmatrix} T_{11}^A & T_{12}^A \\ T_{21}^A & T_{22}^A \end{bmatrix} = \exp\left(jk\frac{\phi_2^F - \phi_1^F}{c}\right) \begin{bmatrix} T_{11}^B - T_{21}^B M_1 + T_{12}^B M_2 & T_{12}^B - T_{22}^B M_1 + T_{11}^B M_2 \\ T_{21}^B - T_{11}^B M_1 + T_{22}^B M_2 & T_{22}^B - T_{12}^B M_1 + T_{21}^B M_2 \end{bmatrix}$$

$$(3.3.18)$$

由式(3.3.18)可以看出，平均流马赫数对四极参数有明显影响。值得注意的是，当声学单元的进出口满足平面波和均匀流条件时，无论其内部是否为平面波和均匀流场，式(3.3.18)均成立，因为在整个推导过程中，并没有做出任何限制性条件。式(3.3.18)中的 $\exp\{jk(\phi_2^F - \phi_1^F)/c\}$ 项在计算消声器声学性能时是可以忽略的，因为它只是代表了一个相位，对传递损失和插入损失等声学性能指标的计算结果没有任何影响。因此，有低马赫数流时，声学单元的四极参数可以使用无流时相应的四极参数来计算，而无流时的四极参数可以使用前面介绍的解析方法或数值方法求出。

将式(3.3.18)中的四极参数代入式(3.2.24)的传递损失计算公式，忽略掉马赫数二阶小量，得

$$TL = 10\lg\left(\frac{S_1}{S_2}\right) + 20\lg\left(\frac{1}{2}\,|\,T_{11}^B + T_{12}^B + T_{21}^B + T_{22}^B\,|\,\right) \qquad (3.3.19)$$

可见，低马赫数平均流对抗性消声器的传递损失没有任何影响。

3.4　管口的辐射阻抗

辐射阻抗代表大气施加给管口的声辐射阻抗，它可以由管口处一个假想的活塞以均匀的速度 $\bar{u}$ 振动而产生的三维声场计算得到，于是辐射阻抗可表示为

$$Z_r = \frac{\bar{p}}{\bar{v}} \qquad (3.4.1)$$

其中，$\bar{p}$ 代表作用在活塞上的平均声压；$\bar{v} = \rho_0 S\bar{u}$ 为声学质量速度。

辐射阻抗可以用反射系数 R 来表示，即

$$Z_r = Y\frac{1+R}{1-R} \qquad (3.4.2)$$

其中，$Y = c/S$。反射系数 R 是复数，可以写成如下形式：

$$R = |R|\,e^{j\theta} \qquad (3.4.3)$$

其中，$|R|$ 和 θ 分别为反射系数的幅值和相位角。相位角可以用端部修正来表示，端部修正可以看作开口处流体负载产生的惯性效应而使管道增加的一段附加长度 δ，在该附加长度末端反射系数的相位角等于 π，即

$$R(\delta) = \frac{p^-(0)e^{jk^-\delta}}{p^+(0)e^{-jk^+\delta}} = |R|\,e^{j\theta}e^{j(k^+ + k^-)\delta} = |R|\,e^{j\pi} \qquad (3.4.4)$$

由此得到相位角与端部修正之间的关系为

$$\theta = \pi - (k^+ + k^-)\delta \qquad (3.4.5)$$

其中，k^+ 和 k^- 分别代表沿管道正向和反向传播波的波数。如果管道内没有介质的流动，则 $k^+ = k^- = k$，反射系数可以写为

$$R = |R| e^{j(\pi - 2k\delta)} \qquad (3.4.6)$$

3.4.1　无流时的反射系数

对于出口与无限大刚性平板平嵌的管道，当 $ka < 0.5$ 时（a 为管道半径），辐射阻抗可近似表示为[18]

$$Z_r = Y\left(\frac{k^2 a^2}{2} + j0.85ka\right) \qquad (3.4.7)$$

对于具有开口端的薄壁圆形管道，Levine 和 Schwinger[19]通过理论分析得到了管口处的反射系数幅值 $|R|$ 和端部修正 δ 随 ka 变化的曲线；Davies 等[20]将这些计算结果表示成如下经验公式：

$$|R| = 1 + 0.01336ka - 0.59079(ka)^2 + 0.33576(ka)^3 - 0.06432(ka)^4, \quad ka < 1.5 \qquad (3.4.8)$$

$$\delta/a = \begin{cases} 0.6133 - 0.1168(ka)^2, & ka < 0.5 \\ 0.6393 - 0.1104ka, & 0.5 < ka < 2 \end{cases} \qquad (3.4.9)$$

当 $ka < 0.5$ 时，辐射阻抗可近似表示为

$$Z_r = Y\left(\frac{k^2 a^2}{4} + j0.6ka\right) \qquad (3.4.10)$$

可见，在频率足够低（$ka < 0.5$）时，声波由管口向自由空间辐射的声阻是向半无限空间辐射声阻的一半，向自由空间辐射的声抗也低于向半无限空间辐射的声抗。辐射声阻类比于电路理论中的电阻，对尾管端的声辐射起直接作用，辐射声抗导致声压和声质量速度之间的相位差。

在工程设计中经常使用特殊形状的管端，使用解析方法很难求出管口的辐射声阻抗，为此可以使用数值方法。边界元法是求解无限空间和半无限空间中声辐射问题的最有效方法，能够用于计算管口的反射系数和端部修正[21]，具体的求解方法将在第 7 章中介绍。

3.4.2　有流时的反射系数

在实际的管道消声系统中，管道内的声传播和管口处的声辐射通常是在流动介质中进行的，因此有必要获取伴流状态下管口的辐射阻抗（或反射系数幅值和端部修正）。

Munt[22]基于声和涡流场的耦合理论提出了一种求解有流时薄壁圆形管道管口声辐射的方法，并且计算得到了不同马赫数下的反射系数幅值，如图 3.4.1 所示。Munt 的计算结果表明，当亥姆霍兹数(ka)趋于零时，所有流速下的声反射系数幅值均趋于 1。中等亥姆霍兹数时的反射系数幅值大于 1，峰值大致出现在施特鲁哈尔(Strouhal)数 $S_t = ka/M \approx \pi/2$。反射系数大于 1 的原因可以解释为不稳定涡流层在管口处的相互作用将流体动能转化成声能，从而导致经开口端的透射声增强所致。当亥姆霍兹数较大时，反射系数随亥姆霍兹数的增加而降低。Munt 的计算结果和上述结论后来被 Allam 和 Åbom[23]以及 Tiikoja 等[24]通过实验测量得以证实。

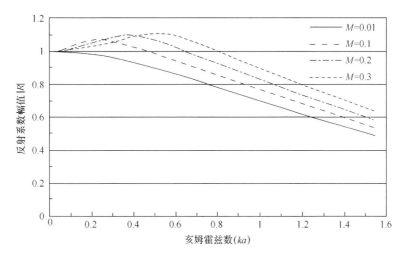

图 3.4.1　有流状态下圆形管道管口的反射系数

图 3.4.2 为不同流速下圆形管道管口反射系数幅值和端部修正的实验测量结果以及 Munt 理论的计算结果[24]。可以看出，在亥姆霍兹数较小时，端部修正与流速密切相关，当 $ka \to 0$ 时，端部修正幅值趋于 $\delta/a = 0.2554\sqrt{1-M^2}$；当接近高阶模态激发频率($ka \to 1.84$)时，端部修正值靠近无流时 Levine 和 Schwinger 的计算结果[19]。

图 3.4.3 为恒定流速(65m/s)下冷流和热流(200℃)时，管口反射系数幅值和端部修正的实验测量结果和 Munt 理论的计算结果[24]。可以看出，温度升高，反射系数的峰值增大且向低亥姆霍兹数方向移动。

管口的反射特性也可以用能量反射系数 R_E 来表示[25]，定义为反射和入射声功率之比：

$$R_E = |R|^2 \frac{(1-M)^2}{(1+M)^2} \tag{3.4.11}$$

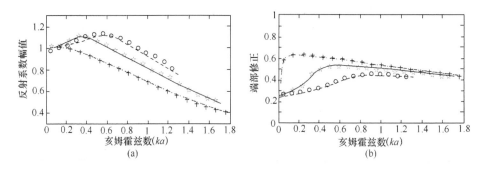

图 3.4.2　管口反射系数幅值和端部修正

测量值：+–$C=1.04,M=0.005$；☆–$C=1.04,M=0.15$；○–$C=1.04,M=0.3$

Munt 理论：––––$C=1.04,M=0.005$；——$C=1.04,M=0.15$；– – –$C=1.04,M=0.3$

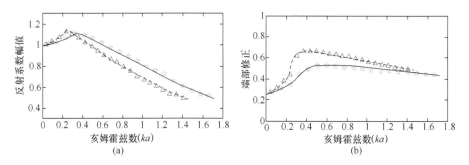

图 3.4.3　管口反射系数幅值和端部修正

测量值：☆–$C=1.04,M=0.15$；△–$C=1.27,M=0.12$

Munt 理论：——$C=1.04,M=0.15$；– – –$C=1.27,M=0.12$

　　图 3.4.4 为有流时管口能量反射系数幅值的实验测量结果和 Munt 理论的计算结果[24]。可以看出,平均流的存在对管口声能反射影响很大。当亥姆霍兹数较小时,能量反射系数随流速的增加而降低;随着亥姆霍兹数的增大,能量反射系数逐渐升高并达到峰值,这一现象可以解释为由涡脱落造成的声吸收所致。能量反射系数达到峰值之后,管口开始更有效地向远场辐射声能,使得在亥姆霍兹数较高时能量反射系数降低。

　　通过前面的比较和分析可以看出,Munt 提出的理论方法[22]是计算有流时圆形管道管口声辐射的一种有效方法。根据该理论编写计算子程序[26],并将其应用于计算消声器的插入损失是一种比较理想的方法。

　　以上分析均局限在管道的平面波截止频率以内。在工程中经常需要处理大管径系统和高频声学问题,当管道内存在可传播的高阶模态时,需要考虑高阶模态的辐射问题[27]。

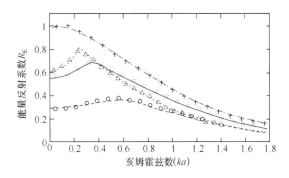

图 3.4.4　管口能量反射系数幅值

测量值:+-$C=0$,$M=0.15$;☆-$C=1.04$,$M=0.15$;○-$C=1.04$,$M=0.3$;△-$C=1.27$,$M=0.12$

Munt 理论:-·-·-$C=0$,$M=0.15$;———$C=1.04$,$M=0.15$;

---$C=1.04$,$M=0.3$;····$C=1.27$,$M=0.12$

对于特殊形状的管端,考虑介质流动效应时的辐射阻抗(或反射系数幅值和端部修正)可以使用二维或三维数值方法进行计算,如晶格玻尔兹曼方法(lattice Boltzmann method)[28]和时域 CFD 方法。

3.5　噪声源的声阻抗

为计算消声器的插入损失,除了管道系统的四极参数和管口的辐射阻抗外,还需要获得噪声源的声阻抗。声源阻抗的简化模型有如下三种:

(1) 恒压声源,对应于 $Z_s=0$;

(2) 恒速声源,对应于 $Z_s=\infty$;

(3) 无反射声源,对应于 $Z_s=\rho_0 c$。

然而,使用上述三种简化声源模型计算得到的消声器插入损失相差较大。为精确预测消声器的插入损失,需要获得真实的声源阻抗。

由于流体机械噪声源产生的机理极其复杂,且存在着诸多物理参数以及它们之间的相互影响,还有可能存在非线性效应,目前解析方法还不能用于求解声源阻抗,因此需要通过实验测量手段或数值模拟方法来提取声源阻抗。

关于声源阻抗的实验测量将在第 9 章中加以介绍。

数值模拟方法是替代实验手段获取声源阻抗的一种有效方法。内燃机中的气体流动可以使用一组耦合非线性方程(质量守恒、动量和能量)加以描述,有限体积法和有限差分法是求解这组非线性方程最常用的数值方法。内燃机工作过程仿真软件 GT-Power、AVL-Boost 和 Ricardo-Wave 已被广泛使用,可以用于计算内燃机的功率、扭矩以及进排气系统中的压力和流速等参数,也可以计算进排气系统内任意位置处的声压,于是结合两负载法或多负载法可以提取出进排气系统任意截

面处的声源阻抗和强度[29~35]。下面以 GT-Power 软件为例,介绍内燃机排气噪声
源阻抗计算的基本步骤和原理。

首先搭建内燃机和排气系统的仿真模型,然后在排气系统末端连接一个直管负
载。直管负载进口端为排气噪声源与负载的交界面,在此截面处安装一个体积速度
传感器和压力速度传感器,以及对压力信号和体积速度信号进行处理的 Multiload
模块。GT-Power 软件计算声源阻抗时最少需要两个直管负载,最多可以使用 10
个负载。排气声源需要连接一个直管负载,直管的长度随工况改变。软件对不同
负载进行两两随机组合,在所有工况中,通过平均不同负载组合时的声源特性而得
到声源阻抗的计算结果。

图 3.5.1 为使用 GT-Power 软件计算内燃机排气噪声源阻抗的模型图,其中
源截面处的声压和体积速度由两个传感器测得,传感器把测得的时域信号输入
Multiload 模块中,该模块对输入的时域信号进行傅里叶变换,得到源截面处声压
和体积速度的频域信号,然后借助图 3.1.1 的表述方法可以得到如下声源阻抗计
算公式:

$$Z_s = (p_l - p'_l)/(V'_l - V_l) \tag{3.5.1}$$

其中,p_l 和 V_l 分别为连接原负载时的声压和体积速度;p'_l 和 V'_l 分别为变负载时的
声压和体积速度。

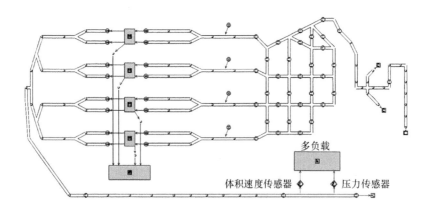

图 3.5.1　使用 GT-Power 软件的排气噪声源阻抗计算模型

使用 GT-Power 软件模拟计算声源阻抗,方法比较简单,但是计算结果可能会
存在一些不足。例如,所求得的声源阻抗实部在一些频率处出现负值。为此学者
对声源阻抗提取算法、负载的选取、声源的非线性和时变效应等问题开展了较为深
入研究[36~39]。关于使用两负载法或多负载法提取声源阻抗的具体方法将在第 9

章中加以介绍。

　　声源阻抗的实验测量不仅需要相应的测试仪器和设备,而且耗费时间、代价高,尤其是内燃机声源阻抗的测量更困难,这是因为内燃机进排气声源特性不仅与频率相关,还与转速和负载相关,需要对每个工况进行测量,这将耗费大量时间。因此,使用数值模拟来提取声源阻抗是一种颇具吸引力的方法。

3.6　吸 声 材 料

　　吸声材料在消声器中被广泛使用以改善中高频消声性能,形成阻性消声器或阻抗复合式消声器。本节介绍吸声材料的特征参数,推导均质吸声材料中的声波方程,并且给出吸声材料声学特性的表述方法。

3.6.1　特征参数

　　吸声材料包括多孔材料和纤维材料。这些材料都有开放的孔隙,其典型尺寸在几毫米以下,远小于声波波长。由于声波的作用,材料孔隙中的空气分子以声波激励的频率振动,从而导致摩擦损失,并且将声能转化成热能。此外,流动方向的改变以及空气通过不规则孔隙时的膨胀和收缩导致声波传播方向上的动量损失。这两种现象是吸声材料中高频声能损失的主要原因。

　　由于吸声材料本身结构的不规则性,目前还没有能够考虑所有因素的理论解可供使用。吸声材料几何形状和结构的复杂性迫使我们使用粗略特性来描述其声学属性,这些特性可以通过对实验样品的测量而得到。为模拟吸声材料的声学特性,要求使用一些经验数据。实验表明,影响吸声材料声学特性的主要因素有孔隙率、流阻率和结构因子。

　　1. 孔隙率

　　孔隙率定义为孔隙的体积与吸声材料所占的总体积之比,即

$$h = \frac{V_g}{V_m} = 1 - \frac{V_s}{V_m} \tag{3.6.1}$$

其中,V_g、V_s 和 V_m 分别为气相、固相(骨架)和吸声材料的体积,且 $V_m = V_g + V_s$。孔隙率也可以表示为

$$h = 1 - \frac{\rho_m}{\rho_s} \tag{3.6.2}$$

其中,ρ_s 是固相的密度;ρ_m 为吸声材料的平均密度。对于矿物棉、玻璃纤维和多孔弹性泡沫,孔隙率一般在 95% 以上。

2. 流阻率

流阻率(比流阻)是吸声材料最重要的特性参数,定义为

$$\sigma = -\frac{1}{U}\frac{\Delta p}{\Delta x} \tag{3.6.3}$$

其中,Δp 是厚度为 Δx 的吸声材料两侧的静压差;U 是通过吸声材料的气流速度。流阻率的单位为 N・s/m^4 或 kg/(m^3・s),在工程中经常使用 mks Rayl/m。

　　厚度为 Δx 的吸声材料层的流阻为 $\sigma\Delta x$。普通吸声材料的流阻率为 $2\times10^3\sim$ 2×10^5 kg/(m^3・s)。对于固定的材料平均密度,流阻率随着纤维直径的增加而急剧下降。

3. 结构因子

吸声材料骨架几何形式对有效密度和压缩性的影响可以用结构因子来表示,表示有效流体密度与它的自由空间值之比。

　　结构因子随频率的升高而降低,其范围为 $s=6\sim1$,一般情况下,取 $s=1.3$。多数商业声学软件中将结构因子取为 $s=1$。

3.6.2　修正的声波方程

下面以平面声波为例,推导均质吸声材料中的声波方程。

　　在 2.1 节中,由线性化的质量和动量守恒方程以及表示气体声压和密度变化量之间关系的等熵关系式推导获得了理想静态气体中的声波方程。对于均质吸声材料中的声波,需要修改守恒方程以考虑孔隙率、流阻率和结构因子以及等熵可压缩性偏差的影响[5]。

　　考虑到固相材料所占体积以及平均模量与 γP_0 的不一致产生偏差的影响,无约束流体的质量守恒方程需要修改为

$$(\rho_0/\kappa)\frac{\partial p}{\partial t} + (\rho_0/h)\frac{\partial u}{\partial x} = 0 \tag{3.6.4}$$

其中,κ 是气体的有效平均模量。在纤维材料中,κ 的典型变化范围在 $P_0(\sigma/(\omega\rho_0))=$ 100 时)和 $\gamma P_0(\sigma/(\omega\rho_0))<0.1$ 时)之间,这两个 $\sigma/(\omega\rho_0)$ 值对应于几十赫兹和几万赫兹。

　　考虑到孔隙率、流阻率和结构因子的影响,无约束流体的动量方程需要修改为

$$\frac{\partial p}{\partial x} = -(s\rho_0/h)\frac{\partial u}{\partial t} - \sigma u \tag{3.6.5}$$

其中,右侧第一项中孔隙率 h 的存在被解释为材料孔隙中的平均质点加速度与单位面积的体积加速度 $(\partial u/\partial t)$ 相比的放大因子;第二项表示单位体积的黏滞性阻力。在简谐运动的情况下,式(3.6.5)可表示成

$$\frac{\partial p}{\partial x} = -(s\rho_0/h - \mathrm{j}\sigma/\omega)\frac{\partial u}{\partial t} \tag{3.6.6}$$

与式(2.1.2)相比,可以把 $(s\rho_0/h - \mathrm{j}\sigma/\omega)$ 看作复密度,用 $\tilde{\rho}$ 来表示,即

$$\tilde{\rho} = s\rho_0/h - \mathrm{j}\sigma/\omega \tag{3.6.7}$$

这种解释表明,吸声材料中平面行波的简谐声压和质点加速度之间的相位差不再像自由空间中那样为 $90°$。

对式(3.6.4)取关于时间 t 的微分,对式(3.6.5)取关于坐标 x 的微分,消去公共项 $\partial^2 u/(\partial x \partial t)$,得到如下方程:

$$\frac{\partial^2 p}{\partial x^2} - (s\rho_0/\kappa)\frac{\partial^2 p}{\partial t^2} - (\sigma h/\kappa)\frac{\partial p}{\partial t} = 0 \tag{3.6.8}$$

式(3.6.8)称为修正的平面声波方程。可以看出,参数 h、s、σ 和平均模量 κ 一起影响平面波的传播速度。注意到,当 $\sigma=0$、$\kappa=\gamma P_0$、$s=1$、$h=1$ 时,式(3.6.8)就简化成式(2.1.3)。

对于简谐平面声波,可以设定

$$p(x,t) = p(x)\mathrm{e}^{\mathrm{j}\omega t} \tag{3.6.9}$$

将式(3.6.9)代入式(3.6.8),得

$$\frac{\partial^2 p(x)}{\partial x^2} + \omega^2 [s\rho_0/\kappa - \mathrm{j}\omega\sigma h/\kappa]p(x) = 0 \tag{3.6.10}$$

引入复波数

$$\tilde{k} = \omega\sqrt{s\rho_0/\kappa - \mathrm{j}\omega\sigma h/\kappa} \tag{3.6.11}$$

式(3.6.10)变成

$$\frac{\partial^2 p(x)}{\partial x^2} + \tilde{k}^2 p(x) = 0 \tag{3.6.12}$$

其解可以表示为

$$p(x) = A\exp(-\mathrm{j}\tilde{k}x) + B\exp(\mathrm{j}\tilde{k}x) \tag{3.6.13}$$

$$u(x) = \frac{1}{\tilde{z}}[A\exp(-\mathrm{j}\tilde{k}x) - B\exp(\mathrm{j}\tilde{k}x)] \tag{3.6.14}$$

其中,$\tilde{z} = \tilde{\rho}\tilde{c}$ 为吸声材料的特性阻抗,$\tilde{c} = \omega/\tilde{k}$ 为吸声材料中的声速。值得一提的是,声速 $\tilde{c}$ 和特性阻抗 $\tilde{z}$ 也都是复数。

对于简谐行波 $p(x) = A\exp(-\mathrm{j}\tilde{k}x)$,把复波数写成 $\tilde{k} = \beta - \mathrm{j}\alpha$,其中 α 称为衰减常数,β 称为传播常数。吸声材料中声压随空间的分布如图 3.6.1 所示。因此,吸声材料可以作为有损失的各向同性介质来处理。

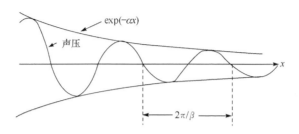

图 3.6.1　简谐行波的指数衰减

对于均质吸声材料中的三维声波,使用与平面声波相似的推导过程可以得到如下控制方程:

$$\nabla^2 p - (s\rho_0/\kappa)\frac{\partial^2 p}{\partial t^2} - (\sigma h/\kappa)\frac{\partial p}{\partial t} = 0 \tag{3.6.15}$$

如果声波随时间变化的关系是简谐的,可以得到

$$\nabla^2 p + \tilde{k}^2 p = 0 \tag{3.6.16}$$

式(3.6.16)称为修正的亥姆霍兹方程。质点振速与声压间的关系可以通过线性化的动量方程建立起如下关系:

$$u = \mathrm{j}\frac{\nabla p}{\tilde{\rho}\omega} \tag{3.6.17}$$

3.6.3　吸声材料声学特性的表述方法

在描述吸声材料声学特性时,通常使用无量纲参数 $E = \rho_0 f/\sigma$。基于大量的实验测量结果,吸声材料的复波数和复特性阻抗可以使用如下经验公式来表示[5]:

$$k_n = \tilde{k}/k_0 = (1 + a_1 E^{-\alpha_1}) - \mathrm{j}a_2 E^{-\alpha_2} \tag{3.6.18}$$

$$z_n = \tilde{z}/z_0 = (1 + b_1 E^{-\beta_1}) - \mathrm{j}b_2 E^{-\beta_2} \tag{3.6.19}$$

表 3.6.1 给出了矿物棉和岩棉、玻璃纤维吸声材料的回归系数 a_1、a_2、α_1、α_2、b_1、b_2、β_1 和 β_2。

表 3.6.1　计算纤维状吸声材料波数和特性阻抗的回归系数[5]

材料	E	a_1	α_1	a_2	α_2	b_1	β_1	b_2	β_2
矿物棉	$E \leqslant 0.025$	0.136	0.641	0.322	0.502	0.081	0.699	0.191	0.556
和岩棉	$E > 0.025$	0.103	0.716	0.179	0.663	0.0563	0.725	0.127	0.655
玻璃纤维	$E \leqslant 0.025$	0.135	0.646	0.396	0.458	0.0668	0.707	0.196	0.549
	$E > 0.025$	0.102	0.705	0.179	0.674	0.0235	0.887	0.0875	0.770

　　对于高温环境中使用的消声器(如内燃机排气消声器),为计算消声性能需要预先知道在设计温度下吸声材料的声学特性。一般来讲,设计温度下吸声材料的波数和特性阻抗并不一定需要通过实验测量获得,可以通过标定室温下吸声材料声学特性的值来求出。为此,需要首先求出在设计温度下的无量纲频率变量 $E=\rho_0 f/\sigma$,因为吸声材料的波数和特性阻抗取决于这个量。考虑温度对空气的密度 ρ_0 和动力黏度 η 的影响为

$$\rho_0(T)=\rho_0(T_0)\frac{T_0}{T} \tag{3.6.20}$$

$$\eta(T)=\eta(T_0)\left(\frac{T_0}{T}\right)^{-0.65} \tag{3.6.21}$$

得到在设计温度下的无量纲频率变量为

$$E(T)=E(T_0)\left(\frac{T_0}{T}\right)^{1.65} \tag{3.6.22}$$

其中,T 和 T_0 分别代表设计温度和室温(热力学温度)。考虑到声速随温度变化关系 $c=c_0(T/T_0)^{1/2}$,于是在设计温度下吸声材料的波数和特性阻抗可表示为

$$\tilde{k}(T)=k_n\big[E(T)\big]k_0\left(\frac{T_0}{T}\right)^{1/2} \tag{3.6.23}$$

$$\tilde{z}(T)=z_n\big[E(T)\big]z_0\left(\frac{T_0}{T}\right)^{1/2} \tag{3.6.24}$$

其中,$k_n\big[E(T)\big]$ 和 $z_n\big[E(T)\big]$ 分别为正则化的波数和特性阻抗,它们分别由式(3.6.18)和式(3.6.19)计算得到。

　　关于多孔材料中的声传播及其模拟方法在文献[40]有详细介绍。

3.7　穿 孔 元 件

　　穿孔元件是一种在管壁或板上穿有大量小孔的结构,如图 3.7.1 所示,在消声器中被广泛使用。在抗性消声器中,使用穿孔元件的目的是为了降低流动阻力损失以及改善特定频率范围内的消声性能。在阻性消声器中,使用穿孔元件用来保护吸声材料以免被气流吹出。为了计算含有穿孔元件消声器的声学性能,首先需要确定穿孔声阻抗。

　　在后面将会看到,穿孔声阻抗是穿孔消声器声学性能计算中极其重要的一个参数。由于消声器中使用的穿孔管和穿孔板一般是多孔薄壁结构,解析描述每个孔内的声传播以及孔间的相互作用是非常困难,甚至是不现实的,因此在消声器声学性能计算中通常使用穿孔声阻抗来表示穿孔元件的声学特性。穿孔声阻抗是一些物理变量的复杂函数,包括穿孔率、孔径、壁厚、孔内平均流速等,同时其也是频

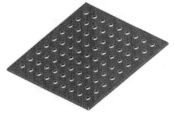

图 3.7.1　穿孔管和穿孔板

率的函数。由于穿孔声阻抗的解析表达式很难获得,人们采取了各种方法测量或计算穿孔声阻抗,并得到了一些经验公式。

穿孔声阻抗定义为穿孔元件两侧的声压之差与质点振速之比,即

$$\zeta_p = \frac{p_1 - p_2}{u_1} \tag{3.7.1}$$

穿孔声阻抗率则为

$$\zeta_p = \frac{p_1 - p_2}{\rho_0 c u_1} = R_p + j X_p \tag{3.7.2}$$

其中,j 是虚数单位;R_p 和 X_p 分别称为穿孔声阻率和声抗率。

3.7.1　无流时穿孔声阻抗

Bauer[41]给出了穿孔板的声阻率表达式为

$$R_p = \frac{R_h}{\phi} = \frac{\sqrt{8\rho_0 \mu \omega}(1 + t_w/d_h)/z_0}{\phi} \tag{3.7.3}$$

其中,μ 为动力黏度;ω 为圆频率;t_w 为穿孔板的厚度;d_h 为孔的直径;z_0 为介质的特性阻抗;ϕ 为穿孔率。

穿孔板的声抗率可以表示成

$$X_p = \frac{k(t_w + \alpha d_h)}{\phi} \tag{3.7.4}$$

其中,k 为波数;α 为孔的端部修正系数。

Rayleigh[18]最早研究了无限大刚性平板上圆形活塞振动向半无限空间的声辐射,并得到了频率趋于零时的端部修正系数为 $\alpha = \delta/a \approx 8/(3\pi) \approx 0.85$,其中 a 为圆孔的半径。

Ingard[42]使用平面活塞振动的近似模型研究了小孔向声腔内辐射所形成的端部修正。对于半无限长的矩形声腔,Ingard 使用模态展开法推导得到了圆孔的端部修正系数表达式为

$$\alpha = \frac{4}{\pi^2} \frac{1}{(\xi\eta)^{1/2}} \sum_{m=0}^{\infty} \sum_{n=0}^{\infty} {}' \varepsilon_{mn} \frac{J_1^2 \left[\pi \sqrt{(m\xi)^2 + (n\eta)^2} \right]}{\left[m^2(h/b) + n^2(b/h) \right]^{3/2}} \tag{3.7.5}$$

其中,$\xi = d_h/b$;$\eta = d_h/h$;b 和 h 为矩形腔的横向尺寸;撇号代表求和式中不包含 $(0,0)$ 模态;$m \neq 0$ 且 $n \neq 0$ 时,$\varepsilon_{mn} = 1$,否则 $\varepsilon_{mn} = 1/2$;J_1 为 1 阶第一类贝塞尔函数。式(3.7.5)的具体推导过程将在后面章节加以介绍。Ingard 的研究表明,小孔面积与管道横截面积之比(即穿孔率)对端部修正系数有明显影响,随着面积比的减小,端部修正系数增大,在面积比为 0 的极限情况下,端部修正系数 α 趋于 Rayleigh 的近似结果(0.85)。对于正方形声腔($b=h$),可以得到如下多项式表达式:

$$\alpha = 0.8488(1 - 1.30222\phi^{1/2} + 0.05285\phi + 0.082\phi^{3/2} + 0.17125\phi^2) \tag{3.7.6}$$

其中,ϕ 为小孔面积与管道横截面积之比。

图 3.7.2 比较了由式(3.7.5)和式(3.7.6)计算得到的端部修正系数,式(3.7.6)能很好地匹配式(3.7.5)。

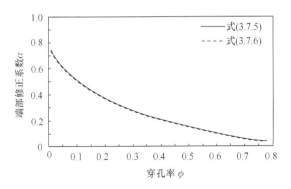

图 3.7.2　圆孔的端部修正系数

Melling[43]总结了已有穿孔声阻抗模型,给出了单孔声阻抗的计算公式。对于含有多个孔的穿孔元件,孔间相互作用对端部修正系数的影响需要加以考虑。Melling 使用了 Fok 函数来修正穿孔之间的相互影响,对于无限薄的穿孔板,给出了如下端部修正系数计算公式:

$$\begin{aligned} \alpha = 0.85(1 - 1.4092\phi^{1/2} + 0.33818\phi^{3/2} + 0.06793\phi^{5/2} \\ - 0.02287\phi^{6/2} + 0.03015\phi^{7/2} - 0.01641\phi^{8/2}) \end{aligned} \tag{3.7.7}$$

基于实验测量结果,Sullivan 和 Crocker[44]给出了线性区域内穿孔声阻抗率的经验公式:

$$\zeta_p = \frac{0.006 + jk(t_w + 0.75d_h)}{\phi} \tag{3.7.8}$$

Sullivan[45,46]使用式(3.7.8)计算了直通穿孔管消声器的传递损失,在平面波域内计算结果和实验结果吻合良好。式(3.7.8)是基于在一块 1600mm² 的穿孔板实验件测量得到的结果而给出的经验公式。该穿孔板实验件的厚度为 0.81mm、穿孔直径为 2.49mm、穿孔率为 4.2%,穿孔按 9.65mm×9.65mm 正方形排列。式(3.7.8)对应的穿孔端部修正系数为 $\alpha=0.75$。当实际穿孔板结构参数与该实验件不同时,应用式(3.7.8)计算得到的声阻抗率与实际声阻抗率会有所不同。

Mechel[47,48]给出穿孔板端部修正系数的计算公式为

$$\alpha=\begin{cases}0.85\left[1-2.34\left(\dfrac{\phi}{\pi}\right)^{1/2}\right], & 0<\left(\dfrac{\phi}{\pi}\right)^{1/2}\leqslant0.25 \\ 0.668\left[1-1.9\left(\dfrac{\phi}{\pi}\right)^{1/2}\right], & 0.25<\left(\dfrac{\phi}{\pi}\right)^{1/2}\leqslant0.5\end{cases} \quad (3.7.9)$$

式(3.7.9)在声学软件 Sysnoise 和 MSC Actran 中被使用。

Lee 等[49]分别测量了穿孔率为 2.1%、8.4%、13.6% 和 25.2% 的穿孔板声阻抗,并利用测得的穿孔声阻抗预测了穿孔管消声器的传递损失,其预测结果与测量结果吻合较好。在他们的测量中没有考虑非穿孔的边缘效应。

康钟绪和季振林[50]使用有限元法计算了穿孔板的端部修正系数,给出了穿孔率小于 40% 时的经验公式:

$$\alpha=0.8216(1-1.5443\phi^{1/2}+0.3508\phi+0.1935\phi^{3/2}) \quad (3.7.10)$$

3.7.2　有流时穿孔声阻抗

在消声器的实际使用环境中,均存在气流,穿孔元件附近主要存在通过流和掠过流两种形式。通过流又称横向流,是指气流方向垂直于穿孔板,即气流要通过穿孔。掠过流又称为剪切流,是指气流方向与穿孔板平行,即气流只是在穿孔表面掠过。在某些情况下,可能同时存在通过流和掠过流两种形式。穿孔声阻抗受到气流的影响会有较显著的变化,其影响的一般趋势是随着通过流或掠过流流速的增加,穿孔声阻显著增加而声抗有所降低。

Bauer[41]考虑了孔中横向流的影响,给出了如下经验公式:

$$\zeta_p=\frac{\sqrt{8\rho_0\mu\omega}(1+t_w/d_h)/z_0+0.3M+1.15(\overline{U}_h/c_0)+jk(t_w+0.25d_h)}{\phi}$$

$$(3.7.11)$$

其中,M 为剪切流马赫数;$\overline{U}_h$ 孔中横向流的速度。

Sullivan[51]通过实验观察了直通穿孔管消声器内的介质流动,发现腔内的净质量流动较小,但是通过孔内的平均流速相对于孔内质点振速并不小,因此可能会对穿孔声阻抗产生很大的影响。在总结已有成果的基础上,Sullivan[51]提出了孔内有横向流存在时穿孔声阻抗的经验公式:

$$\zeta_p = \frac{0.514dM/(l_p\phi)+\mathrm{j}0.95k(t_w+0.75d_h)}{\phi} \tag{3.7.12}$$

其中,d 为穿孔管的直径;M 为管内流动马赫数;l_p 为穿孔段的长度。

Rao 和 Munjal[52]测量了在剪切流下穿孔板的声阻抗,并且通过最小二乘装配给出了如下经验公式:

$$\zeta_p = \frac{7.337\times10^{-3}(1+72.23M)+\mathrm{j}2.2245\times10^{-5}(1+51t_w)(1+204d_h)f}{\phi} \tag{3.7.13}$$

其适应范围为 $0.05 \leqslant M \leqslant 0.2, 0.03 \leqslant \phi \leqslant 0.1, 1\mathrm{mm} \leqslant t_w \leqslant 3\mathrm{mm}, 1.75\mathrm{mm} \leqslant d_h \leqslant 7\mathrm{mm}$。

上述模型只考虑了掠过流对声阻的影响,而忽略了对声抗的影响。与上述处理方法不同,Kirby 和 Cummings[53]利用壁面摩擦速度来表示剪切流对穿孔声阻抗的影响,给出了孔的声阻和端部修正经验公式:

$$R_h = [26.16(t_w/d_h)^{-0.169}-20](u_*/c_0)-0.6537kd_h+(t_w/d_h)\sqrt{8k\nu/c_0} \tag{3.7.14a}$$

$$\frac{\delta}{\delta_0} = \begin{cases} 1, & u_*/(ft_w) \leqslant 0.18d_ht_w \\ (1+0.6t_w/d_h)\exp\left\{-\dfrac{u_*/(ft_w)-0.18d_ht_w}{1.8+t_w/d_h}\right\}-0.6t_w/d_h, & u_*/(ft_w) > 0.18d_ht_w \end{cases} \tag{3.7.14b}$$

其中,u_* 为管壁上的气流摩擦速度;ν 为动力黏度;$\delta_0=0.849d_h$ 为端部修正。由于摩擦速度不能直接得到,该模型应用很不方便。

Lee 和 Ih[54]详细考察了以上各种模型,发现使用任何一个穿孔声阻抗公式所预测的穿孔管消声器的传递损失与实验测量结果间均存在一定偏差。他们通过改变各种结构参数、频率、掠过流气流速度等因素,测量了剪切流下穿孔板的声阻抗,通过拟合给出了如下经验公式:

$$R_h = a_0(1+a_1|f-f_0|)(1+a_2M)(1+a_3d_h)(1+a_4t_w) \tag{3.7.15a}$$

$$X_h = b_0(1+b_1d_h)(1+b_2t_w)(1+b_3M)(1+b_4f) \tag{3.7.15b}$$

其中,$a_0=3.94\times10^{-4}, a_1=7.84\times10^{-3}, a_2=14.9, a_3=296, a_4=-127; b_0=-6.00\times10^{-3}, b_1=194, b_2=432, b_3=-17.2, b_4=-6.62\times10^{-3}; f_0=412(1+104M)/(1+274d_h)$;有效范围为 $60\mathrm{Hz} \leqslant f \leqslant 4000\mathrm{Hz}, 0 \leqslant M \leqslant 0.2, 2\mathrm{mm} \leqslant d_h \leqslant 9\mathrm{mm}, 1\mathrm{mm} \leqslant t_w \leqslant 5\mathrm{mm}, 2.79 \leqslant \phi \leqslant 22.3$。虽然该模型考虑因素较全面,但使用式(3.7.15)所预测的穿孔管消声器的传递损失与测量结果间仍然存在一定偏差。

Peat 等[55]和 Lee 等[56]还研究了在掠过流和通过流作用下单个圆孔的声阻抗,并且比较了理论计算和实验测量结果。

尽管在穿孔元件声阻抗研究方面已经取得了一定成果,但是在有气流作用下,穿孔元件的声阻抗的表述还不够精确和理想,从而使理论计算结果与实验测量结果间存在一定的差异。康钟绪等[57,58]使用三维时域 CFD 方法计算了穿孔板在通过流和掠过流作用下的声阻和声抗,基于计算结果给出了通过流作用下穿孔声阻抗率的表达式为

$$\zeta_p = \frac{R_0 + 2.48(1-\phi)M_B^{C_0} + jk\left[t_w + (1-C_1(1-\phi)^{1.44}M_B^{0.72})\alpha d_h\right]}{\phi} \qquad (3.7.16)$$

其中,R_0 为无流时圆孔的声阻率;M_B 为孔内气流马赫数;$C_0 = 1.04 + 40d_h$;$C_1 = 1 + 398.34d_h$;α 为穿孔板的端部修正系数。

掠过流作用下穿孔声阻抗率的表达式为

$$\zeta_P = \frac{R_0 + 0.24|kd_h - 2M| + jk(t_w + C_G\alpha d_h)}{\phi} \qquad (3.7.17)$$

其中,M 为平均流马赫数;

$$C_G = \begin{cases} 12^{ka_h/(M-1)}, & ka_h \leqslant M \\ 1, & ka_h > M \end{cases}$$

近期有研究表明,晶格玻尔兹曼法也可以用于计算穿孔的声学特性[59]。

3.7.3　有吸声材料贴附时穿孔声阻抗

对于阻性消声器而言,穿孔板(管)的一侧是空气介质,另一侧是吸声材料,则穿孔声阻抗可以表示为[60]

$$\zeta_P = \frac{R_h + jk\{t_w + 0.5\alpha[1 + (\tilde{k}/k)(\tilde{z}/z_0)]d_h\}}{\phi} \qquad (3.7.18)$$

其中,$\tilde{z}$ 和 z_0 分别为吸声材料和空气的特性阻抗;$\tilde{k}$ 和 k 分别为吸声材料和空气中的波数。

式(3.7.18)适用于计算无流时的穿孔声阻抗。当穿孔板(管)一侧的空气介质处于流动状态时,介质的流动对穿孔声阻抗的影响应加以考虑。

3.8　本 章 小 结

实际工况下消声器的消声性能与声源特性、管道消声系统的结构(包括管口结构)、介质的流动状态等密切相关,为精确预测消声器的消声特性需要建立比较精确的计算模型和满足精度要求的计算方法。计算模型应尽量建立在真实的工作状态基础上,考虑介质流动对声传播和声衰减的影响。所用计算方法的原则是在满足精度要求的情况下,尽量做到计算效率高。鉴于管道消声系统的复杂性,完全准

确地模拟声传播和衰减目前还不现实,特别是吸声材料和穿孔结构的声学特性还很难做到精确模拟。因此,在建立计算模型和计算方法时通常需要进行一定程度的近似或者忽略一些影响比较小的因素。

参 考 文 献

[1] Crocker M J. Internal combustion engine exhaust muffling. Proceedings of Noise-Con,1977: 331-358.

[2] Eriksson L E. Noise Control in Internal Combustion Engines. New York:Wiley,1982.

[3] Munjal M L. Acoustics of Ducts and Mufflers. New York:Wiley-Interscience,1987.

[4] 赵松龄. 噪声的降低与隔离(下册). 上海:同济大学出版社,1989.

[5] Beranek L L,Ver I L. Noise and Vibration Control Engineering. 2nd Ed. New York:John Wiley & Sons,2006.

[6] Prasad M J,Crocker M J. Insertion loss studies on models of automotive exhaust systems. Journal of the Acoustical Society of America,1981,70(5):1339-1344.

[7] Prasad M J,Crocker M J. A scheme to predict the sound pressure radiated from an automotive exhaust system. Journal of the Acoustical Society of America, 1981, 70 (5): 1345-1352.

[8] Prasad M J, Crocker M J. Studies of acoustical performance of a multi-cylinder engine exhaust muffler system. Journal of Sound and Vibration,1983,90(4):491-508.

[9] Jones A D. Modelling the exhaust noise radiated from reciprocating internal combustion engines—A literature review. Noise Control Engineering Journal,1984,23(1):12-31.

[10] Sridhara B S,Crocker M J. Review of theoretical and experimental aspects of acoustical modeling of engine exhaust systems. Journal of the Acoustical Society of America,1994,95 (5):2363-2370.

[11] Sridhara B S,Crocker M J. Prediction of sound pressure radiated from the open end of a pipe and muffler insertion loss using a single efficient scheme:Applications to vacuum pump. Journal of the Acoustical Society of America,1996,99(3):1333-1338.

[12] Davies P O A L. Piston engine intake and exhaust system design. Journal of Sound and Vibration,1996,190(4):677-712.

[13] Herrin D W, Ramalingam S, Cui Z, et al. Predicting insertion loss of large duct systems above the plane wave cutoff frequency. Applied Acoustics,2012,73(1):37-42.

[14] Morfey C L. Sound generation and transmission in ducts with flow. Journal of Sound and Vibration,1971,14(1):37-55.

[15] Davies P O A L. Practical flow duct acoustics. Journal of Sound and Vibration, 1988, 124 (1):91-115.

[16] Ji Z L,Sha J Z. Four-pole parameters of a duct with low Mach number flow. Journal of the Acoustical Society of America,1995,98(5):2848-2850.

[17] Doak P E. Acoustic wave propagation in a homentropic,irrotational,low mach number mean

flow. Journal of Sound and Vibration,1992,155(3):545-548.

[18] Rayleigh L. The Theory of Sound. New York:Dover,1945.

[19] Levine M,Schwinger J. On the radiation of sound from an unflanged circular pipe. Physics Review,1948,73(4):383-406.

[20] Davies P O A L,Bento C J L,Bhattachaya M. Reflection coefficients for an unflanged pipe with flow. Journal of Sound and Vibration,1980,72(4):543-546.

[21] Selamet A, Ji Z L, Kach R A. Wave reflections from duct terminations. Journal of the Acoustical Society of America,2001,109(4):1304-1311.

[22] Munt R M. Acoustic transmission properties of a jet pipe with subsonic jet flow. I. The cold jet reflection coefficient. Journal of Sound and Vibration,1990,142(3):413-436.

[23] Allam S,Åbom M. Investigation of damping and radiation using full plane wave decomposition in ducts. Journal of Sound and Vibration,2006,292(3-5):519-534.

[24] Tiikoja H,Lavrentjev J,Rämmal H,et al. Experimental investigations of sound reflection from hot and subsonic flow duct termination. Journal of Sound and Vibration,2014,333(3): 788-800.

[25] Ingard U, Singhal V K. Upstream and downstream sound radiation into a moving fluid. Journal of the Acoustical Society of America,1973,54(5):1343-1346.

[26] In't Panhuis P. Calculations of the acoustic end correction of a semi-infinite circular pipe issuing a subsonic cold or hot jet with co-flow. Report. Stockholm: Marcus Wallenberg Laboratory,KTH Royal Institute of Technology,2003.

[27] Sinayoko S, Joseph P, McAlpine A. Multimode radiation from an unflanged, semi-infinite circular duct with uniform flow. Journal of the Acoustical Society of America,2010,127(4): 2159-2168.

[28] da Silva A R, Scavone G P, Lefebvre A. Sound reflection at the open end of axisymmetric ducts issuing a subsonic mean flow: A numerical study. Journal of Sound and Vibration, 2009,327(3-5):507-528.

[29] Bodén H, Tonsa M, Fairbrother R. On extraction of IC-engine linear acoustic source data from non-linear simulations. Proceedings of the 11th International Congress on Sound and Vibration,St. Petersburg,2004:1-8.

[30] Fairbrother R, Bodén H, Glav R. Linear acoustic exhaust system simulation using source data from non linear simulation. SAE Paper 2005-01-2358,2005.

[31] Knutsson M,Bodén H,Lennblad J. On extraction of IC-engine intake acoustic source data from non-linear simulations. Proceedings of the 12th International Congress on Sound and Vibration,Lisbon,2005:1-8.

[32] Knutsson M,Bodén H. On extraction of IC-engine intake acoustic source data from non-linear simulations. SAE Paper 2007-01-2209,2007.

[33] Bodén H. Recent advances in IC-engine acoustic source characterization. Proceedings of the 14th International Congress on Sound and Vibration,Cairns,2007:1-8.

[34] Hynninen A, Turunen R, Åbom M, et al. Acoustic source data for medium speed IC-engines. Journal of Vibration and Acoustics, 2012, 134(5):051008.

[35] Hynninen A, Åbom M. Acoustic source characterization for prediction of medium speed diesel engine exhaust noise. Journal of Vibration and Acoustics, 2014, 136(2):021008.

[36] Bodén H. On multi-load methods for determination of the source data of acoustic one-port sources. Journal of Sound and Vibration, 1995, 180(5):725-743.

[37] Jang S H, Ih J G. Refined multiload method for measuring acoustical source characteristics of an intake or exhaust system. Journal of the Acoustical Society of America, 2000, 107(6):3217-3225.

[38] Jang S H, Ih J G. On the selection of loads in the multiload method for measuring the acoustic source parameters of duct systems. Journal of the Acoustical Society of America, 2002, 111(3):1171-1776.

[39] Ih J G, Peat K S. On the causes of negative source impedance in the measurement of intake and exhaust noise sources. Applied Acoustics, 2002, 63(2):153-171.

[40] Allard J F, Atalla N. Propagation of Sound in Porous Media: Modelling of Sound Absorbing Materials. 2nd Ed. New York: John Wiley & Sons, 2009.

[41] Bauer A B. Impedance theory and measurements on porous acoustic lines. Journal of Aircraft, 1977, 14(8):720-728.

[42] Ingard U. On the theory and design of acoustic resonators. Journal of the Acoustical Society of America, 1953, 25(6):1037-1061.

[43] Melling T H. The acoustic impedance of perorates at medium and high sound pressure levels. Journal of Sound and Vibration, 1973, 29(1):1-65.

[44] Sullivan J W, Crocker M J. Analysis of concentric-tube resonators having unpartitioned cavities. Journal of the Acoustical Society of America, 1978, 64(1):207-215.

[45] Sullivan J W. A method for modeling perforated tube muffler components. I. Theory. Journal of the Acoustical Society of America, 1979, 66(3):772-778.

[46] Sullivan J W. A method for modeling perforated tube muffler components. II. Applications. Journal of the Acoustical Society of America, 1979, 66(3):779-788.

[47] LMS International Corporation. SYSNOISE User Manual. Guangzhou: LMS International Corporation, 2001.

[48] Free Field Technologies. MSC. ACTRAN User's Manual. Troy: Free Field Technologies, 2005.

[49] Lee I, Selamet A, Huff N T. Acoustic impedance of perforations in contact with fibrous material. Journal of the Acoustical Society of America, 2006, 119(5):2785-2797.

[50] 康钟绪, 季振林. 穿孔板的声学厚度修正. 声学学报, 2008, 33(4):327-333.

[51] Sullivan J W. Some gas flow and acoustic pressure measurements inside a concentric-tube resonator. Journal of the Acoustical Society of America, 1984, 76(2):479-484.

[52] Rao K N, Munjal M L. Experimental evaluation of impedance of perforates with grazing flow. Journal of Sound and Vibration, 1986, 108(2):283-295.

[53] Kirby R, Cummings A. The impedance of perforated plates subjected to grazing gas flow and backed by porous media. Journal of Sound and Vibration, 1998, 217(4):619-636.

[54] Lee S H, Ih J G. Empirical model of the acoustic impedance of a circular orifice in grazing mean flow. Journal of the Acoustical Society of America, 2003, 114(1):98-113.

[55] Peat K S, Ih J G, Lee S H. The acoustic impedance of a circular orifice in grazing mean flow: Comparison with theory. Journal of the Acoustical Society of America, 2003, 114(6): 3076-3086.

[56] Lee S H, Ih J G, Peat K S. A model of acoustic impedance of perforated plates with bias flow considering the interaction effect. Journal of Sound and Vibration, 2007, 303(3-5):741-752.

[57] 康钟绪. 消声器及穿孔元件声学特性研究. 哈尔滨:哈尔滨工程大学博士学位论文,2009.

[58] 康钟绪,季振林,连小珉,等. 掠过流作用下穿孔板的声阻抗. 声学学报,2011,36(1):51-59.

[59] Ji C, Zhao D. Lattice Boltzmann investigation of acoustic damping mechanism and performance of an in-duct circular orifice. Journal of the Acoustical Society of America, 2014, 135(6): 3243-3251.

[60] Ji Z L. Boundary element acoustic analysis of hybrid expansion chamber silencers with perforated facing. Engineering Analysis with Boundary Elements, 2010, 34(7):690-696.

第 4 章　平面波理论

当噪声的频率低于消声器的第一个高阶模态激发频率(即平面波截止频率)时,其内部只有平面波传播,因此可以使用平面波理论来计算和分析消声器的声学特性。在平面波截止频率范围内,即使由于面积的不连续性产生了局部的非平面波,但是这种非平面波是非传播的耗散波,因此可以使用修正的平面波理论来计算消声器的声学特性。Davis 等[1]系统地研究了无气流情况下单级和多级膨胀腔消声器以及侧支共振器的声学特性,这项工作构成了消声器声学性能分析的平面波理论基础。传递矩阵法的引入使管道及消声器的声学性能计算和分析变得更加简便[2]。这一方法得到了广泛应用和迅速发展,解决了实际应用中多种消声单元(如面积突变结构、变截面管道和穿孔结构等)的声学模拟问题,并且能够考虑某些重要因素(如流动效应、端部修正和穿孔声阻抗等)的影响。目前,基于平面波理论的传递矩阵法以其公式简单、计算速度快等优点已成为消声器和进排气系统声学特性研究中最常使用的计算分析方法。

4.1　传递矩阵法

传递矩阵法的基本思想是:把一个复杂的系统划分成一些基本的声学单元,每个声学单元进出口间的关系用传递矩阵来表示,将所有单元的传递矩阵相乘即可获得整个系统的传递矩阵。进而,将获得的四极参数代入式(3.2.8)、式(3.2.21)和式(3.2.27)就可以计算出消声器的插入损失、传递损失和减噪量。

管道消声系统的结构复杂多样,但可以将其看作由多个基本的声学单元组合而成,每个声学单元进出口间的声压 p 和质量振速 $v(=\rho_0 S u)$ 可表示为

$$\begin{Bmatrix} p_i \\ v_i \end{Bmatrix} = [T] \begin{Bmatrix} p_o \\ v_o \end{Bmatrix} = \begin{bmatrix} A & B \\ C & D \end{bmatrix} \begin{Bmatrix} p_o \\ v_o \end{Bmatrix} \qquad (4.1.1)$$

其中,$[T]$ 称为该声学单元的传递矩阵,其四个元素 A、B、C 和 D 称为四极参数。

下面以如图 4.1.1 所示的双级膨胀腔消声器为例,介绍传递矩阵法的具体实施过程。

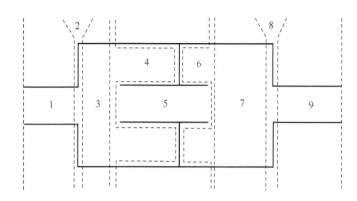

图 4.1.1 双级膨胀腔消声器基本声学单元的划分

将该消声器划分成 9 个串联的基本声学单元,其中,单元 1、3、5、7 和 9 为等截面直管,单元 2 为简单的面积突扩,单元 4 为具有外插出口管的面积收缩,单元 6 为具有外插进口管的面积膨胀,单元 8 为简单的面积突缩。对于这些串联的声学单元来讲,第 i 个单元的输出端就是第 $i+1$ 个单元的输入端。记第 i 个声学单元的传递矩阵为 $[T_i]$,输入端的状态参数为 p_{i-1}、v_{i-1},输出端的状态参数为 p_i、v_i。于是有

$$\begin{Bmatrix} p_0 \\ v_0 \end{Bmatrix} = [T_1] \begin{Bmatrix} p_1 \\ v_1 \end{Bmatrix} = [T_1][T_2] \begin{Bmatrix} p_2 \\ v_2 \end{Bmatrix} = [T_1][T_2][T_3]\cdots[T_9] \begin{Bmatrix} p_9 \\ v_9 \end{Bmatrix}$$

$$(4.1.2)$$

将该消声器进出口处声压和质量振速间的关系表示成

$$\begin{Bmatrix} p_0 \\ v_0 \end{Bmatrix} = [T] \begin{Bmatrix} p_9 \\ v_9 \end{Bmatrix} \qquad (4.1.3)$$

显然,该消声器的传递矩阵即为 $[T]=[T_1][T_2][T_3]\cdots[T_9]$。

相似地,由 n 个单元串联组成的管道声学系统,进出口处声压和质量振速间的关系可表示成

$$\begin{Bmatrix} p_0 \\ v_0 \end{Bmatrix} = [T] \begin{Bmatrix} p_n \\ v_n \end{Bmatrix} \qquad (4.1.4)$$

其中,$[T]=[T_1][T_2][T_3]\cdots[T_n]$ 为整个系统的传递矩阵。

利用传递矩阵法,只要将整个管道消声系统的结构划分为若干个串联的基本声学单元,当每个声学单元的传递矩阵求出后,将它们按顺序连乘就得到了整个系统的传递矩阵,从而大大简化了推导复杂声学系统传递矩阵的过程。可见,使用传递矩阵法分析管道系统和消声器的声学特性是非常方便的。

应用传递矩阵法还可以考虑发动机排气系统中温度变化的影响。在发动机排气系统中,进出口间的温差很大,不同位置处的温度不相同,温度的变化将引起气

体的密度、声速、黏滞性等相关参数的变化,从而导致声波传播特性的变化。因此,在发动机排气系统声学分析中,考虑温度的变化对于提高理论预测精度是必要的。应用传递矩阵法可将存在温度梯度的排气系统分成若干个声学单元,每个单元的温度设为恒定(取该单元进出口温度的平均值),而各个单元的温度差形成了系统的温度差,将各个单元在各自温度下的传递矩阵连乘便可得到整个排气系统的传递矩阵,此矩阵就是考虑了温度梯度影响的传递矩阵。研究表明[3],当每个单元的温度梯度不大于 0.1 时,使用传递矩阵法可以比较准确地预测有温度梯度存在时排气系统中的声传播特性。

管道消声系统可以划分成多种基本声学单元,其中比较常见的有等截面管道、锥形管道、面积突变结构、旁支管、穿孔管、穿孔板、膨胀腔、回流腔、亥姆霍兹共振器、并联管道、穿孔管消声器、阻性消声器和净化载体等。声学单元的传递矩阵是几何形状和介质特性的函数,在某些情况下还可能受非线性效应和局部非平面波的影响。本章将使用线性平面声波传播理论推导典型声学单元的传递矩阵。

4.2 管道单元

在进排气系统和消声器中最常使用的管道类型有两种:等截面管道和锥形管道。其他类型的渐变截面管道可以先将其划分成一系列等截面管道和锥形管道单元,然后使用传递矩阵法求出传递矩阵。

4.2.1 等截面管道

对于具有均匀流的等截面管道内的平面波,声压和质点振速可以表示成

$$p(x) = p^+ \mathrm{e}^{-\mathrm{j}kx/(1+M)} + p^- \mathrm{e}^{\mathrm{j}kx/(1-M)} \tag{4.2.1}$$

$$\rho_0 c u(x) = p^+ \mathrm{e}^{-\mathrm{j}kx/(1+M)} - p^- \mathrm{e}^{\mathrm{j}kx/(1-M)} \tag{4.2.2}$$

其中,M 为管道内的均匀流马赫数;ρ_0 为气体密度;c 为静态介质中的声速。

对于长度为 l 的等截面管道(图 4.2.1),进出口处的声压和质点振速可表示成

$$p_1 = p^+ + p^- \tag{4.2.3}$$

$$\rho_0 c u_1 = p^+ - p^- \tag{4.2.4}$$

$$p_2 = p^+ \mathrm{e}^{-\mathrm{j}kl/(1+M)} + p^- \mathrm{e}^{\mathrm{j}kl/(1-M)} \tag{4.2.5}$$

$$\rho_0 c u_2 = p^+ \mathrm{e}^{-\mathrm{j}kl/(1+M)} - p^- \mathrm{e}^{\mathrm{j}kl/(1-M)} \tag{4.2.6}$$

由式(4.2.5)和式(4.2.6)可以得到

$$p^+ = \frac{p_2 + \rho_0 c u_2}{2} \mathrm{e}^{\mathrm{j}kl/(1+M)} \tag{4.2.7}$$

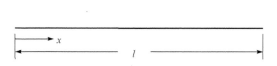

图 4.2.1　等截面管道

$$p^- = \frac{p_2 - \rho_0 c u_2}{2} \mathrm{e}^{-jkl/(1-M)} \tag{4.2.8}$$

将式(4.2.7)和式(4.2.8)代入式(4.2.3)和式(4.2.4),整理后得

$$p_1 = \mathrm{e}^{-jMk_c l}\left[p_2 \cos(k_c l) + \rho_0 c u_2 \mathrm{j}\sin(k_c l)\right] \tag{4.2.9}$$

$$\rho_0 c u_1 = \mathrm{e}^{-jMk_c l}\left[p_2 \mathrm{j}\sin(k_c l) + \rho_0 c u_2 \cos(k_c l)\right] \tag{4.2.10}$$

其中,$k_c = k/(1-M^2)$。式(4.2.9)和式(4.2.10)可以写成如下矩阵形式:

$$\begin{Bmatrix} p_1 \\ \rho_0 c u_1 \end{Bmatrix} = \mathrm{e}^{-jMk_c l}\begin{bmatrix} \cos(k_c l) & \mathrm{j}\sin(k_c l) \\ \mathrm{j}\sin(k_c l) & \cos(k_c l) \end{bmatrix}\begin{Bmatrix} p_2 \\ \rho_0 c u_2 \end{Bmatrix} \tag{4.2.11}$$

如果使用声压和质量振速作为进出口处的变量,则有

$$\begin{Bmatrix} p_1 \\ \rho_0 S u_1 \end{Bmatrix} = \mathrm{e}^{-jMk_c l}\begin{bmatrix} \cos(k_c l) & \mathrm{j}(c/S)\sin(k_c l) \\ \mathrm{j}(S/c)\sin(k_c l) & \cos(k_c l) \end{bmatrix}\begin{Bmatrix} p_2 \\ \rho_0 S u_2 \end{Bmatrix} \tag{4.2.12}$$

其中,S 为管道的横截面积。

在上述推导中,没有考虑由于气体和刚性壁面间摩擦引起的声能耗散效应。这一效应对于很长的管道系统会产生一定的影响,但是对于多数实际的进排气系统和消声器,这一效应通常可以忽略不计。

4.2.2　锥形管道

锥形管道可以分为渐扩管道和渐缩管道两种类型,如图 4.2.2 所示。

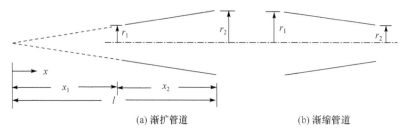

(a) 渐扩管道　　　　　　　　　(b) 渐缩管道

图 4.2.2　锥形管道

具有静态介质的渐变截面管道内的平面波满足如下三个基本方程[4]。
质量连续方程:

$$\frac{\partial \rho}{\partial t}+\rho_0\frac{\partial u}{\partial x}+\rho_0\frac{u}{S}\frac{\mathrm{d}S}{\mathrm{d}x}=0 \tag{4.2.13}$$

动量方程:

$$\rho_0\frac{\partial u}{\partial t}+\frac{\partial p}{\partial x}=0 \tag{4.2.14}$$

等熵方程:

$$\frac{p}{\rho}=c^2 \tag{4.2.15}$$

从上述三个方程中消去 ρ 和 u 两个变量后,得到如下波动方程:

$$\frac{\partial^2 p}{\partial x^2}+\frac{1}{S(x)}\frac{\mathrm{d}S(x)}{\mathrm{d}x}\frac{\partial p}{\partial x}-\frac{1}{c^2}\frac{\partial^2 p}{\partial t^2}=0 \tag{4.2.16}$$

对于简谐声波,声压可以表示成 $p(x,t)=p(x)\mathrm{e}^{j\omega t}$,则式(4.2.16)变成

$$\frac{\partial^2 p(x)}{\partial x^2}+\frac{1}{S(x)}\frac{\mathrm{d}S(x)}{\mathrm{d}x}\frac{\partial p(x)}{\partial x}+k^2 p(x)=0 \tag{4.2.17}$$

锥形渐扩管道的横截面积与轴向坐标的平方成正比,即 $S(x)\propto x^2$,于是有 $\frac{1}{S(x)}\frac{\mathrm{d}S(x)}{\mathrm{d}x}=\frac{2}{x}$,将其代入式(4.2.17)得

$$\frac{\partial^2 p(x)}{\partial x^2}+\frac{2}{x}\frac{\partial p(x)}{\partial x}+k^2 p(x)=0 \tag{4.2.18}$$

式(4.2.18)与球面波方程相同,于是它的解可写成

$$p(x)=\frac{A}{x}\mathrm{e}^{-jkx}+\frac{B}{x}\mathrm{e}^{jkx} \tag{4.2.19}$$

将式(4.2.19)代入动量方程(4.2.14),得到如下质点振速表达式:

$$u(x)=\frac{j}{\omega\rho_0 x}\left\{\left(-jk-\frac{1}{x}\right)A\mathrm{e}^{-jkx}+\left(jk-\frac{1}{x}\right)B\mathrm{e}^{jkx}\right\} \tag{4.2.20}$$

于是,结合式(4.2.19)和式(4.2.20)可以得到进出口变量间的如下关系式:

$$\begin{Bmatrix}p_1\\\rho_0 cu_1\end{Bmatrix}=\begin{bmatrix}\frac{r_2}{r_1}\cos(kl)-\frac{1}{kx_1}\sin(kl) & j\frac{r_2}{r_1}\sin(kl)\\ j\left[\left(\frac{r_2}{r_1}+\frac{1}{k^2x_1^2}\right)\sin(kl)-\frac{l}{kx_1^2}\cos(kl)\right] & \frac{r_2}{r_1}\left[\cos(kl)+\frac{1}{kx_1}\sin(kl)\right]\end{bmatrix}\begin{Bmatrix}p_2\\\rho_0 cu_2\end{Bmatrix} \tag{4.2.21}$$

或

$$\begin{Bmatrix}p_1\\\rho_0 S_1 u_1\end{Bmatrix}=\begin{bmatrix}\frac{r_2}{r_1}\cos(kl)-\frac{1}{kx_1}\sin(kl) & j\frac{c}{S_1}\frac{r_1}{r_2}\sin(kl)\\ j\frac{S_1}{c}\left[\left(\frac{r_2}{r_1}+\frac{1}{k^2x_1^2}\right)\sin(kl)-\frac{l}{kx_1^2}\cos(kl)\right] & \frac{r_1}{r_2}\left[\cos(kl)+\frac{1}{kx_1}\sin(kl)\right]\end{bmatrix}\begin{Bmatrix}p_2\\\rho_0 S_2 u_2\end{Bmatrix} \tag{4.2.22}$$

其中，$x_1 = lr_1/(r_2 - r_1)$；S_1 和 S_2 分别为进口和出口的横截面积。

以上是针对锥形渐扩管道推导获得的传递矩阵。对于锥形渐缩管道，式(4.2.21)和式(4.2.22)同样适用，只不过此时 $r_1 > r_2$。

当管道内存在低马赫数流时，锥形管道单元的四极参数可以使用式(3.3.18)和无流时相应的四极参数求得，也可以通过求解具有均匀流的变截面管道中的声传播方程来求出[5]，使用这两种方法获得的传递矩阵是完全相同的[6]。

4.3　面积不连续单元

抗性消声器设计中普遍使用面积不连续的管腔结构。由于面积的突然改变造成了阻抗失配，导致声波的反射，从而实现了消声的目的。典型的面积不连续结构有横截面积突变结构和侧支管道结构。

4.3.1　截面突变单元

图 4.3.1 给出了几种常见的管道截面突变结构。由于简单的截面突扩和突缩结构可以看作外插进口膨胀和外插出口收缩结构在插管长度 $l_3 = 0$ 时的简化结构，下面只给出具有插入管的截面突变结构在面积不连续处传递矩阵的推导过程。

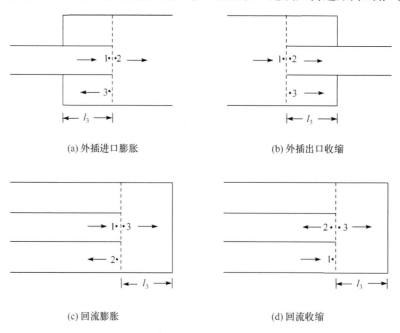

(a) 外插进口膨胀　　　　　　　　　　(b) 外插出口收缩

(c) 回流膨胀　　　　　　　　　　　　(d) 回流收缩

图 4.3.1　截面突变单元

假设在所有的管道内传播的声波均为平面波,在交界面处声压和质量速度连续,即

$$p_1 = p_2 = p_3 \tag{4.3.1}$$

$$\rho_0 S_1 u_1 = \rho_0 S_2 u_2 + \rho_0 S_3 u_3 \tag{4.3.2}$$

对于封闭的端腔,如果端板的壁面是刚性的,则交界面上的阻抗可表示为

$$Z_3 = p_3/(\rho_0 c u_3) = -\mathrm{jcot}(kl_3) \tag{4.3.3}$$

于是,结合式(4.3.1)~式(4.3.3)可以得到

$$\left\{ \begin{array}{c} p_1 \\ \rho_0 S_1 u_1 \end{array} \right\} = \left[\begin{array}{cc} 1 & 0 \\ \mathrm{j}(S_3/c)\tan(kl_3) & 1 \end{array} \right] \left\{ \begin{array}{c} p_2 \\ \rho_0 S_2 u_2 \end{array} \right\} \tag{4.3.4}$$

将式(4.3.4)中的四极参数代入式(3.2.21),得到该声学结构的传递损失为

$$\mathrm{TL} = 10\lg \frac{(S_1 + S_2)^2 + [S_3 \tan(kl_3)]^2}{4 S_1 S_2} \tag{4.3.5}$$

可见,这种截面突变结构在

$$kl_3 = (2n+1)\pi/2, \quad n = 0,1,2,\cdots \tag{4.3.6a}$$

或

$$l_3 = (2n+1)\lambda/4, \quad n = 0,1,2,\cdots \tag{4.3.6b}$$

时传递损失达到无限大,也就是说,当封闭腔的长度为四分之一波长的奇数倍时产生共振。此时没有声能传播到下游,相当于等效电路中的短路。

对于简单截面突变结构(即 $l_3 = 0$),式(4.3.4)被简化成

$$\left\{ \begin{array}{c} p_1 \\ \rho_0 S_1 u_1 \end{array} \right\} = \left[\begin{array}{cc} 1 & 0 \\ 0 & 1 \end{array} \right] \left\{ \begin{array}{c} p_2 \\ \rho_0 S_2 u_2 \end{array} \right\} \tag{4.3.7}$$

可见,简单截面突变结构的传递矩阵为单位矩阵,相应的传递损失为

$$\mathrm{TL} = 10\lg \frac{(S_1 + S_2)^2}{4 S_1 S_2} \tag{4.3.8}$$

因此,由两个直径不同的管道所形成的简单截面突扩和突缩结构的传递损失是相同的。管道横截面积突变是一种有效的声波反射单元,构成了反射型(抗性)消声器的基础。

与其他类型的抗性声学结构相似,当管道内存在低马赫数流时,这种截面突变结构的四极参数可以使用式(3.3.18)和无流时相应的四极参数求得。

4.3.2 侧支管道单元

主管道上旁接一个侧支管也是一种典型的声波反射单元,如图 4.3.2 所示。

假设主管道和侧支管道内均为轴向传播的平面波,忽略气体流动的影响,则分叉处的声压和质量速度连续性条件为

$$p_1 = p_2 = p_3 \tag{4.3.9}$$

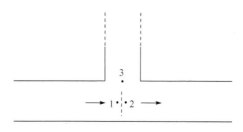

图 4.3.2　侧支管道单元

$$\rho_0 S_1 u_1 = \rho_0 S_1 u_2 + \rho_0 S u_3 \qquad (4.3.10)$$

对于侧支管道,分叉处的声阻抗为

$$Z_3 = p_3 / (\rho_0 c u_3) \qquad (4.3.11)$$

结合式(4.3.9)~式(4.3.11),可以得到

$$\begin{Bmatrix} p_1 \\ \rho_0 S_1 u_1 \end{Bmatrix} = \begin{bmatrix} 1 & 0 \\ (S/c)(1/Z_3) & 1 \end{bmatrix} \begin{Bmatrix} p_2 \\ \rho_0 S_1 u_2 \end{Bmatrix} \qquad (4.3.12)$$

一旦获得分叉处的声阻抗 Z_3,侧支管道单元的传递矩阵也就随之确定了。

4.3.3　端部修正

在前面分析中,所有管道中的声波均被假设为沿轴向传播的平面波。事实上,即使是在平面波截止频率以下,在面积不连续处附近的声波也并不是真正的平面波。这是因为管道横截面积的突变激起了高阶模态波,而这些高阶模态波在平面波截止频率范围内是耗散的,即在传播过程中很快地衰减,因此在面积不连续处附近形成了局部的非平面波。为改善平面波理论的计算精度,需要考虑管道横截面积不连续处产生的高阶模态耗散波的影响,高阶模态波耗散的影响可以通过引入"端部修正"(即声学长度修正)加以考虑。于是,在平面波理论计算公式中就可以将管道的长度用其声学长度(等于管道的实际长度加上端部修正量)来代替,相应地称之为修正的平面波理论。

Karal[7]研究了无限长圆形管道由于截面突变引起的声学效应,给出了使用端部修正的传递矩阵。Kergomard 和 Garcia[8]计算得到了在频率趋于零时圆形管道向半无限空间辐射的端部修正为 $\delta/a = 0.82165$,Norris 和 Sheng[9]的计算结果为 $\delta/a = 0.82159$。

Peat[10]使用解析方法和有限元法研究了轴对称管道面积不连续处产生的高阶模态耗散波的效应,并且计算得到了 Karal 修正因子。Sahasrabudhe 和 Munjal[11]使用三维有限元法计算了同轴和非同轴面积突变处的 Karal 修正因子,并给出了 Karal 修正因子的多项式表达式。

Selamet 和 Ji[12]使用三维解析法计算并分析了与圆柱形封闭腔相连接的圆形

管道的端部修正。研究表明,圆形管道与圆柱腔轴线偏移对端部修正有比较明显的影响;对于相同的膨胀比,非轴对称结构的端部修正大于轴对称结构的端部修正,且随着管道偏移量的增加,端部修正相应地增大。对于封闭的圆柱腔,腔的长度对端部修正也有明显的影响,圆柱腔越长,端部修正越小,当圆柱腔的长径比 $l_v/d_v > 0.3$ 时,长度对端部修正的影响可以忽略不计,即长径比 $l_v/d_v > 0.3$ 的封闭圆柱腔可以当作半无限长圆管来处理。基于三维解析方法的计算结果,得到同轴圆形管道面积突变处端部修正的近似表达式为

$$\delta/a = 0.8216 [1 - 1.397(a/a_v) + 0.2902(a/a_v)^2 - 0.2837(a/a_v)^3 + 0.3905(a/a_v)^4]$$

(4.3.13)

Torregrosa 等[13]使用有限元法计算了同轴膨胀腔消声器外插进出口管的端部修正,研究了直径比对端部修正的影响,但是管道外插长度的影响没有被考虑。Kang 和 Ji[14]使用二维轴对称解析方法计算并分析了如图 4.3.3 所示的圆管道插入封闭圆柱腔的端部修正,分析了插入圆柱腔内的管道长度、圆柱腔长度以及直径比对端部修正的影响。对于有限长圆柱腔,随着长径比 $(l_v - l_e)/d_v$ 的增加,长度对端部修正的影响越来越小,当圆柱腔较长时,可以当作半无限长管道来处理。对于半无限长轴对称结构,管道插入圆柱腔内的长度越大,端部修正值越小。基于对半无限长轴对称结构端部修正的计算结果,Kang 和 Ji[14]给出半径比 $a/a_v < 0.5$ 时端部修正的近似表达式为

$$\delta/a = 0.6165 - \frac{0.7046a}{a_v} + 0.2051\exp\left(-\frac{1.7227l_e}{a}\right) - \frac{0.3749a}{a_v}\exp\left(-\frac{1.3012l_e}{a}\right)$$

(4.3.14)

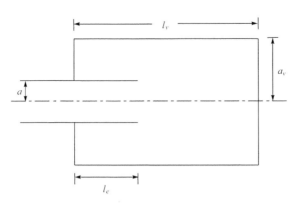

图 4.3.3　面积突变管道

Ji[15]研究了与圆柱形主管道相垂直的圆柱形侧支管道(图 4.3.4)的端部修正。对于这种结构,使用端部修正来表示在两个管道的交界面处产生的高阶模态的耗散效应。借助于封闭侧支管的共振特性,使用边界元法计算得到了圆柱形侧

支管道与圆柱形主管道垂直相交处的端部修正,并给出了如下近似表达式:

$$\delta/a_b = \begin{cases} 0.8216 - 0.0644(a_b/a_p) - 0.694(a_b/a_p)^2, & a_b/a_p \leqslant 0.4 \\ 0.9326 - 0.6196(a_b/a_p), & a_b/a_p > 0.4 \end{cases}$$

$$(4.3.15)$$

其中,a_p 和 a_b 分别为主管道和侧支管道的半径。

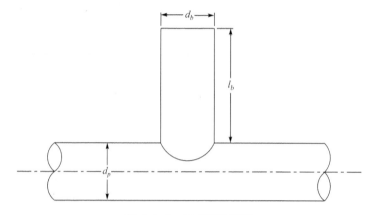

图 4.3.4　侧支圆柱管道

在实际的管道系统和消声器中,存在多种类型的面积突变结构。对于规则的结构可以使用二维或三维解析方法求出其端部修正,对于不规则的结构只能使用数值方法计算其端部修正。

4.4　抗性消声器

典型的抗性消声器有膨胀腔、回流腔、侧支共振器、亥姆霍兹共振器和干涉式消声器等,各种基本声学单元的合理组合便可形成满足实际使用需求的消声器。由于具有低马赫数流时抗性消声器的传递矩阵可以通过使用式(3.3.18)和无流时相应的传递矩阵求得,因此除干涉式消声器外,本节只给出无流时上述消声器的传递矩阵,所用方法为基于修正的平面波理论的传递矩阵法。

4.4.1　膨胀腔

膨胀腔通常是由一个进气管、一个出气管和一个空腔组成,如图 4.4.1 所示。

为求具有外插进出口膨胀腔的传递矩阵,可以将其划分成三个基本单元:一个截面突扩单元、一个等截面直管单元和一个截面突缩单元。具有外插进出口膨胀腔的传递矩阵即为这三个基本单元传递矩阵的乘积:

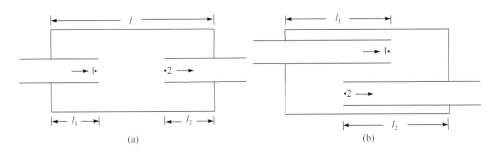

图 4.4.1　具有外插进出口的膨胀腔

$$[T] = \begin{bmatrix} 1 & 0 \\ j(S_a/c)\tan(kl_a) & 1 \end{bmatrix} \begin{bmatrix} \cos(kl_b) & j(c/S_b)\sin(kl_b) \\ j(S_b/c)\sin(kl_b) & \cos(kl_b) \end{bmatrix} \begin{bmatrix} 1 & 0 \\ j(S_c/c)\tan(kl_c) & 1 \end{bmatrix}$$

$$(4.4.1)$$

其中,对于图 4.4.1(a)所示的结构(即 $l_1+l_2<l$),$S_a=S-S_1$,$S_b=S$,$S_c=S-S_2$,$l_a=l_1'$,$l_b=l-l_1'-l_2'$,$l_c=l_2'$;对于图 4.4.1(b)所示的结构(即 $l_1+l_2>l$),$S_a=S-S_2$,$S_b=S-S_1-S_2$,$S_c=S-S_1$,$l_a=l-l_1'$,$l_b=l_1'+l_2'-l$,$l_c=l-l_2'$。S_1、S_2 和 S 分别为进气管、出气管和膨胀腔的横截面积;$l_1'=l_1+\delta_1$ 和 $l_2'=l_2+\delta_2$ 分别为进气管和出气管插入膨胀腔内的声学长度,其中 δ_1 和 δ_2 分别为进气管和出气管的端部修正。

当进气管和出气管插入腔内的长度都为零时,即为简单膨胀腔。对于简单膨胀腔,如果不考虑端部修正,则相应的传递矩阵简化为

$$[T] = \begin{bmatrix} \cos(kl) & j(c/S)\sin(kl) \\ j(S/c)\sin(kl) & \cos(kl) \end{bmatrix} \tag{4.4.2}$$

如果进出口的面积也相等,将上述四极参数代入式(3.2.21),得到简单膨胀腔的传递损失为

$$TL = 10\lg\left[1 + \frac{1}{4}\left(m - \frac{1}{m}\right)^2 \sin^2(kl)\right] \tag{4.4.3}$$

其中,$m=S/S_1$ 为膨胀比。可见,简单膨胀腔的传递损失是频率、膨胀腔长度和膨胀比的函数,且存在周期性的最大值和最小值。当 $kl=(2n+1)\pi/2$($n=0,1,2,\cdots$)时,传递损失达到最大:

$$TL_{max} = 10\lg\left[1 + \frac{1}{4}\left(m - \frac{1}{m}\right)^2\right] \tag{4.4.4}$$

当 $kl=n\pi$($n=0,1,2,\cdots$)时,传递损失最小:

$$TL_{min} = 0 \tag{4.4.5}$$

所以,简单膨胀腔存在周期性的通过频率,在此频率下传递损失为零。为改善简单膨胀腔的消声性能,通常将进气管和出气管插入膨胀腔内一定长度,形成具有外插进出口的膨胀腔。

考虑到管道消声系统的总体布置,有时将进出口放置在膨胀腔的侧面,形成了具有侧面进出口的膨胀腔,如图 4.4.2 所示。

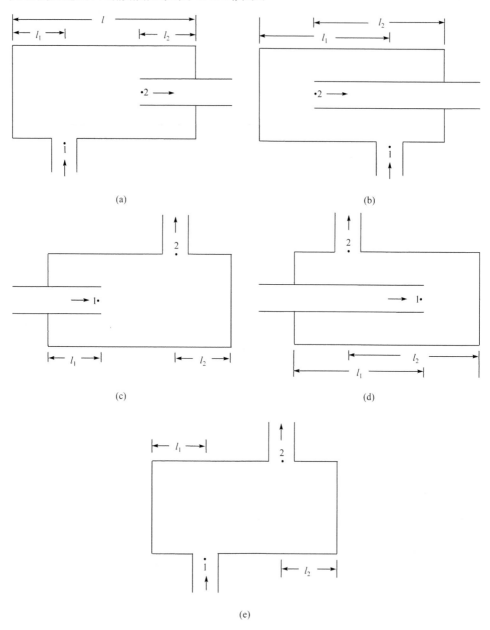

(a)

(b)

(c)

(d)

(e)

图 4.4.2　具有侧面进出口的膨胀腔

假设进出气管道和膨胀腔内均为轴向平面波传播,使用与具有端面进出口的膨胀腔相同的处理方法,可以得到具有侧面进出口的膨胀腔的传递矩阵,其表达式与式(4.4.1)完全相同。其中,对于如图 4.4.2(a)所示的结构(即 $l_1+l_2<l$),$S_a=S_b=S,S_c=S-S_2,l_a=l_1,l_b=l-l_1-l_2',l_c=l_2'$;对于如图 4.4.2(b)所示的结构(即 $l_1+l_2>l$),$S_a=S_b=S-S_2,S_c=S,l_a=l-l_1,l_b=l_1+l_2'-l,l_c=l-l_2'$;对于如图 4.4.2(c)所示的结构(即 $l_1+l_2<l$),$S_a=S-S_1,S_b=S_c=S,l_a=l_1',l_b=l-l_1'-l_2,l_c=l_2$;对于如图 4.4.2(d)所示的结构(即 $l_1+l_2>l$),$S_a=S,S_b=S_c=S-S_1,l_a=l-l_1',l_b=l_1'+l_2-l,l_c=l-l_2$;对于如图 4.4.2(e)所示的结构(即 $l_1+l_2<l$),$S_a=S_b=S_c=S,l_a=l_1,l_b=l-l_1-l_2,l_c=l_2$。$S_1$、$S_2$ 和 S 分别为进气管、出气管和膨胀腔的横截面积;$l_1'=l_1+\delta_1$ 和 $l_2'=l_2+\delta_2$ 分别为进气管和出气管插入膨胀腔内的声学长度,其中 δ_1 和 δ_2 分别为进气管和出气管的端部修正。

4.4.2　回流腔

复杂结构消声器中经常使用进出气管在同一侧的膨胀腔,即回流腔,如图 4.4.3 所示。为获得回流腔的传递矩阵,可采用与膨胀腔相同的处理方法,所得到的传递矩阵表达式也与式(4.4.1)完全相同。对于如图 4.4.3(a)所示的结构(即 $l_1>l_2$),$S_a=S,S_b=S-S_1,S_c=S-S_1-S_2,l_a=l-l_1',l_b=l_1'-l_2',l_c=l_2'$;对于如图 4.4.3(b)所示的结构(即 $l_1<l_2$),$S_a=S-S_1-S_2,S_b=S-S_2,S_c=S,l_a=l_1',l_b=l_2'-l_1',l_c=l-l_2'$。$S_1$、$S_2$ 和 S 分别为进气管、出气管和膨胀腔的横截面积;$l_1'=l_1+\delta_1$ 和 $l_2'=l_2+\delta_2$ 分别为进气管和出气管插入膨胀腔内的声学长度,其中 δ_1 和 δ_2 分别为进气管和出气管的端部修正。

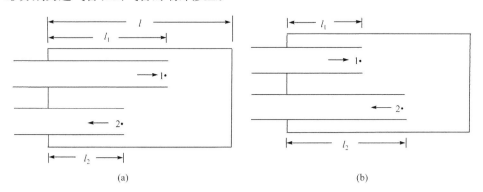

图 4.4.3　具有外插进出口的回流腔

对于简单回流腔(进出口插入长度均为零),如果不考虑端部修正,则相应的传递矩阵简化为

$$[T]=\begin{bmatrix}1&0\\ \mathrm{j}(S/c)\tan(kl)&1\end{bmatrix} \tag{4.4.6}$$

如果进出口管道的横截面积也相等,将式(4.4.6)中的四极参数代入式(3.2.22),得到简单回流腔的传递损失为

$$\mathrm{TL}=10\lg\left[1+\frac{1}{4}m^2\tan^2(kl)\right] \tag{4.4.7}$$

其中,$m=S/S_1$ 为膨胀比。可见,简单回流腔的传递损失也是频率、膨胀腔长度和膨胀比的函数,且存在周期性的最大值和最小值。当

$$kl=(2n+1)\pi/2,\quad n=0,1,2,\cdots \tag{4.4.8a}$$

或

$$l=(2n+1)\lambda/4,\quad n=0,1,2,\cdots \tag{4.4.8b}$$

时,传递损失达到无限大,即发生共振。所以,简单回流腔也是一种四分之一波长共振器。当

$$kl=n\pi,\quad n=0,1,2,\cdots \tag{4.4.9}$$

时,传递损失为零。所以,简单回流腔也存在周期性的通过频率。将进气管和出气管插入腔内一定长度,可以有效地改善回流腔的消声性能。

4.4.3　侧支共振器

侧支共振器是由主管道和旁接的一个封闭管组成,如图 4.4.4 所示。由 4.3.2 节可知,为获得侧支共振器传递矩阵的解析表达式,需要求出分叉处的声阻抗 $Z_3=p_3/(\rho_0 c u_3)$。

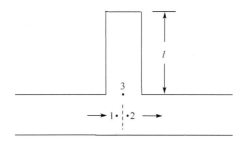

图 4.4.4　侧支共振器

考虑到管道连接处的耗损高阶模态效应,使用修正的平面波理论和封闭端的刚性壁面边界条件,可以得到分叉处的阻抗为

$$Z_3=-\mathrm{jcot}(kl') \tag{4.4.10}$$

其中,$l'=l+\delta$ 为侧支管的声学长度,δ 为主管道和侧支管道相连接处的端部修正。将式(4.4.10)代入式(4.3.12)得

$$\left\{\begin{matrix} p_1 \\ \rho_0 S_1 u_1 \end{matrix}\right\}=\left[\begin{matrix} 1 & 0 \\ \mathrm{j}(S/c)\tan(kl') & 1 \end{matrix}\right]\left\{\begin{matrix} p_2 \\ \rho_0 S_1 u_2 \end{matrix}\right\} \tag{4.4.11}$$

将上述四极参数代入式(3.2.22),得到侧支共振器的传递损失为

$$TL = 10\lg\left[1 + \frac{1}{4}m^2\tan^2(kl')\right] \qquad (4.4.12)$$

其中,$m = S_1/S$ 为侧支管道与主管道的横截面积之比。显然,侧支共振器在

$$kl' = (2n+1)\pi/2, \quad n = 0,1,2,\cdots \qquad (4.4.13a)$$

或

$$l' = (2n+1)\lambda/4, \quad n = 0,1,2,\cdots \qquad (4.4.13b)$$

时产生共振,即传递损失达到无限大。所以,侧支共振器通常也叫做四分之一波长共振器,共振频率为

$$f_r = (c/l')(2n+1)/4, \quad n = 0,1,2,\cdots \qquad (4.4.14)$$

4.4.4　亥姆霍兹共振器

亥姆霍兹共振器是一种最典型的低频消声器,它是由主管道上旁接的一个细管(称为颈)和一个封闭空腔组成,如图 4.4.5 所示。与侧支共振器相同,为获得亥姆霍兹共振器传递矩阵的解析表达式,需要求出分叉处的声阻抗 Z_3。

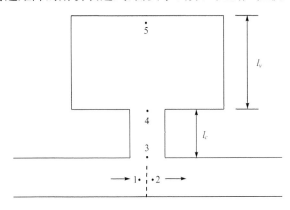

图 4.4.5　亥姆霍兹共振器

假设共振器的连接管(颈)和空腔内均为轴向平面波传播,则有

$$\begin{Bmatrix} p_3 \\ \rho S_c u_3 \end{Bmatrix} = \begin{bmatrix} \cos(kl_c') & \mathrm{j}(c/S_c)\sin(kl_c') \\ \mathrm{j}(S_c/c)\sin(kl_c') & \cos(kl_c') \end{bmatrix}$$
$$\times \begin{bmatrix} \cos(kl_v) & \mathrm{j}(c/S_v)\sin(kl_v) \\ \mathrm{j}(S_v/c)\sin(kl_v) & \cos(kl_v) \end{bmatrix} \begin{Bmatrix} p_5 \\ \rho S_v u_5 \end{Bmatrix}$$

$$(4.4.15)$$

其中,$l_c' = l_c + \delta_1 + \delta_2$ 为连接管(颈)的声学长度,δ_1 和 δ_2 分别为连接管与主管道和共振腔连接处的端部修正。式(4.4.15)结合空腔端板的刚性壁面边界条件 $u_5 = 0$,得

$$\frac{1}{Z_3} = j \frac{\tan(kl_c') + (S_v/S_c)\tan(kl_v)}{1 - (S_v/S_c)\tan(kl_c')\tan(kl_v)} \tag{4.4.16}$$

将式(4.4.16)代入式(4.3.12),得

$$\left\{ \begin{matrix} p_1 \\ \rho_0 S_1 u_1 \end{matrix} \right\} = \left[\begin{matrix} 1 & 0 \\ j\dfrac{S_c}{c}\dfrac{\tan(kl_c') + (S_v/S_c)\tan(kl_v)}{1 - (S_v/S_c)\tan(kl_c')\tan(kl_v)} & 1 \end{matrix} \right] \left\{ \begin{matrix} p_2 \\ \rho_0 S_1 u_2 \end{matrix} \right\} \tag{4.4.17}$$

将式(4.4.17)中的四极参数代入式(3.2.22),得到亥姆霍兹共振器的传递损失为

$$TL = 10\lg\left\{ 1 + \left[\frac{S_c}{2S_1}\frac{\tan(kl_c') + (S_v/S_c)\tan(kl_v)}{1 - (S_v/S_c)\tan(kl_c')\tan(kl_v)} \right]^2 \right\} \tag{4.4.18}$$

由此可见,亥姆霍兹共振器产生共振(即传递损失达到无限大)的条件是

$$1 - (S_v/S_c)\tan(kl_c')\tan(kl_v) = 0 \tag{4.4.19}$$

如果频率很低,满足 $kl_c' \ll 1$ 和 $kl_v \ll 1$,式(4.4.19)可以近似为

$$kl_c' kl_v = S_c/S_v \tag{4.4.20}$$

于是,得到共振频率为

$$f_r = \frac{c}{2\pi}\sqrt{\frac{S_c}{l_c' V}} \tag{4.4.21}$$

其中,$V = S_v l_v$ 为空腔的体积。显然,亥姆霍兹共振器的共振频率是腔的体积、颈的长度和横截面积的函数。共振频率与颈的横截面积的平方根成正比,与颈的长度的平方根和腔的体积的平方根成反比。

值得一提的是,式(4.4.21)是由平面波理论在低频近似下得到的共振频率计算公式,这个公式与使用集中参数法求得的共振频率公式是相同的。

4.4.5　干涉式消声器

干涉式消声器又称为 Herschel-Quincke 管[16,17],是由两条支路并联的管道组成,如图4.4.6所示。管道在第一个分叉点处分成两条支路,在第二个分叉点处又合成为一条。由于两个分支管道的长度不同产生了相位差,两列声波在第二个分叉点汇合处"相互干涉"实现了消声效果。

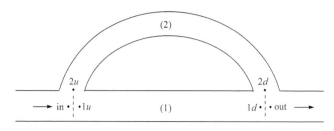

图 4.4.6　干涉式消声器

在两个分叉点处声压和质量速度连续性条件为

$$p_{in} = p_{1u} = p_{2u} \tag{4.4.22}$$

$$\rho_0 S u_{in} = \rho_0 S_1 u_{1u} + \rho_0 S_2 u_{2u} \tag{4.4.23}$$

$$p_{1d} = p_{2d} = p_{out} \tag{4.4.24}$$

$$\rho_0 S_1 u_{1d} + \rho_0 S_2 u_{2d} = \rho_0 S u_{out} \tag{4.4.25}$$

对于两条支路管道,考虑介质均匀流动时,存在如下关系:

$$\begin{Bmatrix} p_{1u} \\ \rho_0 c u_{1u} \end{Bmatrix} = e^{-jM_1 k_{c1} l_1} \begin{bmatrix} \cos(k_{c1} l_1) & j\sin(k_{c1} l_1) \\ j\sin(k_{c1} l_1) & \cos(k_{c1} l_1) \end{bmatrix} \begin{Bmatrix} p_{1d} \\ \rho_0 c u_{1d} \end{Bmatrix} \tag{4.4.26}$$

$$\begin{Bmatrix} p_{2u} \\ \rho_0 c u_{2u} \end{Bmatrix} = e^{-jM_2 k_{c2} l_2} \begin{bmatrix} \cos(k_{c2} l_2) & j\sin(k_{c2} l_2) \\ j\sin(k_{c2} l_2) & \cos(k_{c2} l_2) \end{bmatrix} \begin{Bmatrix} p_{2d} \\ \rho_0 c u_{2d} \end{Bmatrix} \tag{4.4.27}$$

其中,S、S_1 和 S_2 分别为主管道和两个分支管道的横截面积;l_1 和 l_2 为两个分支管道的声学长度(即实际长度加上端部修正);M_1 和 M_2 为两个分支管道内的气流马赫数;$k_{c1} = k/(1-M_1^2)$;$k_{c2} = k/(1-M_2^2)$。

结合式(4.4.22)、式(4.4.24)和式(4.4.26),得

$$\rho_0 c u_{1d} = -j\{ p_{in} e^{jM_1 k_{c1} l_1} - p_{out} \cos(k_{c1} l_1) \}/\sin(k_{c1} l_1) \tag{4.4.28}$$

结合式(4.4.22)、式(4.4.24)和式(4.4.27),得

$$\rho_0 c u_{2d} = -j\{ p_{in} e^{jM_2 k_{c2} l_2} - p_{out} \cos(k_{c2} l_2) \}/\sin(k_{c2} l_2) \tag{4.4.29}$$

将式(4.4.28)和式(4.4.29)代入式(4.4.25)得

$$p_{in} = T_{11} p_{out} + T_{12} \rho_0 S u_{out} \tag{4.4.30}$$

其中

$$T_{11} = \frac{\sum\limits_{i=1}^{2} [S_i / \tan(k_{ci} l_i)]}{\sum\limits_{i=1}^{2} [S_i e^{jM_i k_{ci} l_i} / \sin(k_{ci} l_i)]} \tag{4.4.31}$$

$$T_{12} = \frac{jc}{\sum\limits_{i=1}^{2} [S_i e^{jM_i k_{ci} l_i} / \sin(k_{ci} l_i)]} \tag{4.4.32}$$

将式(4.4.28)代入式(4.4.26),得

$$\rho_0 c u_{1u} = -j\{ p_{in} \cos(k_{c1} l_1) - p_{out} e^{-jM_1 k_{c1} l_1} \}/\sin(k_{c1} l_1) \tag{4.4.33}$$

将式(4.4.29)代入式(4.4.27),得

$$\rho_0 c u_{2u} = -j\{ p_{in} \cos(k_{c2} l_2) - p_{out} e^{-jM_2 k_{c2} l_2} \}/\sin(k_{c2} l_2) \tag{4.4.34}$$

将式(4.4.33)和式(4.4.34)代入式(4.4.23),并结合式(4.4.30)得

$$\rho_0 S u_{in} = T_{21} p_{out} + T_{22} \rho_0 S u_{out} \tag{4.4.35}$$

其中

$$T_{21} = \frac{\mathrm{j}}{c}\sum_{i=1}^{2}\left[S_i \mathrm{e}^{-\mathrm{j}M_i k_a l_i}/\sin(k_a l_i)\right] - \frac{\mathrm{j}}{c}\frac{\left\{\sum\limits_{i=1}^{2}\left[S_i/\tan(k_a l_i)\right]\right\}^2}{\sum\limits_{i=1}^{2}\left[S_i \mathrm{e}^{\mathrm{j}M_i k_a l_i}/\sin(k_a l_i)\right]}$$

$$(4.4.36)$$

$$T_{22} = \frac{\sum\limits_{i=1}^{2}\left[S_i/\tan(k_a l_i)\right]}{\sum\limits_{i=1}^{2}\left[S_i \mathrm{e}^{\mathrm{j}M_i k_a l_i}/\sin(k_a l_i)\right]} \qquad (4.4.37)$$

将上述四极参数代入式(3.2.22),得到干涉式消声器的传递损失为

$$\mathrm{TL} = 20\lg\left\{\frac{1}{2S}\left|\sum_{i=1}^{2}\left[S_i \mathrm{e}^{-\mathrm{j}M_i k_a l_i}/\sin(k_a l_i)\right] + \frac{\left\{S-\mathrm{j}\sum\limits_{i=1}^{2}\left[S_i/\tan(k_a l_i)\right]\right\}^2}{\sum\limits_{i=1}^{2}\left[S_i \mathrm{e}^{\mathrm{j}M_i k_a l_i}/\sin(k_a l_i)\right]}\right|\right\}$$

$$(4.4.38)$$

可见,干涉式消声器产生共振(传递损失为无限大)的条件是

$$\sum_{i=1}^{2}\left[S_i \mathrm{e}^{\mathrm{j}M_i k_a l_i}/\sin(k_a l_i)\right] = 0 \qquad (4.4.39)$$

如果两个分支管道的横截面积相等,且气流马赫数为零,式(4.4.39)可以简化为

$$\sin(kl_1) + \sin(kl_2) = 0 \qquad (4.4.40)$$

由此得到

$$k(l_2 - l_1) = (2n+1)\pi, \quad n = 0,1,2,\cdots \qquad (4.4.41\mathrm{a})$$

或

$$l_2 - l_1 = (2n+1)\lambda/2, \quad n = 0,1,2,\cdots \qquad (4.4.41\mathrm{b})$$

可见,当两个分支管道的长度之差等于二分之一波长的奇数倍时产生共振,所以干涉式消声器也叫做二分之一波长共振器,共振频率为

$$f_r = \left[c/(l_2 - l_1)\right](2n+1)/2, \quad n = 0,1,2,\cdots \qquad (4.4.42)$$

干涉式消声器也可以由多条分支路管道组成[18~20]。由于各个分支管道的长度不同产生了相位差,各列声波在汇合处"相互干涉"实现了消声效果。由于分支管道内的气体流速直接影响各列声波间的相位差,从而影响共振频率和消声特性,因此声学计算之前,需要先获得各个分支路管道内的气体流速。

4.5　穿孔管抗性消声器

穿孔管在消声器中被广泛使用,其目的是降低流动阻力损失以及改善特定频

率范围内的消声效果。典型的穿孔管消声器有直通穿孔管消声器、阻流式穿孔管消声器和三通穿孔管消声器等。本节给出这些典型穿孔管消声器传递矩阵的求解方法。

4.5.1　直通穿孔管消声器

膨胀腔是使用最广泛的抗性消声器，能够在较宽的频带内获得良好的消声效果，其缺点是流动阻力损失高。为了降低气体流动阻力损失，可以使用穿孔管将其进出口连接起来，形成直通穿孔管消声器（或单通穿孔管消声器），如图4.5.1所示。这样，声波可以通过中心管壁面上的小孔进入膨胀腔，然后在膨胀腔内来回反射实现消声。对于气流来说，穿孔管的引入相当于增加了一个引导桥，使气流能够较为顺利地通过，从而降低了流动阻力损失。中心管可以是全穿孔也可以是部分穿孔，鉴于方法的通用性，本节以部分穿孔的直通穿孔管消声器为例，推导其传递矩阵。

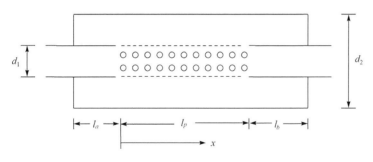

图 4.5.1　直通穿孔管消声器

直通穿孔管消声器内部的气流速度分布一般是不均匀的。为考虑速度梯度的影响，可采用分段处理，即将整个穿孔段划分成一些子段，在每个子段内假设流速是均匀的。通过解析处理求出各个子段进出口间的传递矩阵，然后通过交界面处声压和质点振速的连续性条件获得整个穿孔段进出口间的传递矩阵，最后结合边界条件即可求出消声器的四极参数。为方便起见，在以下的推导中，穿孔管和膨胀腔的截面形状均按圆形处理。

对于任一个穿孔子段，假设管内和腔内的气体流动都是均匀的，分别在管内和腔内取长度为 $\mathrm{d}x$ 的控制体，然后在控制体内对连续性方程(1.2.2)进行积分，并且应用散度定理得到[21~24]

$$\frac{\partial}{\partial t}\int_{\Omega}\tilde{\rho}_i\mathrm{d}\Omega+\int_{\Gamma}\tilde{\rho}_i\bar{\boldsymbol{u}}_i\cdot\boldsymbol{n}\mathrm{d}\Gamma=0,\quad i=1,2 \tag{4.5.1}$$

其中，$\tilde{\rho}$ 是介质的密度；$\bar{\boldsymbol{u}}$ 是速度矢量；Ω 和 Γ 分别是控制体的体积和表面；$\boldsymbol{n}$ 是控制体表面上单位外法向矢量；下标 $i=1,2$ 分别代表穿孔管和膨胀腔。将

式(4.5.1)分别应用于管内和腔内的控制体得到

$$\frac{\partial \tilde{\rho}_i}{\partial t} + \bar{u}_i \frac{\partial \tilde{\rho}_i}{\partial x} + \bar{\rho}_i \frac{\partial \tilde{u}_i}{\partial x} + \bar{\rho}_i f_i = 0, \quad i = 1, 2 \tag{4.5.2}$$

其中

$$f_1 = \frac{4}{d_1} v_1, \quad f_2 = -\frac{4 d_{1e}}{d_2^2 - d_{1e}^2} v_2 \tag{4.5.3}$$

v_1 和 v_2 分别为穿孔壁内侧和外侧的径向质点振速;d_1 和 $d_{1e}(d_{1e} = d_1 + 2t_{\mathrm{w}})$ 分别为穿孔管的内径和外径,t_{w} 为穿孔管的壁厚;d_2 为膨胀腔的内径。

类似地,在控制体积内对动量方程(1.2.3)进行积分得到[18~21]

$$\int_{\Omega} \frac{\partial \tilde{u}_i}{\partial t} \mathrm{d}\Omega + \frac{1}{2} \int_{\Gamma} \bar{u}_i \cdot \bar{u}_i \mathrm{d}\Gamma + \int_{\Omega} \frac{1}{\tilde{\rho}_i} \nabla \tilde{p}_i \mathrm{d}\Gamma = 0, \quad i = 1, 2 \tag{4.5.4}$$

其中,$\tilde{p}$ 是介质的压强。于是式(4.5.4)在 x 方向的分量为

$$\frac{\partial \tilde{u}_i}{\partial t} + \bar{u}_i \frac{\partial \tilde{u}_i}{\partial x} + \frac{1}{\tilde{\rho}_i} \frac{\partial \tilde{p}_i}{\partial x} = 0, \quad i = 1, 2 \tag{4.5.5}$$

将 $\tilde{\rho}_i = \rho_0 + \rho_i, \tilde{p}_i = P_0 + p_i, \bar{u}_i = U_i + u_i$ 代入式(4.5.2)和式(4.5.5),只保留声学量的一次项,于是得到如下线性化声学方程:

$$\frac{\partial \rho_i}{\partial t} + U_i \frac{\partial \rho_i}{\partial x} + \rho_0 \frac{\partial u_i}{\partial x} + \rho_0 f_i = 0, \quad i = 1, 2 \tag{4.5.6}$$

$$\rho_0 \frac{\partial u_i}{\partial t} + \rho_0 U_i \frac{\partial u_i}{\partial x} + \frac{\partial p_i}{\partial x} = 0, \quad i = 1, 2 \tag{4.5.7}$$

其中,符号~代表有声扰动时的物理量;ρ_0 和 P_0 分别为介质的时均密度和压强;U_1 和 U_2、ρ_1 和 ρ_2、p_1 和 p_2、u_1 和 u_2 分别代表穿孔管内和膨胀腔内的气体平均流速、密度变化量、声压和轴向质点振速。

穿孔管和膨胀腔内的声波满足的第三个方程即为等熵关系式(1.2.8)。此外,穿孔壁两侧的径向质点振速和声压之间的关系可以表示成

$$v_1 = K v_2 \tag{4.5.8}$$

$$(p_1 - p_2) / v_1 = \rho_0 c \zeta_{\mathrm{p}} \tag{4.5.9}$$

其中,$K = d_{1e}/d_1$;ζ_{p} 为穿孔声阻抗率。

将式(1.2.8)、式(4.5.3)、式(4.5.8)和式(4.5.9)代入式(4.5.6),消去 ρ_i 和 v_i 后得

$$\frac{1}{c^2} \frac{\partial p_1}{\partial t} + \frac{U_1}{c^2} \frac{\partial p_1}{\partial x} + \rho_0 \frac{\partial u_1}{\partial x} + \frac{4}{d_1} \frac{p_1 - p_2}{c \zeta_{\mathrm{p}}} = 0 \tag{4.5.10a}$$

$$\frac{1}{c^2} \frac{\partial p_2}{\partial t} + \frac{U_2}{c^2} \frac{\partial p_2}{\partial x} + \rho_0 \frac{\partial u_2}{\partial x} - \frac{4 d_1}{d_2^2 - d_{1e}^2} \frac{p_1 - p_2}{c \zeta_{\mathrm{p}}} = 0 \tag{4.5.10b}$$

结合式(4.5.7)和式(4.5.10),消去变量 u_i 后得到管内和腔内的一维波动方程为

$$\frac{1}{c^2}\frac{\partial^2 p_1}{\partial t^2}+2\frac{U_1}{c^2}\frac{\partial^2 p_1}{\partial t\partial x}-\left(1-\frac{U_1^2}{c^2}\right)\frac{\partial^2 p_1}{\partial x^2}$$

$$+\frac{4}{c\zeta_p d_1}\left(\frac{\partial p_1}{\partial t}+U_1\frac{\partial p_1}{\partial x}-\frac{\partial p_2}{\partial t}-U_1\frac{\partial p_2}{\partial x}\right)=0 \tag{4.5.11a}$$

$$\frac{1}{c^2}\frac{\partial^2 p_2}{\partial t^2}+2\frac{U_2}{c^2}\frac{\partial^2 p_2}{\partial t\partial x}-\left(1-\frac{U_2^2}{c^2}\right)\frac{\partial^2 p_2}{\partial x^2}$$

$$-\frac{4d_1}{c\zeta_p(d_2^2-d_{1e}^2)}\left(\frac{\partial p_1}{\partial t}+U_2\frac{\partial p_1}{\partial x}-\frac{\partial p_2}{\partial t}-U_2\frac{\partial p_2}{\partial x}\right)=0 \tag{4.5.11b}$$

对于简谐声波,声压随时间变化的关系可以表示成

$$p(x,t)=p(x)\mathrm{e}^{\mathrm{j}\omega t} \tag{4.5.12}$$

将式(4.5.12)代入式(4.5.11),得到管内和腔内的一维声传播方程为

$$\begin{bmatrix} \mathrm{D}^2+\alpha_1\mathrm{D}+\alpha_2 & \alpha_3\mathrm{D}+\alpha_4 \\ \alpha_5\mathrm{D}+\alpha_6 & \mathrm{D}^2+\alpha_7\mathrm{D}+\alpha_8 \end{bmatrix}\begin{Bmatrix} p_1 \\ p_2 \end{Bmatrix}=\begin{Bmatrix} 0 \\ 0 \end{Bmatrix} \tag{4.5.13}$$

其中,$\mathrm{D}=\partial/\partial x$;

$$\alpha_1=\frac{-2M_1}{1-M_1^2}\left(\mathrm{j}k+\frac{2}{d_1\zeta_p}\right) \tag{4.5.14a}$$

$$\alpha_2=\frac{1}{1-M_1^2}\left(k^2-\frac{4\mathrm{j}k}{d_1\zeta_p}\right) \tag{4.5.14b}$$

$$\alpha_3=\frac{1}{1-M_1^2}\frac{4M_1}{d_1\zeta_p} \tag{4.5.14c}$$

$$\alpha_4=\frac{1}{1-M_1^2}\frac{4\mathrm{j}k}{d_1\zeta_p} \tag{4.5.14d}$$

$$\alpha_5=\frac{M_2}{1-M_2^2}\frac{4d_1}{(d_2^2-d_{1e}^2)\zeta_p} \tag{4.5.14e}$$

$$\alpha_6=\frac{1}{1-M_2^2}\frac{4\mathrm{j}kd_1}{(d_2^2-d_{1e}^2)\zeta_p} \tag{4.5.14f}$$

$$\alpha_7=-\frac{2M_2}{1-M_2^2}\left[\mathrm{j}k+\frac{2d_1}{(d_2^2-d_{1e}^2)\zeta_p}\right] \tag{4.5.14g}$$

$$\alpha_8=\frac{1}{1-M_2^2}\left[k^2-\frac{4\mathrm{j}kd_1}{(d_2^2-d_{1e}^2)\zeta_p}\right] \tag{4.5.14h}$$

其中,M_1 和 M_2 分别为管内和腔内的平均流马赫数。式(4.5.13)是耦合方程,即管内的声传播方程中含有 p_2,腔内的声传播方程中含有 p_1,可以通过解耦处理来求式(4.5.13)的解。令

$$y_1=p_1', \quad y_2=p_2', \quad y_3=p_1, \quad y_4=p_2 \tag{4.5.15}$$

其中,撇号代表关于坐标 x 的微分($\partial/\partial x$)。将式(4.5.15)代入式(4.5.13)可以得

到如下线性方程组：

$$\{y'\} = [B]\{y\} \tag{4.5.16}$$

其中

$$\{y\} = \{y_1, y_2, y_3, y_4\}^{\mathrm{T}} \tag{4.5.17}$$

$$[B] = \begin{bmatrix} -\alpha_1 & -\alpha_3 & -\alpha_2 & -\alpha_4 \\ -\alpha_5 & -\alpha_7 & -\alpha_6 & -\alpha_8 \\ 1 & 0 & 0 & 0 \\ 0 & 1 & 0 & 0 \end{bmatrix} \tag{4.5.18}$$

上标 T 代表转置。令

$$\{y\} = [\Psi]\{\Phi\} \tag{4.5.19}$$

其中，$[\Psi]$是系数矩阵$[B]$的本征向量所组成的矩阵，它的列是矩阵$[B]$的一组本征向量；$\{\Phi\}$是一组转换向量或广义坐标向量。将式(4.5.19)代入式(4.5.16)得

$$\{\Phi'\} = [\Psi]^{-1}[B][\Psi]\{\Phi\} \equiv [\Lambda][\Phi] \tag{4.5.20}$$

其中，$[\Lambda]$是由系数矩阵$[B]$的本征值λ所组成的对角矩阵。于是，式(4.5.20)的解可以写成

$$\{\Phi\} = \{C_1 e^{\lambda_1 x}, C_2 e^{\lambda_2 x}, C_3 e^{\lambda_3 x}, C_4 e^{\lambda_4 x}\}^{\mathrm{T}} \tag{4.5.21}$$

将式(4.5.21)代入式(4.5.19)得

$$\{y\} = [\Psi]\{C_1 e^{\lambda_1 x}, C_2 e^{\lambda_2 x}, C_3 e^{\lambda_3 x}, C_4 e^{\lambda_4 x}\}^{\mathrm{T}} \tag{4.5.22}$$

考虑到声压和质点振速随时间变化的简谐关系，式(4.5.7)变成

$$\rho_0 c \left(M_i \frac{\partial u_i}{\partial x} + jk u_i \right) = -p_i', \quad i = 1, 2 \tag{4.5.23}$$

由式(4.5.22)和式(4.5.23)可以得到管内和腔内的质点振速表达式为

$$\rho_0 c u_i = -\sum_{m=1}^{4} \frac{\Psi_{im} C_m e^{\lambda_m x}}{jk + M_i \lambda_m}, \quad i = 1, 2 \tag{4.5.24}$$

将式(4.5.22)的后两项和式(4.5.24)写成如下矩阵形式：

$$\begin{Bmatrix} p_1 \\ \rho_0 c u_1 \\ p_2 \\ \rho_0 c u_2 \end{Bmatrix} = [D(x)] \begin{Bmatrix} C_1 \\ C_2 \\ C_3 \\ C_4 \end{Bmatrix} \tag{4.5.25}$$

其中

$$[D(x)] = \begin{bmatrix} \Psi_{31}\,\mathrm{e}^{\lambda_1 x} & \Psi_{32}\,\mathrm{e}^{\lambda_2 x} & \Psi_{33}\,\mathrm{e}^{\lambda_3 x} & \Psi_{34}\,\mathrm{e}^{\lambda_4 x} \\ \dfrac{-\Psi_{11}\,\mathrm{e}^{\lambda_1 x}}{\mathrm{j}k+M_1\lambda_1} & \dfrac{-\Psi_{12}\,\mathrm{e}^{\lambda_2 x}}{\mathrm{j}k+M_1\lambda_2} & \dfrac{-\Psi_{13}\,\mathrm{e}^{\lambda_3 x}}{\mathrm{j}k+M_1\lambda_3} & \dfrac{-\Psi_{14}\,\mathrm{e}^{\lambda_4 x}}{\mathrm{j}k+M_1\lambda_4} \\ \Psi_{41}\,\mathrm{e}^{\lambda_1 x} & \Psi_{42}\,\mathrm{e}^{\lambda_2 x} & \Psi_{43}\,\mathrm{e}^{\lambda_3 x} & \Psi_{44}\,\mathrm{e}^{\lambda_4 x} \\ \dfrac{-\Psi_{21}\,\mathrm{e}^{\lambda_1 x}}{\mathrm{j}k+M_2\lambda_1} & \dfrac{-\Psi_{22}\,\mathrm{e}^{\lambda_2 x}}{\mathrm{j}k+M_2\lambda_2} & \dfrac{-\Psi_{23}\,\mathrm{e}^{\lambda_3 x}}{\mathrm{j}k+M_2\lambda_3} & \dfrac{-\Psi_{24}\,\mathrm{e}^{\lambda_4 x}}{\mathrm{j}k+M_2\lambda_4} \end{bmatrix} \tag{4.5.26}$$

于是,可以得到穿孔子段两端($x=x_i$ 和 $x=x_{i+1}$)处的声压和质点速度间的关系式为

$$\begin{Bmatrix} p_1(x_i) \\ \rho_0 c u_1(x_i) \\ p_2(x_i) \\ \rho_0 c u_2(x_i) \end{Bmatrix} = [R_i] \begin{Bmatrix} p_1(x_{i+1}) \\ \rho_0 c u_1(x_{i+1}) \\ p_2(x_{i+1}) \\ \rho_0 c u_2(x_{i+1}) \end{Bmatrix} \tag{4.5.27}$$

其中,$[R_i]=[D(x_i)][D(x_{i+1})]^{-1}$。如果将整个穿孔段划分成 n 个子段,则可以得到穿孔段两端($x=0$ 和 $x=l_p$)处的声压和质点速度间的关系式为

$$\begin{Bmatrix} p_1(0) \\ \rho_0 c u_1(0) \\ p_2(0) \\ \rho_0 c u_2(0) \end{Bmatrix} = [R] \begin{Bmatrix} p_1(l_p) \\ \rho_0 c u_1(l_p) \\ p_2(l_p) \\ \rho_0 c u_2(l_p) \end{Bmatrix} \tag{4.5.28}$$

其中,$[R]=[R_1][R_2]\cdots[R_n]$。

为了获得消声器进出口间的传递矩阵,需要消去 p_2 和 u_2。由于膨胀腔内穿孔段两侧的空腔内没有气体流动,结合端板的刚性壁边界条件可以得到

$$\rho_0 c u_2(0)/p_2(0) = -\mathrm{j}\tan(kl_a) \tag{4.5.29}$$

$$\rho_0 c u_2(l_p)/p_2(l_p) = \mathrm{j}\tan(kl_b) \tag{4.5.30}$$

最后,结合式(4.5.28)~式(4.5.30)得到消声器进出口间的如下关系式:

$$\begin{Bmatrix} p_1(0) \\ \rho_0 c u_1(0) \end{Bmatrix} = \begin{bmatrix} T_{11} & T_{12} \\ T_{21} & T_{22} \end{bmatrix} \begin{Bmatrix} p_1(l_p) \\ \rho_0 c u_1(l_p) \end{Bmatrix} \tag{4.5.31}$$

其中

$$T_{mn} = R_{mn} - \frac{[R_{m3}+\mathrm{j}R_{m4}\tan(kl_b)][R_{4n}+\mathrm{j}R_{3n}\tan(kl_a)]}{R_{43}+\mathrm{j}R_{44}\tan(kl_b)+\mathrm{j}\tan(kl_a)[R_{33}+\mathrm{j}R_{34}\tan(kl_b)]}, \quad m,n=1,2 \tag{4.5.32}$$

4.5.2　阻流式穿孔管消声器

图 4.5.2 为阻流式穿孔管消声器结构示意图。穿孔管中间安装了一块挡流板,使得气流只能通过管壁上的小孔流向膨胀腔内,然后由下段管壁上的小孔流回

管内。由于孔内气流改变了穿孔的声阻抗,从而增加了消声器的消声量。但是这种结构的消声器的一个明显缺点是:随着气流速度的增加,流动阻力损失迅速增大。

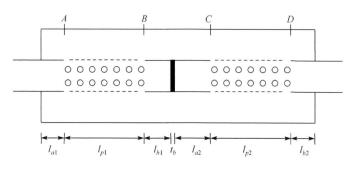

图 4.5.2　阻流式穿孔管消声器

与直通穿孔管消声器相似,为推导阻流式穿孔管消声器的传递矩阵,需要进行适当的简化处理和假设。阻流式穿孔管消声器内部的气流速度分布是不均匀的,存在较大的速度梯度,然而这种非均匀流的运流效应远小于由于孔内气流改变穿孔声阻抗对阻流式穿孔管消声器消声性能的影响。因此,在推导穿孔段的传递矩阵时,可以将其划分成一些子段,在每个子段内忽略非均匀流效应,仍按均匀流动来处理,但是穿孔阻抗公式中可以考虑横向流的影响。通过使用与 4.5.1 节相同的处理方法求出各个子段进出口间的传递矩阵,然后通过交界面处声压和质点振速的连续性条件获得整个穿孔段进出口间的传递矩阵,最后结合边界条件即可求出消声器的四极参数。另外,为推导公式方便起见,穿孔管和膨胀腔的截面形状仍按圆形处理。

对于两个穿孔段,使用与 4.5.1 节相同的处理方法,可以得到两端处的声压和质点速度间的关系式为

$$\left\{\begin{matrix} p_1 \\ \rho_0 c u_1 \\ p_2 \\ \rho_0 c u_2 \end{matrix}\right\}_A = [R^{(1)}] \left\{\begin{matrix} p_1 \\ \rho_0 c u_1 \\ p_2 \\ \rho_0 c u_2 \end{matrix}\right\}_B \tag{4.5.33}$$

$$\left\{\begin{matrix} p_1 \\ \rho_0 c u_1 \\ p_2 \\ \rho_0 c u_2 \end{matrix}\right\}_C = [R^{(2)}] \left\{\begin{matrix} p_1 \\ \rho_0 c u_1 \\ p_2 \\ \rho_0 c u_2 \end{matrix}\right\}_D \tag{4.5.34}$$

其中,下标 1 和 2 分别代表管内和腔内的量;上标(1)和(2)分别代表 A-B 和 C-D 两个穿孔段;A、B、C、D 代表四个截面,如图 4.5.2 所示。

在 A、B、C、D 四个截面处有如下关系：

$$\rho_0 c u_{2A}/p_{2A} = -\mathrm{j}\tan(kl_{a1}) \tag{4.5.35}$$

$$\rho_0 c u_{1B}/p_{1B} = \mathrm{j}\tan(kl_{b1}) \tag{4.5.36}$$

$$\rho_0 c u_{1C}/p_{1C} = -\mathrm{j}\tan(kl_{a2}) \tag{4.5.37}$$

$$\rho_0 c u_{2D}/p_{2D} = \mathrm{j}\tan(kl_{b2}) \tag{4.5.38}$$

由式(4.5.33)、式(4.5.35)和式(4.5.36)可以得到

$$\left\{\begin{array}{c} p_1 \\ \rho_0 c u_1 \end{array}\right\}_A = \begin{bmatrix} T_{11}^{(1)} & T_{12}^{(1)} \\ T_{21}^{(1)} & T_{22}^{(1)} \end{bmatrix} \left\{\begin{array}{c} p_2 \\ \rho_0 c u_2 \end{array}\right\}_B \tag{4.5.39}$$

其中

$$T_{mn}^{(1)} = R_{m(n+2)}^{(1)} - \frac{[R_{m1}^{(1)}+\mathrm{j}R_{m2}^{(1)}\tan(kl_{b1})][R_{4(n+2)}^{(1)}+\mathrm{j}R_{3(n+2)}^{(1)}\tan(kl_{a1})]}{R_{41}^{(1)}+\mathrm{j}R_{42}^{(1)}\tan(kl_{b1})+\mathrm{j}\tan(kl_{a1})[R_{31}^{(1)}+\mathrm{j}R_{32}^{(1)}\tan(kl_{b1})]}, \quad m,n=1,2 \tag{4.5.40}$$

由式(4.5.34)、式(4.5.37)和式(4.5.38)可以得到

$$\left\{\begin{array}{c} p_2 \\ \rho_0 c u_2 \end{array}\right\}_C = \begin{bmatrix} T_{11}^{(2)} & T_{12}^{(2)} \\ T_{21}^{(2)} & T_{22}^{(2)} \end{bmatrix} \left\{\begin{array}{c} p_1 \\ \rho_0 c u_1 \end{array}\right\}_D \tag{4.5.41}$$

其中

$$T_{mn}^{(2)} = R_{(m+2)n}^{(2)} - \frac{[R_{(m+2)3}^{(2)}+\mathrm{j}R_{(m+2)4}^{(2)}\tan(kl_{b2})][R_{2n}^{(2)}+\mathrm{j}R_{1n}^{(2)}\tan(kl_{a2})]}{R_{23}^{(2)}+\mathrm{j}R_{24}^{(2)}\tan(kl_{b2})+\mathrm{j}\tan(kl_{a2})[R_{13}^{(2)}+\mathrm{j}R_{14}^{(2)}\tan(kl_{b2})]}, \quad m,n=1,2 \tag{4.5.42}$$

在膨胀腔内从截面 B 到截面 C 为平面波传播，于是有

$$\left\{\begin{array}{c} p_2 \\ \rho_0 c u_2 \end{array}\right\}_B = \mathrm{e}^{-\mathrm{j}M_2 k_c l_c}\begin{bmatrix} \cos(k_c l_c) & \mathrm{j}\sin(k_c l_c) \\ \mathrm{j}\sin(k_c l_c) & \cos(k_c l_c) \end{bmatrix} \left\{\begin{array}{c} p_2 \\ \rho_0 c u_2 \end{array}\right\}_C \tag{4.5.43}$$

其中，$k_c = k/(1-M_2^2)$；M_2 为平均流马赫数；$l_c = l_{b1}+t_b+l_{a2}$。

最后，结合式(4.5.39)、式(4.5.41)和式(4.5.43)得到消声器进出口间的关系式为

$$\left\{\begin{array}{c} p_1 \\ \rho_0 c u_1 \end{array}\right\}_A = [T] \left\{\begin{array}{c} p_1 \\ \rho_0 c u_1 \end{array}\right\}_D \tag{4.5.44}$$

其中

$$[T] = \mathrm{e}^{-\mathrm{j}M_2 k_c l_c}\begin{bmatrix} T_{11}^{(1)} & T_{12}^{(1)} \\ T_{21}^{(1)} & T_{22}^{(1)} \end{bmatrix}\begin{bmatrix} \cos(k_c l_c) & \mathrm{j}\sin(k_c l_c) \\ \mathrm{j}\sin(k_c l_c) & \cos(k_c l_c) \end{bmatrix}\begin{bmatrix} T_{11}^{(2)} & T_{12}^{(2)} \\ T_{21}^{(2)} & T_{22}^{(2)} \end{bmatrix} \tag{4.5.45}$$

值得说明的是，上述传递矩阵表达式中的 $\mathrm{e}^{-\mathrm{j}M_2 k_c l_c}$ 项对消声器声学性能计算结果没有任何影响，因而可以省略。

4.5.3　三通穿孔管消声器

　　三通穿孔管消声器在汽车排气系统中被广泛使用,其结构如图 4.5.3 所示。由于三通穿孔管消声器内部的气体流动比较复杂,为推导其传递矩阵,需要进行必要的简化和假设[25~27]。在以下推导中,忽略穿孔管道内的速度梯度和膨胀腔内的气体流动,假设三个穿孔管道内的气体流动为均匀流动,而膨胀腔内的气体流速为零。为表述方便起见,三个管道和膨胀腔的截面形状均按圆形处理。

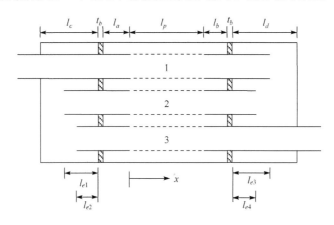

图 4.5.3　三通穿孔管消声器

　　在穿孔段内,对三个穿孔管和膨胀腔使用与 4.5.1 节相同的方法,由连续性方程和动量方程可以得到如下线性化声学方程[27]:

$$\frac{\partial \rho_i}{\partial t}+U_i\frac{\partial \rho_i}{\partial x}+\rho_0\frac{\partial u_i}{\partial x}+\rho_0 f_i=0,\quad i=1,2,3,4 \tag{4.5.46}$$

$$\rho_0\frac{\partial u_i}{\partial t}+\rho_0 U_i\frac{\partial u_i}{\partial x}+\frac{\partial p_i}{\partial x}=0,\quad i=1,2,3,4 \tag{4.5.47}$$

其中,下标 $i=1,2,3,4$ 分别代表三个穿孔管和外腔;

$$f_i=\frac{4v_i}{d_i},\quad i=1,2,3$$

$$f_4=-\frac{4(d_1 v_1+d_2 v_2+d_3 v_3)}{d_4^2-d_{1e}^2-d_{2e}^2-d_{3e}^2} \tag{4.5.48}$$

v_i 是第 i 个穿孔管道内的径向质点振速;U_i 是第 i 个管道内的平均流速;d_1、d_2 和 d_3 是三个穿孔管的内径;d_{1e}、d_{2e} 和 d_{3e} 是三个穿孔管的外径;d_4 是膨胀腔的内径。

　　穿孔管和膨胀腔内的声波还满足等熵关系式(1.2.8)。三个穿孔管内的径向质点振速与穿孔壁两侧的声压差之间的关系可以表示为

$$(p_i-p_4)/v_i=\rho_0 c\zeta_{pi},\quad i=1,2,3 \tag{4.5.49}$$

其中，ζ_{pi} 是第 i 个管道的穿孔声阻抗率。

将式(1.2.8)、式(4.5.48)和式(4.5.49)代入式(4.5.46)，消去 ρ_i 和 v_i 后得

$$\frac{1}{c^2}\frac{\partial p_i}{\partial t}+\frac{U_i}{c^2}\frac{\partial p_i}{\partial x}+\rho_0\,\frac{\partial u_i}{\partial x}+\frac{4}{d_i}\frac{p_i-p_4}{c\zeta_{pi}}=0,\quad i=1,2,3 \tag{4.5.50a}$$

$$\frac{1}{c^2}\frac{\partial p_4}{\partial t}+\rho_0\frac{\partial u_4}{\partial x}-\frac{4}{d_4^2-d_{1e}^2-d_{2e}^2-d_{3e}^2}\sum_{m=1}^{3}\frac{d_m}{c\zeta_{pm}}(p_m-p_4)=0 \tag{4.5.50b}$$

结合式(4.5.47)和式(4.5.50)，消去变量 u_i 后得到三个穿孔管($i=1,2,3$)和膨胀腔($i=4$)内的一维波动方程为

$$\frac{1}{c^2}\frac{\partial^2 p_i}{\partial t^2}+2\,\frac{U_i}{c^2}\frac{\partial^2 p_i}{\partial t\partial x}-\left(1-\frac{U_i^2}{c^2}\right)\frac{\partial^2 p_i}{\partial x^2}+\frac{4}{c\zeta_{pi}d_i}\left(\frac{\partial p_i}{\partial t}-\frac{\partial p_4}{\partial t}\right)$$

$$+\frac{4U_i}{c\zeta_{pi}d_i}\left(\frac{\partial p_i}{\partial x}-\frac{\partial p_4}{\partial x}\right)=0,\quad i=1,2,3 \tag{4.5.51a}$$

$$\frac{1}{c^2}\frac{\partial^2 p_4}{\partial t^2}-\frac{\partial^2 p_4}{\partial x^2}-\frac{4}{d_4^2-d_{1e}^2-d_{2e}^2-d_{3e}^2}\left(\frac{d_1}{c\zeta_{p1}}\frac{\partial p_1}{\partial t}+\frac{d_2}{c\zeta_{p2}}\frac{\partial p_2}{\partial t}+\frac{d_3}{c\zeta_{p3}}\frac{\partial p_3}{\partial t}\right)$$

$$+\frac{4}{d_4^2-d_{1e}^2-d_{2e}^2-d_{3e}^2}\left(\frac{d_1}{c\zeta_{p1}}+\frac{d_2}{c\zeta_{p2}}+\frac{d_3}{c\zeta_{p3}}\right)\frac{\partial p_4}{\partial t}=0 \tag{4.5.51b}$$

将声压随时间变化的简谐关系式(4.5.12)代入式(4.5.51)，则得到穿孔管和腔内的一维声传播方程为

$$\begin{bmatrix} D^2+\alpha_1 D+\alpha_4 & 0 & 0 & \alpha_7 D+\alpha_{10} \\ 0 & D^2+\alpha_2 D+\alpha_5 & 0 & \alpha_8 D+\alpha_{11} \\ 0 & 0 & D^2+\alpha_3 D+\alpha_6 & \alpha_9 D+\alpha_{12} \\ \alpha_{13} & \alpha_{14} & \alpha_{15} & D^2+\alpha_{16} \end{bmatrix}\begin{Bmatrix} p_1 \\ p_2 \\ p_3 \\ p_4 \end{Bmatrix}=\begin{Bmatrix} 0 \\ 0 \\ 0 \\ 0 \end{Bmatrix} \tag{4.5.52}$$

其中 $D=\partial/\partial x$；

$$\alpha_i=\frac{-2M_i}{1-M_i^2}\left(\frac{2}{\zeta_{pi}d_i}+jk\right),\quad i=1,2,3 \tag{4.5.53a}$$

$$\alpha_{i+3}=\frac{1}{1-M_i^2}\left(k^2-\frac{4jk}{\zeta_{pi}d_i}\right),\quad i=1,2,3 \tag{4.5.53b}$$

$$\alpha_{i+6}=\frac{4M_i}{(1-M_i^2)\zeta_{pi}d_i},\quad i=1,2,3 \tag{4.5.53c}$$

$$\alpha_{i+9}=\frac{4jk}{(1-M_i^2)\zeta_{pi}d_i},\quad i=1,2,3 \tag{4.5.53d}$$

$$\alpha_{i+12}=\frac{4jkd_i}{(d_4^2-d_{1e}^2-d_{2e}^2-d_{3e}^2)\zeta_{pi}},\quad i=1,2,3 \tag{4.5.53e}$$

$$\alpha_{16}=(k^2-\alpha_{13}-\alpha_{14}-\alpha_{15}) \tag{4.5.53f}$$

式(4.5.52)可以通过解耦进行求解。令

$$y_1 = p_1', \quad y_2 = p_2', \quad y_3 = p_3', \quad y_4 = p_4'$$
$$y_5 = p_1, \quad y_6 = p_2, \quad y_7 = p_3, \quad y_8 = p_4 \tag{4.5.54}$$

其中，撇号代表关于坐标 x 的微分 $(\partial/\partial x)$。将式(4.5.54)代入式(4.5.52)可以得到如下的线性方程组：

$$\{y'\} = [B]\{y\} \tag{4.5.55}$$

其中

$$\{y\} = \{y_1, y_2, y_3, y_4, y_5, y_6, y_7, y_8\}^{\mathrm{T}} \tag{4.5.56}$$

$$[B] = \begin{bmatrix} -\alpha_1 & 0 & 0 & -\alpha_7 & -\alpha_4 & 0 & 0 & -\alpha_{10} \\ 0 & -\alpha_2 & 0 & -\alpha_8 & 0 & -\alpha_5 & 0 & -\alpha_{11} \\ 0 & 0 & -\alpha_3 & -\alpha_9 & 0 & 0 & -\alpha_6 & -\alpha_{12} \\ 0 & 0 & 0 & 0 & -\alpha_{13} & -\alpha_{14} & -\alpha_{15} & -\alpha_{16} \\ 1 & 0 & 0 & 0 & 0 & 0 & 0 & 0 \\ 0 & 1 & 0 & 0 & 0 & 0 & 0 & 0 \\ 0 & 0 & 1 & 0 & 0 & 0 & 0 & 0 \\ 0 & 0 & 0 & 1 & 0 & 0 & 0 & 0 \end{bmatrix} \tag{4.5.57}$$

令

$$\{y\} = [\Psi]\{\Phi\} \tag{4.5.58}$$

其中，$[\Psi]$ 是系数矩阵 $[B]$ 的本征向量所组成的矩阵，它的列是矩阵 $[B]$ 的一组本征向量；$\{\Phi\}$ 是一组转换向量或广义坐标向量。将式(4.5.58)代入式(4.5.55)得

$$\{\Phi'\} = [\Psi]^{-1}[B][\Psi]\{\Phi\} \equiv [\Lambda][\Phi] \tag{4.5.59}$$

其中，$[\Lambda]$ 是由系数矩阵 $[B]$ 的本征值 λ 所组成的对角矩阵。于是，式(4.5.59)的解可以写成

$$\{\Phi\} = \{C_1 e^{\lambda_1 x}, C_2 e^{\lambda_2 x}, C_3 e^{\lambda_3 x}, C_4 e^{\lambda_4 x}, C_5 e^{\lambda_5 x}, C_6 e^{\lambda_6 x}, C_7 e^{\lambda_7 x}, C_8 e^{\lambda_8 x}\}^{\mathrm{T}} \tag{4.5.60}$$

将式(4.5.60)代入式(4.5.58)得

$$\{y\} = [\Psi]\{C_1 e^{\lambda_1 x}, C_2 e^{\lambda_2 x}, C_3 e^{\lambda_3 x}, C_4 e^{\lambda_4 x}, C_5 e^{\lambda_5 x}, C_6 e^{\lambda_6 x}, C_7 e^{\lambda_7 x}, C_8 e^{\lambda_8 x}\}^{\mathrm{T}} \tag{4.5.61}$$

对于简谐声波，式(4.5.47)变成

$$\rho_0 c \left(M_i \frac{\partial u_i}{\partial x} + \mathrm{j} k u_i \right) = -p_i', \quad i = 1, 2, 3, 4 \tag{4.5.62}$$

由式(4.5.61)和式(4.5.62)可以求出管内和腔内的质点振速表达式为

$$\rho_0 c u_i = -\sum_{m=1}^{8} \frac{\Psi_{im} C_m e^{\lambda_m x}}{\mathrm{j} k + M_i \lambda_m}, \quad i = 1, 2, 3, 4 \tag{4.5.63}$$

将式(4.5.61)中的后四项和式(4.5.63)写成如下矩阵形式：

$$
\left\{
\begin{array}{c}
p_1 \\
\rho_0 c u_1 \\
p_2 \\
\rho_0 c u_2 \\
p_3 \\
\rho_0 c u_3 \\
p_4 \\
\rho_0 c u_4
\end{array}
\right\}
= [D(x)]
\left\{
\begin{array}{c}
C_1 \\
C_2 \\
C_3 \\
C_4 \\
C_5 \\
C_6 \\
C_7 \\
C_8
\end{array}
\right\}
\tag{4.5.64}
$$

其中

$$
[D(x)] =
\begin{bmatrix}
\Psi_{51} e^{\lambda_1 x} & \Psi_{52} e^{\lambda_2 x} & \cdots & \Psi_{58} e^{\lambda_8 x} \\[2mm]
\dfrac{-\Psi_{11} e^{\lambda_1 x}}{jk + M_1 \lambda_1} & \dfrac{-\Psi_{12} e^{\lambda_2 x}}{jk + M_1 \lambda_2} & \cdots & \dfrac{-\Psi_{18} e^{\lambda_8 x}}{jk + M_1 \lambda_8} \\[2mm]
\Psi_{61} e^{\lambda_1 x} & \Psi_{62} e^{\lambda_2 x} & \cdots & \Psi_{68} e^{\lambda_8 x} \\[2mm]
\dfrac{-\Psi_{21} e^{\lambda_1 x}}{jk + M_2 \lambda_1} & \dfrac{-\Psi_{22} e^{\lambda_2 x}}{jk + M_2 \lambda_2} & \cdots & \dfrac{-\Psi_{28} e^{\lambda_8 x}}{jk + M_2 \lambda_8} \\[2mm]
\Psi_{71} e^{\lambda_1 x} & \Psi_{72} e^{\lambda_2 x} & \cdots & \Psi_{78} e^{\lambda_8 x} \\[2mm]
\dfrac{-\Psi_{31} e^{\lambda_1 x}}{jk + M_3 \lambda_1} & \dfrac{-\Psi_{32} e^{\lambda_2 x}}{jk + M_3 \lambda_2} & \cdots & \dfrac{-\Psi_{38} e^{\lambda_8 x}}{jk + M_3 \lambda_8} \\[2mm]
\Psi_{81} e^{\lambda_1 x} & \Psi_{82} e^{\lambda_2 x} & \cdots & \Psi_{88} e^{\lambda_8 x} \\[2mm]
\dfrac{-\Psi_{41} e^{\lambda_1 x}}{jk + M_4 \lambda_1} & \dfrac{-\Psi_{42} e^{\lambda_2 x}}{jk + M_4 \lambda_2} & \cdots & \dfrac{-\Psi_{48} e^{\lambda_8 x}}{jk + M_4 \lambda_8}
\end{bmatrix}
\tag{4.5.65}
$$

于是,可以获得穿孔段两端($x=0$ 和 $x=l_p$)处的声压和质点速度间的关系为

$$
\left\{
\begin{array}{c}
p_1(0) \\
\rho_0 c u_1(0) \\
p_2(0) \\
\rho_0 c u_2(0) \\
p_3(0) \\
\rho_0 c u_3(0) \\
p_4(0) \\
\rho_0 c u_4(0)
\end{array}
\right\}
= [R]
\left\{
\begin{array}{c}
p_1(l_p) \\
\rho_0 c u_1(l_p) \\
p_2(l_p) \\
\rho_0 c u_2(l_p) \\
p_3(l_p) \\
\rho_0 c u_3(l_p) \\
p_4(l_p) \\
\rho_0 c u_4(l_p)
\end{array}
\right\}
\tag{4.5.66}
$$

其中,$[R] = [D(0)][D(l_p)]^{-1}$。

对于膨胀腔,能够得到

$$
\rho_0 c u_4(0)/p_4(0) = -j\tan(kl_a) \tag{4.5.67}
$$

$$
\rho_0 c u_4(l_p)/p_4(l_p) = j\tan(kl_b) \tag{4.5.68}
$$

将式(4.5.67)和式(4.5.68)代入式(4.5.66)得

$$
\begin{Bmatrix}
p_1(0) \\
\rho_0 c_0 u_1(0) \\
p_2(0) \\
\rho_0 c_0 u_2(0) \\
p_3(0) \\
\rho_0 c_0 u_3(0)
\end{Bmatrix} = [P]
\begin{Bmatrix}
p_1(l_p) \\
\rho_0 c_0 u_1(l_p) \\
p_2(l_p) \\
\rho_0 c_0 u_2(l_p) \\
p_3(l_p) \\
\rho_0 c_0 u_3(l_p)
\end{Bmatrix}
\tag{4.5.69}
$$

其中

$$
P_{mn} = R_{mn} - \frac{[R_{m7} + jR_{m8}\tan(kl_b)][R_{8n} + jR_{7n}\tan(kl_a)]}{R_{87} + jR_{88}\tan(kl_b) + j\tan(kl_a)[R_{77} + jR_{78}\tan(kl_b)]} \quad m,n = 1,\cdots,6
\tag{4.5.70}
$$

对于左右两个端腔,由传递矩阵法可以求得如下关系:

$$
\begin{Bmatrix}
p_2(0) \\
\rho_0 c u_2(0)
\end{Bmatrix} = [T_{\text{lec}}]
\begin{Bmatrix}
p_3(0) \\
\rho_0 c u_3(0)
\end{Bmatrix}
\tag{4.5.71}
$$

$$
\begin{Bmatrix}
p_1(l_p) \\
\rho_0 c u_1(l_p)
\end{Bmatrix} = [T_{\text{rec}}]
\begin{Bmatrix}
p_2(l_p) \\
\rho_0 c u_2(l_p)
\end{Bmatrix}
\tag{4.5.72}
$$

最后,结合式(4.5.69)、式(4.5.71)和式(4.5.72),并且把矩阵[P]表示成如下形式:

$$
[P] = \begin{bmatrix}
[P11] & [P12] & [P13] \\
[P21] & [P22] & [P23] \\
[P31] & [P32] & [P33]
\end{bmatrix}
\tag{4.5.73}
$$

得到消声器进出口间的关系式为

$$
\begin{Bmatrix}
p_1(0) \\
\rho_0 c u_1(0)
\end{Bmatrix} = [T]
\begin{Bmatrix}
p_3(l_p) \\
\rho_0 c u_3(l_p)
\end{Bmatrix}
\tag{4.5.74}
$$

其中,传递矩阵

$$
[T] = ([P11][T_{\text{rec}}] + [P12])([T_{\text{lec}}]([P31][T_{\text{rec}}] + [P32]) \\
- [P21][T_{\text{rec}}] - [P22])^{-1}([P23] - [T_{\text{lec}}][P33]) + [P13]
\tag{4.5.75}
$$

4.5.4　具有端部共振器的三通穿孔管消声器

为了产生低频共振,可以在三通穿孔管消声器之后增加一个共振器,形成具有端部共振器的三通穿孔管消声器[28],如图 4.5.4 所示。

使用与 4.5.3 节相同的方法,可以得到膨胀腔内穿孔段进口($x = 0$)和出口($x = l_p$)处声压和质点振速之间的关系为

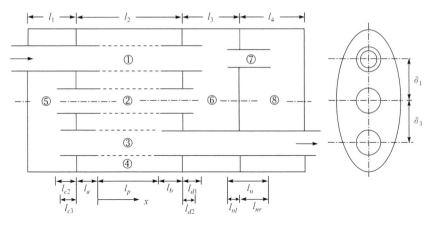

图 4.5.4　具有端部共振器的三通穿孔管消声器

$$\begin{Bmatrix} p_1(0) \\ \rho_0 c u_1(0) \\ p_2(0) \\ \rho_0 c u_2(0) \\ p_3(0) \\ \rho_0 c u_3(0) \end{Bmatrix} = \begin{bmatrix} [\mathrm{TR11}] & [\mathrm{TR12}] & [\mathrm{TR13}] \\ [\mathrm{TR21}] & [\mathrm{TR22}] & [\mathrm{TR23}] \\ [\mathrm{TR31}] & [\mathrm{TR32}] & [\mathrm{TR33}] \end{bmatrix} \begin{Bmatrix} p_1(l_p) \\ \rho_0 c u_1(l_p) \\ p_2(l_p) \\ \rho_0 c u_2(l_p) \\ p_3(l_p) \\ \rho_0 c u_3(l_p) \end{Bmatrix} \qquad (4.5.76)$$

其中,下标 1,2,3 分别代表穿孔管①,②,③;$[\mathrm{TR}ij]$ 为 2×2 矩阵($i,j=1,2,3$)。

对于转换腔⑥以及管①和②的非穿孔段,使用传递矩阵法可得如下表达式:

$$\begin{Bmatrix} p_1(l_p) \\ \rho_0 c u_1(l_p) \end{Bmatrix} = [T_{tc}] \begin{Bmatrix} p_2(l_p) \\ -\rho_0 c u_2(l_p) \end{Bmatrix} \qquad (4.5.77)$$

对于 $l_{d1} \geqslant l_{d2}$ 的情形,传递矩阵表达式为

$$[T_{tc}] = \begin{bmatrix} \cos(kl'_{1r}) & \mathrm{j}\sin(kl'_{1r}) \\ \mathrm{j}\sin(kl'_{1r}) & \cos(kl'_{1r}) \end{bmatrix} \begin{bmatrix} 1 & 0 \\ \dfrac{S-S_3}{S_1}A'_1 & \dfrac{S-S_1-S_3}{S_1} \end{bmatrix} \begin{bmatrix} \cos(kl_{d1-2}) & \mathrm{j}\sin(kl_{d1-2}) \\ \mathrm{j}\sin(kl_{d1-2}) & \cos(kl_{d1-2}) \end{bmatrix}$$

$$\times \begin{bmatrix} 1 & 0 \\ \mathrm{j}\dfrac{S-S_1-S_2-S_3}{S-S_1-S_3}\tan(kl'_{d2}) & \dfrac{S_2}{S-S_1-S_3} \end{bmatrix} \begin{bmatrix} \cos(kl'_{2r}) & \mathrm{j}\sin(kl'_{2r}) \\ \mathrm{j}\sin(kl'_{2r}) & \cos(kl'_{2r}) \end{bmatrix}$$

$$(4.5.78)$$

其中,$l'_{1r}=l_b+l_{d1}+\delta_{1r}$;$l_{d1-2}=l_{d1}-l_{d2}$;$l'_{d2}=l_{d2}+\delta_{2r}$;$l'_{2r}=l_b+l_{d2}+\delta_{2r}$,$\delta_{1r}$ 和 δ_{2r} 分别为管①和②右侧的端部修正;S 和 S_1、S_2、S_3 分别为膨胀腔和管①、②、③的横截面积;

$$A'_1 = \dfrac{\mathrm{j}\tan(kl_{1-7}) + \left[\mathrm{j}\dfrac{S-S_3-S_7}{S-S_3}\tan(kl'_{nl}) + \dfrac{S_7}{S-S_3}A_{er} \right]}{1 + \mathrm{j}\tan(kl_{1-7})\left[\mathrm{j}\dfrac{S-S_3-S_7}{S-S_3}\tan(kl'_{nl}) + \dfrac{S_7}{S-S_3}A_{er} \right]}$$

为管①右端所在截面的声导纳率,其中 $l_{1-7}=l_3-(l_{d1}+\delta_{1r}+l_{nl}+\delta_{7l})$, $l'_{nl}=l_{nl}+\delta_{7l}$, δ_{7l} 为管⑦左侧的端部修正, S_7 为管⑦的横截面积,

$$A_{er}=\frac{\mathrm{jtan}(kl'_n)+\mathrm{j}\left[\dfrac{S-S_3-S_7}{S_7}\tan(kl'_{nr})+\dfrac{S-S_3}{S_7}\tan(kl'_{4r})\right]}{1-\tan(kl'_n)\left[\dfrac{S-S_3-S_7}{S_7}\tan(kl'_{nr})+\dfrac{S-S_3}{S_7}\tan(kl'_{4r})\right]}$$

为共振器上管⑦进口的输入导纳率,其中 $l'_n=l_n+\delta_{7l}+\delta_{7r}$, $l'_{nr}=l_{nr}+\delta_{7r}$, $l'_{4r}=l_4-(l_{nr}+\delta_{7r})$, δ_{7r} 为管⑦右侧的端部修正。

对于 $l_{d1}<l_{d2}$ 的情形,传递矩阵表达式为

$$[T_{tc}]=\begin{bmatrix}\cos(kl'_{1r}) & \mathrm{jsin}(kl'_{1r})\\ \mathrm{jsin}(kl'_{1r}) & \cos(kl'_{1r})\end{bmatrix}\begin{bmatrix}1 & 0\\ \mathrm{j}\dfrac{S-S_1-S_2-S_3}{S_1}\tan(kl'_{d1}) & \dfrac{S-S_2-S_3}{S_1}\end{bmatrix}$$

$$\times\begin{bmatrix}\cos(kl_{d2-1}) & \mathrm{jsin}(kl_{d2-1})\\ \mathrm{jsin}(kl_{d2-1}) & \cos(kl_{d2-1})\end{bmatrix}\begin{bmatrix}1 & 0\\ \dfrac{S-S_3}{S-S_2-S_3}A'_2 & \dfrac{S_2}{S-S_2-S_3}\end{bmatrix}$$

$$\times\begin{bmatrix}\cos(kl'_{2r}) & \mathrm{jsin}(kl'_{2r})\\ \mathrm{jsin}(kl'_{2r}) & \cos(kl'_{2r})\end{bmatrix}\tag{4.5.79}$$

其中, $l_{d2-1}=l_{d2}-l_{d1}$; $l'_{d1}=l_{d1}+\delta_{1r}$;

$$A'_2=\frac{\mathrm{jtan}(kl_{2-7})+\left[\mathrm{j}\dfrac{S-S_3-S_7}{S-S_3}\tan(kl'_{nl})+\dfrac{S_7}{S-S_3}A_{er}\right]}{1+\mathrm{jtan}(kl_{2-7})\left[\mathrm{j}\dfrac{S-S_3-S_7}{S-S_3}\tan(kl'_{nl})+\dfrac{S_7}{S-S_3}A_{er}\right]}$$

为转换腔⑥中管②右端所在截面的声导纳率, $l_{2-7}=l_3-(l_{d2}+\delta_{2r}+l_{nl}+\delta_{7l})$ 。

对于左端腔⑤以及管②和③的非穿孔段,使用传递矩阵法可得如下表达式:

$$\begin{Bmatrix}p_2(0)\\ -\rho_0 cu_2(0)\end{Bmatrix}=[T_{ec}]\begin{Bmatrix}p_3(0)\\ \rho_0 cu_3(0)\end{Bmatrix}\tag{4.5.80}$$

当 $l_{c2}\geqslant l_{c3}$ 时,

$$[T_{ec}]=\begin{bmatrix}\cos(kl'_{2l}) & \mathrm{jsin}(kl'_{2l})\\ \mathrm{jsin}(kl'_{2l}) & \cos(kl'_{2l})\end{bmatrix}\begin{bmatrix}1 & 0\\ \mathrm{j}\dfrac{S-S_1}{S_2}\tan(kl'_5) & \dfrac{S-S_1-S_2}{S_2}\end{bmatrix}$$

$$\times\begin{bmatrix}\cos(kl_{c2-3}) & \mathrm{jsin}(kl_{c2-3})\\ \mathrm{jsin}(kl_{c2-3}) & \cos(kl_{c2-3})\end{bmatrix}$$

$$\times\begin{bmatrix}1 & 0\\ \mathrm{j}\dfrac{S-S_1-S_2-S_3}{S-S_1-S_2}\tan(kl'_{c3}) & \dfrac{S_3}{S-S_1-S_2}\end{bmatrix}\begin{bmatrix}\cos(kl'_{3l}) & \mathrm{jsin}(kl'_{3l})\\ \mathrm{jsin}(kl'_{3l}) & \cos(kl'_{3l})\end{bmatrix}$$

$$\tag{4.5.81}$$

其中，$l'_{2l}=l_a+l_{c2}+\delta_{2l}$；$l'_5=l_1-(l_{c2}+\delta_{2l})$；$l_{c2-3}=l_{c2}-l_{c3}$；$l'_{c3}=l_{c3}+\delta_{3l}$；$l'_{3l}=l_a+l_{c3}+\delta_{3l}$，$\delta_{2l}$ 和 δ_{3l} 分别为管②和③左侧的端部修正。

当 $l_{c2}<l_{c3}$ 时，

$$[T_{ec}]=\begin{bmatrix}\cos(kl'_{2l}) & \mathrm{j}\sin(kl'_{2l})\\ \mathrm{j}\sin(kl'_{2l}) & \cos(kl'_{2l})\end{bmatrix}\begin{bmatrix}1 & 0\\ \mathrm{j}\dfrac{S-S_1-S_2-S_3}{S_2}\tan(kl'_{c2}) & \dfrac{S-S_1-S_3}{S_2}\end{bmatrix}$$

$$\times\begin{bmatrix}\cos(kl_{c3-2}) & \mathrm{j}\sin(kl_{c3-2})\\ \mathrm{j}\sin(kl_{c3-2}) & \cos(kl_{c3-2})\end{bmatrix}\begin{bmatrix}1 & 0\\ \mathrm{j}\dfrac{S-S_1}{S-S_1-S_3}\tan(kl''_5) & \dfrac{S_3}{S-S_1-S_3}\end{bmatrix}$$

$$\times\begin{bmatrix}\cos(kl'_{3l}) & \mathrm{j}\sin(kl'_{3l})\\ \mathrm{j}\sin(kl'_{3l}) & \cos(kl'_{3l})\end{bmatrix} \tag{4.5.82}$$

其中，$l'_{c2}=l_{c2}+\delta_{2l}$；$l_{c3-2}=l_{c3}-l_{c2}$；$l''_5=l_1-(l_{c3}+\delta_{3l})$。

式(4.5.77)和式(4.5.80)可以重新写成

$$\left\{\begin{array}{c}p_1(l_p)\\ \rho_0cu_1(l_p)\end{array}\right\}=[T'_{tc}]\left\{\begin{array}{c}p_2(l_p)\\ \rho_0cu_2(l_p)\end{array}\right\} \tag{4.5.83}$$

$$\left\{\begin{array}{c}p_2(0)\\ \rho_0cu_2(0)\end{array}\right\}=[T'_{ec}]\left\{\begin{array}{c}p_3(0)\\ \rho_0cu_3(0)\end{array}\right\} \tag{4.5.84}$$

最后，结合式(4.5.76)、式(4.5.83)和式(4.5.84)得到消声器进出口间的如下关系式：

$$\left\{\begin{array}{c}p_1(0)\\ \rho_0cu_1(0)\end{array}\right\}=[T]\left\{\begin{array}{c}p_3(l_p)\\ \rho_0cu_3(l_p)\end{array}\right\} \tag{4.5.85}$$

其中，传递矩阵

$$\begin{aligned}[T]=&([TR11][T'_{tc}]+[TR12])([T'_{ec}]([TR31][T'_{ec}]+[TR32])\\ &-[TR21][T'_{tc}]-[TR22])^{-1}([TR23]-[T'_{ec}][TR33])+[TR13]\end{aligned} \tag{4.5.86}$$

4.6　直通穿孔管阻性消声器

　　直通穿孔管阻性消声器是一种典型的阻性消声器，如图 4.6.1 所示，其优点是结构简单、流动阻力损失低。与穿孔管抗性消声器相似，为推导直通穿孔管阻性消声器的传递矩阵，需要进行适当的简化和假设。在以下推导中，假设中心穿孔管内为均匀流动的气体,而膨胀腔内没有气体流动。为方便起见,在以下公式推导中,穿孔管和膨胀腔的截面形状均按圆形处理。下面以部分穿孔的直通穿孔管阻性消声器为例,推导其传递矩阵。

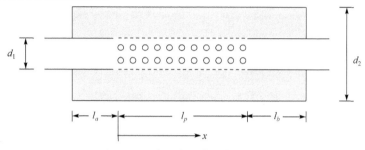

图 4.6.1　直通穿孔管阻性消声器

直通穿孔管阻性消声器内部存在两种介质:空气和吸声材料。假设平面波在穿孔管和膨胀腔内沿轴向传播,吸声材料的声学特性用复阻抗和复波数(或复密度和复声速)加以描述。采用与 4.5.1 节相同的处理方法,得到穿孔管内和膨胀腔内线性化的连续性方程和动量方程为

$$\frac{\partial \rho_1}{\partial t}+U_1\frac{\partial \rho_1}{\partial x}+\rho_{01}\frac{\partial u_1}{\partial x}+\rho_{01}\frac{4}{d_1}v_1=0 \tag{4.6.1a}$$

$$\frac{\partial \rho_2}{\partial t}+\rho_{02}\frac{\partial u_2}{\partial x}-\rho_{02}\frac{4d_1}{d_2^2-d_{1e}^2}v_1=0 \tag{4.6.1b}$$

$$\rho_{01}\frac{\partial u_1}{\partial t}+\rho_{01}U_1\frac{\partial u_1}{\partial x}+\frac{\partial p_1}{\partial x}=0 \tag{4.6.2a}$$

$$\rho_{02}\frac{\partial u_2}{\partial t}+\frac{\partial p_2}{\partial x}=0 \tag{4.6.2b}$$

其中,d_1 和 d_{1e} 分别为穿孔管的内径和外径;d_2 为膨胀腔的内径;ρ_{01} 和 U_1 分别为穿孔管内空气介质的时均密度和平均流速;ρ_{02} 为膨胀腔内吸声材料的等效复密度;ρ_1 和 ρ_2、p_1 和 p_2、u_1 和 u_2 分别代表穿孔管和膨胀腔内的密度变化量、声压和轴向质点振速;v_1 是穿孔管内的径向质点振速,它与穿孔壁两侧的声压差之间的关系可以表示为

$$(p_1-p_2)/v_1=\rho_{01}c_1\zeta_p \tag{4.6.3}$$

其中,ζ_p 为穿孔声阻抗率。

穿孔管和膨胀腔内的声波满足等熵关系,即

$$p_1/\rho_1=c_1^2 \tag{4.6.4a}$$

$$p_2/\rho_2=c_2^2 \tag{4.6.4b}$$

将式(4.6.3)和式(4.6.4)代入式(4.6.1),消去 v_1 和 ρ_i 后得到

$$\frac{1}{c_1^2}\frac{\partial p_1}{\partial t}+\frac{U_1}{c_1^2}\frac{\partial p_1}{\partial x}+\rho_{01}\frac{\partial u_1}{\partial x}+\frac{4}{d_1}\frac{p_1-p_2}{c_1\zeta_{\mathrm{p}}}=0 \qquad (4.6.5a)$$

$$\frac{1}{c_2^2}\frac{\partial p_2}{\partial t}+\rho_{02}\frac{\partial u_2}{\partial x}-\frac{4d_1}{d_2^2-d_{1e}^2}\frac{\rho_{02}}{\rho_{01}}\frac{p_1-p_2}{c_1\zeta_{\mathrm{p}}}=0 \qquad (4.6.5b)$$

结合式(4.6.2)和式(4.6.5),消去变量 u_1 和 u_2 后得到管内和腔内的一维波动方程为

$$\frac{1}{c_1^2}\frac{\partial^2 p_1}{\partial t^2}+2\frac{U_1}{c_1^2}\frac{\partial^2 p_1}{\partial t\partial x}-\left(1-\frac{U_1^2}{c_1^2}\right)\frac{\partial^2 p_1}{\partial x^2}+\frac{4}{c_1\zeta_{\mathrm{p}}d_1}\left(\frac{\partial p_1}{\partial t}+U_1\frac{\partial p_1}{\partial x}-\frac{\partial p_2}{\partial t}-U_1\frac{\partial p_2}{\partial x}\right)=0$$
$$(4.6.6a)$$

$$\frac{1}{c_2^2}\frac{\partial^2 p_2}{\partial t^2}-\frac{\partial^2 p_2}{\partial x^2}-\frac{4d_1}{c_1\zeta_{\mathrm{p}}(d_2^2-d_{1e}^2)}\frac{\rho_{02}}{\rho_{01}}\left(\frac{\partial p_1}{\partial t}-\frac{\partial p_2}{\partial t}\right)=0 \qquad (4.6.6b)$$

利用声压随时间的简谐变化关系,得到穿孔管内和膨胀腔内的一维声传播方程为

$$\begin{bmatrix} D^2+\alpha_1 D+\alpha_2 & \alpha_3 D+\alpha_4 \\ \alpha_5 & D^2+\alpha_6 \end{bmatrix}\begin{Bmatrix} p_1 \\ p_2 \end{Bmatrix}=\begin{Bmatrix} 0 \\ 0 \end{Bmatrix} \qquad (4.6.7)$$

其中

$$\alpha_1=\frac{-2M_1}{1-M_1^2}\left(\mathrm{j}k_1+\frac{2}{d_1\zeta_{\mathrm{p}}}\right) \qquad (4.6.8a)$$

$$\alpha_2=\frac{1}{1-M_1^2}\left(k_1^2-\frac{4\mathrm{j}k_1}{d_1\zeta_{\mathrm{p}}}\right) \qquad (4.6.8b)$$

$$\alpha_3=\frac{1}{1-M_1^2}\frac{4M_1}{d_1\zeta_{\mathrm{p}}} \qquad (4.6.8c)$$

$$\alpha_4=\frac{1}{1-M_1^2}\frac{4\mathrm{j}k_1}{d_1\zeta_{\mathrm{p}}} \qquad (4.6.8d)$$

$$\alpha_5=\frac{4\mathrm{j}k_1 d_1}{(d_2^2-d_1^2)\zeta_{\mathrm{p}}}\frac{\rho_{02}}{\rho_{01}} \qquad (4.6.8e)$$

$$\alpha_6=k_2^2-\alpha_5 \qquad (4.6.8f)$$

M_1 为穿孔管内的平均流马赫数,k_1 为穿孔管内空气介质的波数,k_2 为膨胀腔内吸声材料的等效复波数。式(4.6.7)是耦合方程,可以通过解耦方法来求解。令

$$y_1=p_1', \quad y_2=p_2', \quad y_3=p_1, \quad y_4=p_2 \qquad (4.6.9)$$

其中,撇号代表关于坐标 x 的微分($\partial/\partial x$)。将式(4.6.9)代入式(4.6.7)可以得到如下线性方程组:

$$\{y'\}=[B]\{y\} \qquad (4.6.10)$$

其中

$$\{y\}=\{y_1,y_2,y_3,y_4\}^{\mathrm{T}} \qquad (4.6.11)$$

$$[B] = \begin{bmatrix} -\alpha_1 & -\alpha_3 & -\alpha_2 & -\alpha_4 \\ 0 & 0 & -\alpha_5 & -\alpha_6 \\ 1 & 0 & 0 & 0 \\ 0 & 1 & 0 & 0 \end{bmatrix} \tag{4.6.12}$$

令

$$\{y\} = [\Psi]\{\Phi\} \tag{4.6.13}$$

其中，$[\Psi]$ 是系数矩阵 $[B]$ 的本征向量所组成的矩阵，它的列是 $[B]$ 的一组本征向量；$\{\Phi\}$ 是一组转换向量或广义坐标向量。将式(4.6.13)代入式(4.6.10)得

$$\{\Phi'\} = [\Psi]^{-1}[B][\Psi]\{\Phi\} \equiv [\Lambda]\{\Phi\} \tag{4.6.14}$$

其中，$[\Lambda]$ 是由系数矩阵 $[B]$ 的本征值 λ 所组成的对角矩阵。于是，式(4.6.14)的解可以写成

$$\{\Phi\} = \{C_1 e^{\lambda_1 x}, C_2 e^{\lambda_2 x}, C_3 e^{\lambda_3 x}, C_4 e^{\lambda_4 x}\}^{\mathrm{T}} \tag{4.6.15}$$

将式(4.6.15)代入式(4.6.13)得

$$\{y\} = [\Psi]\{C_1 e^{\lambda_1 x}, C_2 e^{\lambda_2 x}, C_3 e^{\lambda_3 x}, C_4 e^{\lambda_4 x}\}^{\mathrm{T}} \tag{4.6.16}$$

考虑到声压和质点振速随时间变化的简谐关系，式(4.6.2)变成

$$\rho_{01} c_1 \left(M_1 \frac{\partial u_1}{\partial x} + j k_1 u_1 \right) = -p_1' \tag{4.6.17a}$$

$$j k_2 \rho_{02} c_2 u_2 = -p_2' \tag{4.6.17b}$$

由式(4.6.16)和式(4.6.17)可以得到穿孔管内和膨胀腔内的质点振速表达式为

$$\rho_{01} c_1 u_1 = -\sum_{m=1}^{4} \frac{\Psi_{1m} C_m e^{\lambda_m x}}{j k_1 + M_1 \lambda_m} \tag{4.6.18a}$$

$$\rho_{02} c_2 u_2 = -\sum_{m=1}^{4} \frac{\Psi_{2m} C_m e^{\lambda_m x}}{j k_2} \tag{4.6.18b}$$

将式(4.6.16)中的后两组表达式和式(4.6.18)写成如下矩阵形式：

$$\begin{Bmatrix} p_1 \\ \rho_{01} c_1 u_1 \\ p_2 \\ \rho_{02} c_2 u_2 \end{Bmatrix} = [D(x)] \begin{Bmatrix} C_1 \\ C_2 \\ C_3 \\ C_4 \end{Bmatrix} \tag{4.6.19}$$

其中

$$[D(x)] = \begin{bmatrix} \boldsymbol{\Psi}_{31}\,\mathrm{e}^{\lambda_1 x} & \boldsymbol{\Psi}_{32}\,\mathrm{e}^{\lambda_2 x} & \boldsymbol{\Psi}_{33}\,\mathrm{e}^{\lambda_3 x} & \boldsymbol{\Psi}_{34}\,\mathrm{e}^{\lambda_4 x} \\[2mm] \dfrac{-\boldsymbol{\Psi}_{11}\,\mathrm{e}^{\lambda_1 x}}{\mathrm{j}k_1 + M_1\lambda_1} & \dfrac{-\boldsymbol{\Psi}_{12}\,\mathrm{e}^{\lambda_2 x}}{\mathrm{j}k_1 + M_1\lambda_2} & \dfrac{-\boldsymbol{\Psi}_{13}\,\mathrm{e}^{\lambda_3 x}}{\mathrm{j}k_1 + M_1\lambda_3} & \dfrac{-\boldsymbol{\Psi}_{14}\,\mathrm{e}^{\lambda_4 x}}{\mathrm{j}k_1 + M_1\lambda_4} \\[2mm] \boldsymbol{\Psi}_{41}\,\mathrm{e}^{\lambda_1 x} & \boldsymbol{\Psi}_{42}\,\mathrm{e}^{\lambda_2 x} & \boldsymbol{\Psi}_{43}\,\mathrm{e}^{\lambda_3 x} & \boldsymbol{\Psi}_{44}\,\mathrm{e}^{\lambda_4 x} \\[2mm] \dfrac{-\boldsymbol{\Psi}_{21}\,\mathrm{e}^{\lambda_1 x}}{\mathrm{j}k_2} & \dfrac{-\boldsymbol{\Psi}_{22}\,\mathrm{e}^{\lambda_2 x}}{\mathrm{j}k_2} & \dfrac{-\boldsymbol{\Psi}_{23}\,\mathrm{e}^{\lambda_3 x}}{\mathrm{j}k_2} & \dfrac{-\boldsymbol{\Psi}_{24}\,\mathrm{e}^{\lambda_4 x}}{\mathrm{j}k_2} \end{bmatrix} \qquad (4.6.20)$$

于是,可以得到穿孔段两端($x=0$ 和 $x=l_p$)处的声压和质点速度间的关系式为

$$\begin{Bmatrix} p_1(0) \\ \rho_{01}c_1 u_1(0) \\ p_2(0) \\ \rho_{02}c_2 u_2(0) \end{Bmatrix} = [R] \begin{Bmatrix} p_1(l_p) \\ \rho_{01}c_1 u_1(l_p) \\ p_2(l_p) \\ \rho_{02}c_2 u_2(l_p) \end{Bmatrix} \qquad (4.6.21)$$

其中,$[R] = [D(0)][D(l_p)]^{-1}$。

为了获得消声器进出口间的传递矩阵,需要消去 p_2 和 u_2。由于膨胀腔内穿孔段两侧的空腔内没有气体流动,结合端板的刚性壁边界条件可以得到

$$\rho_{02}c_2 u_2(0)/p_2(0) = -\mathrm{j}\tan(k_2 l_a) \qquad (4.6.22)$$

$$\rho_{02}c_2 u_2(l_p)/p_2(l_p) = \mathrm{j}\tan(k_2 l_b) \qquad (4.6.23)$$

最后,结合式(4.6.21)~式(4.6.23)得到消声器进出口间的如下关系式:

$$\begin{Bmatrix} p_1(0) \\ \rho_{01}c_1 u_1(0) \end{Bmatrix} = \begin{bmatrix} T_{11} & T_{12} \\ T_{21} & T_{22} \end{bmatrix} \begin{Bmatrix} p_1(l_p) \\ \rho_{01}c_1 u_1(l_p) \end{Bmatrix} \qquad (4.6.24)$$

其中

$$T_{mn} = R_{mn} - \frac{[R_{m3} + \mathrm{j}R_{m4}\tan(k_2 l_b)][R_{4n} + \mathrm{j}R_{3n}\tan(k_2 l_a)]}{R_{43} + \mathrm{j}R_{44}\tan(k_2 l)_b + \mathrm{j}\tan(k_2 l_a)[R_{33} + \mathrm{j}R_{34}\tan(k_2 l_b)]}, \quad m,n=1,2 \qquad (4.6.25)$$

4.7　催化转化器

随着对环境保护的重视,内燃机的尾气净化处理已经成为一种强制性措施,因此催化转化器也就成为内燃机排气系统中不可缺少的组成部分。催化转化器是利用涂敷在载体上的催化剂加速发动机尾气中有害成分 HC、CO 和 NOₓ 的氧化、还原反应,将有害物转化为 H_2O、CO_2 和 N_2 的一种反应器。催化转化器由载体和连接空腔组成,如图 4.7.1 所示。鉴于催化转化器的特殊结构,它除了具有尾气净化功能外,还具有一定的消声效果。本节推导催化转化器的传递矩阵。

图 4.7.1　催化转化器

　　载体是由许多形状相同的微孔道组成的结构,载体的孔道通常为方形,但为推导公式的方便,这里仍按照圆形管道来处理,取等效圆管的横截面积与方形孔道的横截面积相等。由于载体通道的横截面积很小,管道壁面的摩擦对声传播的影响应加以考虑。等截面细管道内的声压和质点振速可表示为[29~32]

$$p(x)=A\mathrm{e}^{-\mathrm{j}K^+kx}+B\mathrm{e}^{\mathrm{j}K^-kx} \tag{4.7.1}$$

$$\rho_0 cu(x)=h^+ A\mathrm{e}^{-\mathrm{j}K^+kx}-h^- B\mathrm{e}^{\mathrm{j}K^-kx} \tag{4.7.2}$$

其中,$K^\pm=K_0/(1\pm MK_0)$;$h^\pm=K_0\{1+[(1-\mathrm{j})/s]\sqrt{2(1\pm K_0 M)}\}$,$M=U_0/c$ 是通道内的均匀流马赫数,$K_0=1+[(1-\mathrm{j})/\sqrt{2}](\gamma-1+\sigma)/(\sigma s)$,$s=a\sqrt{\rho_0\omega/\mu}$ 是斯托克斯数,$\sigma=\mu c_p/\kappa$ 是普朗特数,a 是管道半径,ρ_0 是气体密度,γ 是比热比,μ 是动力黏性系数,κ 是热传导系数,c_p 是定压比热。

　　引入参数 $K_c=K_0/(1-K_0^2 M^2)$ 和 $K_d=K_0^2 M/(1-K_0^2 M^2)$,则式(4.7.1)和式(4.7.2)可表示成

$$p(x)=\mathrm{e}^{\mathrm{j}K_d kx}(A\mathrm{e}^{-\mathrm{j}K_c kx}+B\mathrm{e}^{\mathrm{j}K_c kx}) \tag{4.7.3}$$

$$\rho_0 cu(x)=\mathrm{e}^{\mathrm{j}K_d kx}(h^+ A\mathrm{e}^{-\mathrm{j}K_c kx}-h^- B\mathrm{e}^{\mathrm{j}K_c kx}) \tag{4.7.4}$$

于是,长度为 l 的管道进出口处的声压和质点振速可写成

$$p_1=A+B \tag{4.7.5}$$

$$\rho_0 cu_1=h^+ A-h^- B \tag{4.7.6}$$

$$p_2=\mathrm{e}^{\mathrm{j}K_d kl}(A\mathrm{e}^{-\mathrm{j}K_c kl}+B\mathrm{e}^{\mathrm{j}K_c kl}) \tag{4.7.7}$$

$$\rho_0 cu_2=\mathrm{e}^{\mathrm{j}K_d kl}(h^+ A\mathrm{e}^{-\mathrm{j}K_c kl}-h^- B\mathrm{e}^{\mathrm{j}K_c kl}) \tag{4.7.8}$$

由式(4.7.7)和式(4.7.8)求得

$$A=\mathrm{e}^{-\mathrm{j}K_d kl}\frac{h^- p_2+\rho_0 cu_2}{h^++h^-}\mathrm{e}^{\mathrm{j}K_c kl} \tag{4.7.9}$$

$$B=\mathrm{e}^{-\mathrm{j}K_d kl}\frac{h^+ p_2-\rho_0 cu_2}{h^++h^-}\mathrm{e}^{-\mathrm{j}K_c kl} \tag{4.7.10}$$

将式(4.7.9)和式(4.7.10)代入式(4.7.5)和式(4.7.6)得

$$p_1 = \mathrm{e}^{-\mathrm{j}K_d kl} \left[\frac{p_2}{h^+ + h^-} (h^- \mathrm{e}^{\mathrm{j}K_c kl} + h^+ \mathrm{e}^{-\mathrm{j}K_c kl}) + \frac{\rho_0 c u_2}{h^+ + h^-} (\mathrm{e}^{\mathrm{j}K_c kl} - \mathrm{e}^{-\mathrm{j}K_c kl}) \right] \quad (4.7.11)$$

$$\rho_0 c u_1 = \mathrm{e}^{-\mathrm{j}K_d kl} \left[\frac{h^+ h^-}{h^+ + h^-} \frac{p_2}{} (\mathrm{e}^{\mathrm{j}K_c kl} - \mathrm{e}^{-\mathrm{j}K_c kl}) + \frac{\rho_0 c u_2}{h^+ + h^-} (h^+ \mathrm{e}^{\mathrm{j}K_c kl} + h^- \mathrm{e}^{-\mathrm{j}K_c kl}) \right] \quad (4.7.12)$$

式(4.7.11)和式(4.7.12)用矩阵的形式表述为

$$\left\{ \begin{array}{c} p_1 \\ \rho_0 c u_1 \end{array} \right\} = [T_c] \left\{ \begin{array}{c} p_2 \\ \rho_0 c u_2 \end{array} \right\} \quad (4.7.13)$$

其中

$$[T_c] = \frac{\mathrm{e}^{-\mathrm{j}K_d kl}}{h^+ + h^-} \left[\begin{array}{cc} h^- \mathrm{e}^{\mathrm{j}K_c kl} + h^+ \mathrm{e}^{-\mathrm{j}K_c kl} & \mathrm{j}2\sin(K_c kl) \\ \mathrm{j}2 h^+ h^- \sin(K_c kl) & h^+ \mathrm{e}^{\mathrm{j}K_c kl} + h^- \mathrm{e}^{-\mathrm{j}K_c kl} \end{array} \right] \quad (4.7.14)$$

考虑到载体的实际流通面积小于其横截面积,二者之比定义为载体的开孔率,用 ϕ 表示,于是载体的传递矩阵为

$$[T_m] = \left[\begin{array}{cc} 1 & 0 \\ 0 & \phi \end{array} \right] [T_c] \left[\begin{array}{cc} 1 & 0 \\ 0 & 1/\phi \end{array} \right] \quad (4.7.15)$$

对于载体前后两个空腔,可以看作由等截面直管和锥形管组成,进而可应用传递矩阵法获得其传递矩阵,分别用 $[T_u]$ 和 $[T_d]$ 表示。最后,由声压和体积速度的连续性,得到催化转化器的传递矩阵为

$$[T] = [T_u][T_m][T_d] \quad (4.7.16)$$

4.8　计算实例与分析

为考察平面波理论的适用频率范围和计算精度,本节计算几种典型消声器的传递损失,并与实验测量结果进行比较。

1. 具有外插进口的圆形同轴膨胀腔

考虑如图 4.4.1(a)所示的具有外插进口的圆形同轴膨胀腔,具体尺寸为:膨胀腔长度 $l = 282.3\mathrm{mm}$,膨胀腔直径 $d = 153.2\mathrm{mm}$,进出口管内径 $d_1 = d_2 = 48.6\mathrm{mm}$,进出口管插入膨胀腔内的长度分别为 $l_1 = 80\mathrm{mm}$, $l_2 = 0$。声速为 $346\mathrm{m/s}$。

图 4.8.1 为平面波理论(一维解析法)计算得到的传递损失结果与实验测量结果的比较。可以看出,平面波理论计算结果与实验测量结果在低频域吻合很好;随着频率的升高,二者间的偏差增大,超过平面波截止频率(该膨胀腔的截止频率为 $2755\mathrm{Hz}$),一维平面波理论失效。在平面波域内,为改善一维解析法的计算精度,可以引入端部修正,即使用修正的一维解析法。由图 4.8.1 可以看出,修正的一维解析法改善了传递损失的预测精度,特别是在共振频率附近,这是因为该共振是由

进口管插入膨胀腔内产生的,使用修正的进口管插入长度改善了共振频率的预测精度。

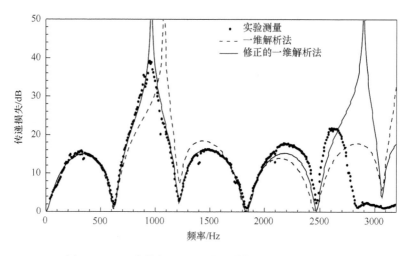

图 4.8.1　具有外插进口的圆形同轴膨胀腔的传递损失

2. 亥姆霍兹共振器

考虑如图 4.4.5 所示的圆形管道上安装的亥姆霍兹共振器,具体尺寸为:主管道直径 $d_p = 48.6\text{mm}$,颈的直径 $d_c = 40.4\text{mm}$、长度 $l_c = 85.0\text{mm}$,腔的直径 $d_v = 153.2\text{mm}$、长度 $l_v = 244.2\text{mm}$。

图 4.8.2 为使用修正的一维解析方法计算得到的传递损失结果与实验测量结

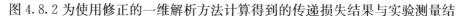

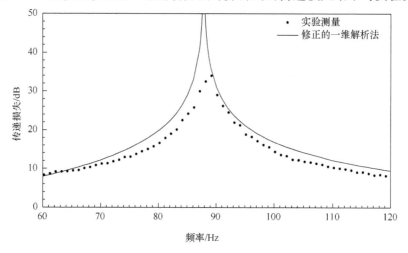

图 4.8.2　亥姆霍兹共振器的传递损失

果的比较。在一维解析法计算中,颈的长度被修正为 $l'_c = l_c + \delta_v + \delta_p$,$\delta_v$ 和 δ_p 分别为颈对腔和对主管道的端部修正值。可以看出,计算结果与实验测量结果吻合良好,二者之间较小的差异可以归结为计算中忽略了介质的黏滞性效应以及实验件的加工偏差等。修正的一维解析法和实验测量得到的共振频率分别为 87.8Hz 和 88.5Hz;而不考虑端部修正时,一维解析法预测的共振频率则为 96.7Hz。可见,在平面波理论中考虑端部修正的重要性。

3. 直通穿孔管消声器

考虑如图 4.5.1 所示的全穿孔的直通穿孔管消声器,具体尺寸为:穿孔管内径 $d_1 = 49.0$mm,壁厚 $t_w = 0.9$mm,穿孔直径 $d_h = 4.98$mm,穿孔率 $\phi = 8.4\%$,膨胀腔长度和直径分别为 $l = 257.2$mm 和 $d_2 = 164.4$mm。声速为 343m/s。

图 4.8.3 为用一维解析法计算得到的传递损失结果与实验测量结果的比较。在一维解析法计算中,穿孔声阻抗率使用式(3.7.2)~式(3.7.5)。可以看出,一维解析法的计算结果与实验测量结果在低频吻合良好,随着频率的升高,二者间的差异逐渐增大,超过平面波截止频率,一维平面波理论失效。

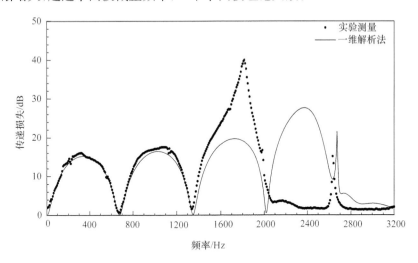

图 4.8.3　直通穿孔管消声器的传递损失

4. 三通穿孔管消声器

考虑如图 4.5.3 所示的三通穿孔管消声器,具体尺寸为:$l_a = l_b = 27.9$mm,$l_c = 150$mm,$l_d = 102$mm,$l_p = 274$mm,隔板厚度为 $t_a = t_b = 12.7$mm,穿孔管内径 $d_1 = d_2 = d_3 = 48.9$mm,穿孔管壁厚 $t_w = 0.8$mm,穿孔直径 $d_h = 2.34$mm,穿孔率 $\phi = 4.5\%$,膨胀腔直径 $d_4 = 165.1$mm。声速为 343.7m/s。

　　图 4.8.4 为一维解析法计算得到的传递损失与实验测量结果的比较。在一维解析法计算中,穿孔声阻抗率使用式(3.7.2)~式(3.7.5)。可以看出,一维解析法计算结果与实验测量结果在低频时吻合良好,随着频率的升高,二者间的差异逐渐增大,超过平面波截止频率,一维平面波理论失效。

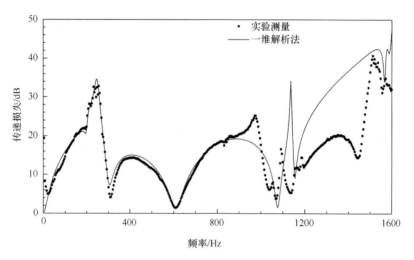

图 4.8.4　三通穿孔管消声器的传递损失

5. 直通穿孔管阻性消声器

　　考虑如图 4.6.1 所示的中心管为全穿孔的直通穿孔管阻性消声器,具体尺寸为:穿孔管内径 $d_1 = 49.0$mm,壁厚 $t_w = 0.9$mm,穿孔直径 $d_h = 4.98$mm,穿孔率 $\phi = 8.4\%$,膨胀腔长度和直径分别为 $l = 257.2$mm 和 $d_2 = 164.4$mm。使用的吸声材料为长纤维玻璃丝棉,装填密度为 100kg/m³。通过实验测量结果整理得到的特性阻抗和波数的表达式为[33]

$$\tilde{z}/z_0 = 1 + 33.20 f^{-0.7523} - \text{j}28.32 f^{-0.6512} \tag{4.8.1}$$

$$\tilde{k}/k_0 = 1 + 39.20 f^{-0.6841} - \text{j}38.39 f^{-0.6285} \tag{4.8.2}$$

　　图 4.8.5 为一维解析法计算得到的传递损失与实验测量结果的比较。在一维解析方法计算中,穿孔声阻抗使用式(3.7.18),声阻率使用式(3.7.3),端部修正使用式(3.7.5)。可以看出,在低频域一维解析法计算结果与实验测量结果吻合良好,随着频率的升高,二者间的差异逐渐增大,超过平面波截止频率,一维平面波理论失效。在平面波截止频率范围内,一维解析法的计算结果与实验结果间的偏差可以认为是穿孔声阻抗表达式以及吸声材料特性阻抗和波数的表达式不够精确所致;膨胀腔内吸声材料分布不够均匀也可能是产生偏差的原因之一。

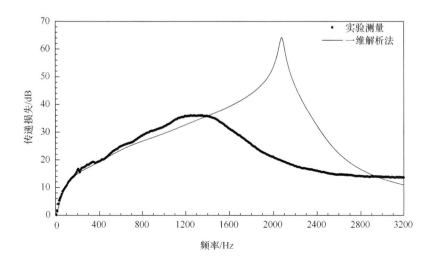

图 4.8.5　直通穿孔管阻性消声器的传递损失

6. 陶瓷载体

图 4.8.6 为载体实验件的结构示意图,实验测量的载体为董青石陶瓷载体,长度为 152.4mm,直径为 118.2mm,外衬 4mm 硅酸盐绝热衬垫,载体的目数为 600(孔/in²),开孔率为 75%,壁厚为 0.13mm,孔边长 0.92mm。实验测量所使用的阻抗管的内径为 100mm。

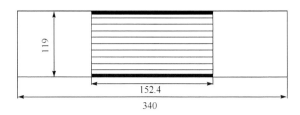

图 4.8.6　载体实验件结构示意图(单位:mm)

图 4.8.7 比较了由一维解析法计算得到的和使用阻抗管测量得到的载体传递损失。可以看出,二者吻合较好,产生偏差的主要原因可以归结为:①载体两端连接处所加的衬层以及载体外围的绝热层衬垫的吸声;②在计算模型中,载体小孔道被认为是相互不通的刚性壁面孔道,实际上载体孔道壁面上会有些微小孔隙,这些微小孔隙对声学特性有一定影响;③一维解析法计算公式是针对圆形管道推导得到的,而该载体的孔道是方形的;④实验件管道直径与阻抗管直径不相等。

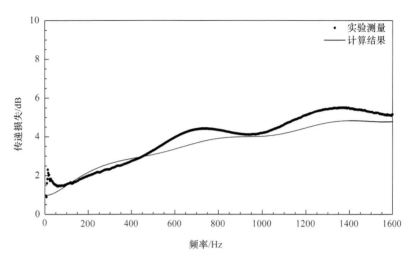

图 4.8.7　陶瓷载体的传递损失

4.9　本 章 小 结

在平面波截止频率范围内,平面波理论适用于计算消声器的声学特性。当频率较低时,平面波理论的计算结果与实验测量结果吻合良好。随着频率的升高,平面波理论的计算结果开始偏离测量结果,且频率越高偏差越大。这种偏差可能是由面积不连续处激发起的高阶模态的耗散效应(即局部非平面波效应)所致。这一效应可以通过引入端部修正来改善平面波理论的计算精度。超过平面波截止频率后,平面波理论失效,应使用二维或三维理论。

在实际的管道消声系统中均存在气体流动,气体流动对管道及消声器内声传播的影响主要体现在运流效应和黏滞性耗散效应两个方面。由于实际管道消声系统中的马赫数通常小于 0.3,所以在平面波分析中一般只考虑均匀流和低马赫数势流的影响。介质的黏滞性对管道及消声器内的声传播会产生一定影响,尤其是对细长的管道影响较大。由于黏滞性主要影响高频声学特性,而平面波理论只适用于低频声分析,所以在实际的管道消声系统的一维声学计算及分析中通常忽略热黏性效应。为提高平面波理论的计算精度,考虑气体流动和热黏性效应时,消声器声学性能计算的传递矩阵法还有待进一步完善和发展。

经过半个多世纪的研究和发展,消声器声学性能计算的平面波理论已经比较成熟,对于一些复杂结构的消声器提出了有效算法[34~36],一些应用软件和计算程序已经问世[37~40],并且在消声器产品开发和设计中得以应用。

参 考 文 献

[1] Davis D D, Stokes G M, Moore D, et al. Theoretical and experimental investigation of mufflers with comments on engine-exhaust muffler design. Washington: National Advisory Committee for Aeronautics. Report No. 1192, 1954.

[2] Igarashi J, et al. Fundamentals of acoustical silencers. I. Report No. 339, 1958; II. Report No. 344, 1959; III. Report No. 351, 1960. Tokyo: Aeronautical Research Institute, University of Tokyo.

[3] Peat K S. The matrix of a uniform duct with a linear temperature gradient. Journal of Sound and Vibration, 1988, 123(1): 43-53.

[4] Munjal M L. Acoustics of Ducts and Mufflers. New York: Wiley-Interscience, 1987.

[5] Easwaran V, Munjal M L. Plane wave analysis of conical and exponential pipes with incompressible mean flow. Journal of Sound and Vibration, 1992, 152(1): 73-93.

[6] Ji Z L, Sha J Z. Four-pole parameters of a duct with low Mach number flow. Journal of the Acoustical Society of America, 1995, 98(5): 2848-2850.

[7] Karal F C. The analogous acoustical impedance for discontinuities and constrictions of circular cross section. Journal of the Acoustical Society of America, 1953, 25(2): 327-334.

[8] Kergomard J, Garcia A. Simple discontinuities in acoustic waveguides at low frequencies: Critical analysis and formulae. Journal of Sound and Vibration, 1987, 114(3): 465-479.

[9] Norris A N, Sheng I. Acoustic radiation from a circular pipe with an infinite flange. Journal of Sound and Vibration, 1989, 135(1): 85-93.

[10] Peat K S. The acoustical impedance at discontinuities of ducts in the presence of a mean flow. Journal of Sound and Vibration, 1988, 127(1): 123-132.

[11] Sahasrabudhe A D, Munjal M L. Analysis of inertance due to the higher order mode effects in a sudden area discontinuity. Journal of Sound and Vibration, 1995, 185(3): 515-529.

[12] Selamet A, Ji Z L. Circular asymmetric Helmholtz resonators. Journal of the Acoustical Society of America, 2000, 107(5): 2360-2369.

[13] Torregrosa A J, Broatch A, Payri R, et al. Numerical estimation of end corrections in extended-duct and perforated-duct mufflers. Journal of Vibration and Acoustics, 1999, 121(3): 302-308.

[14] Kang Z X, Ji Z L. Acoustic length correction of duct extension into a cylindrical chamber. Journal of Sound and Vibration, 2008, 310(4-5): 782-791.

[15] Ji Z L. Acoustic length correction of closed cylindrical side-branched tube. Journal of Sound and Vibration, 2005, 283(3-5): 1180-1186.

[16] Selamet A, Dickey N S, Novak J M. The Herschel-Quincke tube: A theoretical, computational and experimental investigation. Journal of the Acoustical Society of America, 1994, 96(5): 3177-3185.

[17] Torregrosa A J, Broatch A, Payri R. A study of the influence of mean flow on the acoustic

performance of Herschel-Quincke tubes. Journal of the Acoustical Society of America, 2000,107(4):1874-1879.

[18] Selamet A, Easwaran V. Modified Herschel-Quincke tube: Attenuation and resonance for n-duct configuration. Journal of the Acoustical Society of America,1997,102(1):164-169.

[19] Desantes J M, Torregrosa A J, Climent H, et al. Acoustic performance of a Herschel-Quincke tube modified with an interconnecting pipe. Journal of Sound and Vibration,2005, 284(1/2):283-298.

[20] Karlsson M,Glav R,Åbom M. The Herschel-Quincke tube: The attenuation conditions and their sensitivity to mean flow. Journal of the Acoustical Society of America,2008,124(2): 723-732.

[21] Sullivan J W, Crocker M J. Analysis of concentric-tube resonators having unpartitioned cavities. Journal of the Acoustical Society of America,1978,64(1):207-215.

[22] Sullivan J W. A method for modeling perforated tube muffler components. I. Theory. Journal of the Acoustical Society of America,1979,66(3):772-778.

[23] Sullivan J W. A method for modeling perforated tube muffler components. II. Applications. Journal of the Acoustical Society of America,1979,66(3):779-788.

[24] Peat K S. A numerical decoupling analysis of perforated pipe silencer elements. Journal of Sound and Vibration,1988,123(2):199-212.

[25] Munjal M L. Analysis of a flush-tube three-pass perforated element muffler by means of transfer matrices. International Journal of Acoustics and Vibration,1997,2(1):63-68.

[26] Munjal M L. Analysis of extended-tube three-pass perforated element muffler by means of transfer matrices. 5th International Congress on Sound and Vibration, Adelaide,1997:1-8.

[27] Selamet A, Easwaran V, Falkowski A G. Three-pass mufflers with uniform perforations. Journal of the Acoustical Society of America,1999,105(3):1548-1562.

[28] Ji Z L,Fang Z. Three-pass perforated tube muffler with end resonator. SAE International Journal of Passenger Cars-Mechanical Systems,2011,4(2):989-999.

[29] Dokumaci E. Sound transmission in narrow pipes with superimposed uniform mean flow and acoustic modeling of automobile catalytic converters. Journal of Sound and Vibration,1995, 182(5):799-808.

[30] Jeong K W,Ih J G. A numerical study on the propagation of sound through capillary tubes with mean flow. Journal of Sound and Vibration,1996,198(1):67-79.

[31] Dokumaci E. A note on transmission of sound in a wide pipe with mean flow and viscothermal attenuation. Journal of Sound and Vibration,1997,208(4):653-655.

[32] Dokumaci E. On transmission of sound in circular and rectangular narrow pipes with super-imposed mean flow. Journal of Sound and Vibration,1998,210(3):375-389.

[33] Lee I J, Selamet A. Acoustic impedance of perforations in contact with fibrous material. Journal of the Acoustical Society of America,2006,119(5):2785-2797.

[34] Dowling J F,Peat K S. An algorithm for the efficient acoustic analysis of silencers of any

general geometry. Applied Acoustics,2004,65(3):211-227.

[35] Panigrahi S N,Munjal M L. A generalized scheme for analysis of multifarious commercially used mufflers. Applied Acoustics,2007,68(6):660-681.

[36] Vijayasree N K,Munjal M L. On an integrated transfer matrix method for multiply connected mufflers. Journal of Sound and Vibration,2012,331(8):1926-1938.

[37] Peat K S. LAMPS software for the acoustic analysis of silencers. Proceedings of Euro-Noise,1992:791-796.

[38] Elnady T,Åbom M. SIDLAB:New 1D sound propagation simulation software for complex duct networks. Proceedings of the 13th International Congress on Sound and Vibration, Vienna,2006:1-8.

[39] Munjal M L, Panigrahi S N, Hota R N. FRITAMUFF: A comprehensive platform for prediction of un-muffled and muffled exhaust noise of IC engines. Proceedings of the 14th International Congress on Sound and Vibration,Cairns,2007:1-8.

[40] Fan Y L,Ji Z L. MAP:A simulative program for acoustic prediction and analysis of duct muffling systems. SAE Paper 2015-01-2317,2015.

第 5 章　三维解析方法

　　消声器声学性能计算与分析普遍采用一维平面波理论的近似方法。当噪声频率较低时这种方法是适用的;但是当频率较高时,消声器内部出现高阶模态波,尤其对于横向尺寸较大的结构,在较低的频率下就可能激发起高阶模态波,此时其内部声场本质上是三维的,因此一维平面波理论不再适用,应采用更加精确的三维理论进行计算和分析。对于很短的声腔,在面积不连续处激发起的高阶模态耗散波在腔内不能充分衰减,因而影响了平面波域内的消声特性,对此同样需要使用三维理论进行计算。对于几何形状规则的消声器,通常可以使用三维解析方法求解此类问题。与三维数值方法相比,三维解析方法不需要对求解域或边界进行网格划分,计算速度快、精度高,而且可以分析高阶模态对消声器声学性能的影响。

　　早在 1944 年,Miles[1]就研究了因管道面积不连续而激起的高阶模态波及其传播问题,通过使用面积突变处的声压和质点速度的连续性条件和贝塞尔函数的正交性得到了关于入射波和反射波模态幅值系数的一组方程,但在他的研究中,没有进行数值计算和实验验证。1978 年,El-Sharkawy 和 Nayfeh[2]进一步研究了这个问题,得到了圆形同轴简单膨胀腔内声传播问题的二维轴对称解析表达式,并且通过实验验证了解析方法的准确性。Eriksson 等[3~5]通过实验研究了圆形膨胀腔内的高阶模态效应,以及进出口位置和膨胀腔长度对非轴对称膨胀腔消声性能的影响。结果表明,进出口的偏移距离、偏移角以及膨胀腔长度对膨胀腔内高阶模态波的激发、传播和抑制均有重要的影响。此后,学者开展了更加深入的研究,发展了多种解析处理方法用于计算消声器的消声特性以及分析多维波效应。这些方法主要有模态展开法或本征函数展开法 (modal expansion method or eigenfunction expansion method)、配点法或点匹配法 (point collocation method or point matching method)和模态匹配法(mode matching method)。本章将以典型结构消声器为例,介绍这些方法的基本原理和实现过程。

5.1　模态展开法

　　如果把进出口管内的声波运动看作活塞的振动,则可以把消声器作为活塞驱动的声腔模型来处理。对于简单而规则的消声器,可以使用模态展开法获得消声器内部场的解析表达式,进而求出四极参数和消声性能[6~11]。下面以图 5.1.1所示的圆形膨胀腔为例,介绍使用模态展开法的具体求解过程。

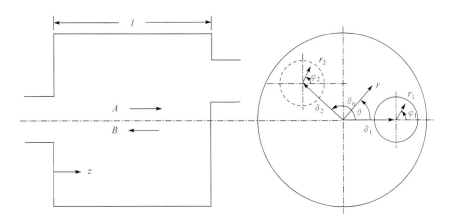

图 5.1.1　活塞驱动的声腔模型

消声器进出口处声压和质点速度间的关系表示成如下形式:

$$\left\{\begin{array}{c} \overline{p}_1 \\ \rho_0 c \overline{u}_1 \end{array}\right\} = \left[\begin{array}{cc} T_{11} & T_{12} \\ T_{21} & T_{22} \end{array}\right] \left\{\begin{array}{c} \overline{p}_2 \\ \rho_0 c \overline{u}_2 \end{array}\right\} \tag{5.1.1}$$

其中,$\overline{p}_1$ 和 $\overline{p}_2$、$\overline{u}_1$ 和 $\overline{u}_2$ 分别为进出口的平均声压和振动速度。消声器的四极参数可以通过使用两组不同的进出口边界条件分别求出。例如,首先假设进口为以速度 $\overline{u}_1$ 做简谐振动的活塞,出口封闭($\overline{u}_2 = 0$),求出 T_{11} 和 T_{21};然后假设进口封闭($\overline{u}_1 = 0$),出口为以速度 $\overline{u}_2$ 做简谐振动的活塞,求出 T_{12} 和 T_{22},即

$$T_{11} = \frac{\overline{p}_1}{\overline{p}_2}\bigg|_{u_2 = 0} \tag{5.1.2}$$

$$T_{21} = \frac{\rho_0 c \overline{u}_1}{\overline{p}_2}\bigg|_{u_2 = 0} \tag{5.1.3}$$

$$T_{12} = \frac{\overline{p}_1}{\rho_0 c \overline{u}_2} - T_{11}\frac{\overline{p}_2}{\rho_0 c \overline{u}_2}\bigg|_{u_1 = 0} \tag{5.1.4}$$

$$T_{22} = -T_{21}\frac{\overline{p}_2}{\rho_0 c \overline{u}_2}\bigg|_{u_1 = 0} \tag{5.1.5}$$

可见,为了获得消声器的四极参数,首先需要在给定进出口边界条件下求出膨胀腔内的声压解析表达式,然后通过在进出口面上的积分求出平均声压。由 2.2.2 节的内容可知,圆形膨胀腔内的声压和质点速度可以表示为

$$p(r,\theta,z) = \sum_{m=0}^{\infty} \sum_{n=0}^{\infty} J_m(\alpha_{mn}r/a)\cos(m\theta)\left[A_{mn}\mathrm{e}^{-\mathrm{j}k_{z,mn}z} + B_{mn}\mathrm{e}^{\mathrm{j}k_{z,mn}z}\right] \tag{5.1.6}$$

$$u(r,\theta,z)=\frac{1}{\rho_0\omega}\sum_{m=0}^{\infty}\sum_{n=0}^{\infty}k_{z,mn}\mathrm{J}_m(\alpha_{mn}r/a)\cos(m\theta)\big[A_{mn}\mathrm{e}^{-\mathrm{j}k_{z,mn}z}-B_{mn}\mathrm{e}^{\mathrm{j}k_{z,mn}z}\big]\quad(5.1.7)$$

其中，$\mathrm{J}_m(x)$ 为第一类 m 阶贝塞尔函数；α_{mn} 为满足径向边界条件 $\mathrm{J}_m'(\alpha_{mn})=0$ 的根；a 为膨胀腔的半径；A_{mn} 和 B_{mn} 分别为膨胀腔内沿 z 轴正向和反向行波的模态幅值系数；

$$k_{z,mn}=k\left[1-(\alpha_{mn}/ka)^2\right]^{1/2}\qquad\qquad(5.1.8)$$

为 (m,n) 模态的轴向波数。

对于第一组边界条件，在进出口截面上的轴向质点速度可以表示为

$$u(z=0)=\begin{cases}\bar{u}_1,&(r,\theta)\in S_1\\0,&(r,\theta)\in S-S_1\end{cases}\qquad\qquad(5.1.9)$$

$$u(z=l)=0,\quad(r,\theta)\in S\qquad\qquad(5.1.10)$$

其中，S_1 和 S 分别为进口管和膨胀腔的横截面。

将式(5.1.7)代入式(5.1.9)，由本征函数的正交性可以得到

$$A_{mn}-B_{mn}=\rho_0c\bar{u}_1\frac{k}{k_{z,mn}}\frac{\iint_{S_1}\mathrm{J}_m(\alpha_{mn}r/a)\cos(m\theta)r_1\mathrm{d}r_1\mathrm{d}\varphi_1}{\iint_S\mathrm{J}_m^2(\alpha_{mn}r/a)\cos^2(m\theta)r\mathrm{d}r\mathrm{d}\theta}\qquad(5.1.11)$$

为了在 S_1 上进行积分，需要使用 Graf 叠加原理式(A.15)将上述积分式中的 (r,θ) 坐标转换成 (r_1,φ_1) 坐标，积分后得到

$$A_{00}-B_{00}=\rho_0c\bar{u}_1\frac{a_1^2}{a^2},\quad m=0,n=0\qquad\qquad(5.1.12a)$$

$$A_{0n}-B_{0n}=2\rho_0c\bar{u}_1\frac{a_1}{a}\frac{\mathrm{J}_0(\alpha_{0n}\delta_1/a)\mathrm{J}_1(\alpha_{0n}a_1/a)}{(k_{z,0n}/k)\alpha_{0n}\mathrm{J}_0^2(\alpha_{0n})},\quad m=0,n=1,2,\cdots\qquad(5.1.12b)$$

$$A_{mn}-B_{mn}=4\rho_0c\bar{u}_1\frac{a_1}{a}\frac{\mathrm{J}_m(\alpha_{mn}\delta_1/a)\mathrm{J}_1(\alpha_{mn}a_1/a)}{(k_{z,mn}/k)\alpha_{mn}(1-m^2/\alpha_{mn}^2)\mathrm{J}_m^2(\alpha_{mn})},\quad m=1,2,\cdots,n=0,1,\cdots$$
$$(5.1.12c)$$

将式(5.1.7)代入式(5.1.10)，由本征函数的正交性可以得到

$$B_{mn}=A_{mn}\mathrm{e}^{-\mathrm{j}2k_{z,mn}l}\qquad\qquad(5.1.13)$$

将式(5.1.12)和式(5.1.13)代入式(5.1.6)，得到膨胀腔内声压的解析表达式为

$$p_1(r,\theta,z)=-\mathrm{j}\rho_0c\bar{u}_1(a_1/a)^2$$

$$\times\left\{\frac{\cos[k(l-z)]}{\sin(kl)}+2\frac{a}{a_1}\sum_{n=1}^{\infty}\frac{\mathrm{J}_0(\alpha_{0n}\delta_1/a)\mathrm{J}_1(\alpha_{0n}a_1/a)\mathrm{J}_0(\alpha_{0n}r/a)\cos[k_{z,0n}(l-z)]}{(k_{z,0n}/k)\alpha_{0n}\mathrm{J}_0^2(\alpha_{0n})\sin(k_{z,0n}l)}\right.$$

$$\left.+4\frac{a}{a_1}\sum_{m=1}^{\infty}\sum_{n=0}^{\infty}\frac{\mathrm{J}_m(\alpha_{mn}\delta_1/a)\mathrm{J}_1(\alpha_{mn}a_1/a)\mathrm{J}_m(\alpha_{mn}r/a)\cos(m\theta)\cos[k_{z,mn}(l-z)]}{(k_{z,mn}/k)\alpha_{mn}(1-m^2/\alpha_{mn}^2)\mathrm{J}_m^2(\alpha_{mn})\sin(k_{z,mn}l)}\right\}$$

$$(5.1.14)$$

作用在进口和出口面上的平均声压为

$$\bar{p}_{11} = \frac{1}{\pi a_1^2} \int_0^{2\pi} \int_0^{a_1} p_1(r,\theta,0) r_1 \mathrm{d}r_1 \mathrm{d}\varphi_1 \tag{5.1.15}$$

$$\bar{p}_{12} = \frac{1}{\pi a_2^2} \int_0^{2\pi} \int_0^{a_2} p_1(r,\theta,l) r_2 \mathrm{d}r_2 \mathrm{d}\varphi_2 \tag{5.1.16}$$

将式(5.1.14)代入式(5.1.15)和式(5.1.16)，并使用 Graf 叠加原理式(A.15)，得

$$\bar{p}_{11} = -\mathrm{j}\rho_0 c \bar{u}_1 (a_1/a)^2 \left\{ \frac{1}{\tan(kl)} + 4\frac{a^2}{a_1^2} \sum_{n=1}^{\infty} \frac{\mathrm{J}_0^2(\alpha_{0n}\delta_1/a)\mathrm{J}_1^2(\alpha_{0n}a_1/a)}{(k_{z,0n}/k)\alpha_{0n}^2 \mathrm{J}_0^2(\alpha_{0n})\tan(k_{z,0n}l)} \right.$$

$$\left. + 8\frac{a^2}{a_1^2} \sum_{m=1}^{\infty} \sum_{n=0}^{\infty} \frac{\mathrm{J}_m^2(\alpha_{mn}\delta_1/a)\mathrm{J}_1^2(\alpha_{mn}a_1/a)}{(k_{z,mn}/k)(\alpha_{mn}^2 - m^2)\mathrm{J}_m^2(\alpha_{mn})\tan(k_{z,mn}l)} \right\}$$

$$= -\mathrm{j}\rho_0 c \bar{u}_1 (a_1/a)^2 E_{11} \tag{5.1.17}$$

$$\bar{p}_{12} = -\mathrm{j}\rho_0 c \bar{u}_1 (a_1/a)^2$$

$$\times \left\{ \frac{1}{\sin(kl)} + 4\frac{a^2}{a_1 a_2} \sum_{n=1}^{\infty} \frac{\mathrm{J}_0(\alpha_{0n}\delta_1/a)\mathrm{J}_1(\alpha_{0n}a_1/a)\mathrm{J}_0(\alpha_{0n}\delta_2/a)\mathrm{J}_1(\alpha_{0n}a_2/a)}{(k_{z,0n}/k)\alpha_{0n}^2 \mathrm{J}_0^2(\alpha_{0n})\sin(k_{z,0n}l)} \right.$$

$$\left. + 8\frac{a^2}{a_1 a_2} \sum_{m=1}^{\infty} \sum_{n=0}^{\infty} \frac{\mathrm{J}_m(\alpha_{mn}\delta_1/a)\mathrm{J}_1(\alpha_{mn}a_1/a)\mathrm{J}_m(\alpha_{mn}\delta_2/a)\mathrm{J}_1(\alpha_{mn}a_2/a)\cos(m\theta_0)}{(k_{z,mn}/k)(\alpha_{mn}^2 - m^2)\mathrm{J}_m^2(\alpha_{mn})\sin(k_{z,mn}l)} \right\}$$

$$= -\mathrm{j}\rho_0 c \bar{u}_1 (a_1/a)^2 E_{12} \tag{5.1.18}$$

　对于第二组边界条件，在进出口截面上的轴向质点速度可以表示为

$$u(z=0) = 0, \quad (r,\theta) \in S \tag{5.1.19}$$

$$u(z=l) = \begin{cases} \bar{u}_2, & (r,\theta) \in S_2 \\ 0, & (r,\theta) \in S - S_2 \end{cases} \tag{5.1.20}$$

其中，S_2 为出口管的横截面。采用与第一组边界条件相同的处理方法，得到第二组边界条件下膨胀腔内声压的解析表达式为

$$p_2(r,\theta,z) = \mathrm{j}\rho_0 c \bar{u}_2 (a_2/a)^2$$

$$\times \left\{ \frac{\cos(kz)}{\sin(kl)} + 2\frac{a}{a_2} \sum_{n=1}^{\infty} \frac{\mathrm{J}_0(\alpha_{0n}\delta_2/a)\mathrm{J}_1(\alpha_{0n}a_2/a)\mathrm{J}_0(\alpha_{0n}r/a)\cos(k_{z,0n}z)}{(k_{z,0n}/k)\alpha_{0n}\mathrm{J}_0^2(\alpha_{0n})\sin(k_{z,0n}l)} \right.$$

$$\left. + 4\frac{a}{a_2} \sum_{m=1}^{\infty} \sum_{n=0}^{\infty} \frac{\mathrm{J}_m(\alpha_{mn}\delta_2/a)\mathrm{J}_1(\alpha_{mn}a_2/a)\mathrm{J}_m(\alpha_{mn}r/a)\cos(m\theta)\cos(k_{z,mn}z)}{(k_{z,mn}/k)\alpha_{mn}(1 - m^2/\alpha_{mn}^2)\mathrm{J}_m^2(\alpha_{mn})\sin(k_{z,mn}l)} \right\} \tag{5.1.21}$$

　　作用在进出口面上的平均声压为

$$\bar{p}_{21} = \mathrm{j}\rho_0 c \bar{u}_2 (a_2/a)^2$$

$$\times \left\{ \frac{1}{\sin(kl)} + 4\frac{a^2}{a_1 a_2} \sum_{n=1}^{\infty} \frac{\mathrm{J}_0(\alpha_{0n}\delta_1/a)\mathrm{J}_1(\alpha_{0n}a_1/a)\mathrm{J}_0(\alpha_{0n}\delta_2/a)\mathrm{J}_1(\alpha_{0n}a_2/a)}{(k_{z,0n}/k)\alpha_{0n}^2 \mathrm{J}_0^2(\alpha_{0n})\sin(k_{z,0n}l)} \right.$$

$$\left. + 8\frac{a^2}{a_1 a_2} \sum_{m=1}^{\infty} \sum_{n=0}^{\infty} \frac{\mathrm{J}_m(\alpha_{mn}\delta_1/a)\mathrm{J}_1(\alpha_{mn}a_1/a)\mathrm{J}_m(\alpha_{mn}\delta_2/a)\mathrm{J}_1(\alpha_{mn}a_2/a)\cos(m\theta_0)}{(k_{z,mn}/k)(\alpha_{mn}^2 - m^2)\mathrm{J}_m^2(\alpha_{mn})\sin(k_{z,mn}l)} \right\}$$

$$= \mathrm{j}\rho_0 c \bar{u}_2 (a_2/a)^2 E_{12} \tag{5.1.22}$$

$$\overline{p}_{22} = j\rho_0 c\overline{u}_2 (a_2/a)^2 \left\{ \frac{1}{\tan(kl)} + 4\frac{a^2}{a_2^2} \sum_{n=1}^{\infty} \frac{J_0^2(\alpha_{0n}\delta_2/a)J_1^2(\alpha_{0n}a_2/a)}{(k_{z,0n}/k)\alpha_{0n}^2 J_0^2(\alpha_{0n})\tan(k_{z,0n}l)} \right.$$

$$\left. + 8\frac{a^2}{a_2^2} \sum_{m=1}^{\infty} \sum_{n=0}^{\infty} \frac{J_m^2(\alpha_{mn}\delta_2/a)J_1^2(\alpha_{mn}a_2/a)}{(k_{z,mn}/k)(\alpha_{mn}^2-m^2)J_m^2(\alpha_{mn})\tan(k_{z,mn}l)} \right\}$$

$$= j\rho_0 c\overline{u}_2 (a_2/a)^2 E_{22} \tag{5.1.23}$$

于是,得到消声器的四极参数为

$$T_{11} = E_{11}/E_{12} \tag{5.1.24a}$$

$$T_{12} = j(a_2/a)^2(E_{12}-E_{11}E_{22}/E_{12}) \tag{5.1.24b}$$

$$T_{21} = j(a/a_1)^2/E_{12} \tag{5.1.24c}$$

$$T_{22} = (a_2/a_1)^2 E_{22}/E_{12} \tag{5.1.24d}$$

将上述四极参数代入式(3.2.24)即可计算出消声器的传递损失。如果声源阻抗和尾管的辐射阻抗已知,则可以计算出消声器的插入损失。

值得注意的是,在四极参数计算中包含了无限多个模态,但是随着模态阶数的增加,高阶模态的贡献逐渐减小,以致可以忽略不计。因此,使用模态展开法计算消声器声学性能时,可以将级数中的无限多个模态截断成有限个模态,所需截断的模态个数与计算频率相关,计算频率越高,所需的模态数量越多,花费的计算时间也就越长。因此,对于给定的消声器,需要研究所需截取的模态数量、收敛性、计算精度和计算效率等。

5.2 配 点 法

消声器通常由一些等截面管道组成,由第 2 章的内容可知,等截面管道内部声场可以使用本征函数的多项展开式来表示,管道的本征函数与横截面的形状相关。如果在管道面积突变的截面上配置一些离散点,由于在这些点上满足声压和轴向质点振速的连续性条件和壁面上的边界条件,于是就形成了以模态幅值系数为未知量的线性方程组。如果选取配置点的个数与截断模态的个数相等,当消声器进出口的边界条件给定时,即可求解该方程组获得模态幅值系数,进而计算出消声器的四极参数和传递损失等。由于这种方法采用了相邻结构间点对点的匹配方式建立模态幅值系数方程,所以叫做配点法或点匹配法[12~19]。下面以图 5.2.1 所示的简单膨胀腔为例,介绍配点法的基本思想,并给出使用配点法计算消声器声学性能的具体过程。

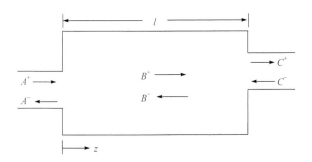

$$图 5.2.1 \quad 简单膨胀腔结构示意图$$

如果进口管、膨胀腔和出口管都是等截面结构,其内部的声压和轴向质点振速可以分别表示成

$$p_A(x,y,z) = \sum_{m=0}^{\infty} \{ A_m^+ \mathrm{e}^{-\mathrm{j}k_{Am}z} + A_m^- \mathrm{e}^{\mathrm{j}k_{Am}z} \} \Psi_{Am}(x,y) \tag{5.2.1a}$$

$$u_{Az}(x,y,z) = \frac{1}{\rho_0 \omega} \sum_{m=0}^{\infty} k_{Am} \{ A_m^+ \mathrm{e}^{-\mathrm{j}k_{Am}z} - A_m^- \mathrm{e}^{\mathrm{j}k_{Am}z} \} \Psi_{Am}(x,y) \tag{5.2.1b}$$

$$p_B(x,y,z) = \sum_{m=0}^{\infty} \{ B_m^+ \mathrm{e}^{-\mathrm{j}k_{Bm}z} + B_m^- \mathrm{e}^{\mathrm{j}k_{Bm}z} \} \Psi_{Bm}(x,y) \tag{5.2.2a}$$

$$u_{Bz}(x,y,z) = \frac{1}{\rho_0 \omega} \sum_{m=0}^{\infty} k_{Bm} \{ B_m^+ \mathrm{e}^{-\mathrm{j}k_{Bm}z} - B_m^- \mathrm{e}^{\mathrm{j}k_{Bm}z} \} \Psi_{Bm}(x,y) \tag{5.2.2b}$$

$$p_C(x,y,z) = \sum_{m=0}^{\infty} \{ C_m^+ \mathrm{e}^{-\mathrm{j}k_{Cm}(z-l)} + C_m^- \mathrm{e}^{\mathrm{j}k_{Cm}(z-l)} \} \Psi_{Cm}(x,y) \tag{5.2.3a}$$

$$u_{Cz}(x,y,z) = \frac{1}{\rho_0 \omega} \sum_{m=0}^{\infty} k_{Cm} \{ C_m^+ \mathrm{e}^{-\mathrm{j}k_{Cm}(z-l)} - C_m^- \mathrm{e}^{\mathrm{j}k_{Cm}(z-l)} \} \Psi_{Cm}(x,y) \tag{5.2.3b}$$

其中,A_m^+、A_m^-、B_m^+、B_m^-、C_m^+、C_m^-、k_{Am}、k_{Bm}、k_{Cm},$\Psi_{Am}(x,y)$、$\Psi_{Bm}(x,y)$、$\Psi_{Cm}(x,y)$分别为进口管、膨胀腔和出口管内沿 z 轴正向和反向行波的模态幅值系数,轴向波数,本征函数。

在消声器的进口端面($z=0$)和出口端面($z=l$)上,满足如下连续性条件和边界条件:

$$p_A(x,y,0) = p_B(x,y,0), \quad (x,y) \in S_1 \tag{5.2.4a}$$

$$u_{Az}(x,y,0) = u_{Bz}(x,y,0), \quad (x,y) \in S_1 \tag{5.2.4b}$$

$$u_{Bz}(x,y,0) = 0, \quad (x,y) \in S_1' \tag{5.2.4c}$$

$$p_B(x,y,l) = p_C(x,y,l), \quad (x,y) \in S_2 \tag{5.2.5a}$$

$$u_{Bz}(x,y,l) = u_{Cz}(x,y,l), \quad (x,y) \in S_2 \tag{5.2.5b}$$

$$u_{Bz}(x,y,l) = 0, \quad (x,y) \in S_2' \tag{5.2.5c}$$

其中，S_1、S_1'、S_2 和 S_2' 分别代表消声器进口截面、左侧端板、出口截面和右侧端板。

将式(5.2.1)～式(5.2.3)代入式(5.2.4)和式(5.2.5)，并且将无限个模态截断成有限个模态，得到

$$\sum_{m=0}^{N_A} \{A_m^+ + A_m^-\} \Psi_{Am}(x,y) = \sum_{m=0}^{N_B} \{B_m^+ + B_m^-\} \Psi_{Bm}(x,y), \quad (x,y) \in S_1 \quad (5.2.6a)$$

$$\sum_{m=0}^{N_A} k_{Am} \{A_m^+ - A_m^-\} \Psi_{Am}(x,y) = \sum_{m=0}^{N_B} k_{Bm} \{B_m^+ - B_m^-\} \Psi_{Bm}(x,y), \quad (x,y) \in S_1$$

$$(5.2.6b)$$

$$\sum_{m=0}^{N_B} k_{Bm} \{B_m^+ - B_m^-\} \Psi_{Bm}(x,y) = 0, \quad (x,y) \in S_1' \quad (5.2.6c)$$

$$\sum_{m=0}^{N_B} \{B_m^+ e^{-jk_{Bm}l} + B_m^- e^{jk_{Bm}l}\} \Psi_{Bm}(x,y) = \sum_{m=0}^{N_C} \{C_m^+ + C_m^-\} \Psi_{Cm}(x,y), \quad (x,y) \in S_2$$

$$(5.2.7a)$$

$$\sum_{m=0}^{N_B} k_{Bm} \{B_m^+ e^{-jk_{Bm}l} - B_m^- e^{jk_{Bm}l}\} \Psi_{Bm}(x,y) = \sum_{m=0}^{N_C} k_{Cm} \{C_m^+ - C_m^-\} \Psi_{Cm}(x,y), \quad (x,y) \in S_2$$

$$(5.2.7b)$$

$$\sum_{m=0}^{N_B} k_{Bm} \{B_m^+ e^{-jk_{Bm}l} - B_m^- e^{jk_{Bm}l}\} \Psi_{Bm}(x,y) = 0, \quad (x,y) \in S_2' \quad (5.2.7c)$$

假设在进口截面 S_1 上配置 N_A 个离散点，在左侧端板 S_1' 上配置 $N_B - N_A$ 个离散点，在出口截面 S_2 上配置 N_C 个离散点，在右侧端板 S_2' 上配置 $N_B - N_C$ 个离散点。当消声器进出口处的边界条件已知时，式(5.2.6)和式(5.2.7)形成了($N_A +$ $2N_B + N_C$)个方程，含有($N_A + 2N_B + N_C$)个未知量，求解上述方程即可获得相应的模态幅值系数，于是可以计算出消声器的四极参数。

当声波的频率低于进口管道和出口管道的平面波截止频率时(也就是说，在进口管道和出口管道内只有平面波能够传播，高阶模态为耗散波)，消声器进出口处的声压和质点振速间的关系可以用传递矩阵来表示，即

$$\begin{Bmatrix} p_1 \\ \rho_0 c u_1 \end{Bmatrix} = \begin{bmatrix} T_{11} & T_{12} \\ T_{21} & T_{22} \end{bmatrix} \begin{Bmatrix} p_2 \\ \rho_0 c u_2 \end{Bmatrix} \quad (5.2.8)$$

四极参数可以通过使用两种不同的出口边界条件分别求出。例如，首先设出口处的速度为零，求出 T_{11} 和 T_{21}，而后令出口处的声压为零，求出 T_{12} 和 T_{22}，即

$$T_{11} = \frac{p_1}{p_2}\bigg|_{u_2=0} = \frac{A_0^+ + A_0^-}{C_0^+ + C_0^-}\bigg|_{C_m^+ = C_m^-} \quad (5.2.9a)$$

$$T_{12} = \frac{p_1}{\rho_0 c_0 u_2}\bigg|_{p_2=0} = \frac{A_0^+ + A_0^-}{C_0^+ - C_0^-}\bigg|_{C_m^+ = -C_m^-} \quad (5.2.9b)$$

$$T_{21} = \frac{\rho_0 c_0 u_1}{p_2} \bigg|_{u_2=0} = \frac{A_0^+ - A_0^-}{C_0^+ + C_0^-} \bigg|_{C_m^+ = C_m^-} \tag{5.2.9c}$$

$$T_{22} = \frac{\rho_0 c_0 u_1}{\rho_0 c_0 u_2} \bigg|_{p_2=0} = \frac{A_0^+ - A_0^-}{C_0^+ - C_0^-} \bigg|_{C_m^+ = -C_m^-} \tag{5.2.9d}$$

因此,为获得四极参数,需要求解由模态幅值系数组成的方程组两次,即当入射声波为平面波时(如设 $A_0^+ = 1$; $A_m^+ = 0$, $m \geqslant 1$),首先设定 $C_m^+ = C_m^-$, $m \geqslant 0$,求出 T_{11} 和 T_{21};然后设定 $C_m^+ = -C_m^-$, $m \geqslant 0$,求出 T_{12} 和 T_{22}。

消声器的传递损失可以通过将获得的四极参数代入式(3.2.24)进行计算,也可以使用如下方法来计算。

假设消声器进口处的入射波为平面波(即 $A_0^+ = 1$; $A_m^+ = 0$, $m \geqslant 1$),出口为无反射端(即 $C_m^- = 0$, $m \geqslant 0$),求解由式(5.2.6)和式(5.2.7)组成的方程组获得模态幅值系数,由传递损失的定义得到

$$\text{TL} = 10\lg(S_1/S_2) - 20\lg|C_0^+| \tag{5.2.10}$$

其中,S_1 和 S_2 分别为消声器进口和出口的横截面积。

对于给定的消声器结构,使用配点法所需截断的模态个数与计算频率相关,计算频率越高,所需的模态数量越多,花费的计算时间也就越长。因此,需要研究所需截断的模态数量、最优的配置点数量和位置、计算精度、计算效率和收敛率等。

为应用配点法,首先需要获得所有管道的本征函数。对于规则形状的等截面管道(如圆形和矩形),可以得到本征函数的解析表达式;而对于非规则形状的等截面管道,只能使用数值方法(如有限元法)求出相应的本征值和本征向量。当使用有限元法求本征值和本征向量时,最方便的处理方法就是设置配置点与有限元网格节点相重合。

5.3　模态匹配法

利用面积突变截面上的声压和轴向质点振速的连续性条件和壁面上的边界条件,使用本征函数作为加权函数对声压和轴向质点振速在横截面上进行积分,从而可形成以模态幅值系数为未知量的线性方程组。将无限个模态截断成有限个模态,并取所有管道内的模态数量相等。当消声器进出口处的边界条件给定时,即可求解该方程组并获得模态幅值系数,进而计算出消声器的四极参数等声学量。由于各个管道内所截断的模态数量相等,即模态匹配,所以这种处理方法叫做模态匹配法[20~41]。

下面以三种典型结构消声器为例,介绍模态匹配法的基本原理和实施过程。

5.3.1　圆形膨胀腔

图 5.3.1 为具有任意位置进出口的圆形膨胀腔消声器,将其划分成三个区域:进口管、膨胀腔和出口管,各个区域内的声压和轴向质点振速可表示为

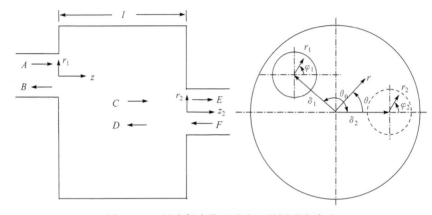

图 5.3.1　具有任意位置进出口的圆形膨胀腔

$$p_1(r_1,\varphi_1,z) = \sum_{n=0}^{\infty} J_0(\alpha_{0n}r_1/a_1)[A_{0n}e^{-jk_{1,0n}z} + B_{0n}e^{jk_{1,0n}z}]$$
$$+ \sum_{m=1}^{\infty}\sum_{n=0}^{\infty} J_m(\alpha_{mn}r_1/a_1)[(A_{mn}^+e^{-jm\varphi_1} + A_{mn}^-e^{jm\varphi_1})e^{-jk_{1,mn}z}$$
$$+ (B_{mn}^+e^{-jm\varphi_1} + B_{mn}^-e^{jm\varphi_1})e^{jk_{1,mn}z}] \tag{5.3.1a}$$

$$u_1(r_1,\varphi_1,z) = \frac{1}{\rho_0\omega}\Big\{\sum_{n=0}^{\infty} k_{1,0n}J_0(\alpha_{0n}r_1/a_1)[A_{0n}e^{-jk_{1,0n}z} - B_{0n}e^{jk_{1,0n}z}]$$
$$+ \sum_{m=1}^{\infty}\sum_{n=0}^{\infty} k_{1,mn}J_m(\alpha_{mn}r_1/a_1)[(A_{mn}^+e^{-jm\varphi_1} + A_{mn}^-e^{jm\varphi_1})e^{-jk_{1,mn}z}$$
$$- (B_{mn}^+e^{-jm\varphi_1} + B_{mn}^-e^{jm\varphi_1})e^{jk_{1,mn}z}]\Big\} \tag{5.3.1b}$$

$$p_C(r,\theta,z) = \sum_{n=0}^{\infty} J_0(\alpha_{0n}r/a)[C_{0n}e^{-jk_{C,0n}z} + D_{0n}e^{jk_{C,0n}z}]$$
$$+ \sum_{m=1}^{\infty}\sum_{n=0}^{\infty} J_m(\alpha_{mn}r/a)[(C_{mn}^+e^{-jm\theta} + C_{mn}^-e^{jm\theta})e^{-jk_{C,mn}z}$$
$$+ (D_{mn}^+e^{-jm\theta} + D_{mn}^-e^{jm\theta})e^{jk_{C,mn}z}] \tag{5.3.2a}$$

$$u_C(r,\theta,z) = \frac{1}{\rho_0\omega}\Big\{\sum_{n=0}^{\infty} k_{C,0n}J_0(\alpha_{0n}r/a)[C_{0n}e^{-jk_{C,0n}z} - D_{0n}e^{jk_{C,0n}z}]$$
$$+ \sum_{m=1}^{\infty}\sum_{n=0}^{\infty} k_{C,mn}J_m(\alpha_{mn}r/a)[(C_{mn}^+e^{-jm\theta} + C_{mn}^-e^{jm\theta})e^{-jk_{C,mn}z}$$
$$- (D_{mn}^+e^{-jm\theta} + D_{mn}^-e^{jm\theta})e^{jk_{C,mn}z}]\Big\} \tag{5.3.2b}$$

$$p_O(r_2, \varphi_2, z_2) = \sum_{n=0}^{\infty} J_0(\alpha_{0n} r_2/a_2) \left[E_{0n} e^{-jk_{O,0n}z_2} + F_{0n} e^{jk_{O,0n}z_2} \right]$$

$$+ \sum_{m=1}^{\infty} \sum_{n=0}^{\infty} J_m(\alpha_{mn} r_2/a_2) \left[(E_{mn}^+ e^{-jm\varphi_2} + E_{mn}^- e^{jm\varphi_2}) e^{-jk_{O,mn}z_2} \right.$$

$$\left. + (F_{mn}^+ e^{-jm\varphi_2} + F_{mn}^- e^{jm\varphi_2}) e^{jk_{O,mn}z_2} \right] \qquad (5.3.3a)$$

$$u_O(r_2, \varphi_2, z_2) = \frac{1}{\rho_0 \omega} \left\{ \sum_{n=0}^{\infty} k_{O,0n} J_0(\alpha_{0n} r_2/a_2) \left[E_{0n} e^{-jk_{O,0n}z_2} - F_{0n} e^{jk_{O,0n}z_2} \right] \right.$$

$$+ \sum_{m=1}^{\infty} \sum_{n=0}^{\infty} k_{O,mn} J_m(\alpha_{mn} r_2/a_2) \left[(E_{mn}^+ e^{-jm\varphi_2} + E_{mn}^- e^{jm\varphi_2}) e^{-jk_{O,mn}z_2} \right.$$

$$\left. \left. - (F_{mn}^+ e^{-jm\varphi_2} + F_{mn}^- e^{jm\varphi_2}) e^{jk_{O,mn}z_2} \right] \right\} \qquad (5.3.3b)$$

其中,下标 I、C 和 O 分别代表进口管、膨胀腔和出口管;A、B、C、D、E、F 分别表示进口管、膨胀腔和出口管内沿 z 轴正向和反向行波的模态幅值系数;上标＋和一表示沿 θ(或 φ)角的正向和反向行波的分量;a_1、a 和 a_2 分别为进口管、膨胀腔和出口管的半径;$J_m(x)$ 为第一类 m 阶贝塞尔函数;α_{mn} 为满足径向边界条件 $J'_m(\alpha_{mn}) = 0$ 的根;

$$k_{I,mn} = k \left[1 - (\alpha_{mn}/ka_1)^2 \right]^{1/2} \qquad (5.3.4a)$$

$$k_{O,mn} = k \left[1 - (\alpha_{mn}/ka_2)^2 \right]^{1/2} \qquad (5.3.4b)$$

$$k_{C,mn} = k \left[1 - (\alpha_{mn}/ka)^2 \right]^{1/2} \qquad (5.3.4c)$$

分别为进口管、出口管和膨胀腔内 (m,n) 模态的轴向波数。

在进出口截面上,声压和轴向质点振速的连续性条件及边界条件为

$$p_C(z=0) = p_I(z=0), \quad (r,\theta) \in S_1 \qquad (5.3.5a)$$

$$u_C(z=0) = \begin{cases} u_I(z=0), & (r,\theta) \in S_1 \\ 0, & (r,\theta) \in S-S_1 \end{cases} \qquad (5.3.5b)$$

$$p_C(z=l) = p_O(z_2=0), \quad (r,\theta) \in S_2 \qquad (5.3.6a)$$

$$u_C(z=l) = \begin{cases} u_O(z_2=0), & (r,\theta) \in S_2 \\ 0, & (r,\theta) \in S-S_2 \end{cases} \qquad (5.3.6b)$$

其中,S_1、S_2 和 S 分别为进口管、出口管和膨胀腔的横截面。

在进口截面上,声压连续性条件式(5.3.5a)的两侧同乘 $J_t(\alpha_{ts} r_1/a_1) e^{jt\varphi_1} \, dS$,然后在 S_1 上进行积分,并且使用 Graf 叠加原理式(A.16),得

$$[A_{00} + B_{00}]\frac{a_1^2}{2} = [C_{00} + D_{00}]\frac{a_1^2}{2} + \sum_{n=1}^{\infty}[C_{0n} + D_{0n}]\frac{aa_1}{\alpha_{0n}}J_0(\alpha_{0n}\delta_1/a)J_1(\alpha_{0n}a_1/a)$$

$$+ \sum_{m=1}^{\infty}\sum_{n=0}^{\infty}[(C_{mn}^+ + D_{mn}^+)e^{-jm\theta_0} + (C_{mn}^- + D_{mn}^-)e^{jm\theta_0}]$$

$$\times \frac{aa_1}{\alpha_{mn}}J_m(\alpha_{mn}\delta_1/a)J_1(\alpha_{mn}a_1/a), \quad t=0, s=0 \qquad (5.3.7a)$$

$$[A_{0s} + B_{0s}]\frac{a_1^2}{2}J_0(\alpha_{0s}) = \sum_{n=1}^{\infty}[C_{0n} + D_{0n}]J_0(\alpha_{0n}\delta_1/a)\frac{(\alpha_{0n}a_1/a)J_0'(\alpha_{0n}a_1/a)}{(\alpha_{0s}/a_1)^2 - (\alpha_{0n}/a)^2}$$

$$+ \sum_{m=1}^{\infty}\sum_{n=0}^{\infty}[(C_{mn}^+ + D_{mn}^+)e^{-jm\theta_0} + (C_{mn}^- + D_{mn}^-)e^{jm\theta_0}]J_m(\alpha_{mn}\delta_1/a)$$

$$\times \frac{(\alpha_{mn}a_1/a)J_0'(\alpha_{mn}a_1/a)}{(\alpha_{0s}/a_1)^2 - (\alpha_{mn}/a)^2}, \quad t=0, s=1,2,\cdots \qquad (5.3.7b)$$

$$[A_{ts}^+ + B_{ts}^+]\frac{a_1^2}{2}\left(1 - \frac{t^2}{\alpha_{ts}^2}\right)J_t(\alpha_{ts}) = \sum_{n=1}^{\infty}[C_{0n} + D_{0n}]J_t(\alpha_{0n}\delta_1/a)\frac{(\alpha_{0n}a_1/a)J_0'(\alpha_{0n}a_1/a)}{(\alpha_{ts}/a_1)^2 - (\alpha_{0n}/a)^2}$$

$$+ \sum_{m=1}^{\infty}\sum_{n=0}^{\infty}[(C_{mn}^+ + D_{mn}^+)J_{m+t}(\alpha_{mn}\delta_1/a)e^{-jm\theta_0}$$

$$+ (C_{mn}^- + D_{mn}^-)(-1)^t J_{m-t}(\alpha_{mn}\delta_1/a)e^{jm\theta_0}]$$

$$\times \frac{(\alpha_{mn}a_1/a)J_t'(\alpha_{mn}a_1/a)}{(\alpha_{ts}/a_1)^2 - (\alpha_{mn}/a)^2}, \quad t=1,2,\cdots, s=0,1,\cdots$$

$$(5.3.7c)$$

式(5.3.5a)的两侧同乘 $J_t(\alpha_{ts}r_1/a_1)e^{-jt\varphi}dS$，并且在 S_1 上进行积分，得到

$$[A_{ts}^- + B_{ts}^-]\frac{a_1^2}{2}\left(1 - \frac{t^2}{\alpha_{ts}^2}\right)J_t(\alpha_{ts}) = \sum_{n=1}^{\infty}[C_{0n} + D_{0n}]J_t(\alpha_{0n}\delta_1/a)\frac{(\alpha_{0n}a_1/a)J_t'(\alpha_{0n}a_1/a)}{(\alpha_{ts}/a_1)^2 - (\alpha_{0n}/a)^2}$$

$$+ \sum_{m=1}^{\infty}\sum_{n=0}^{\infty}[(C_{mn}^+ + D_{mn}^+)(-1)^t J_{m-t}(\alpha_{mn}\delta_1/a)e^{-jm\theta_0}$$

$$+ (C_{mn}^- + D_{mn}^-)J_{m+t}(\alpha_{mn}\delta_1/a)e^{jm\theta_0}]$$

$$\times \frac{(\alpha_{mn}a_1/a)J_t'(\alpha_{mn}a_1/a)}{(\alpha_{ts}/a_1)^2 - (\alpha_{mn}/a)^2}, \quad t=1,2,\cdots, s=0,1,\cdots$$

$$(5.3.7d)$$

对于速度条件，式(5.3.5b)的两侧同乘 $J_t(\alpha_{ts}r/a)e^{jt\theta}dS$，然后在 S 上进行积分，并且使用 Graf 叠加原理式(A.16)，得

$$[A_{00} - B_{00}]a_1^2 = [C_{00} - D_{00}]a, \quad t=0, s=0 \qquad (5.3.8a)$$

$$k[A_{00}-B_{00}]\frac{aa_1}{\alpha_{0s}}J_0(\alpha_{0s}\delta_1/a)J_1(\alpha_{0s}a_1/a)$$

$$-\sum_{n=1}^{\infty}k_{1,0n}[A_{0n}-B_{0n}]J_0(\alpha_{0s}\delta_1/a)\frac{(\alpha_{0s}a_1/a)J_0(\alpha_{0n})J_0'(\alpha_{0s}a_1/a)}{(\alpha_{0n}/a_1)^2-(\alpha_{0s}/a)^2}$$

$$-\sum_{m=1}^{\infty}\sum_{n=0}^{\infty}k_{1,mn}[(A_{mn}^+-B_{mn}^+)+(A_{mn}^--B_{mn}^-)]J_m(\alpha_{0s}\delta_1/a)$$

$$\times\frac{(\alpha_{0s}a_1/a)J_m(\alpha_{mn})J_m'(\alpha_{0s}a_1/a)}{(\alpha_{mn}/a_1)^2-(\alpha_{0s}/a)^2}$$

$$=-k_{C,0s}[C_{0s}-D_{0s}]\frac{a^2}{2}J_0^2(\alpha_{0s}),\quad t=0,s=1,2,\cdots \tag{5.3.8b}$$

$$k[A_{00}-B_{00}]\frac{aa_1}{\alpha_{ts}}J_t(\alpha_{ts}\delta_1/a)J_1(\alpha_{ts}a_1/a)$$

$$-\sum_{n=1}^{\infty}k_{1,0n}[A_{0n}-B_{0n}]J_t(\alpha_{ts}\delta_1/a)\frac{(\alpha_{ts}a_1/a)J_0(\alpha_{0n})J_0'(\alpha_{ts}a_1/a)}{(\alpha_{0n}/a_1)^2-(\alpha_{ts}/a)^2}$$

$$-\sum_{m=1}^{\infty}\sum_{n=0}^{\infty}k_{1,mn}[(A_{mn}^+-B_{mn}^+)J_{t+m}(\alpha_{ts}\delta_1/a)+(A_{mn}^--B_{mn}^-)(-1)^mJ_{t-m}(\alpha_{ts}\delta_1/a)]$$

$$\times\frac{(\alpha_{ts}a_1/a)J_m(\alpha_{mn})J_m'(\alpha_{ts}a_1/a)}{(\alpha_{mn}/a_1)^2-(\alpha_{ts}/a)^2}$$

$$=-k_{C,ts}[C_{ts}^+-D_{ts}^+]\frac{a^2}{2}\Big(1-\frac{t^2}{\alpha_{ts}^2}\Big)J_t^2(\alpha_{ts})e^{-jt\theta_0},\quad t=1,2,\cdots,s=0,1,\cdots$$

$$\tag{5.3.8c}$$

式(5.3.5b)的两侧同乘 $J_t(\alpha_{ts}r/a)e^{-jt\theta}dS$,并且在 S 上进行积分,得到

$$k[A_{00}-B_{00}]\frac{aa_1}{\alpha_{ts}}J_t(\alpha_{ts}\delta_1/a)J_1(\alpha_{ts}a_1/a)$$

$$-\sum_{n=1}^{\infty}k_{1,0n}[A_{0n}-B_{0n}]J_t(\alpha_{ts}\delta_1/a)\frac{(\alpha_{ts}a_1/a)J_0(\alpha_{0n})J_0'(\alpha_{ts}a_1/a)}{(\alpha_{0n}/a_1)^2-(\alpha_{ts}/a)^2}$$

$$-\sum_{m=1}^{\infty}\sum_{n=0}^{\infty}k_{1,mn}[(A_{mn}^+-B_{mn}^+)(-1)^mJ_{t-m}(\alpha_{ts}\delta_1/a)+(A_{mn}^--B_{mn}^-)J_{t+m}(\alpha_{ts}\delta_1/a)]$$

$$\times\frac{(\alpha_{ts}a_1/a)J_m(\alpha_{mn})J_m'(\alpha_{ts}a_1/a)}{(\alpha_{mn}/a_1)^2-(\alpha_{ts}/a)^2}$$

$$=-k_{C,ts}[C_{ts}^--D_{ts}^-]\frac{a^2}{2}\Big(1-\frac{t^2}{\alpha_{ts}^2}\Big)J_t^2(\alpha_{ts})e^{jt\theta_0},\quad t=1,2,\cdots,s=0,1,\cdots \tag{5.3.8d}$$

在出口截面上,使用与进口截面相同的处理方法,由声压连续性条件式(5.3.6a)得到

$$\left[C_{00} e^{-jkl} + D_{00} e^{jkl} \right] \frac{a_2^2}{2} + \sum_{n=1}^{\infty} \left[C_{0n} e^{-jk_{C,0n}l} + D_{0n} e^{jk_{C,0n}l} \right] \frac{aa_2}{\alpha_{0n}} J_0(\alpha_{0n}\delta_2/a) J_1(\alpha_{0n}a_2/a)$$

$$+ \sum_{m=1}^{\infty} \sum_{n=0}^{\infty} \left[(C_{mn}^+ + C_{mn}^-) e^{-jk_{C,mn}l} + (D_{mn}^+ + D_{mn}^-) e^{jk_{C,mn}l} \right] \frac{aa_2}{\alpha_{mn}} J_m(\alpha_{mn}\delta_2/a) J_1(\alpha_{mn}a_2/a)$$

$$= (E_{00} + F_{00}) \frac{a_2^2}{2}, \quad t = 0, s = 0 \tag{5.3.9a}$$

$$\sum_{n=1}^{\infty} \left[C_{0n} e^{-jk_{C,0n}l} + D_{0n} e^{jk_{C,0n}l} \right] J_0(\alpha_{0n}\delta_2/a) \frac{(\alpha_{0n}a_2/a) J_0'(\alpha_{0n}a_2/a)}{(\alpha_{0s}/a_2)^2 - (\alpha_{0n}/a)^2}$$

$$+ \sum_{m=1}^{\infty} \sum_{n=0}^{\infty} \left[(C_{mn}^+ + C_{mn}^-) e^{-jk_{C,mn}l} + (D_{mn}^+ + D_{mn}^-) e^{jk_{C,mn}l} \right]$$

$$\times J_m(\alpha_{mn}\delta_2/a) \frac{(\alpha_{mn}a_2/a) J_0'(\alpha_{mn}a_2/a)}{(\alpha_{0s}/a_2)^2 - (\alpha_{mn}/a)^2}$$

$$= (E_{0s} + F_{0s}) \frac{a_2^2}{2} J_0(\alpha_{0s}), \quad t = 0, s = 1, 2, \cdots \tag{5.3.9b}$$

$$\sum_{n=1}^{\infty} \left[C_{0n} e^{-jk_{C,0n}l} + D_{0n} e^{jk_{C,0n}l} \right] J_t(\alpha_{0n}\delta_2/a) \frac{(\alpha_{0n}a_2/a) J_t'(\alpha_{0n}a_2/a)}{(\alpha_{ts}/a_2)^2 - (\alpha_{0n}/a)^2}$$

$$+ \sum_{m=1}^{\infty} \sum_{n=0}^{\infty} \left[(C_{mn}^+ e^{-jk_{C,mn}l} + D_{mn}^+ e^{jk_{C,mn}l}) J_{m+t}(\alpha_{mn}\delta_2/a) \right.$$

$$\left. + (C_{mn}^- e^{-jk_{C,mn}l} + D_{mn}^- e^{jk_{C,mn}l})(-1)^t J_{m-t}(\alpha_{mn}\delta_2/a) \right] \frac{(\alpha_{mn}a_2/a) J_t'(\alpha_{mn}a_2/a)}{(\alpha_{ts}/a_2)^2 - (\alpha_{mn}/a)^2}$$

$$= (E_{ts}^+ + F_{ts}^+) \frac{a_2^2}{2} \left(1 - \frac{t^2}{\alpha_{ts}^2} \right) J_t(\alpha_{ts}), \quad t = 1, 2, \cdots, s = 0, 1, \cdots \tag{5.3.9c}$$

$$\sum_{n=1}^{\infty} \left[C_{0n} e^{-jk_{C,0n}l} + D_{0n} e^{jk_{C,0n}l} \right] J_t(\alpha_{0n}\delta_2/a) \frac{(\alpha_{0n}a_2/a) J_t'(\alpha_{0n}a_2/a)}{(\alpha_{ts}/a_2)^2 - (\alpha_{0n}/a)^2}$$

$$+ \sum_{m=1}^{\infty} \sum_{n=0}^{\infty} \left[(C_{mn}^+ e^{-jk_{C,mn}l} + D_{mn}^+ e^{jk_{C,mn}l})(-1)^t J_{m-t}(\alpha_{mn}\delta_2/a) \right.$$

$$\left. + (C_{mn}^- e^{-jk_{C,mn}l} + D_{mn}^- e^{jk_{C,mn}l}) J_{m+t}(\alpha_{mn}\delta_2/a) \right] \frac{(\alpha_{mn}a_2/a) J_t'(\alpha_{mn}a_2/a)}{(\alpha_{ts}/a_2)^2 - (\alpha_{mn}/a)^2}$$

$$= (E_{ts}^- + F_{ts}^-) \frac{a_2^2}{2} \left(1 - \frac{t^2}{\alpha_{ts}^2} \right) J_t(\alpha_{ts}), \quad t = 1, 2, \cdots, s = 0, 1, \cdots \tag{5.3.9d}$$

由速度条件式(5.3.6b)得到

$$\left[C_{00} e^{-jkl} - D_{00} e^{jkl} \right] a^2 = (E_{00} - F_{00}) a_2^2, \quad t = 0, s = 0 \tag{5.3.10a}$$

$$k_{C,0s}\left[C_{0s}e^{-jk_{C,0s}l} - D_{0s}e^{jk_{C,0s}l}\right]\frac{a^2}{2}J_0^2(\alpha_{0s})$$

$$=-k(E_{00}-F_{00})\frac{aa_2}{\alpha_{0s}}J_0(\alpha_{0s}\delta_2/a)J_1(\alpha_{0s}a_2/a)$$

$$+\sum_{n=1}^{\infty}k_{O,0n}(E_{0n}-F_{0n})J_0(\alpha_{0s}\delta_2/a)\frac{(\alpha_{0s}a_2/a)J_0(\alpha_{0n})J_0'(\alpha_{0s}a_2/a)}{(\alpha_{0n}/a_2)^2-(\alpha_{0s}/a)^2}$$

$$+\sum_{m=1}^{\infty}\sum_{n=0}^{\infty}k_{O,mn}\left[(E_{mn}^+-F_{mn}^+)+(E_{mn}^--F_{mn}^-)\right]$$

$$\times J_m(\alpha_{0s}\delta_2/a)\frac{(\alpha_{0s}a_2/a)J_m(\alpha_{mn})J_0'(\alpha_{0s}a_2/a)}{(\alpha_{mn}/a_2)^2-(\alpha_{0s}/a)^2},\quad t=0,s=1,2,\cdots \quad (5.3.10\text{b})$$

$$k_{C,ts}\left[C_{ts}^+e^{-jk_{C,ts}l} - D_{ts}^+e^{jk_{C,ts}l}\right]\frac{a^2}{2}\left(1-\frac{t^2}{\alpha_{ts}^2}\right)J_t^2(\alpha_{ts})$$

$$=-k(E_{00}-F_{00})\frac{aa_2}{\alpha_{ts}}J_t(\alpha_{ts}\delta_2/a)J_1(\alpha_{ts}a_2/a)$$

$$+\sum_{n=1}^{\infty}k_{O,0n}(E_{0n}-F_{0n})J_t(\alpha_{ts}\delta_2/a)\frac{(\alpha_{ts}a_2/a)J_0(\alpha_{0n})J_0'(\alpha_{ts}a_2/a)}{(\alpha_{0n}/a_2)^2-(\alpha_{ts}/a)^2}$$

$$+\sum_{m=1}^{\infty}\sum_{n=0}^{\infty}k_{O,mn}\left[(E_{mn}^+-F_{mn}^+)J_{t+m}(\alpha_{ts}\delta_2/a)+(E_{mn}^--F_{mn}^-)(-1)^mJ_{t-m}(\alpha_{ts}\delta_2/a)\right]$$

$$\times\frac{(\alpha_{ts}a_2/a)J_m(\alpha_{mn})J_m'(\alpha_{ts}a_2/a)}{(\alpha_{mn}/a_2)^2-(\alpha_{ts}/a)^2},\quad t=1,2,\cdots,s=0,1,\cdots \quad (5.3.10\text{c})$$

$$k_{C,ts}\left[C_{ts}^-e^{jk_{C,ts}l} - D_{ts}^-e^{-jk_{C,ts}l}\right]\frac{a^2}{2}\left(1-\frac{t^2}{\alpha_{ts}^2}\right)J_t^2(\alpha_{ts})$$

$$=-k(E_{00}-F_{00})\frac{aa_2}{\alpha_{ts}}J_t(\alpha_{ts}\delta_2/a)J_1(\alpha_{ts}a_2/a)$$

$$+\sum_{n=1}^{\infty}k_{O,0n}(E_{0n}-F_{0n})J_t(\alpha_{ts}\delta_2/a)\frac{(\alpha_{ts}a_2/a)J_0(\alpha_{0n})J_0'(\alpha_{ts}a_2/a)}{(\alpha_{0n}/a_2)^2-(\alpha_{ts}/a)^2}$$

$$+\sum_{m=1}^{\infty}\sum_{n=0}^{\infty}k_{O,mn}\left[(E_{mn}^+-F_{mn}^+)(-1)^mJ_{t-m}(\alpha_{ts}\delta_2/a)+(E_{mn}^--F_{mn}^-)J_{t+m}(\alpha_{ts}\delta_2/a)\right]$$

$$\times\frac{(\alpha_{ts}a_2/a)J_m(\alpha_{mn})J_0'(\alpha_{ts}a_2/a)}{(\alpha_{mn}/a_2)^2-(\alpha_{ts}/a)^2},\quad t=1,2,\cdots,s=0,1,\cdots \quad (5.3.10\text{d})$$

式(5.3.7)～式(5.3.10)中含有无限多个未知量(模态幅值系数),为此需要将无限个模态截断成有限个模态,假设周向模态取 M 个,径向模态取 N 个。当进出口处的边界条件已知时,式(5.3.7)～式(5.3.10)形成了 $4(2M+1)(N+1)$ 个方程,含有 $4(2M+1)(N+1)$ 个未知量,求解该方程组即可获得这些模态幅值系数,于是可计算出消声器的四极参数和传递损失等。

当声波的频率低于进出口管道的平面波截止频率时(也就是说,在进出口管内

只有平面波能够传播,高阶模态为耗散波),进出口处的声压和质点振速间的关系可以用式(5.2.8)来表示,于是可以得到

$$T_{11} = \frac{p_1}{p_2}\bigg|_{u_2=0} = \frac{A_{00}+B_{00}}{E_{00}+F_{00}}\bigg|_{E_{mn}=F_{mn}} \tag{5.3.11a}$$

$$T_{12} = \frac{p_1}{\rho_0 c u_2}\bigg|_{p_2=0} = \frac{A_{00}+B_{00}}{E_{00}-F_{00}}\bigg|_{E_{mn}=-F_{mn}} \tag{5.3.11b}$$

$$T_{21} = \frac{\rho_0 c u_1}{p_2}\bigg|_{u_2=0} = \frac{A_{00}-B_{00}}{E_{00}+F_{00}}\bigg|_{E_{mn}=F_{mn}} \tag{5.3.11c}$$

$$T_{22} = \frac{\rho_0 c u_1}{\rho_0 c u_2}\bigg|_{p_2=0} = \frac{A_{00}-B_{00}}{E_{00}-F_{00}}\bigg|_{E_{mn}=-F_{mn}} \tag{5.3.11d}$$

因此,为获得四极参数,需要求解由模态幅值系数组成的方程组两次,即当入射声波为平面波时(如设 $A_{00}=1$; $A_{mn}=0$, $m+n\geqslant1$),首先设定 $E_{mn}=F_{mn}$,求出 T_{11} 和 T_{21};然后设定 $E_{mn}=-F_{mn}$,求出 T_{12} 和 T_{22}。将四极参数代入式(3.2.24)即可计算出消声器的传递损失,也可以使用下面方法计算传递损失。

假设消声器进口处的入射波为平面波(即 $A_{00}=1$; $A_{mn}=0$, $m+n\geqslant1$),出口为无反射端(即 $F_{mn}=0$),式(5.3.7)~式(5.3.10)形成了 $4(2M+1)(N+1)$ 个方程,含有 $4(2M+1)(N+1)$ 个未知的模态幅值系数,求解该方程组获得相应的模态幅值系数,于是传递损失可由下式求出:

$$TL = -20\lg|(a_2/a_1)E_{00}| \tag{5.3.12}$$

对于给定的消声器结构,使用模态匹配法计算声学特性时,所需截断的模态数量与计算频率和几何形状相关,计算频率越高,所需的模态数量越多,花费的计算时间也就越长。

5.3.2　外插进出口的圆形同轴膨胀腔

对于如图 5.3.2 所示的具有外插进出口的圆形同轴膨胀腔消声器,如果进出口处的边界条件也是轴对称的,则其内部声场可按二维轴对称的情形来处理。将该消声器划分成 A、B、C、D、E 五个区域,内部的声压和轴向质点振速可分别表示成

$$p_A(r,z) = \sum_{n=0}^{\infty}\{A_n^+ e^{-jk_{An}z} + A_n^- e^{jk_{An}z}\}\Psi_{An}(r) \tag{5.3.13a}$$

$$u_{Az}(r,z) = \frac{1}{\rho_0\omega}\sum_{n=0}^{\infty}k_{An}\{A_n^+ e^{-jk_{An}z} - A_n^- e^{jk_{An}z}\}\Psi_{An}(r) \tag{5.3.13b}$$

$$p_B(r,z) = \sum_{n=0}^{\infty}\{B_n^+ e^{-jk_{Bn}z} + B_n^- e^{jk_{Bn}z}\}\Psi_{Bn}(r) \tag{5.3.14a}$$

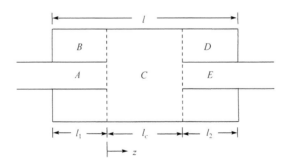

图 5.3.2　具有外插进出口的圆形同轴膨胀腔消声器

$$u_{Bz}(r,z) = \frac{1}{\rho_0 \omega} \sum_{n=0}^{\infty} k_{Bn} \{B_n^+ \mathrm{e}^{-\mathrm{j}k_{Bn}z} - B_n^- \mathrm{e}^{\mathrm{j}k_{Bn}z}\} \Psi_{Bn}(r) \tag{5.3.14b}$$

$$p_C(r,z) = \sum_{n=0}^{\infty} \{C_n^+ \mathrm{e}^{-\mathrm{j}k_{Cn}z} + C_n^- \mathrm{e}^{\mathrm{j}k_{Cn}z}\} \Psi_{Cn}(r) \tag{5.3.15a}$$

$$u_{Cz}(r,z) = \frac{1}{\rho_0 \omega} \sum_{n=0}^{\infty} k_{Cn} \{C_n^+ \mathrm{e}^{-\mathrm{j}k_{Cn}z} - C_n^- \mathrm{e}^{\mathrm{j}k_{Cn}z}\} \Psi_{Cn}(r) \tag{5.3.15b}$$

$$p_D(r,z) = \sum_{n=0}^{\infty} \{D_n^+ \mathrm{e}^{-\mathrm{j}k_{Dn}(z-l_c)} + D_n^- \mathrm{e}^{\mathrm{j}k_{Dn}(z-l_c)}\} \Psi_{Dn}(r) \tag{5.3.16a}$$

$$u_{Dz}(r,z) = \frac{1}{\rho_0 \omega} \sum_{n=0}^{\infty} k_{Dn} \{D_n^+ \mathrm{e}^{-\mathrm{j}k_{Dn}(z-l_c)} - D_n^- \mathrm{e}^{\mathrm{j}k_{Dn}(z-l_c)}\} \Psi_{Dn}(r) \tag{5.3.16b}$$

$$p_E(r,z) = \sum_{n=0}^{\infty} \{E_n^+ \mathrm{e}^{-\mathrm{j}k_{En}(z-l_c)} + E_n^- \mathrm{e}^{\mathrm{j}k_{En}(z-l_c)}\} \Psi_{En}(r) \tag{5.3.17a}$$

$$u_{Ez}(r,z) = \frac{1}{\rho_0 \omega} \sum_{n=0}^{\infty} k_{En} \{E_n^+ \mathrm{e}^{-\mathrm{j}k_{En}(z-l_c)} - E_n^- \mathrm{e}^{\mathrm{j}k_{En}(z-l_c)}\} \Psi_{En}(r) \tag{5.3.17b}$$

其中，A_n^+、A_n^-、B_n^+、B_n^-、C_n^+、C_n^-、D_n^+、D_n^-、E_n^+、E_n^- 分别是 A、B、C、D、E 五个区域内沿 z 轴正向和反向行波第 n 个模态的幅值系数；

$$\Psi_{An}(r) = \mathrm{J}_0(\alpha_n r/a_1) \tag{5.3.18a}$$

$$\Psi_{Bn}(r) = \mathrm{J}_0(\beta_n r/a) - [\mathrm{J}_1(\beta_n)/\mathrm{Y}_1(\beta_n)]\mathrm{Y}_0(\beta_n r/a) \tag{5.3.18b}$$

$$\Psi_{Cn}(r) = \mathrm{J}_0(\alpha_n r/a) \tag{5.3.18c}$$

$$\Psi_{Dn}(r) = \mathrm{J}_0(\gamma_n r/a) - [\mathrm{J}_1(\gamma_n)/\mathrm{Y}_1(\gamma_n)]\mathrm{Y}_0(\gamma_n r/a) \tag{5.3.18d}$$

$$\Psi_{En}(r) = \mathrm{J}_0(\alpha_n r/a_2) \tag{5.3.18e}$$

是 A、B、C、D、E 五个区域的本征函数，a_1、a_2 和 a 分别为进口管、出口管和膨胀腔的半径，α_n、β_n 和 γ_n 分别为满足如下径向边界条件的根：

$$\mathrm{J}_1(\alpha_n) = 0 \tag{5.3.19}$$

$$\mathrm{J}_1(\beta_n a_1/a) - [\mathrm{J}_1(\beta_n)/\mathrm{Y}_1(\beta_n)]\mathrm{Y}_1(\beta_n a_1/a) = 0 \tag{5.3.20}$$

$$\mathrm{J}_1(\gamma_n a_2/a) - [\mathrm{J}_1(\gamma_n)/\mathrm{Y}_1(\gamma_n)]\mathrm{Y}_1(\gamma_n a_2/a) = 0 \tag{5.3.21}$$

$$k_{An}=[k^2-(\alpha_n/a_1)^2]^{1/2} \tag{5.3.22a}$$

$$k_{Bn}=[k^2-(\beta_n/a)^2]^{1/2} \tag{5.3.22b}$$

$$k_{Cn}=[k^2-(\alpha_n/a)^2]^{1/2} \tag{5.3.22c}$$

$$k_{Dn}=[k^2-(\gamma_n/a)^2]^{1/2} \tag{5.3.22d}$$

$$k_{En}=[k^2-(\alpha_n/a_2)^2]^{1/2} \tag{5.3.22e}$$

分别是 A、B、C、D、E 五个区域内第 n 个模态的轴向波数。

膨胀腔的左右两侧端板的刚性壁面边界条件为

$$u_{Bz}=0, \quad z=-l_1, a_1 \leqslant r \leqslant a \tag{5.3.23a}$$

$$u_{Dz}=0, \quad z=l_c+l_2, a_2 \leqslant r \leqslant a \tag{5.3.23b}$$

使用本征函数的正交性可以得到

$$B_n^+=B_n^- \, e^{-2jk_{Bn}l_1} \tag{5.3.24a}$$

$$D_n^-=D_n^+ \, e^{-2jk_{Dn}l_2} \tag{5.3.24b}$$

在进口截面 $(z=0)$ 和出口截面 $(z=l_c)$ 上,声压和质点振速的连续性条件为

$$p_C=p_A, \quad z=0, 0 \leqslant r \leqslant a_1 \tag{5.3.25a}$$

$$p_C=p_B, \quad z=0, a_1 \leqslant r \leqslant a \tag{5.3.25b}$$

$$u_{Cz}=\begin{cases} u_{Az}, & z=0, 0 \leqslant r \leqslant a_1 \\ u_{Bz}, & z=0, a_1 \leqslant r \leqslant a \end{cases} \tag{5.3.25c}$$

$$p_C=p_E, \quad z=l_c, 0 \leqslant r \leqslant a_2 \tag{5.3.26a}$$

$$p_C=p_D, \quad z=l_c, a_2 \leqslant r \leqslant a \tag{5.3.26b}$$

$$u_{Cz}=\begin{cases} u_{Ez}, & z=l_c, 0 \leqslant r \leqslant a_2 \\ u_{Dz}, & z=l_c, a_2 \leqslant r \leqslant a \end{cases} \tag{5.3.26c}$$

在进口截面,将式(5.3.13a)和式(5.3.15a)代入声压连续性条件式(5.3.25a),然后方程两侧同乘 $\Psi_{As}dS$,并且在 $0 \leqslant r \leqslant a_1$ 上进行积分,得到

$$\sum_{n=0}^{\infty}(C_n^+ + C_n^-)\langle\Psi_{Cn}\Psi_{As}\rangle_{0 \leqslant r \leqslant a_1} = (A_s^+ + A_s^-)\langle\Psi_{As}\Psi_{As}\rangle_{0 \leqslant r \leqslant a_1} \tag{5.3.27a}$$

将式(5.3.14a)和式(5.3.15a)代入声压连续性条件式(5.3.25b),然后方程两侧同乘 $\Psi_{Bs}dS$,并且在 $(a_1 \leqslant r \leqslant a)$ 上进行积分,得到

$$\sum_{n=0}^{\infty}(C_n^+ + C_n^-)\langle\Psi_{Cn}\Psi_{Bs}\rangle_{a_1 \leqslant r \leqslant a} = B_s^-(e^{-2jk_{Bs}l_1}+1)\langle\Psi_{Bs}\Psi_{Bs}\rangle_{a_1 \leqslant r \leqslant a}$$

$$\tag{5.3.27b}$$

将式(5.3.13b)、式(5.3.14b)和式(5.3.15b)代入质点振速连续性条件式(5.3.25c),然后两侧同乘 $\Psi_{Cs}dS$,并且在 $0 \leqslant r \leqslant a$ 进行积分,得到

$$k_{Cs}(C_s^+ - C_s^-)\langle\Psi_{Cs}\Psi_{Cs}\rangle_{0 \leqslant r \leqslant a} = \sum_{n=0}^{\infty}k_{An}(A_n^+ - A_n^-)\langle\Psi_{An}\Psi_{Cs}\rangle_{0 \leqslant r \leqslant a_1}$$

$$+ \sum_{n=0}^{\infty}k_{Bn}B_n^-(e^{-2jk_{Bn}l_1}-1)\langle\Psi_{Bn}\Psi_{Cs}\rangle_{a_1 \leqslant r \leqslant a}$$

$$\tag{5.3.27c}$$

在出口处,使用与进口相同的处理方法,可以得到

$$\sum_{n=0}^{\infty} (C_n^+ \mathrm{e}^{-\mathrm{j}k_{Cn}l_c} + C_n^- \mathrm{e}^{\mathrm{j}k_{Cn}l_c}) \langle \boldsymbol{\Psi}_{Cn} \boldsymbol{\Psi}_{Es} \rangle_{0 \leqslant r \leqslant a_2} = (E_s^+ + E_s^-) \langle \boldsymbol{\Psi}_{Es} \boldsymbol{\Psi}_{Es} \rangle_{0 \leqslant r \leqslant a_2} \quad (5.3.28\mathrm{a})$$

$$\sum_{n=0}^{\infty} (C_n^+ \mathrm{e}^{-\mathrm{j}k_{Cn}l_c} + C_n^- \mathrm{e}^{\mathrm{j}k_{Cn}l_c}) \langle \boldsymbol{\Psi}_{Cn} \boldsymbol{\Psi}_{Ds} \rangle_{a_2 \leqslant r \leqslant a} = D_s^+ (1 + \mathrm{e}^{-2\mathrm{j}k_{Ds}l_2}) \langle \boldsymbol{\Psi}_{Ds} \boldsymbol{\Psi}_{Ds} \rangle_{a_2 \leqslant r \leqslant a}$$

$$(5.3.28\mathrm{b})$$

$$k_{Cs} (C_s^+ \mathrm{e}^{-\mathrm{j}k_{Cn}l_c} - C_s^- \mathrm{e}^{\mathrm{j}k_{Cn}l_c}) \langle \boldsymbol{\Psi}_{Cs} \boldsymbol{\Psi}_{Cs} \rangle_{0 \leqslant r \leqslant a} = \sum_{n=0}^{\infty} k_{En} (E_n^+ - E_n^-) \langle \boldsymbol{\Psi}_{En} \boldsymbol{\Psi}_{Cs} \rangle_{0 \leqslant r \leqslant a_2}$$
$$+ \sum_{n=0}^{\infty} k_{Dn} D_n^+ (1 - \mathrm{e}^{-2\mathrm{j}k_{Dn}l_2}) \langle \boldsymbol{\Psi}_{Dn} \boldsymbol{\Psi}_{Cs} \rangle_{a_2 \leqslant r \leqslant a}$$

$$(5.3.28\mathrm{c})$$

式(5.3.27)和式(5.3.28)中的积分可以使用附录 A 中的式(A.13)求出解析表达式。式(5.3.27)和式(5.3.28)对于 $s=0,1,\cdots$ 均成立,其中含有无限多个未知量(模态幅值系数),为此需要将无限个模态截断成有限个模态(如 N 个)。当进口和出口处的边界条件已知时,式(5.3.27)和式(5.3.28)形成了 $6(N+1)$ 个方程,含有 $6(N+1)$ 个未知量,求解该方程组即可获得相应的模态幅值系数,于是可以计算消声器的四极参数和传递损失等。

5.3.3　直通穿孔管阻性消声器

直通穿孔管阻性消声器如图 5.3.3 所示,其内部存在两种介质:空气和吸声材料,穿孔管将吸声材料和气体通道分开。假设吸声材料为各向同性和等熵的,其声学特性可用复密度 $\tilde{\rho}$ 和复声速 $\tilde{c}$(或复阻抗 $\tilde{z}$ 和复波数 $\tilde{k}$)来描述。考虑到该消声器为轴对称结构,将其划分成 A、B、C(包括空气域 C_{I} 和吸声材料域 C_{II})、D、E 五个区域,各区域内的声压和轴向质点振速可分别表示为

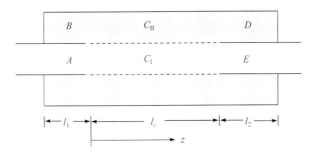

图 5.3.3　直通穿孔管阻性消声器

$$p_A(r,z) = \sum_{n=0}^{\infty} \{ A_n^+ e^{-jk_{zAn}z} + A_n^- e^{jk_{zAn}z} \} \Psi_{An}(r) \tag{5.3.29a}$$

$$u_{zA}(r,z) = \frac{1}{\rho_0 \omega} \sum_{n=0}^{\infty} k_{zAn} \{ A_n^+ e^{-jk_{zAn}z} - A_n^- e^{jk_{zAn}z} \} \Psi_{An}(r) \tag{5.3.29b}$$

$$p_B(r,z) = \sum_{n=0}^{\infty} \{ B_n^+ e^{-j\tilde{k}_{zBn}z} + B_n^- e^{j\tilde{k}_{zBn}z} \} \Psi_{Bn}(r) \tag{5.3.30a}$$

$$u_{zB}(r,z) = \frac{1}{\tilde{\rho}\omega} \sum_{n=0}^{\infty} \tilde{k}_{zBn} \{ B_n^+ e^{-j\tilde{k}_{zBn}z} - B_n^- e^{j\tilde{k}_{zBn}z} \} \Psi_{Bn}(r) \tag{5.3.30b}$$

$$p_C(r,z) = \begin{cases} \sum_{n=0}^{\infty} \{ C_n^+ e^{-jk_{zCn}z} + C_n^- e^{jk_{zCn}z} \} \Psi_{C_{\mathrm{I}}n}(r), & 0 \leqslant r \leqslant a_1 \\ \sum_{n=0}^{\infty} \{ C_n^+ e^{-j\tilde{k}_{zCn}z} + C_n^- e^{j\tilde{k}_{zCn}z} \} \Psi_{C_{\mathrm{II}}n}(r), & a_1 \leqslant r \leqslant a \end{cases} \tag{5.3.31a}$$

$$u_{zC}(r,z) = \begin{cases} \frac{1}{\rho_0 \omega} \sum_{n=0}^{\infty} k_{zCn} \{ C_n^+ e^{-jk_{zCn}z} - C_n^- e^{jk_{zCn}z} \} \Psi_{C_{\mathrm{I}}n}(r), & 0 \leqslant r \leqslant a_1 \\ \frac{1}{\tilde{\rho}\omega} \sum_{n=0}^{\infty} \tilde{k}_{zCn} \{ C_n^+ e^{-j\tilde{k}_{zCn}z} - C_n^- e^{j\tilde{k}_{zCn}z} \} \Psi_{C_{\mathrm{II}}n}(r), & a_1 \leqslant r \leqslant a \end{cases}$$
$$\tag{5.3.31b}$$

$$p_D(r,z) = \sum_{n=0}^{\infty} \{ D_n^+ e^{-j\tilde{k}_{zDn}(z-l_c)} + D_n^- e^{j\tilde{k}_{zDn}(z-l_c)} \} \Psi_{Dn}(r) \tag{5.3.32a}$$

$$u_{zD}(r,z) = \frac{1}{\tilde{\rho}\omega} \sum_{n=0}^{\infty} \tilde{k}_{zDn} \{ D_n^+ e^{-j\tilde{k}_{zDn}(z-l_c)} - D_n^- e^{j\tilde{k}_{zDn}(z-l_c)} \} \Psi_{Dn}(r) \tag{5.3.32b}$$

$$p_E(r,z) = \sum_{n=0}^{\infty} \{ E_n^+ e^{-jk_{zEn}(z-l_c)} + E_n^- e^{jk_{zEn}(z-l_c)} \} \Psi_{En}(r) \tag{5.3.33a}$$

$$u_{zE}(r,z) = \frac{1}{\rho_0 \omega} \sum_{n=0}^{\infty} k_{zEn} \{ E_n^+ e^{-jk_{zEn}(z-l_c)} - E_n^- e^{jk_{zEn}(z-l_c)} \} \Psi_{En}(r) \tag{5.3.33b}$$

其中，A_n^+、A_n^-、B_n^+、B_n^-、C_n^+、C_n^-、D_n^+、D_n^-、E_n^+、E_n^- 分别是 A、B、C、D、E 五个区域内沿 z 轴正向和反向行波的第 n 个模态的幅值系数，相应的本征函数为

$$\Psi_{An}(r) = \mathrm{J}_0(k_{rAn}r) \tag{5.3.34a}$$

$$\Psi_{Bn}(r) = \mathrm{J}_0(\tilde{k}_{rBn}r) - [\mathrm{J}_1(\tilde{k}_{rBn}a)/\mathrm{Y}_1(\tilde{k}_{rBn}a)]\mathrm{Y}_0(\tilde{k}_{rBn}r) \tag{5.3.34b}$$

$$\Psi_{Cn}(r) = \begin{cases} \mathrm{J}_0(k_{rCn}r), & 0 \leqslant r \leqslant a_1 \\ C_5 \{ \mathrm{J}_0(\tilde{k}_{rCn}r) - [\mathrm{J}_1(\tilde{k}_{rCn}a)/\mathrm{Y}_1(\tilde{k}_{rCn}a)]\mathrm{Y}_0(\tilde{k}_{rCn}) \}, & a_1 \leqslant r \leqslant a \end{cases}$$
$$\tag{5.3.34c}$$

$$\Psi_{Dn}(r) = \mathrm{J}_0(\tilde{k}_{rDn}r) - [\mathrm{J}_1(\tilde{k}_{rDn}a)/\mathrm{Y}_1(\tilde{k}_{rDn}a)]\mathrm{Y}_0(\tilde{k}_{rDn}r) \tag{5.3.34d}$$

$$\Psi_{En}(r) = \mathrm{J}_0(k_{rEn}r) \tag{5.3.34e}$$

其中,$C_5=\dfrac{\mathrm{J}_0(k_{rCn}a_1)+\mathrm{j}\zeta_\mathrm{p}(k_{rCn}/k)\mathrm{J}_1(k_{rCn}a_1)}{\mathrm{J}_0(\tilde{k}_{rCn}a_1)-[\mathrm{J}_1(k_{rCn}a)/\mathrm{Y}_1(k_{rCn}a)]\mathrm{Y}_0(\tilde{k}_{rCn}a_1)}$;$a_1$ 和 a 分别为穿孔管和膨胀腔的半径。各区域内的径向波数满足如下径向边界条件:

$$\mathrm{J}_1(k_{rAn}a_1)=0 \tag{5.3.35a}$$

$$\mathrm{J}_1(\tilde{k}_{rBn}a_1)-[\mathrm{J}_1(\tilde{k}_{rBn}a)/\mathrm{Y}_1(\tilde{k}_{rBn}a)]\mathrm{Y}_1(\tilde{k}_{rBn}a_1)=0 \tag{5.3.35b}$$

$$\frac{\rho_0\tilde{k}_{rCn}}{\tilde{\rho}k_{rCn}}\left[\frac{\mathrm{J}_0(k_{rCn}a_1)}{\mathrm{J}_1(k_{rCn}a_1)}+\mathrm{j}\zeta_\mathrm{p}\frac{k_{rCn}}{k}\right]=\frac{\mathrm{J}_0(\tilde{k}_{rCn}a_1)\mathrm{Y}_1(\tilde{k}_{rCn}a)-\mathrm{Y}_0(\tilde{k}_{rCn}a_1)\mathrm{J}_1(\tilde{k}_{rCn}a)}{\mathrm{J}_1(\tilde{k}_{rCn}a_1)\mathrm{Y}_1(\tilde{k}_{rCn}a)-\mathrm{Y}_1(\tilde{k}_{rCn}a_1)\mathrm{J}_1(\tilde{k}_{rCn}a)}$$

$$\tag{5.3.35c}$$

$$\mathrm{J}_1(\tilde{k}_{rDn}a_1)-[\mathrm{J}_1(\tilde{k}_{rDn}a)/\mathrm{Y}_1(\tilde{k}_{rDn}a)]\mathrm{Y}_1(\tilde{k}_{rDn}a_1)=0 \tag{5.3.35d}$$

$$\mathrm{J}_1(k_{rEn}a_1)=0 \tag{5.3.35e}$$

各区域内的轴向波数和径向波数的关系为

$$k_{zAn}^2+k_{rAn}^2=k^2 \tag{5.3.36a}$$

$$\tilde{k}_{zBn}^2+\tilde{k}_{rBn}^2=\tilde{k}^2 \tag{5.3.36b}$$

$$\begin{cases}k_{zCn}^2+k_{rCn}^2=k^2\\ \tilde{k}_{zCn}^2+\tilde{k}_{rCn}^2=\tilde{k}^2\end{cases} \tag{5.3.36c}$$

$$\tilde{k}_{zDn}^2+\tilde{k}_{rDn}^2=\tilde{k}^2 \tag{5.3.36d}$$

$$k_{zEn}^2+k_{rEn}^2=k^2 \tag{5.3.36e}$$

膨胀腔左右两侧端板的刚性壁面边界条件为

$$u_{Bz}=0,\quad z=-l_1,a_1\leqslant r\leqslant a \tag{5.3.37}$$

$$u_{Dz}=0,\quad z=l_c+l_2,a_1\leqslant r\leqslant a \tag{5.3.38}$$

使用本征函数的正交性可以得到

$$B_n^+=B_n^-\,\mathrm{e}^{-2\mathrm{j}\tilde{k}_{zBn}l_1} \tag{5.3.39}$$

$$D_n^-=D_n^+\,\mathrm{e}^{-2\mathrm{j}\tilde{k}_{zDn}l_2} \tag{5.3.40}$$

在进口截面($z=0$)和出口截面($z=l_c$),声压和质点振速的连续性条件为

$$p_C=p_A,\quad z=0,0\leqslant r\leqslant a_1 \tag{5.3.41a}$$

$$p_C=p_B,\quad z=0,a_1\leqslant r\leqslant a \tag{5.3.41b}$$

$$u_{Cz}=\begin{cases}u_{Az},\quad z=0,0\leqslant r\leqslant a_1\\ u_{Bz},\quad z=0,a_1\leqslant r\leqslant a\end{cases} \tag{5.3.41c}$$

$$p_C=p_E,\quad z=l_c,0\leqslant r\leqslant a_1 \tag{5.3.42a}$$

$$p_C=p_D,\quad z=l_c,a_1\leqslant r\leqslant a \tag{5.3.42b}$$

$$u_{Cz}=\begin{cases}u_{Ez},\quad z=l_c,0\leqslant r\leqslant a_1\\ u_{Dz},\quad z=l_c,a_1\leqslant r\leqslant a\end{cases} \tag{5.3.42c}$$

在进口截面($z=0$),将式(5.3.29a)和式(5.3.31a)代入声压连续性条件式(5.3.41a),然后方程两侧同乘 $\Psi_{As}\mathrm{d}S$,并且在 $0\leqslant r\leqslant a_1$ 上进行积分,得到

$$\sum_{n=0}^{\infty}(C_n^+ + C_n^-)\langle \Psi_{C_{\mathrm{I}}n}\Psi_{As}\rangle_{0\leqslant r\leqslant a_1} = (A_s^+ + A_s^-)\langle \Psi_{As}\Psi_{As}\rangle_{0\leqslant r\leqslant a_1} \quad (5.3.43\mathrm{a})$$

将式(5.3.30a)和式(5.3.31a)代入声压连续性条件式(5.3.41b)后,方程两侧同乘 $\Psi_{Bs}\mathrm{d}S$,并且在 $a_1 \leqslant r \leqslant a$ 上进行积分,得到

$$\sum_{n=0}^{\infty}(C_n^+ + C_n^-)\langle \Psi_{C_{\mathrm{II}}n}\Psi_{Bs}\rangle_{a_1\leqslant r\leqslant a} = B_s^-(\mathrm{e}^{-2\mathrm{j}k_{zBs}l_1}+1)\langle \Psi_{Bs}\Psi_{Bs}\rangle_{a_1\leqslant r\leqslant a}$$

$$(5.3.43\mathrm{b})$$

将式(5.3.29b)、式(5.3.30b)和式(5.3.31b)代入质点振速连续性条件式(5.3.41c)后,两侧同乘 $\Psi_{Gs}\mathrm{d}S$,并且在 $0\leqslant r\leqslant a$ 进行积分,得到

$$(C_s^+ - C_s^-)\{k_{zCs}\langle \Psi_{C_{\mathrm{I}}s}\Psi_{C_{\mathrm{I}}s}\rangle_{0\leqslant r\leqslant a_1} + \tilde{k}_{zCs}\langle \Psi_{C_{\mathrm{II}}s}\Psi_{C_{\mathrm{II}}s}\rangle_{a_1\leqslant r\leqslant a}\}$$
$$= \sum_{n=0}^{\infty}k_{zAn}(A_n^+ - A_n^-)\langle \Psi_{An}\Psi_{C_{\mathrm{I}}s}\rangle_{0\leqslant r\leqslant a_1} + \sum_{n=0}^{\infty}\tilde{k}_{zBn}B_n^-(\mathrm{e}^{-2\mathrm{j}\tilde{k}_{zBn}l_1}-1)\langle \Psi_{Bn}\Psi_{C_{\mathrm{II}}s}\rangle_{a_1\leqslant r\leqslant a}$$

$$(5.3.43\mathrm{c})$$

在出口截面,使用与进口截面相同的处理方法,可以得到

$$\sum_{n=0}^{\infty}(C_n^+\mathrm{e}^{-\mathrm{j}k_{zCn}l_c} + C_n^-\mathrm{e}^{\mathrm{j}k_{zCn}l_c})\langle \Psi_{C_{\mathrm{I}}n}\Psi_{Es}\rangle_{0\leqslant r\leqslant a_1} = (E_s^+ + E_s^-)\langle \Psi_{Es}\Psi_{Es}\rangle_{0\leqslant r\leqslant a_1}$$

$$(5.3.44\mathrm{a})$$

$$\sum_{n=0}^{\infty}(C_n^+\mathrm{e}^{-\mathrm{j}\tilde{k}_{zCn}l_c} + C_n^-\mathrm{e}^{\mathrm{j}\tilde{k}_{zCn}l_c})\langle \Psi_{C_{\mathrm{II}}n}\Psi_{Ds}\rangle_{a_1\leqslant r\leqslant a} = D_s^+(1 + \mathrm{e}^{-2\mathrm{j}\tilde{k}_{zDs}l_2})\langle \Psi_{Ds}\Psi_{Ds}\rangle_{a_1\leqslant r\leqslant a}$$

$$(5.3.44\mathrm{b})$$

$$k_{zCs}(C_s^+\mathrm{e}^{-\mathrm{j}k_{zCn}l_c} - C_s^-\mathrm{e}^{\mathrm{j}k_{zCn}l_c})\langle \Psi_{C_{\mathrm{I}}s}\Psi_{C_{\mathrm{I}}s}\rangle_{0\leqslant r\leqslant a_1}$$
$$+ \tilde{k}_{zCs}(C_s^+\mathrm{e}^{-\mathrm{j}\tilde{k}_{zCn}l_c} - C_s^-\mathrm{e}^{\mathrm{j}\tilde{k}_{zCn}l_c})\langle \Psi_{C_{\mathrm{II}}s}\Psi_{C_{\mathrm{II}}s}\rangle_{a_1\leqslant r\leqslant a}$$
$$= \sum_{n=0}^{\infty}k_{zEn}(E_n^+ - E_n^-)\langle \Psi_{En}\Psi_{C_{\mathrm{I}}s}\rangle_{0\leqslant r\leqslant a_1}$$
$$+ \sum_{n=0}^{\infty}\tilde{k}_{zDn}D_n^+(1 - \mathrm{e}^{-2\mathrm{j}\tilde{k}_{zDn}l_2})\langle \Psi_{Dn}\Psi_{C_{\mathrm{II}}s}\rangle_{a_1\leqslant r\leqslant a} \quad (5.3.44\mathrm{c})$$

式(5.3.43)和式(5.3.44)对于 $s=0,1,\cdots$ 时均成立,它含有无限多个未知量(模态幅值系数),为此需要将无限个模态截断成有限个模态(如 N 个)。当进口和出口处的边界条件已知时,式(5.3.43)和式(5.3.44)形成了 $6(N+1)$ 个方程,含有 $6(N+1)$ 个未知量,求解该方程组即可获得相应的模态幅值系数,于是可以计算消声器的四极参数和传递损失等。

前面介绍的模态匹配法都是针对横截面为规则形状的消声器,对此可以获得本征函数的解析表达式,然后通过本征函数的正交性建立模态幅值系数间的关系。

由于所有公式都是通过解析手段获得的,所以把这种方法称为解析模态匹配法。

5.4 数值模态匹配法

模态匹配法也可以应用于横截面为非规则形状的消声器[38,40,42~44]。对于非规则形状的等截面管道,由于无法获得本征函数的解析表达式,只能使用数值方法求出管道的本征频率和本征向量,因此这种处理方法被称为数值模态匹配法。下面以两种典型结构消声器为例,介绍数值模态匹配法的基本原理和实施过程。

5.4.1 外插进出口非同轴膨胀腔

对于如图 5.4.1 所示的具有外插进出口管的非同轴膨胀腔消声器,将其划分成 A、B、C、D 和 E 五个区域,相应的横截面分别为 S_A、S_B、S_C、S_D 和 S_E,每个横截面的横向波数和本征向量可以通过求解式(2.2.72)得到。为了应用二维有限元法得到横向波数和本征向量,进出口管横截面和环形腔横截面上的网格必须全部映射在膨胀腔横截面上。

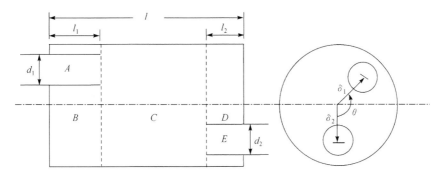

图 5.4.1 具有外插进出口管的非同轴膨胀腔消声器

将消声器进口横截面取为坐标原点(即 $z=0$),五个区域内的声压和质点振速分别表示为

$$p_I(x,y,z) = \sum_{n=1}^{N} \Psi_{In}(x,y)(I_n^+ e^{-jk_{Iz,n}z_I} + I_n^- e^{jk_{Iz,n}z_I}) \quad (5.4.1)$$

$$u_{Iz}(x,y,z) = \frac{1}{\rho_0 \omega} \sum_{n=1}^{N} k_{Iz,n} \Psi_{In}(x,y)(I_n^+ e^{-jk_{Iz,n}z_I} - I_n^- e^{jk_{Iz,n}z_I}) \quad (5.4.2)$$

其中,$I=A,B,C,D,E$;$z_I = \begin{cases} z, & I=A,B,C \\ z-l_c, & I=D,E \end{cases}$;$\Psi_{In}(x,y)$ 代表五个区域内对应于第 n 阶模态的本征函数;I^+ 和 I^- 分别为五个区域内沿 z 轴正反两个方向行波的

模态幅值系数；$k_{Iz,n}=\begin{cases}\sqrt{k^2-k^2_{Ixy,n}}, & k^2>k^2_{Ixy,n}\\ -\mathrm{j}\sqrt{k^2_{Ixy,n}-k^2}, & k^2<k^2_{Ixy,n}\end{cases}$ 为五个区域内对应于第 n 阶模态的轴向波数。

进出口横截面上的连续性条件可以表示为

$$p_C(z=0)=p_A(z=0), \quad (x,y)\in S_A \tag{5.4.3}$$

$$p_C(z=0)=p_B(z=0), \quad (x,y)\in S_B \tag{5.4.4}$$

$$U_{Cz}(z=0)=\begin{cases}U_{Az}(z=0), & (x,y)\in S_A\\ U_{Bz}(z=0), & (x,y)\in S_B\end{cases} \tag{5.4.5}$$

$$p_C(z=l_c)=p_D(z=l_c), \quad (x,y)\in S_D \tag{5.4.6}$$

$$p_C(z=l_c)=p_E(z=l_c), \quad (x,y)\in S_E \tag{5.4.7}$$

$$U_{Cz}(z=l_c)=\begin{cases}U_{Dz}(z=l_c), & (x,y)\in S_D\\ U_{Ez}(z=l_c), & (x,y)\in S_E\end{cases} \tag{5.4.8}$$

左右两侧端板上的刚性壁边界条件可以表示为

$$U_{Bz}(z=-l_1)=0, \quad (x,y)\in S_B \tag{5.4.9}$$

$$U_{Dz}(z=l_c+l_2)=0, \quad (x,y)\in S_D \tag{5.4.10}$$

其中，$l_c=l-l_1-l_2$；$S_B=S-S_A$，$S_D=S-S_E$，S 为膨胀腔的横截面。

在进出口横截面上，将声压和质点振速表达式代入到连续性条件式(5.4.3)～式(5.4.8)中，并且在方程两边同时乘以相应积分面上的本征函数并积分，得到

$$\sum_{n=1}^N (C_n^+ + C_n^-)\langle\Psi_{Cn}\Psi_{Aj}\rangle_{S_A} = \sum_{n=1}^N (A_n^+ + A_n^-)\langle\Psi_{An}\Psi_{Aj}\rangle_{S_A}, \quad j=1,2,\cdots,N \tag{5.4.11}$$

$$\sum_{n=1}^N (C_n^+ + C_n^-)\langle\Psi_{Cn}\Psi_{Bj}\rangle_{S_B} = \sum_{n=1}^N (B_n^+ + B_n^-)\langle\Psi_{Bn}\Psi_{Bj}\rangle_{S_B}, \quad n=1,2,\cdots,N \tag{5.4.12}$$

$$\sum_{n=1}^N (C_n^+ - C_n^-)k_{Cz,n}\langle\Psi_{Cn}\Psi_{Cj}\rangle_{S_C} = \sum_{n=1}^N (A_n^+ - A_n^-)k_{Az,n}\langle\Psi_{An}\Psi_{Cj}\rangle_{S_A}$$
$$+ \sum_{n=1}^N (B_n^+ - B_n^-)k_{Bz,n}\langle\Psi_{Bn}\Psi_{Cj}\rangle_{S_B},$$
$$n=1,2,\cdots,N \tag{5.4.13}$$

$$\sum_{n=1}^N (C_n^+ \mathrm{e}^{-\mathrm{j}k_{Cz,n}l_c} + C_n^- \mathrm{e}^{\mathrm{j}k_{Cz,n}l_c})\langle\Psi_{Cn}\Psi_{Dj}\rangle_{S_D} = \sum_{n=1}^N (D_n^+ + D_n^-)\langle\Psi_{Dn}\Psi_{Dj}\rangle_{S_D},$$
$$n=1,2,\cdots,N \tag{5.4.14}$$

$$\sum_{n=1}^N (C_n^+ \mathrm{e}^{-\mathrm{j}k_{Cz,n}l_c} + C_n^- \mathrm{e}^{\mathrm{j}k_{Cz,n}l_c})\langle\Psi_{Cn}\Psi_{Ej}\rangle_{S_E} = \sum_{n=1}^N (E_n^+ + E_n^-)\langle\Psi_{En}\Psi_{Ej}\rangle_{S_E},$$
$$n=1,2,\cdots,N \tag{5.4.15}$$

$$\sum_{n=1}^{N}(C_n^{+}\mathrm{e}^{-jk_{Cz,n}l_c}-C_n^{-}\mathrm{e}^{jk_{Cz,n}l_c})k_{Cz,n}\langle\boldsymbol{\Psi}_{Cn}\boldsymbol{\Psi}_{Cj}\rangle_{S_C}$$

$$=\sum_{n=1}^{N}(D_n^{+}-D_n^{-})k_{Dz,n}\langle\boldsymbol{\Psi}_{Dn}\boldsymbol{\Psi}_{Cj}\rangle_{S_D}+\sum_{n=1}^{N}(E_n^{+}-E_n^{-})k_{Ez,n}\langle\boldsymbol{\Psi}_{En}\boldsymbol{\Psi}_{Cj}\rangle_{S_E},\quad n=1,2,\cdots,N \tag{5.4.16}$$

应用本征函数的正交性,将声压和质点振速表达式代入边界条件式(5.4.9)和式(5.4.10)中,可以得到

$$B_n^{+}=B_n^{-}\mathrm{e}^{-2jk_{Bz,n}l_1} \tag{5.4.17}$$

$$D_n^{-}=D_n^{+}\mathrm{e}^{-2jk_{Dz,n}l_2} \tag{5.4.18}$$

基于本征函数的正交性,上述方程中的积分可以表示为

$$\langle\boldsymbol{\Psi}_n\boldsymbol{\Psi}_j\rangle=\int_S\boldsymbol{\Psi}_n(x,y)\boldsymbol{\Psi}_j(x,y)\mathrm{d}S=\int_S(\{N\}^{\mathrm{T}}\{B\}_n)^{\mathrm{T}}\{N\}^{\mathrm{T}}\{B\}_j\mathrm{d}S$$

$$=\int_S\{B\}_n^{\mathrm{T}}\{N\}\{N\}^{\mathrm{T}}\{B\}_j\mathrm{d}S=\{B\}_n^{\mathrm{T}}[M]\{B\}_j\begin{cases}=0,&n\neq j\\\neq 0,&n=j\end{cases} \tag{5.4.19}$$

在式(5.4.11)～式(5.4.18)中,共有 $10N$ 个未知的模态幅值系数,假设进口管内为平面入射波(即 $A_1^{+}=1;A_n^{+}=0,n>1$),出口管末端为无反射端(即 $E_n^{-}=0$),未知量的个数变为 $8N$ 。随着阶次的升高,高阶模态的影响越来越小,所以可以根据消声器的尺寸和计算的频率范围将 N 个模态截断成 M 个模态,于是式(5.4.11)～式(5.4.18)形成了 $8M$ 个方程,含有 $8M$ 个未知量,求解该方程组可以获得相应的模态幅值系数。当计算的频率低于出口管的平面波截止频率时,消声器的传递损失可以由下式求出:

$$\mathrm{TL}=-20\lg|E_1^{+}| \tag{5.4.20}$$

5.4.2　任意形状直通穿孔管阻性消声器

图 5.4.2 为任意形状直通穿孔管阻性消声器示意图,将其划分成五个区域:进口管 A 、环形腔 B 、膨胀腔 C 、环形腔 D 、出口管 E ,对应的横截面分别为 $S_A=S_E$ 、 $S_B=S_D$ 和 S_C 。膨胀腔长度为 l ,进出口管插入长度分别为 l_1 和 l_2 。膨胀腔被穿孔管分为 C_1 和 C_2 两个区域,对应的横截面分别为 S_A 和 S_B 。环形腔 B 和 D 以及膨胀腔 C_2 内填充吸声材料。

下面以膨胀腔 C 为例,介绍声压表达式的获取方法。

C_1 和 C_2 内简谐声场的控制方程为

$$\nabla^2 p_1(x,y,z)+k_0^2 p_1(x,y,z)=0 \tag{5.4.21}$$

$$\nabla^2 p_2(x,y,z)+\tilde{k}^2 p_2(x,y,z)=0 \tag{5.4.22}$$

其中, p_1 和 p_2 、 k_0 和 $\tilde{k}$ 分别为区域 C_1 和 C_2 (空气和吸声材料)中的声压和波数。

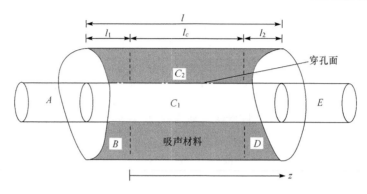

图 5.4.2　任意形状直通穿孔管阻性消声器

为应用分离变量法,将声压写成如下形式:

$$p_1(x,y,z)=p_{xy1}(x,y)Z(z) \tag{5.4.23}$$

$$p_2(x,y,z)=p_{xy2}(x,y)Z(z) \tag{5.4.24}$$

将式(5.4.23)和式(5.4.24)代入声场控制方程(5.4.21)和(5.4.22)中,可以得到区域 C_1 和 C_2 内的横向声压控制方程分别为

$$\nabla_{xy}^2 p_{xy1}+k_{xy1}^2 p_{xy1}=0 \tag{5.4.25}$$

$$\nabla_{xy}^2 p_{xy2}+k_{xy2}^2 p_{xy2}=0 \tag{5.4.26}$$

其中, p_{xy1} 和 p_{xy2}、k_{xy1} 和 k_{xy2} 分别为区域 C_1 和 C_2 内的横向声压分量和横向波数。区域 C_1 和 C_2 具有相同的轴向波数 k_z,与横向波数满足以下关系:

$$k_{xy1}^2+k_z^2=k_0^2 \tag{5.4.27}$$

$$k_{xy2}^2+k_z^2=\tilde{k}^2 \tag{5.4.28}$$

消声器壁面为刚性,边界条件表示为

$$\frac{\partial p_2}{\partial n}=0 \tag{5.4.29}$$

穿孔管壁面边界条件可表示为

$$\zeta_p=\frac{p_1-p_2}{\rho_0 c_0 u_n} \tag{5.4.30}$$

其中, u_n 为区域 C_1 内穿孔面上的法向质点振速; ζ_p 为穿孔管的声阻抗率。

利用欧拉方程,穿孔表面法向声压梯度表示为

$$\frac{\partial p_1}{\partial n}=-j\rho_0\omega u_n \tag{5.4.31}$$

$$\frac{\partial p_2}{\partial n}=-j\tilde{\rho}\omega u_n \tag{5.4.32}$$

将声压表达式(5.4.23)和式(5.4.24)代入边界条件式(5.4.29)和式(5.4.30)中,结合穿孔表面法向声压梯度表达式(5.4.31)和式(5.4.32),得到

$$\frac{\partial p_{xy2}}{\partial n}\Big|_{\text{rigid}}=0 \tag{5.4.33}$$

$$\frac{\partial p_{xy1}}{\partial n}\Big|_{\text{perforated}}=-jk_0\,\frac{p_{xy1}-p_{xy2}}{\zeta_{\text{p}}} \tag{5.4.34}$$

$$\frac{\partial p_{xy2}}{\partial n}\Big|_{\text{perforated}}=-j\,\frac{\tilde{\rho}}{\rho_0}k_0\,\frac{p_{xy2}-p_{xy1}}{\zeta_{\text{p}}} \tag{5.4.35}$$

应用加权余量法,结合边界条件,得到横截面 S_1 和 S_2 上的特征方程为

$$\left([K_1]-k_{xy1}^2[M_1]+j\frac{k_0}{\zeta_{\text{p}}}[Z_1]\right)\{P_{xy1}\}-j\frac{k_0}{\zeta_{\text{p}}}[Z_1]\{P_{xy2}\}=\{0\} \tag{5.4.36}$$

$$\left([K_2]-k_{xy2}^2[M_2]+j\frac{\tilde{\rho}_0}{\tilde{\rho}}\frac{k_0}{\zeta_{\text{p}}}[Z_2]\right)\{P_{xy2}\}-j\frac{\tilde{\rho}}{\rho_0}\frac{k_0}{\zeta_{\text{p}}}[Z_2]\{P_{xy1}\}=\{0\} \tag{5.4.37}$$

其中

$$[K_1]=\sum_e\int_{S_{1e}}\{\nabla N\}_e\{\nabla N\}_e^{\text{T}}\mathrm{d}S$$

$$[M_1]=\sum_e\int_{S_{1e}}\{N\}_e\{N\}_e^{\text{T}}\mathrm{d}S$$

$$[Z_1]=\sum_e\int_{L_{P1e}}\{N\}_e\{N\}_e^{\text{T}}\mathrm{d}L$$

$$[K_2]=\sum_e\int_{S_{2e}}\{\nabla N\}_e\{\nabla N\}_e^{\text{T}}\mathrm{d}S$$

$$[M_2]=\sum_e\int_{S_{2e}}\{N\}_e\{N\}_e^{\text{T}}\mathrm{d}S$$

$$[Z_2]=\sum_e\int_{L_{P2e}}\{N\}_e\{N\}_e^{\text{T}}\mathrm{d}L$$

分别为横截面 S_1 和 S_2 上的广义刚度矩阵、质量矩阵和穿孔阻抗矩阵,下标 e 代表单元。

结合式(5.4.36)和式(5.4.37)得到膨胀腔 C 横截面的本征方程为

$$\left[\begin{bmatrix}[K_1]-k_{xy1}^2[M_1] & [0]\\ [0] & [K_2]-k_{xy2}^2[M_2]\end{bmatrix}+\frac{jk_0}{\zeta_{\text{p}}}\begin{bmatrix}[Z_1] & -[Z_1]\\ -\dfrac{\tilde{\rho}}{\rho_0}[Z_2] & \dfrac{\tilde{\rho}}{\rho_0}[Z_2]\end{bmatrix}\right]\begin{Bmatrix}\{P_{xy1}\}\\ \{P_{xy2}\}\end{Bmatrix}$$
$$=\begin{Bmatrix}\{0\}\\ \{0\}\end{Bmatrix} \tag{5.4.38}$$

在空气和吸声材料中轴向波数是相同的,为方便求解式(5.4.38),引入轴向波数,将式(5.4.27)和式(5.4.28)代入式(5.4.38),得到如下方程:

$$\left[\begin{bmatrix}[K_1]-(k_0^2-k_z^2)[M_1] & [0]\\ [0] & [K_2]-(\tilde{k}^2-k_z^2)[M_2]\end{bmatrix}+\frac{jk_0}{\zeta_{\text{p}}}\begin{bmatrix}[Z_1] & -[Z_1]\\ -\dfrac{\tilde{\rho}}{\rho_0}[Z_2] & \dfrac{\tilde{\rho}}{\rho_0}[Z_2]\end{bmatrix}\right]\begin{Bmatrix}\{P_{xy1}\}\\ \{P_{xy2}\}\end{Bmatrix}$$
$$=\begin{Bmatrix}\{0\}\\ \{0\}\end{Bmatrix} \tag{5.4.39}$$

将穿孔声阻抗率和吸声材料的特性表达式代入本征方程(5.4.39)中,求解方程即可提取出横截面的横向波数和对应的本征向量,进而可以得到膨胀腔 C 横截面的本征函数 $\Psi_i(x,y)=\{N\}^{\mathrm{T}}\{\Phi_{xy}\}_i$,于是声压可以改写成

$$
\begin{aligned}
p(x,y,z) &= \sum_{i=0}^{n} \{N\}^{\mathrm{T}}\{\Phi_{xy}\}_i\varphi_i(A_i\mathrm{e}^{-\mathrm{j}k_{zi}z}+B_i\mathrm{e}^{\mathrm{j}k_{zi}z}) \\
&= \sum_{i=0}^{n} \Psi_i(x,y)(A_i'\mathrm{e}^{-\mathrm{j}k_{zi}z}+B_i'\mathrm{e}^{\mathrm{j}k_{zi}z})
\end{aligned}
\tag{5.4.40}
$$

式中各个符号的含义与 5.4.1 节相同。

进出口管和环形腔均不含有穿孔面,其横向本征方程可分别写成

$$
([K_1]-k_{xy1}^2[M_1])\{P_{xy1}\}=\{0\}
\tag{5.4.41}
$$

$$
([K_2]-k_{xy2}^2[M_2])\{P_{xy2}\}=\{0\}
\tag{5.4.42}
$$

求解上述方程即可提取出横截面的横向波数和对应的本征向量,进而可以得到横截面的本征函数,最后写出声压表达式。

五个区域内的声压表达式为

$$
p_I(x,y,z)=\sum_{i=0}^{n}\Psi_{Ii}(x,y)(I_i^+\mathrm{e}^{-\mathrm{j}k_{Iz,i}z_I}+I_i^-\mathrm{e}^{\mathrm{j}k_{Iz,i}z_I})
\tag{5.4.43}
$$

其中,$I=A,B,C,D,E$;$z_I=\begin{cases}z, & I=A,B,C \\ z-l_c, & I=D,E\end{cases}$,$l_c=l-l_1-l_2$。

五个区域内的质点振速表达式如下。

在进出口管道($I=A,E$)内:

$$
u_{I,z}=\frac{1}{\rho_0\omega}\sum_{i=0}^{n}\Psi_{Ii}k_{Iz,i}(I_i^+\mathrm{e}^{-\mathrm{j}k_{Iz,i}z'}-I_i^-\mathrm{e}^{\mathrm{j}k_{Iz,i}z'})
\tag{5.4.44}
$$

在环形腔($I=B,D$)内:

$$
u_{I,z}=\frac{1}{\tilde{\rho}\omega}\sum_{i=0}^{n}\Psi_{Ii}k_{Iz,i}(I_i^+\mathrm{e}^{-\mathrm{j}k_{Iz,i}z'}-I_i^-\mathrm{e}^{\mathrm{j}k_{Iz,i}z'})
\tag{5.4.45}
$$

在腔 C 内:

$$
U_{C,z}=\begin{cases}\dfrac{1}{\rho_0\omega}\sum_{i=0}^{n}\Psi_{Ci}k_{Cz,i}(C_i^+\mathrm{e}^{-\mathrm{j}k_{Cz,i}z}-C_i^-\mathrm{e}^{\mathrm{j}k_{Cz,i}z}), & C_1\text{内} \\[3mm] \dfrac{1}{\tilde{\rho}\omega}\sum_{i=0}^{n}\Psi_{Ci}k_{Cz,i}(C_i^+\mathrm{e}^{-\mathrm{j}k_{Cz,i}z}-C_i^-\mathrm{e}^{\mathrm{j}k_{Cz,i}z}), & C_2\text{内}\end{cases}
\tag{5.4.46}
$$

上述表达式中,在区域 A 和 B 内,$z'=z$,在区域 D 和 E 内,$z'=z-l_c$,I_i^+ 和 I_i^- 分别是五个区域内第 i 阶模态沿 z 轴正方向和反方向行波的模态幅值系数。

采用与 5.4.1 节相同的处理方法,即使用进出口横截面上的声压和质点振速

连续性条件以及消声器左右端板刚性壁边界条件,利用本征函数的正交性,将声压和质点振速表达式代入连续性条件和边界条件中,在方程两边同时乘以相应积分面上的本征函数并积分,最终得到如下穿孔管阻性消声器内关于模态幅值系数的方程组:

$$\sum_{i=0}^{n}(C_i^{+}+C_i^{-})\langle\boldsymbol{\Psi}_{Ci}\boldsymbol{\Psi}_{Aj}\rangle_{S_A}=\sum_{i=0}^{n}(A_i^{+}+A_i^{-})\langle\boldsymbol{\Psi}_{Ai}\boldsymbol{\Psi}_{Aj}\rangle_{S_A},\quad j=0,1,2,\cdots,n$$
$$(5.4.47)$$

$$\sum_{i=0}^{n}(C_i^{+}+C_i^{-})\langle\boldsymbol{\Psi}_{Ci}\boldsymbol{\Psi}_{Bj}\rangle_{S_B}=\sum_{i=0}^{n}(B_i^{+}+B_i^{-})\langle\boldsymbol{\Psi}_{Bi}\boldsymbol{\Psi}_{Bj}\rangle_{S_B},\quad j=0,1,2,\cdots,n\quad(5.4.48)$$

$$\sum_{i=0}^{n}(C_i^{+}-C_i^{-})k_{Cz,i}\langle\boldsymbol{\Psi}_{Ci}\boldsymbol{\Psi}_{Cj}\rangle_{S_C}$$
$$=\sum_{i=0}^{n}(A_i^{+}-A_i^{-})k_{Az,i}\langle\boldsymbol{\Psi}_{Ai}\boldsymbol{\Psi}_{Cj}\rangle_{S_A}+\sum_{i=0}^{n}\frac{\rho_0}{\tilde{\rho}}(B_i^{+}-B_i^{-})k_{Bz,i}\langle\boldsymbol{\Psi}_{Bi}\boldsymbol{\Psi}_{Cj}\rangle_{S_B},$$
$$j=0,1,2,\cdots,n\quad(5.4.49)$$

$$\sum_{i=0}^{n}(C_i^{+}\mathrm{e}^{-\mathrm{j}k_{Cz,i}l_c}+C_i^{-}\mathrm{e}^{\mathrm{j}k_{Cz,i}l_c})\langle\boldsymbol{\Psi}_{Ci}\boldsymbol{\Psi}_{Dj}\rangle_{S_D}=\sum_{i=0}^{n}(D_i^{+}+D_i^{-})\langle\boldsymbol{\Psi}_{Di}\boldsymbol{\Psi}_{Dj}\rangle_{S_D},$$
$$j=0,1,2,\cdots,n\quad(5.4.50)$$

$$\sum_{i=0}^{n}(C_i^{+}\mathrm{e}^{-\mathrm{j}k_{Cz,i}l_c}+C_i^{-}\mathrm{e}^{\mathrm{j}k_{Cz,i}l_c})\langle\boldsymbol{\Psi}_{Ci}\boldsymbol{\Psi}_{Ej}\rangle_{S_E}=\sum_{i=0}^{n}(E_i^{+}+E_i^{-})\langle\boldsymbol{\Psi}_{Ei}\boldsymbol{\Psi}_{Ej}\rangle_{S_E},$$
$$j=0,1,2,\cdots,n\quad(5.4.51)$$

$$\sum_{i=0}^{n}(C_i^{+}\mathrm{e}^{-\mathrm{j}k_{Cz,i}l_c}-C_i^{-}\mathrm{e}^{\mathrm{j}k_{Cz,i}l_c})k_{Cz,i}\langle\boldsymbol{\Psi}_{Ci}\boldsymbol{\Psi}_{Cj}\rangle_{S_C}$$
$$=\sum_{i=0}^{n}\frac{\rho_0}{\tilde{\rho}}(D_i^{+}-D_i^{-})k_{Dz,i}\langle\boldsymbol{\Psi}_{Di}\boldsymbol{\Psi}_{Cj}\rangle_{S_D}+\sum_{i=0}^{n}(E_i^{+}-E_i^{-})k_{Ez,i}\langle\boldsymbol{\Psi}_{Ei}\boldsymbol{\Psi}_{Cj}\rangle_{S_E},$$
$$j=0,1,2,\cdots,n\quad(5.4.52)$$

$$B_i^{+}=B_i^{-}\mathrm{e}^{-2\mathrm{j}k_{Bz,i}l_1}\tag{5.4.53}$$

$$D_i^{-}=D_i^{+}\mathrm{e}^{-2\mathrm{j}k_{Dz,i}l_2}\tag{5.4.54}$$

其中,$\langle\boldsymbol{\Psi}_{Ci}\boldsymbol{\Psi}_{Cj}\rangle_{S_C}=\langle\boldsymbol{\Psi}_{Ci}\boldsymbol{\Psi}_{Cj}\rangle_{S_A}+\left(\frac{\rho_0}{\tilde{\rho}}\right)\langle\boldsymbol{\Psi}_{Ci}\boldsymbol{\Psi}_{Cj}\rangle_{S_B}$。

将本征函数积分的表达式代入上述方程组中,根据模态阶数选取原则将模态截断成 N 阶,然后联立方程组求解出模态幅值系数,利用式(5.4.20)即可计算得到消声器的传递损失。

5.5　端部修正的计算

5.5.1　圆孔的端部修正

消声器中使用的穿孔管和穿孔板多为薄壁结构,代表高阶模态耗散波效应的端部修正与壁厚相当,因此在计算穿孔消声器声学性能时,穿孔阻抗表达式中必须考虑穿孔的端部修正。在实际应用中,孔间的距离通常是固定的,考虑到对称性,穿孔声阻抗的计算可以使用如图5.5.1所示的活塞驱动声腔模型。为了考虑孔后声腔深度的影响,下面针对有限长声腔模型使用模态展开法来推导圆孔的端部修正系数表达式。

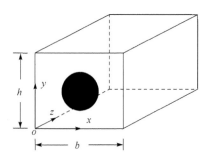

图 5.5.1　孔腔声学模型

由2.2.1节的内容可知,矩形声腔内的声压和质点速度可以表示为

$$p(x,y,z) = \sum_{m=0}^{\infty} \sum_{n=0}^{\infty} \cos\frac{m\pi x}{b}\cos\frac{n\pi y}{h}\{A_{mn}\,\mathrm{e}^{-\mathrm{j}k_{z,m,n}z} + B_{mn}\,\mathrm{e}^{\mathrm{j}k_{z,m,n}z}\} \tag{5.5.1}$$

$$u(x,y,z) = \sum_{m=0}^{\infty} \sum_{n=0}^{\infty} \frac{k_{z,m,n}}{k\rho_0 c}\cos\frac{m\pi x}{b}\cos\frac{n\pi y}{h}\{A_{mn}\,\mathrm{e}^{-\mathrm{j}k_{z,m,n}z} - B_{mn}\,\mathrm{e}^{\mathrm{j}k_{z,m,n}z}\} \tag{5.5.2}$$

其中,A_{mn} 和 B_{mn} 分别是沿 z 轴正向和反向行波的模态幅值系数;

$$k_{z,m,n} = \left[k^2 - (m\pi/b)^2 - (n\pi/h)^2\right]^{1/2} \tag{5.5.3}$$

是(m,n)模态的轴向波数。

将孔内的波运动看作活塞的振动,相应的边界条件可以表示为

$$u(z=0) = \begin{cases} u_h, & (r,\theta) \in S_h \\ 0, & (r,\theta) \in S - S_h \end{cases} \tag{5.5.4}$$

$$u(z=l) = 0, \quad (r,\theta) \in S \tag{5.5.5}$$

其中,u_h 是孔内活塞的振动速度;S_h 和 S 分别为孔和腔的横截面。

将式(5.5.2)代入式(5.5.4),由本征函数的正交性可以得到

$$A_{00} - B_{00} = \rho_0 c_0 u_h \frac{\pi a_h^2}{bh} \tag{5.5.6}$$

$$A_{mn} - B_{mn} = \rho_0 c_0 u_h \frac{k}{k_{z,m,n}} \frac{\iint_{S_h} \cos \dfrac{m\pi x}{b} \cos \dfrac{n\pi y}{h} \mathrm{d}S}{\iint_S \cos^2 \dfrac{m\pi x}{b} \cos^2 \dfrac{n\pi y}{h} \mathrm{d}S}$$

$$= 4\rho_0 c_0 u_h \frac{k}{k_{z,m,n}} \frac{\varepsilon_{mn}}{bh} \iint_{S_h} \cos \frac{m\pi x}{b} \cos \frac{n\pi y}{h} \mathrm{d}S \tag{5.5.7}$$

其中, a_h 为孔的半径; $\varepsilon_{mn} = \begin{cases} 1/2, & m=0, n\neq 0 \text{ 或 } n=0, m\neq 0 \\ 1, & m\neq 0 \text{ 且 } n\neq 0 \end{cases}$。

为了在圆孔上进行积分,需要使用极坐标,并取孔中心为坐标原点,则有

$$\iint_{S_h} \cos \frac{m\pi x}{b} \cos \frac{n\pi y}{h} \mathrm{d}S$$

$$= \int_0^{a_h} \int_0^{2\pi} \cos\left[\frac{m\pi}{b}\left(\frac{b}{2} + r\cos\varphi\right)\right] \cos\left[\frac{n\pi}{h}\left(\frac{h}{2} + r\sin\varphi\right)\right] r \mathrm{d}r \mathrm{d}\varphi$$

$$= \frac{1}{2} \int_0^{a_h} \int_0^{2\pi} \left\{ \cos\left[\frac{m+n}{2}\pi + \pi r\left(\frac{m}{b}\cos\varphi + \frac{n}{h}\sin\varphi\right)\right] \right.$$
$$\left. + \cos\left[\frac{m-n}{2}\pi + \pi r\left(\frac{m}{b}\cos\varphi - \frac{n}{h}\sin\varphi\right)\right] \right\} r \mathrm{d}r \mathrm{d}\varphi$$

$$= \frac{1}{2} \int_0^{a_h} \int_0^{2\pi} \left\{ \cos\left[\frac{m+n}{2}\pi + \pi r\sqrt{\left(\frac{m}{b}\right)^2 + \left(\frac{n}{h}\right)^2}\sin(\varphi + \gamma)\right] \right.$$
$$\left. + \cos\left[\frac{m-n}{2}\pi + \pi r\sqrt{\left(\frac{m}{b}\right)^2 + \left(\frac{n}{h}\right)^2}\sin(\varphi - \gamma)\right] \right\} r \mathrm{d}r \mathrm{d}\varphi$$

$$= \frac{1}{2} \int_0^{a_h} \int_0^{2\pi} \left\{ \cos\left(\frac{m+n}{2}\pi\right)\cos[r_1\sin(\varphi + \gamma)] - \sin\left(\frac{m+n}{2}\pi\right)\sin[r_1\sin(\varphi + \gamma)] \right.$$
$$\left. + \cos\left(\frac{m-n}{2}\pi\right)\cos[r_1\sin(\varphi - \gamma)] - \sin\left(\frac{m-n}{2}\pi\right)\sin[r_1\sin(\varphi - \gamma)] \right\} r \mathrm{d}r \mathrm{d}\varphi$$

$$= \frac{1}{2} \int_0^{a_h} \int_0^{2\pi} \left[\cos\left(\frac{m+n}{2}\pi\right) + \cos\left(\frac{m+n}{2}\pi\right) \right] \cos[r_1\sin(\varphi + \gamma)] r \mathrm{d}r \mathrm{d}\varphi$$

$$= \cos\left(\frac{m}{2}\pi\right)\cos\left(\frac{n}{2}\pi\right) \int_0^{a_h} \int_0^{2\pi} \cos[r_1\sin(\varphi + \gamma)] r \mathrm{d}r \mathrm{d}\varphi$$

$$= \cos\left(\frac{m}{2}\pi\right)\cos\left(\frac{n}{2}\pi\right) \int_0^{a_h} 2\pi \mathrm{J}_0(r_1) r \mathrm{d}r$$

$$= 2\cos\left(\frac{m}{2}\pi\right)\cos\left(\frac{n}{2}\pi\right) \frac{a_h \mathrm{J}_1\left(\pi a_h \sqrt{(m/b)^2 + (n/h)^2}\right)}{\sqrt{(m/b)^2 + (n/h)^2}} \tag{5.5.8}$$

其中，$\gamma=\arctan\dfrac{nh}{mb}$；$r_1=\pi r\sqrt{(m/b)^2+(n/h)^2}$。在以上推导中使用了贝塞尔函数的积分表达式(A.4)。将式(5.5.8)代入式(5.5.7)得

$$A_{mn}-B_{mn}=8\rho_0 c_0 u_h\varepsilon_{mn}\frac{k}{k_{z,m,n}}\cos\left(\frac{m}{2}\pi\right)\cos\left(\frac{n}{2}\pi\right)\frac{a_h\mathrm{J}_1\left(\pi a_h\sqrt{(m/b)^2+(n/h)^2}\right)}{bh\sqrt{(m/b)^2+(n/h)^2}} \tag{5.5.9}$$

由封闭端刚性壁面边界条件和本征函数的正交性可以得到

$$B_{mn}=A_{mn}\mathrm{e}^{-\mathrm{j}2k_{z,m,n}l} \tag{5.5.10}$$

将式(5.5.6)、式(5.5.9)和式(5.5.10)代入式(5.5.1)，得到孔所在面上的声压为

$$p(x,y,0)=\rho_0 c_0 u_h\left\{\frac{\pi a_h^2}{bh}\frac{1}{\mathrm{jtan}(kl)}+8\sum_{m=0}^{\infty}\sum_{n=0}^{\infty}{}'\varepsilon_{mn}\frac{k}{k_{z,m,n}}\cos\left(\frac{m}{2}\pi\right)\cos\left(\frac{n}{2}\pi\right)\right.$$
$$\left.\times\frac{a_h}{bh}\frac{\mathrm{J}_1\left(\pi a_h\sqrt{(m/b)^2+(n/h)^2}\right)}{\sqrt{(m/b)^2+(n/h)^2}}\frac{1}{\mathrm{jtan}(k_{z,m,n}l)}\cos\frac{m\pi x}{b}\cos\frac{n\pi y}{h}\right\} \tag{5.5.11}$$

式中，撇号代表求和时不包括$(0,0)$项。

作用在活塞上的平均声压为

$$\bar{p}_h=\frac{1}{\pi a_h^2}\int_0^{2\pi}\int_0^{a_h}p(x,y,0)r\mathrm{d}r\mathrm{d}\varphi \tag{5.5.12}$$

将式(5.5.11)代入(5.5.12)，并使用Graf叠加原理(A.15)，得

$$\bar{p}_h=\rho_0 c_0 u_h\left\{\frac{\pi a_h^2}{bh}\frac{1}{\mathrm{jtan}(kl)}+16\sum_{m=0}^{\infty}\sum_{n=0}^{\infty}{}'\varepsilon_{mn}\frac{k}{k_{z,m,n}}\cos^2\left(\frac{m}{2}\pi\right)\cos^2\left(\frac{n}{2}\pi\right)\right.$$
$$\left.\times\frac{1}{\pi bh}\frac{\mathrm{J}_1^2\left(\pi a_h\sqrt{(m/b)^2+(n/h)^2}\right)}{(m/b)^2+(n/h)^2}\frac{1}{\mathrm{jtan}(k_{z,m,n}l)}\right\} \tag{5.5.13}$$

孔的端部修正可以表示成

$$\delta=\frac{\bar{p}_h-p_{00}}{\mathrm{j}\rho\omega u_h}$$
$$=\frac{16}{\mathrm{j}\pi}\sum_{m=0}^{\infty}\sum_{n=0}^{\infty}{}'\varepsilon_{mn}\cos^2\left(\frac{m}{2}\pi\right)\cos^2\left(\frac{n}{2}\pi\right)\frac{1}{bh}\frac{\mathrm{J}_1^2\left(\pi a_h\sqrt{(m/b)^2+(n/h)^2}\right)}{k_{z,m,n}\left[(m/b)^2+(n/h)^2\right]}\frac{1}{\mathrm{jtan}(k_{z,m,n}l)} \tag{5.5.14}$$

在以上推导中，并没有对介质特性进行任何假设，因此式(5.5.14)对于空气和均质吸声材料介质都是适用的。如果不考虑腔内反射声波的影响，即假设声腔为无限长，式(5.5.14)可以简化为

$$\delta=\frac{16}{\mathrm{j}\pi}\sum_{m=0}^{\infty}\sum_{n=0}^{\infty}{}'\varepsilon_{mn}\cos^2\left(\frac{m}{2}\pi\right)\cos^2\left(\frac{n}{2}\pi\right)\frac{1}{bh}\frac{\mathrm{J}_1^2\left(\pi a_h\sqrt{(m/b)^2+(n/h)^2}\right)}{k_{z,m,n}\left[(m/b)^2+(n/h)^2\right]} \tag{5.5.15}$$

如果频率很低，即$k^2\ll(m\pi/b)^2+(n\pi/h)^2$时，

$$k_{z,m,n} \approx -\mathrm{j}\pi \left[(m/b)^2 + (n/h)^2 \right]^{1/2} \tag{5.5.16}$$

将式(5.5.16)代入式(5.5.15),可以得到

$$\frac{\delta}{a_h} = \frac{16}{\pi^2} \frac{1}{a_h bh} \sum_{m=0}^{\infty} \sum_{n=0}^{\infty} {}' \varepsilon_{mn} \cos^2\left(\frac{m}{2}\pi\right)\cos^2\left(\frac{n}{2}\pi\right) \frac{\mathrm{J}_1^2\left(\pi a_h \sqrt{(m/b)^2+(n/h)^2}\,\right)}{\left[(m/b)^2+(n/h)^2\right]^{3/2}} \tag{5.5.17}$$

式(5.5.17)可以简化成如下形式:

$$\frac{\delta}{a_h} = \frac{16}{\pi^2} \sum_{m=0}^{\infty} \sum_{n=0}^{\infty} {}' \varepsilon_{mn} \frac{1}{a_h bh} \frac{\mathrm{J}_1^2\left(\pi a_h \sqrt{(2m/b)^2+(2n/h)^2}\,\right)}{\left[(2m/b)^2+(2n/h)^2\right]^{3/2}} \tag{5.5.18}$$

引入变量 $\xi=d_h/b=2a_h/b$, $\eta=d_h/h=2a_h/h$,式(5.5.18)可表示成

$$\frac{\delta}{a_h} = \frac{4}{\pi^2} \frac{1}{(\xi\eta)^{1/2}} \sum_{m=0}^{\infty} \sum_{n=0}^{\infty} {}' \varepsilon_{mn} \frac{\mathrm{J}_1^2\left(\pi\sqrt{(m\xi)^2+(n\eta)^2}\,\right)}{\left[m^2(h/b)+n^2(b/h)\right]^{3/2}} \tag{5.5.19}$$

由式(5.5.19)可以看出,孔的端部修正与频率无关。

5.5.2　管道的端部修正

为了改善消声器声学性能的一维平面波理论计算精度,需要引入端部修正来考虑管道截面突变处(管端)多维耗散波(局部非平面波)的影响。下面介绍使用模态匹配法计算管道端部修正的具体过程。

考虑如图 5.5.2 所示的管道截面突变结构(双管模型),为了考虑声腔长度的影响,使用有限长声腔模型来推导圆形管道的端部修正系数。

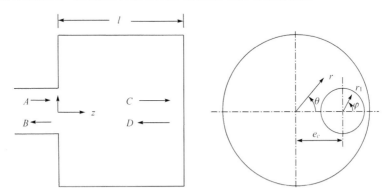

图 5.5.2　管腔模型

由于该结构关于角度 θ 有一个对称面,由 2.2.2 节的内容可知,两个管道内的声压和质点速度可以用式(2.2.47)和式(2.2.48)来表示。这里用 A、B、C、D 来代表细管和粗管内沿 z 轴正向和反向行波的模态幅值系数。

在截面突变处($z=0$),声压和轴向质点振速的连续性条件及边界条件为

$$p_2 = p_1, \quad (r,\theta) \in S_1 \tag{5.5.20}$$

$$u_2 = \begin{cases} u_1, & (r,\theta) \in S_1 \\ 0, & (r,\theta) \in S_2 - S_1 \end{cases} \tag{5.5.21}$$

其中,下标 1 和 2 分别代表细管和粗管;S 为管道的横截面。

由封闭端刚性壁面边界条件和本征函数的正交性可以得到

$$D_{mn} = C_{mn} e^{-j2k_{2,mn}l} \tag{5.5.22}$$

将声压连续性条件式(5.5.20)的两侧同乘 $J_t(\alpha_{ts} r_1/a_1)\cos(t\varphi)\,\mathrm{d}S$,然后在 S_1 上进行积分,得

$$(A_{00}+B_{00})\frac{a_1^2}{2} = C_{00}(1+e^{-j2kl})\frac{a_1^2}{2}$$

$$+ \sum_{m=0}^{\infty}\sum_{n=0}^{\infty}{}' C_{mn}(1+e^{-j2k_{2,mn}l})\frac{aa_1}{\alpha_{mn}}J_m(\alpha_{mn}e_c/a)J_1(\alpha_{mn}a_1/a),$$

$$t=0, s=0 \tag{5.5.23a}$$

$$(A_{0s}+B_{0s})\frac{a_1^2}{2}J_0(\alpha_{0s})$$

$$= \sum_{m=0}^{\infty}\sum_{n=0}^{\infty}{}' C_{mn}(1+e^{-j2k_{2,mn}l})J_m(\alpha_{mn}e_c/a)\frac{(\alpha_{mn}a_1/a)J_0'(\alpha_{mn}a_1/a)}{(\alpha_{0s}/a_1)^2-(\alpha_{mn}/a)^2}, \quad t=0,s=1,2,\cdots$$

$$\tag{5.5.23b}$$

$$(A_{ts}+B_{ts})\frac{a_1^2}{2}\left(1-\frac{t^2}{\alpha_{ts}^2}\right)J_t(\alpha_{ts}) = \sum_{m=0}^{\infty}\sum_{n=0}^{\infty}{}' C_{mn}(1+e^{-j2k_{2,mn}l})[J_{m+t}(\alpha_{mn}e_c/a)$$

$$+(-1)^t J_{m-t}(\alpha_{mn}e_c/a)]\frac{(\alpha_{mn}a_1/a)J_t'(\alpha_{mn}a_1/a)}{(\alpha_{ts}/a_1)^2-(\alpha_{mn}/a)^2},$$

$$t=1,2,\cdots,s=0,1,\cdots \tag{5.5.23c}$$

其中,撇号代表求和时不包括(0,0)模态项。

轴向质点振速条件式(5.5.21)的两侧同乘 $J_t(\alpha_{ts} r/a)\cos(t\theta)\,\mathrm{d}S$,然后在 S 上积分,得

$$(A_{00}-B_{00})a_1^2 = C_{00}(1+e^{-j2k_{2,mn}l})a^2, \quad t=0,s=0 \tag{5.5.24a}$$

$$k(A_{00}-B_{00})\frac{aa_1}{\alpha_{0s}}J_0(\alpha_{0s}e_c/a)J_1(\alpha_{0s}a_1/a)$$

$$- \sum_{m=0}^{\infty}\sum_{n=0}^{\infty}{}' k_{1,mn}(A_n-B_{mn})J_m(\alpha_{0s}e_c/a)\frac{(\alpha_{0s}a_1/a)J_m(\alpha_{mn})J_m'(\alpha_{0s}a_1/a)}{(\alpha_{mn}/a_1)^2-(\alpha_{0s}/a)^2}$$

$$= -k_{2,0s}C_{0s}(1+e^{-j2k_{2,0s}l})\frac{a^2}{2}J_0^2(\alpha_{0s}), \quad t=0,s=1,2,\cdots \tag{5.5.24b}$$

$$2k(A_{00}-B_{00})\frac{aa_1}{\alpha_{ts}}J_t(\alpha_{ts}e_c/a)J_1(\alpha_{ts}a_1/a)$$

$$-\sum_{m=0}^{\infty}\sum_{n=0}^{\infty}k_{1,mn}(A_{mn}-B_{mn})[J_{m+t}(\alpha_{ts}e_c/a)+(-1)^tJ_{m-t}(\alpha_{ts}e_c/a)]$$

$$\times\frac{(\alpha_{ts}a_1/a)J_m(\alpha_{mn})J'_m(\alpha_{ts}a_1/a)}{(\alpha_{mn}/a_1)^2-(\alpha_{ts}/a)^2}$$

$$=-k_{2,ts}C_{ts}(1+e^{-j2k_{2,ts}l})\frac{a^2}{2}\left(1-\frac{t^2}{\alpha_{ts}^2}\right)J_t^2(\alpha_{ts}),\quad t=1,2,\cdots,s=0,1,\cdots\quad(5.5.24c)$$

细管的端部修正可以表示成

$$\delta=\frac{p_{00}^{(1)}-p_{00}^{(2)}}{j\rho\omega u_{00}^{(1)}}=\frac{(A_{00}+B_{00})-(C_{00}+D_{00})}{jk(A_{00}-B_{00})}\qquad(5.5.25)$$

其中,下标 00 表示$(0,0)$模态,即平面波分量。为了计算端部修正,可以假设平面波入射(设 $A_{00}=1$;$A_{mn}=0$,$m+n\geqslant1$),求解式(5.5.23)和式(5.5.24)构成的方程组获得相应的模态幅值系数。当频率很低时(例如,对于轴对称结构 $ka\ll\alpha_{01}$,对于非轴对称结构 $ka\ll\alpha_{10}$),$k_{1,mn}\ll ja_{mn}/a_1$,$k_{2,mn}\ll ja_{mn}/a$,从而导致端部修正与频率无关。

使用模态匹配法计算管道的端部修正系数时,所需截断的模态数量与几何形状相关,因此需要考查模态数量对端部修正系数计算结果的影响。

对于管道插入声腔内一定长度的轴对称结构,同样可以使用模态匹配法计算端部修正系数,具体方法参见文献[45]。

5.6　计算实例与分析

为了考查三维解析方法的有效性和计算精度,本节首先计算四种类型消声器的传递损失,并与实验测量结果进行比较;然后分别使用模态展开法和模态匹配法计算圆孔和管道不连续处的端部修正,分析结构对端部修正系数的影响。

1. 错开进出口的圆形膨胀腔

考虑如图 5.1.1 所示的具有错开进出口的圆形膨胀腔,其具体尺寸为:膨胀腔长度 $l=282.3$mm,直径 $d=153.2$mm,进出口管内径 $d_1=d_2=48.6$mm,进出口管偏移 $\delta_1=\delta_2=51.0$mm,夹角 $\theta_0=180°$。

图 5.6.1 比较了三维解析法(模态匹配法和模态展开法)计算得到的传递损失和实验测量结果。可以看出,模态匹配法和模态展开法计算结果与实验测量结果吻合良好。在两种解析法计算中模态数量均取 $M=7$,$N=5$。

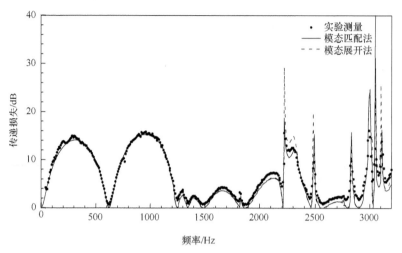

图 5.6.1　错开进出口的圆形膨胀腔的传递损失

2. 具有外插进口的圆形同轴膨胀腔

考虑如图 5.3.2 所示的具有外插进口的圆形同轴膨胀腔消声器,其具体尺寸为:膨胀腔长度 $l=282.3$mm,直径 $d=153.2$mm,进出口管内径 $d_1=d_2=48.6$mm,进出口管插入膨胀腔内的长度分别为 $l_1=80$mm、$l_2=0$。由于该消声器为轴对称结构,可以使用二维轴对称解析方法计算其声学性能。

图 5.6.2 为使用模态匹配法计算得到的传递损失与实验测量结果的比较。可以看出,二者在整个所关心的频率范围内吻合很好。在模态匹配法中模态数量取 $N=5$。

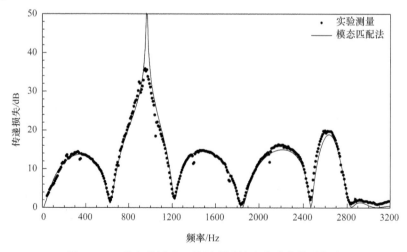

图 5.6.2　具有外插进口的圆形同轴膨胀腔的传递损失

3. 具有外插进出口的圆形非同轴膨胀腔

考虑如图 5.4.1 所示的具有外插进出口的圆形非同轴膨胀腔消声器,其具体尺寸为:膨胀腔长度 $l=282.3$mm,膨胀腔直径 $d=153.2$mm,进出口管内径 $d_1=d_2=48.6$mm,进出口管插入膨胀腔内的长度分别为 $l_1=80$mm、$l_2=40$mm,进出口管偏移量 $\delta_1=\delta_2=51$mm,进出口管夹角 $\theta=180°$。

图 5.6.3 为使用数值模态匹配法(模态数量取 $N=26$)和三维有限元法计算得到的消声器传递损失结果与实验测量结果的比较。可以看出,数值模态匹配法计算结果与三维有限元法计算结果几乎重合,两种方法计算结果与实验测量结果在整个所关心的频率范围内吻合良好,在峰值和高频处的微小偏差可以归结为:①在数值模态匹配法和三维有限元法计算中忽略了介质黏滞性效应和进出口外插管的壁厚;②实验装置中的微小误差。

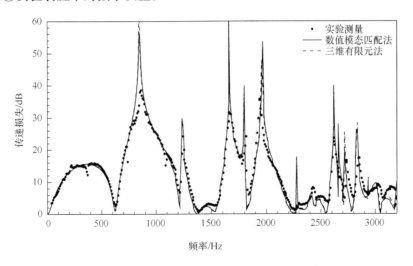

图 5.6.3　具有外插进出口的圆形非同轴膨胀腔的传递损失

4. 具有外插进出口的直通穿孔管阻性消声器

考虑如图 5.3.3 所示的具有外插进出口的圆形直通穿孔管阻性消声器,其具体尺寸为:膨胀腔长度 $l=257.2$mm,膨胀腔直径 $d=164.4$mm,进出口管内径 $d_1=d_2=49$mm,进出口管插入膨胀腔内的长度分别为 $l_1=l_2=24$mm,穿孔率 $\phi=8\%$,穿孔管壁厚 $t_w=0.9$mm,孔径 $d_h=2.49$mm。填充的吸声材料为 100g/L 的玻璃丝绵,其特性阻抗和特性波数的表达式为式(4.8.1)和式(4.8.2)。

图 5.6.4 为使用数值模态匹配法和三维有限元法计算得到的直通穿孔管阻性消声器的传递损失结果与实验测量结果的比较。可以看出,数值模态匹配法的计

算结果与三维有限元法计算结果几乎重合,两种方法计算结果与实验测量结果在整个所关心的频率范围内吻合很好。计算结果与测量结果在中高频的差别可能是由穿孔阻抗公式和吸声材料特性表达式在高频不够精确所致,也可能是由消声器实验件中吸声材料填充不够均匀、计算中忽略了气体的黏滞性和管壁的厚度等引起的。

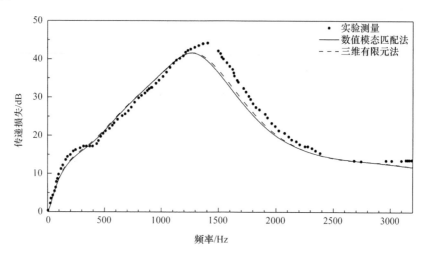

图 5.6.4　具有外插进出口的圆形同轴直通穿孔管阻性消声器的传递损失

5. 圆孔的端部修正

使用 5.5.1 节的模态展开法计算圆孔的端部修正系数时,首先需要考查模态数量对计算结果的影响。对于面积比 $S_h/S \geqslant 0.1$ 的结构,计算表明,取模态数量 $M = N = 40$ 和 $M = N = 80$ 时,端部修正系数计算结果间的差别小于 1%。图 5.6.5 为无限长声腔上圆孔的端部修正系数 δ/a_h 随面积比 S_h/S 的变化。可以看出,声腔的横向尺寸比对圆孔的端部修正系数有一定影响。对于给定的面积比 S_h/S,声腔的横向尺寸比越大,端部修正值越大。

图 5.6.6 为有限长声腔上圆孔的端部修正系数 δ/a_h 随面积比 S_h/S 的变化。可以看出,声腔长度对圆孔的端部修正系数具有明显的影响,随着声腔长度的增加,对端部修正系数的影响逐渐减弱,当 $l/b > 0.8$ 时,声腔长度对端部修正系数的影响小于 1%。如果声腔较长,则声腔长度对圆孔端部修正系数的影响可以忽略不计,即可以按半无限长声腔来处理。

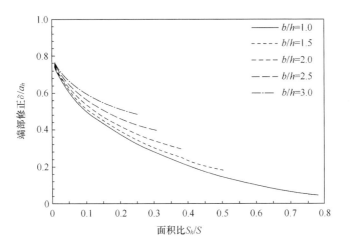

图 5.6.5　无限长声腔上圆孔的端部修正

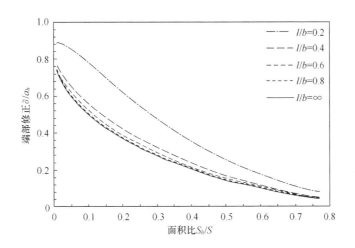

图 5.6.6　有限长声腔上圆孔的端部修正(b/h＝1)

6. 管道的端部修正

使用 5.5.2 节的模态匹配法计算圆形管道的端部修正系数时,需要考察模态数量对计算结果的影响。对于半径比 $a_1/a \geqslant 0.1$ 的管腔结构,计算表明,取模态数量 $M=N=20$ 和 $M=N=40$ 时,端部修正系数计算结果间的差别小于 2%。图 5.6.7 为无限长圆形管道端部修正系数随半径比 a_1/a 的变化。可以看出,管道偏离声腔的轴线对端部修正系数的影响是非常明显的,管道轴线偏离声腔轴线越多,端部修正值越大。

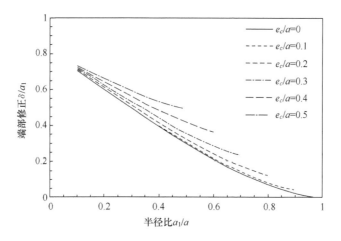

图 5.6.7　无限长圆形管道的端部修正

对于无限长同轴管道,基于模态匹配法计算结果(模态数取 $N=80$)得到了端部修正的多项式近似表达式(4.3.13),由图 5.6.8 可以看出,式(4.3.13)很好地拟合了模态匹配法的计算结果。

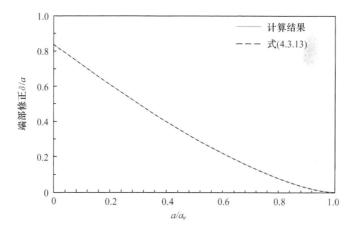

图 5.6.8　无限长同轴圆形管道的端部修正

声腔长度对管道端部修正的影响如图 5.6.9 所示。可以看出,圆柱腔长度对管道端部修正系数的影响是明显的,然而随着声腔长度的增加,其影响逐渐减弱。对于 $l/d>0.3$ 的同轴结构,声腔长度对端部修正系数的影响可以忽略不计。

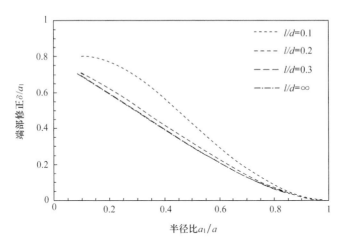

图 5.6.9　同轴圆形管道的端部修正

5.7　本 章 小 结

对于具有规则形状的简单结构消声器,可以使用二维或三维解析方法计算其声学性能并分析高阶模态的影响。使用模态展开法、配点法和模态匹配法计算消声器的声学性能时,存在一个共同问题——模态截断,即需要截去级数中的无穷项,而只保留有限个模态。为了获得精确而收敛的结果,需要截取足够多的模态。对于给定的消声器,计算频率越高,所需的模态数量就越多,计算时间也就越长,因此需要考虑计算精度和效率之间的关系。

模态展开法可以得到封闭形式的解,方法简单且容易实施,但是这种方法忽略了进出口管内的高阶模态效应,因此当声波频率较高时,计算结果的误差较大。如果消声器的长度较小,使用模态展开法计算得到的结果即使在较低的频率下误差也可能会很大。相比之下,配点法和模态匹配法比较烦琐,但是二者都能考虑进出口管内的高阶模态效应,因而在频率较高时也能获得精确的计算结果。由于配点法只是在有限个离散点上施加了连续性条件和边界条件,而模态匹配法在整个交界面上施加了连续性条件和边界条件,所以模态匹配法可以获得比配点法更加精确的计算结果。另外,为了提高配点法的计算精度(特别是高频时),必须使用较多的配置点,相应地,模态数量也随之增加,因此高阶模态本征值的计算精度要高,所花费的计算时间可能会超过模态匹配法的计算时间。一般来讲,当使用的模态数量相同时,模态匹配法的计算精度高于配点法。

除本章介绍的三种解析方法之外,格林函数法也是计算规则形状消声器声学特性的一种三维解析方法[46~51]，可用于分析多维波效应。

三维解析法也可用于计算穿孔和管道的端部修正、管腔的输入阻抗等声学特性参数，这些参数对于管道消声系统声学特性计算和分析是非常必要的。

三维解析法计算消声器的声学性能以及管腔的声学特性还只限于静态介质和一维均匀流动介质。如果需要考虑复杂流动对声传播的影响，目前只能使用数值方法进行求解。

参 考 文 献

[1] Miles J. The reflection of sound due to a change in cross section of a circular tube. Journal of the Acoustical Society of America,1944,16(1):14-19.

[2] El-Sharkawy A I,Nayfeh A H. Effect of the expansion chamber on the propagation of sound in circular pipes. Journal of the Acoustical Society of America,1978,63(3):667-674.

[3] Eriksson L J. Higher order mode effects in the circular ducts and expansion chambers. Journal of the Acoustical Society of America,1980,68(2):545-550.

[4] Eriksson L J. Effect of inlet/outlet locations on higher order modes in silencers. Journal of the Acoustical Society of America,1982,72(4):1208-1211.

[5] Eriksson L J,Anderson C A,Hoops R H,et al. Finite length effects on higher order mode propagation in silencers. Proceedings of 11th ICA,1983:329-332.

[6] Ih J G,Lee B H. Analysis of higher-order mode effects in the circular expansion chamber with mean flow. Journal of the Acoustical Society of America,1985,77(4):1377-1388.

[7] Yi S I,Lee B H. Three-dimensional acoustic analysis of circular expansion chambers with a side inlet and a side outlet. Journal of the Acoustical Society of America, 1986, 79 (5): 1299-1306.

[8] Yi S I,Lee B H. Three-dimensional acoustic analysis of a circular expansion chamber with side inlet and end outlet. Journal of the Acoustical Society of America, 1987, 81 (5): 1279-1287.

[9] Ih J G,Lee B H. Theoretical prediction of the transmission loss of circular reversing chamber mufflers. Journal of Sound and Vibration,1987,112(2):261-272.

[10] Kim J,Soedel W. General formulation of four pole parameters for three-dimensional cavities utilizing modal expansion,with special attention to the annular cylinder. Journal of Sound and Vibration,1989,129(2):237-254.

[11] Ih J G. The reactive attenuation of rectangular plenum chambers. Journal of Sound and Vibration,1992,157(1):93-122.

[12] Munjal M L. A simple numerical method for three-dimensional analysis of simple expansion chamber mufflers of rectangular as well as circular cross-section with a stationary medium. Journal of Sound and Vibration,1987,116(1):71-88.

[13] Astley R J,Cummings A,Sormaz N. A finite element scheme for sound propagation in flexible-walled ducts with bulk-reacting liners,and comparison with experiment. Journal of Sound

and Vibration,1991,150(1):119-138.

[14] Glav R. The point-matching method on dissipative silencers of arbitrary cross-section. Journal of Sound and Vibration,1996,189(1):123-135.

[15] Laura P A A,Rodriguez K. Comments on "the point-matching method on dissipative silencers of arbitrary cross-section". Journal of Sound and Vibration,1997,201(1):127-128.

[16] Kirby R. Transmission loss predictions for dissipative silencers of arbitrary cross section in the presence of mean flow. Journal of the Acoustical Society of America,2003,114(1):200-209.

[17] Kirby R,Lawrie J B. A point collocation approach to modeling large dissipative silencers. Journal of Sound and Vibration,2005,286(1/2):313-339.

[18] Kirby R. The influence of baffle fairing on the acoustic performance of rectangular splitter silencers. Journal of the Acoustical Society of America,2005,118(4):2302-2312.

[19] Kirby R,Williams P T,Hill J. A three dimensional investigation into the acoustic performance of dissipative splitter silencers. Journal of the Acoustical Society of America, 2014, 135(5):2727-2737.

[20] Abom M. Derivation of four-pole parameters including higher order mode effects for expansion chamber mufflers with extended inlet and outlet. Journal of Sound and Vibration,1990,137(3):403-418.

[21] Peat K S. A transfer matrix for an absorption silencer element. Journal of Sound and Vibration,1991,146(2):353-360.

[22] Selamet A,Radavich P M. The effect of length on the acoustic attenuation performance of concentric expansion chambers:An analytical, computational, and experimental investigation. Journal of Sound and Vibration,1997,201(4):407-426.

[23] Selamet A,Ji Z L. Acoustic attenuation performance of circular expansion chambers with offset inlet/outlet:I. Analytical approach. Journal of Sound and Vibration, 1998,213(4):601-617.

[24] Selamet A,Ji Z L,Radavich P M. Acoustic attenuation performance of circular expansion chambers with offset inlet/outlet:II. Comparison with computational and experimental studies. Journal of Sound and Vibration,1998,213(4):619-641.

[25] Selamet A,Ji Z L. Acoustic attenuation performance of circular flow-reversing chambers. Journal of the Acoustical Society of America,1998,104(5):2867-2877.

[26] Selamet A,Ji Z L. Acoustic attenuation performance of circular expansion chambers with extended inlet/outlet. Journal of Sound and Vibration,1999,223(2):197-212.

[27] Selamet A,Ji Z L. Acoustic attenuation performance of circular expansion chambers with single-inlet and double-outlet. Journal of Sound and Vibration,2000,229(1):3-19.

[28] Selamet A,Ji Z L. Circular asymmetric Helmholtz resonators. Journal of the Acoustical Society of America,2000,107(5):2360-2369.

[29] Glav R. The transfer matrix for a dissipative silencer of arbitrary cross-section. Journal of

Sound and Vibration,2000,236(4):575-594.

[30] Kirby R. Simplified technique for predicting the transmission loss of a circular dissipative silencer. Journal of Sound and Vibration,2001,243(3):403-426.

[31] Selamet A,Denia F D,Besa A J. Acoustic behavior of circular dual-chamber mufflers. Journal of Sound and Vibration,2003,265(5):967-985.

[32] Xu M B,Selamet A,Lee I J,et al. Sound attenuation in dissipative expansion chambers. Journal of Sound and Vibration,2004,272(3-5):1125-1133.

[33] Glav R,Regaud P L,Abom M. Study of a folded resonator including the effects of higher order modes. Journal of Sound and Vibration,2004,273(4-5):777-792.

[34] Selamet A,Xu M B,Lee I J,et al. Analytical approach for sound attenuation in perforated dissipative silencers. Journal of the Acoustical Society of America,2004,115(5):2091-2099.

[35] Selamet A,Xu M B,Lee I J,et al. Analytical approach for sound attenuation in perforated dissipative silencers with inlet/outlet extensions. Journal of the Acoustical Society of America, 2005,117(4):2078-2089.

[36] Lawrie J B,Kirby R. Mode-matching without root-finding:Application to a dissipative silencer. Journal of the Acoustical Society of America,2006,119(4):2050-2061.

[37] Denia F D,Selamet A,Fuenmayora F J,et al. Acoustic attenuation performance of perforated dissipative mufflers with empty inlet/outlet extensions. Journal of Sound and Vibration, 2007,302(4-5):1000-1017.

[38] Albelda J,Denia F D,Torres M I,et al. A transversal substructuring mode matching method applied to the acoustic analysis of dissipative mufflers. Journal of Sound and Vibration, 2007,303(3-5):614-631.

[39] Kirby R,Denia F D. Analytical mode matching for a circular dissipative silencer containing mean flow and a perforated pipe. Journal of the Acoustical Society of America,2007,122 (6):3471-3482.

[40] Kirby R. A comparison between analytical and numerical methods for modelling automotive dissipative silencer with mean flow. Journal of Sound and Vibration,2009,325(3):565-582.

[41] Nennig B,Perrey-Debain E,Ben Tahar M. A mode matching method for modeling dissipative silencers lined with poroelastic materials and containing mean flow. Journal of the Acoustical Society of America,2010,128(6):3308-3320.

[42] Fang Z,Ji Z L. Acoustic attenuation analysis of expansion chambers with extended inlet/ outlet. Noise Control Engineering Journal,2013,61(2):240-249.

[43] Fang Z,Ji Z L. Numerical mode matching approach for acoustic attenuation predictions of double-chamber perforated tube dissipative silencers with mean flow. Journal of Computational Acoustics,2014,22(2):1450004/1-1450004/15.

[44] 方智. 消声器声学性能计算的数值模态匹配法. 哈尔滨:哈尔滨工程大学博士学位论文,2014.

[45] Kang Z X,Ji Z L. Acoustic length correction of duct extension into a cylindrical chamber.

Journal of Sound and Vibration,2008,310(4-5):782-791.

[46] Kim Y H,Kang S W. Green's solution of the acoustic wave equation for a circular expansion chamber with arbitrary location of inlet,outlet and termination impedance. Journal of the Acoustical Society of America,1993,94(1):473-490.

[47] Kang S W,Pauley W R. Green function analysis of the acoustic field in a finite three-fort circular chamber. Journal of Sound and Vibration,1995,181(5):765-780.

[48] Williams E G. On Green's functions for a cylindrical cavity. Journal of the Acoustical Society of America,1997,102(6):3300-3307.

[49] Venkatesham B,Tiwari M,Munjal M L. Transmission loss analysis of rectangular expansion chamber with arbitrary location of inlet/outlet by means of Green's functions. Journal of Sound and Vibration,2009,323(3-5):1032-1044.

[50] Banerjee S,Jacobi A M. Analysis of sound attenuation in elliptical chamber mufflers by using Green's functions. Proceedings ASME International Mechanical Engineering Congress & Exposition IMECE,Denver,2011.

[51] Banerjee S,Jacobi A M. Transmission loss analysis of single-inlet/double-outlet (SIDO) and double-inlet/single-outlet (DISO) circular chamber mufflers by using Green's function method. Applied Acoustics,2013,74(12):1499-1510.

第6章　有限元法

当频率较高时,消声器内部声场本质上是三维的,致使一维平面波理论不再适用。三维解析方法虽然可以考虑消声器内的三维波效应,但只适用于形状规则且结构简单的消声器。由于实际消声器产品内部结构通常比较复杂,多为不规则结构,因此需要使用三维数值方法计算其声学性能。有限元法作为一种数值计算方法具有很强的适应性,是计算和分析复杂结构消声器声学性能的有力工具。20世纪70年代中期,Young 等首先将有限元法应用于计算和分析消声器声学性能[1~7],此后学者对声学有限元法及其应用开展了系统深入的研究,并发表了大量研究论文[8~41]。

有限元分析的具体步骤是:将声学域划分成有限个单元,选取插值函数来近似描述单元内的声学变量,通过变分原理或加权余量法建立有限元方程,计算单元的系数矩阵,最后结合边界条件求出各节点上的声压,进而可计算得到消声器声学性能参数。这些步骤将在以下各节中加以介绍。

6.1　离　散　化

有限元分析的第一步是将区域离散化,即将声学域离散成有限个单元,并在其上设定有限个节点,用这些单元组成的集合体来代替原来的声学域,而场函数(声压或速度势)的节点值将成为问题的基本未知量。

单元几何形状的选取依赖于所分析对象的几何形状和描述问题所需要的坐标个数。单元有一维、二维和三维单元。一维单元就是连接节点的一条线段,二维单元有三角形和四边形,三维单元有四面体、五面体和六面体等。同样形状的单元还可以有不同的节点数,如三角形单元有3节点单元和6节点单元,因此单元种类繁多。通常情况下,一种类型的单元不一定能很好地描述消声器的各个组成部分,有时需要同时使用两种或多种类型的单元。

单元节点处的场变量(如声压)是未知量,单元内任一点处的场变量值可以用节点处的场变量值来表示,在单元内场变量必须是连续的。另外,相邻单元必须具有协调性,即相邻单元不能出现断开(不连续)和重叠。

单元内任意一点的声压 p 可以用该单元上所有节点处的声压来表示,即

$$p = \sum_{i=1}^{m} N_i p_i = \{N\}^{\mathrm{T}}\{p\}_e \tag{6.1.1}$$

其中，m 是单元上的节点数；N_i 是第 i 个插值函数（也称为形函数）；p_i 是第 i 个节点上的声压；$\{N\}$ 是由形函数组成的列向量；$\{p\}_e$ 是由单元 e 上所有节点处的声压组成的列向量。

单元内任意一点的坐标也可以使用该单元上所有节点的坐标来表示，即

$$\begin{cases} x = \sum\limits_{i=1}^{m} N_i x_i = \{N\}^{\mathrm{T}}\{x\}_e \\[2mm] y = \sum\limits_{i=1}^{m} N_i y_i = \{N\}^{\mathrm{T}}\{y\}_e \\[2mm] z = \sum\limits_{i=1}^{m} N_i z_i = \{N\}^{\mathrm{T}}\{z\}_e \end{cases} \tag{6.1.2}$$

如果单元内的几何关系（坐标）和场变量以相同的插值函数和顺序来表示，这种单元则称为等参数单元。

6.2　单元与形函数

形函数是定义于单元内坐标的连续函数，它允许用不大于 1 的无量纲数来确定单元内的任意一点[42]。对于不同类型的单元，所使用的形函数是不同的。下面介绍几种常见的单元类型，并给出相应的形函数。

6.2.1　一维单元

最常使用的一维单元有 2 节点单元和 3 节点单元，如图 6.2.1 所示。2 节点单元的形函数为

$$N_1 = \frac{1}{2}(1-\xi), \quad N_2 = \frac{1}{2}(1+\xi) \tag{6.2.1}$$

3 节点单元的形函数为

$$N_1 = \frac{1}{2}\xi(\xi-1), \quad N_2 = 1-\xi^2, \quad N_3 = \frac{1}{2}\xi(\xi+1) \tag{6.2.2}$$

由于式(6.2.1)和式(6.2.2)分别是局部坐标的线性函数和二次函数，所以 2 节点单元为线性单元，3 节点单元为二次单元。

通过这种变换，原来整体坐标系下的任意曲线单元就变成了局部坐标系下的标准直线单元，其坐标范围为 $[-1, +1]$。

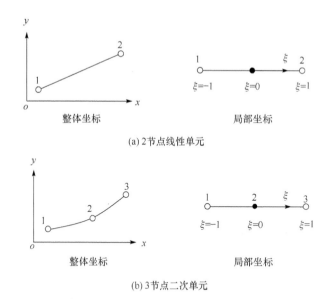

(a) 2 节点线性单元

(b) 3 节点二次单元

图 6.2.1 一维单元及其变换

6.2.2 二维单元

图 6.2.2 为三角形单元,3 节点三角形单元以 3 个角点作为节点,6 节点三角形单元以 3 个角点和 3 个边中点作为节点。三角形单元的形函数采用面积坐标,为使面积值不成为负值,3 个角点 1、2、3 的次序必须是逆时针转向。3 节点三角形单元的形函数 N_i 就是面积坐标 L_i,即

$$N_i = L_i \quad i = 1, 2, 3 \tag{6.2.3}$$

面积坐标 L_1、L_2、L_3 不是相互独立的,它们满足关系 $L_1 + L_2 + L_3 = 1$,也就是说,三个坐标中只有两个是独立的。6 节点三角形单元的形函数为

$$\begin{cases} N_i = (2L_i - 1)L_i, \quad i = 1, 2, 3 \\ N_4 = 4L_1L_2, \quad N_5 = 4L_2L_3, \quad N_6 = 4L_3L_1 \end{cases} \tag{6.2.4}$$

由于式(6.2.3)和式(6.2.4)分别是局部坐标的线性函数和二次函数,所以 3 节点三角形单元称为线性单元,6 节点三角形单元称为二次单元。

通过这种变换,原来整体坐标系下的任意三角形就变成了局部坐标系下的标准直角三角形单元。

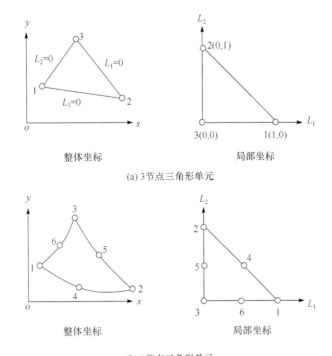

(a) 3 节点三角形单元

(b) 6 节点三角形单元

图 6.2.2 三角形单元及其变换

图 6.2.3 为四边形单元,4 节点四边形单元以 4 个角点作为节点,8 节点四边形单元以 4 个角点和 4 个边中点作为节点。4 节点四边形单元的形函数为

$$N_i = \frac{1}{4}(1+\xi_i\xi)(1+\eta_i\eta), \quad i=1,2,3,4 \tag{6.2.5}$$

8 节点四边形单元的形函数为

$$\begin{cases} N_i = \frac{1}{4}(1+\xi_i\xi)(1+\eta_i\eta)(\xi_i\xi+\eta_i\eta-1), & i=1,2,3,4 \\ N_i = \frac{1}{2}(1+\eta_i\eta+\xi_i\xi)(1-\xi_i^2\eta^2-\eta_i^2\xi^2), & i=5,6,7,8 \end{cases} \tag{6.2.6}$$

其中,(ξ_i,η_i) 为节点 i 的坐标。4 节点四边形单元为线性单元,8 节点四边形单元为二次单元。

通过这种变换,原来整体坐标系下的任意四边形就变成了局部坐标系下的正方形单元。

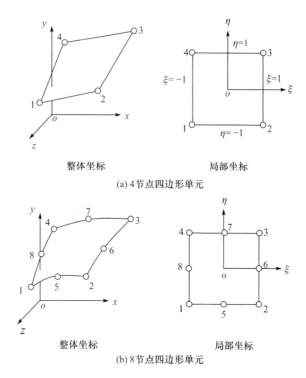

（a）4节点四边形单元

（b）8节点四边形单元

图 6.2.3　四边形单元及其变换

6.2.3　三维单元

图 6.2.4 为四面体单元，4 节点四面体单元以 4 个角点作为节点，10 节点四面体单元以 4 个角点和 6 个边中点作为节点。四面体单元使用体积坐标，体积坐标是三角形面积坐标在三维问题中的推广。为使四面体的体积不成为负值，单元节点的局部编码 1、2、3、4 必须依照下述顺序：在右手坐标系中，当按照 1→2→3 的方向转动时，右手螺旋应向 4 的方向前进。4 节点四面体单元的形函数为

$$N_i = L_i, \quad i = 1, 2, 3, 4 \tag{6.2.7}$$

其中，体积坐标 L_1、L_2、L_3、L_4 不是独立的，满足关系 $L_1 + L_2 + L_3 + L_4 = 1$，因此只有三个独立坐标。10 节点四面体单元的形函数为

$$\begin{cases} N_i = (2L_i - 1)L_i, \quad i = 1, 2, 3, 4 \\ N_5 = 4L_1 L_2, \quad N_6 = 4L_1 L_3, \quad N_7 = 4L_1 L_4 \\ N_8 = 4L_2 L_3, \quad N_9 = 4L_3 L_4, \quad N_{10} = 4L_2 L_4 \end{cases} \tag{6.2.8}$$

其中，4 节点四面体单元为线性单元；10 节点四面体单元为二次单元。

通过这种变换，原来整体坐标系下的任意四面体单元就变成了局部坐标系下的标准四面体单元。

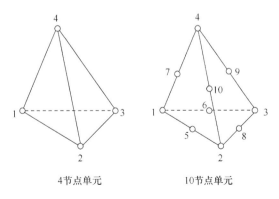

4节点单元　　　　　10节点单元

图 6.2.4　四面体单元

图 6.2.5 为六面体单元,8 节点六面体单元以 8 个角点作为节点,20 节点六面体单元以 8 个角点和 12 个边中点作为节点。8 节点六面体单元的形函数为

$$N_i = \frac{1}{8}(1+\xi_i\xi)(1+\eta_i\eta)(1+\zeta_i\zeta), \quad i=1,\cdots,8 \qquad (6.2.9)$$

20 节点六面体单元的形函数为

$$N_i = \begin{cases} \dfrac{1}{8}(1+\xi_i\xi)(1+\eta_i\eta)(1+\zeta_i\zeta)(\xi_i\xi+\eta_i\eta+\zeta_i\zeta-2), & i=1,\cdots,8 \\[2mm] \dfrac{1}{4}(1-\xi^2)(1+\eta_i\eta)(1+\zeta_i\zeta), & i=9,\cdots,20 \end{cases}$$

$$(6.2.10)$$

其中,8 节点六面体单元为线性单元;20 节点六面体单元为二次单元。

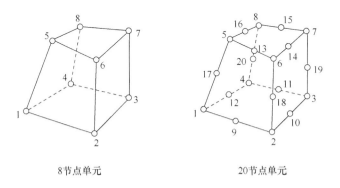

8节点单元　　　　　　20节点单元

图 6.2.5　六面体单元

通过这种变换,整体坐标系下的任意六面体单元就变成了局部坐标系下的正方体单元。

6.3　有限元方程的建立

建立有限元方程的方法有多种。声学中最常使用的方法有变分法和加权余量法。本节介绍基于哈密顿原理的变分法和伽辽金加权余量法。

6.3.1　基于哈密顿原理的变分法

哈密顿原理可以简单表述为:在所有可能的随时间变化的位移中,最精确的解使拉格朗日泛函取得最小值。随时间变化的位移必须满足以下三个条件:

(1) 协调性条件;

(2) 本质边界条件或运动学边界条件;

(3) 在初时刻(t_1)和末时刻(t_2)的条件。

条件(1)保证了问题域内位移的协调性(连续性),条件(2)保证了满足位移约束的条件,条件(3)要求随时间变化的位移满足初时刻和末时刻的约束。

哈密顿原理的数学形式表述为

$$\delta \int_{t_1}^{t_2} L \mathrm{d}t = 0 \Rightarrow \delta L = 0 \tag{6.3.1}$$

此处,拉格朗日泛函数 L 定义为

$$L = \overline{U} - \overline{K} - \overline{W} \tag{6.3.2}$$

其中,$\overline{U}$ 为势能;$\overline{K}$ 为动能;$\overline{W}$ 为外力所做的功。

对于静态介质中的声波

$$\overline{U} = \frac{1}{2} \int_V \rho_0 c^2 (\nabla \cdot \xi)^2 \mathrm{d}V \tag{6.3.3}$$

$$\overline{K} = \frac{1}{2} \int_V \rho_0 (\dot{\xi})^2 \mathrm{d}V \tag{6.3.4}$$

$$\overline{W} = \int_S (-p) \xi_n \mathrm{d}S \tag{6.3.5}$$

其中,p 和 ξ 分别为声压和位移幅值;V 和 S 为声学域所占空间和表面;下标 n 代表边界表面的外法向。

对于简谐声场,动量方程和连续性方程有如下形式:

$$\nabla p = \rho_0 \omega^2 \xi \tag{6.3.6}$$

$$p = -\rho_0 c^2 (\nabla \cdot \xi) \tag{6.3.7}$$

使用上述关系式,拉格朗日泛函数可以用声压的形式表示为

$$L = \frac{1}{2\rho_0 c^2} \int_V p^2 \mathrm{d}V - \frac{1}{2\rho_0 \omega^2} \int_V (\nabla p)^2 \mathrm{d}V + \frac{1}{\mathrm{j}\omega} \int_S u_n p \mathrm{d}S \tag{6.3.8}$$

其中,$u_n (= \mathrm{j}\omega \xi_n)$ 为表面外法向质点振速幅值。值得注意的是,刚性边界$(u_n \to 0)$和

软边界($p \rightarrow 0$)对拉格朗日泛函数 L 没有任何贡献。

将整个声学域划分成 N_e 个单元,则有

$$L = \sum_{e=1}^{N_e} L_e \qquad (6.3.9)$$

其中

$$L_e = \frac{1}{2\rho_0 c^2}\int_{V_e} p^2 \mathrm{d}V - \frac{1}{2\rho_0 \omega^2}\int_{V_e}(\nabla p)^2 \mathrm{d}V + \frac{1}{\mathrm{j}\omega}\int_{S_e} u_n p \mathrm{d}S \qquad (6.3.10)$$

为单元 e 对整个系统拉格朗日泛函数 L 的贡献,V_e 和 S_e 为单元 e 所占空间和表面。

对于整个系统内任意一个节点声压 p_i,拉格朗日泛函数 L 满足

$$\frac{\partial L}{\partial p_i} = 0, \quad i = 1, 2, \cdots, N \qquad (6.3.11)$$

其中,N 为系统内节点总数。

将式(6.3.9)代入式(6.3.11),得

$$\sum_{e=1}^{N_e}\frac{\partial L_e}{\partial p_i} = 0, \quad i = 1, 2, \cdots, N \qquad (6.3.12)$$

于是有

$$\sum_{e=1}^{N_e}\frac{\partial L_e}{\partial \{p\}_e} = 0 \qquad (6.3.13)$$

对于任意一个单元 e,由式(6.3.10)可以得到

$$\frac{\partial L_e}{\partial \{p\}_e} = \frac{1}{\rho_0 c^2}[M]_e\{p\}_e - \frac{1}{\rho_0 \omega^2}[K]_e\{p\}_e + \frac{1}{\mathrm{j}\omega}\{F\}_e \qquad (6.3.14)$$

其中

$$[M]_e = \int_{V_e}\{N\}\{N\}^{\mathrm{T}}\mathrm{d}V \qquad (6.3.15)$$

$$[K]_e = \int_{V_e}\{\nabla N\}\{\nabla N\}^{\mathrm{T}}\mathrm{d}V \qquad (6.3.16)$$

$$\{F\}_e = \int_{S_e} u_n\{N\}\mathrm{d}S \qquad (6.3.17)$$

分别称为单元 e 的声学质量矩阵、刚度矩阵和边界上的力列向量。可见,$[M]_e$、$[K]_e$ 和 $\{F\}_e$ 只取决于单元形函数。

将式(6.3.14)代入式(6.3.13),装配所有的单元,用矩阵的形式表示为

$$\frac{1}{\rho_0 c^2}[M]\{p\} - \frac{1}{\rho_0 \omega^2}[K]\{p\} + \frac{1}{\mathrm{j}\omega}\{F\} = 0 \qquad (6.3.18)$$

其中,$\{p\} = \{p_1, p_2, \cdots, p_N\}^{\mathrm{T}}$ 为整个声学域内所有节点上声压组成的列向量;$[M] = \sum_e \int_{V_e}\{N\}_e\{N\}_e^{\mathrm{T}}\mathrm{d}V$ 和 $[K] = \sum_e \int_{V_e}\{\nabla N\}_e\{\nabla N\}_e^{\mathrm{T}}\mathrm{d}V$ 分别为广义质量矩阵

和广义刚度矩阵；$\{F\} = \sum_e \int_{S_e} u_n \{N\}_e dS$ 为所有边界节点上的力列向量。

整理式(6.3.18)得到如下声学有限元方程：

$$([K] - k^2 [M])\{p\} = -j\rho_0\omega\{F\} \tag{6.3.19}$$

结合边界条件，求解式(6.3.19)即可得到所有节点上的声压值。

6.3.2　伽辽金加权余量法

伽辽金加权余量法的基本形式为

$$I = \int_V N_i R \, dV = 0 \tag{6.3.20}$$

其中，R 为余量；N_i 为插值函数；V 为声学域的体积。将伽辽金加权余量法应用于亥姆霍兹方程，有

$$I = \int_V N_i (\nabla^2 p + k^2 p) dV = 0 \tag{6.3.21}$$

将声学域离散成有限个 N_e 单元，对于任意一个单元 e 有

$$I_e = \int_{V_e} N_i (\nabla^2 p + k^2 p) dV = 0 \tag{6.3.22}$$

对式(6.3.22)中的第一项积分应用格林公式，于是得到

$$\int_{S_e} N_i \frac{\partial p}{\partial n} dS - \int_{V_e} \nabla N_i \nabla p \, dV + k^2 \int_{V_e} N_i p \, dV = 0 \tag{6.3.23}$$

单元内任意一点处的声压 p 可用该单元上所有节点声压值来表示，即将式(6.1.1)代入式(6.3.23)，得

$$-j\rho_0\omega \int_{S_e} u_n N_i dS - \int_{V_e} \nabla N_i \{\nabla N\}^T dV \{p\}_e + k^2 \int_{V_e} N_i \{N\}^T dV \{p\}_e = 0$$
$$\tag{6.3.24}$$

以任意一个形函数作为加权，式(6.3.24)均成立，于是可以得到

$$-j\rho_0\omega \int_{S_e} u_n \{N\} dS - \int_{V_e} \{\nabla N\}\{\nabla N\}^T dV \{p\}_e + k^2 \int_{V_e} \{N\}\{N\}^T dV \{p\}_e = \{0\}$$
$$\tag{6.3.25}$$

式(6.3.25)表示为

$$-j\rho_0\omega \{F\}_e - [K]_e \{p\}_e + k^2 [M]_e \{p\}_e = \{0\} \tag{6.3.26}$$

其中，$[M]_e$、$[K]_e$ 和 $\{F\}_e$ 的表达式分别为式(6.3.15)、式(6.3.16)和式(6.3.17)。

对于组成系统的每一个单元，均可得到一组方程，组装这些方程即可得到式(6.3.19)。可见，使用基于哈密顿原理的变分法和伽辽金加权余量法得到的声学有限元方程是完全相同的。

6.4　单元矩阵的计算

为计算刚度矩阵、质量矩阵和力列向量,需要进行如下两个变换:①由于形函数 N_i 是以局部坐标形式表示的,需要用局部坐标导数来表示整体坐标中的导数;②被积分的体积单元和表面单元需要用局部坐标的形式加以表示。

例如,考虑局部坐标系 (ξ, η, ζ) 和对应的整体坐标系 (x, y, z)。由偏微分原理能够写出形函数对坐标 ξ 的导数为

$$\frac{\partial N_i}{\partial \xi} = \frac{\partial N_i}{\partial x}\frac{\partial x}{\partial \xi} + \frac{\partial N_i}{\partial y}\frac{\partial y}{\partial \xi} + \frac{\partial N_i}{\partial z}\frac{\partial z}{\partial \xi} \tag{6.4.1}$$

同样,可以得到形函数对另外两个坐标的导数,用矩阵的形式表示为

$$\left\{\begin{array}{c} \dfrac{\partial N_i}{\partial \xi} \\[2mm] \dfrac{\partial N_i}{\partial \eta} \\[2mm] \dfrac{\partial N_i}{\partial \zeta} \end{array}\right\} = \left[\begin{array}{ccc} \dfrac{\partial x}{\partial \xi} & \dfrac{\partial y}{\partial \xi} & \dfrac{\partial z}{\partial \xi} \\[2mm] \dfrac{\partial x}{\partial \eta} & \dfrac{\partial y}{\partial \eta} & \dfrac{\partial z}{\partial \eta} \\[2mm] \dfrac{\partial x}{\partial \zeta} & \dfrac{\partial y}{\partial \zeta} & \dfrac{\partial z}{\partial \zeta} \end{array}\right] \left\{\begin{array}{c} \dfrac{\partial N_i}{\partial x} \\[2mm] \dfrac{\partial N_i}{\partial y} \\[2mm] \dfrac{\partial N_i}{\partial z} \end{array}\right\} = [J]\left\{\begin{array}{c} \dfrac{\partial N_i}{\partial x} \\[2mm] \dfrac{\partial N_i}{\partial y} \\[2mm] \dfrac{\partial N_i}{\partial z} \end{array}\right\} \tag{6.4.2}$$

形函数 N_i 是用局部坐标表示的,所以很容易求出式(6.4.2)左侧的导数。坐标 x、y、z 可以用节点坐标和形函数来表示,即式(6.1.2),于是雅可比矩阵 $[J]$ 能够以局部坐标的形式表示成

$$[J] = \left[\begin{array}{ccc} \displaystyle\sum_{i=1}^{m}\frac{\partial N_i}{\partial \xi}x_i & \displaystyle\sum_{i=1}^{m}\frac{\partial N_i}{\partial \xi}y_i & \displaystyle\sum_{i=1}^{m}\frac{\partial N_i}{\partial \xi}z_i \\[4mm] \displaystyle\sum_{i=1}^{m}\frac{\partial N_i}{\partial \eta}x_i & \displaystyle\sum_{i=1}^{m}\frac{\partial N_i}{\partial \eta}y_i & \displaystyle\sum_{i=1}^{m}\frac{\partial N_i}{\partial \eta}z_i \\[4mm] \displaystyle\sum_{i=1}^{m}\frac{\partial N_i}{\partial \zeta}x_i & \displaystyle\sum_{i=1}^{m}\frac{\partial N_i}{\partial \zeta}y_i & \displaystyle\sum_{i=1}^{m}\frac{\partial N_i}{\partial \zeta}z_i \end{array}\right] \tag{6.4.3}$$

由式(6.4.2)得到形函数对整体坐标的导数为

$$\left\{\begin{array}{c} \dfrac{\partial N_i}{\partial x} \\[2mm] \dfrac{\partial N_i}{\partial y} \\[2mm] \dfrac{\partial N_i}{\partial z} \end{array}\right\} = [J]^{-1}\left\{\begin{array}{c} \dfrac{\partial N_i}{\partial \xi} \\[2mm] \dfrac{\partial N_i}{\partial \eta} \\[2mm] \dfrac{\partial N_i}{\partial \zeta} \end{array}\right\} \tag{6.4.4}$$

为转换积分变量和积分域,体积分可以表示成为

$$\mathrm{d}V = \mathrm{d}x\mathrm{d}y\mathrm{d}z = |J|\mathrm{d}\xi\mathrm{d}\eta\mathrm{d}\zeta \tag{6.4.5}$$

其中,$|J|$为雅可比矩阵的秩。

于是,如果使用六面体单元,质量矩阵式(6.3.15)和刚度矩阵式(6.3.16)可以写成

$$[M]_e = \int_{-1}^{1}\int_{-1}^{1}\int_{-1}^{1}\{N\}\{N\}^{\mathrm{T}}\mid J\mid \mathrm{d}\xi\mathrm{d}\eta\mathrm{d}\zeta \qquad (6.4.6)$$

$$[K]_e = \int_{-1}^{1}\int_{-1}^{1}\int_{-1}^{1}\{\nabla N\}\{\nabla N\}^{\mathrm{T}}\mid J\mid \mathrm{d}\xi\mathrm{d}\eta\mathrm{d}\zeta \qquad (6.4.7)$$

式(6.4.6)和式(6.4.7)可以使用标准高斯积分公式进行数值计算。

如果使用四面体单元,需要使用体积坐标,并且将前 3 个坐标作为独立变量,即

$$\begin{cases} L_1 = \xi \\ L_2 = \eta \\ L_3 = \zeta \\ L_4 = 1-\xi-\eta-\zeta \end{cases} \qquad (6.4.8)$$

由于形函数 N_i 是用 L_1、L_2、L_3、L_4 表示的,需要注意到

$$\frac{\partial N_i}{\partial \xi}=\frac{\partial N_i}{\partial L_1}\frac{\partial L_1}{\partial \xi}+\frac{\partial N_i}{\partial L_2}\frac{\partial L_2}{\partial \xi}+\frac{\partial N_i}{\partial L_3}\frac{\partial L_3}{\partial \xi}+\frac{\partial N_i}{\partial L_4}\frac{\partial L_4}{\partial \xi} \qquad (6.4.9)$$

使用式(6.4.8),式(6.4.9)变成

$$\frac{\partial N_i}{\partial \xi}=\frac{\partial N_i}{\partial L_1}-\frac{\partial N_i}{\partial L_4} \qquad (6.4.10)$$

其他导数可以采用相同的方法获得。于是,质量矩阵式(6.3.15)和刚度矩阵式(6.3.16)变成

$$[M]_e = \int_{0}^{1}\int_{0}^{1-\zeta}\int_{0}^{1-\eta-\zeta}\{N\}\{N\}^{\mathrm{T}}\mid J\mid \mathrm{d}\xi\mathrm{d}\eta\mathrm{d}\zeta \qquad (6.4.11)$$

$$[K]_e = \int_{0}^{1}\int_{0}^{1-\zeta}\int_{0}^{1-\eta-\zeta}\{\nabla N\}\{\nabla N\}^{\mathrm{T}}\mid J\mid \mathrm{d}\xi\mathrm{d}\eta\mathrm{d}\zeta \qquad (6.4.12)$$

式(6.4.11)和式(6.4.12)可以使用 Hammer 积分公式进行数值计算。

为了求列向量$\{F\}_e$,需要进行表面积分。处理表面积分最方便的方法就是考虑微元面积 $\mathrm{d}S$,求出其法向矢量。对于三维问题,构造矢量积

$$\boldsymbol{n}_0 = \begin{Bmatrix} \frac{\partial x}{\partial \xi} \\ \frac{\partial y}{\partial \xi} \\ \frac{\partial z}{\partial \xi} \end{Bmatrix} \times \begin{Bmatrix} \frac{\partial x}{\partial \eta} \\ \frac{\partial y}{\partial \eta} \\ \frac{\partial z}{\partial \eta} \end{Bmatrix} = \begin{Bmatrix} \boldsymbol{i} & \boldsymbol{j} & \boldsymbol{k} \\ \frac{\partial x}{\partial \xi} & \frac{\partial y}{\partial \xi} & \frac{\partial z}{\partial \xi} \\ \frac{\partial x}{\partial \eta} & \frac{\partial y}{\partial \eta} & \frac{\partial z}{\partial \eta} \end{Bmatrix} = (g_1, g_2, g_3) \qquad (6.4.13)$$

于是,单元上的微元面积为

$$dS = \begin{vmatrix} \boldsymbol{i} & \boldsymbol{j} & \boldsymbol{k} \\ \dfrac{\partial x}{\partial \xi} & \dfrac{\partial y}{\partial \xi} & \dfrac{\partial z}{\partial \xi} \\ \dfrac{\partial x}{\partial \eta} & \dfrac{\partial y}{\partial \eta} & \dfrac{\partial z}{\partial \eta} \end{vmatrix} d\xi d\eta = |G| d\xi d\eta \tag{6.4.14}$$

其中，$|G| = \sqrt{g_1^2 + g_2^2 + g_3^2}$。

因此，对于四边形单元，式(6.3.17)变成

$$\{F\}_e = \int_{-1}^{1} \int_{-1}^{1} u_n \{N\} |G| d\xi d\eta \tag{6.4.15}$$

式(6.4.15)可以使用标准高斯积分公式进行数值计算。

如果使用三角形单元，需要引入面积坐标，并且考虑只有两个坐标为独立变量。对于线性单元

$$\begin{cases} L_1 = \xi \\ L_2 = \eta \\ L_3 = 1 - \xi - \eta \end{cases} \tag{6.4.16}$$

由于形函数 N_i 是用 L_1、L_2、L_3 表示的，注意到

$$\frac{\partial N_i}{\partial \xi} = \frac{\partial N_i}{\partial L_1} \frac{\partial L_1}{\partial \xi} + \frac{\partial N_i}{\partial L_2} \frac{\partial L_2}{\partial \xi} + \frac{\partial N_i}{\partial L_3} \frac{\partial L_3}{\partial \xi} \tag{6.4.17}$$

使用式(6.4.16)，式(6.4.17)简化为

$$\frac{\partial N_i}{\partial \xi} = \frac{\partial N_i}{\partial L_1} - \frac{\partial N_i}{\partial L_3} \tag{6.4.18}$$

其他导数可以采用相同的方法获得。

于是，式(6.3.17)变成

$$\{F\}_e = \int_0^1 \int_0^{1-\eta} u_n \{N\} |G| d\xi d\eta \tag{6.4.19}$$

式(6.4.19)可以使用 Hammer 积分公式进行数值计算。

6.5 轴对称有限元法

如果结构的几何形状和边界条件都对称于某一固定轴，则其声场也对称于此轴，而与环向坐标无关，这种问题称为轴对称问题。轴对称问题是三维问题的一种特殊情况。

对于轴对称问题，通常采用圆柱坐标系(r, θ, z)。以对称轴作为 z 轴，任意对称面为 rz 面，因此声场变量只与坐标 r 和 z 有关，而与环向坐标 θ 无关，所以只需

要考虑坐标平面 rz 上的截面部分,这样,轴对称问题的有限元分析与二维平面问题基本上相同。

离散轴对称体时,采用的体积单元是一些圆环。这些圆环单元与 rz 面相交的截面可以有不同的形状,如三角形和四边形。单元的节点是圆周状的铰链,并且各单元在 rz 平面内形成网格。也就是说,在轴对称问题中采用的是截面为三角形和四边形的环状单元,它们是由 rz 面上的三角形和四边形绕对称轴回转一周而得到的,如图 6.5.1 和图 6.5.2 所示。单元的棱边都是圆,称为节圆,节圆与 rz 平面的交点就是节点。这样,各单元将在 rz 平面上形成三角形和四边形网络,就像平面问题中三角形和四边形单元在 xy 平面上形成的网络一样。轴对称体的表面单元是一些圆环面,它们与 rz 平面相交形成母线上的线单元。

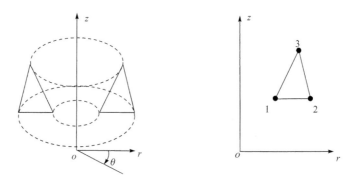

图 6.5.1　三角形环状体积单元及其相对应的二维平面三角形单元

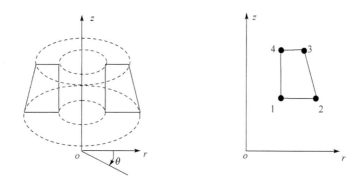

图 6.5.2　四边形环状体积单元及其相对应的二维平面四边形单元

对于轴对称问题,在进行计算时,只需要取出一个截面进行网格划分,但应注意到单元是环状的,所有的节点变量都应理解为作用在单元节点所在的圆周上。

在轴对称情况下,质量矩阵式(6.3.15)和刚度矩阵式(6.3.16)可表示为

$$[M]_e = \iiint_{V_e} \{N\}\{N\}^{\mathrm{T}} r \mathrm{d}\theta \mathrm{d}A = 2\pi \iint_{A_e} \{N\}\{N\}^{\mathrm{T}} r \mathrm{d}A \qquad (6.5.1)$$

$$[K]_e = \iiint_{V_e} \{\nabla N\}\{\nabla N\}^{\mathrm{T}} r \mathrm{d}\theta \mathrm{d}A = 2\pi \iint_{A_e} \{\nabla N\}\{\nabla N\}^{\mathrm{T}} r \mathrm{d}A \qquad (6.5.2)$$

其中，A_e 为单元 e 所在的平面；$\mathrm{d}A$ 为平面单元上的微元面积。由于 $\mathrm{d}A$ 只与二维平面坐标有关，三维环状体积单元可用二维平面单元来代替。

二维平面问题的雅可比矩阵为

$$[J] = \begin{vmatrix} \dfrac{\partial r}{\partial \xi} & \dfrac{\partial z}{\partial \xi} \\ \dfrac{\partial r}{\partial \eta} & \dfrac{\partial z}{\partial \eta} \end{vmatrix} = \begin{vmatrix} \displaystyle\sum_{i=1}^{m} \dfrac{\partial N_i}{\partial \xi} r_i & \displaystyle\sum_{i=1}^{m} \dfrac{\partial N_i}{\partial \xi} z_i \\ \displaystyle\sum_{i=1}^{m} \dfrac{\partial N_i}{\partial \eta} r_i & \displaystyle\sum_{i=1}^{m} \dfrac{\partial N_i}{\partial \eta} z_i \end{vmatrix} \qquad (6.5.3)$$

微元面积变为

$$\mathrm{d}A = \mathrm{d}r\mathrm{d}z = |J| \mathrm{d}\xi \mathrm{d}\eta \qquad (6.5.4)$$

如果使用四边形单元，质量矩阵式(6.5.1)和刚度矩阵式(6.5.2)可以表示为

$$[M]_e = 2\pi \int_{-1}^{1} \int_{-1}^{1} \{N\}\{N\}^{\mathrm{T}} |J| r \mathrm{d}\xi \mathrm{d}\eta \qquad (6.5.5)$$

$$[K]_e = 2\pi \int_{-1}^{1} \int_{-1}^{1} \{\nabla N\}\{\nabla N\}^{\mathrm{T}} |J| \mathrm{d}\xi \mathrm{d}\eta \qquad (6.5.6)$$

式(6.5.5)和式(6.5.6)可以使用标准高斯积分公式进行数值计算。

如果使用三角形单元，式(6.5.1)和式(6.5.2)变为

$$[M]_e = 2\pi \int_{0}^{1} \int_{0}^{1-\eta} \{N\}\{N\}^{\mathrm{T}} |J| r \mathrm{d}\xi \mathrm{d}\eta \qquad (6.5.7)$$

$$[K]_e = 2\pi \int_{0}^{1} \int_{0}^{1-\xi} \{\nabla N\}\{\nabla N\}^{\mathrm{T}} |J| r \mathrm{d}\xi \mathrm{d}\eta \qquad (6.5.8)$$

式(6.5.7)和式(6.5.8)的值可以使用 Hammer 数值积分公式求出。

对于轴对称问题，列向量式(6.3.17)可以改写成

$$\{F\}_e = \iint_{S_e} u_n \{N\} r \mathrm{d}\theta \mathrm{d}L = 2\pi \int_{L_e} u_n \{N\} r \mathrm{d}L \qquad (6.5.9)$$

其中，L_e 为母线上的线单元；

$$\mathrm{d}L = \sqrt{\left(\frac{\partial r}{\partial \xi}\right)^2 + \left(\frac{\partial z}{\partial \xi}\right)^2} \mathrm{d}\xi = |G| \mathrm{d}\xi \qquad (6.5.10)$$

为线单元上的微元长度。于是，式(6.5.9)变成

$$\{F\}_e = 2\pi \int_{-1}^{1} u_n \{N\} |G| r \mathrm{d}\xi \qquad (6.5.11)$$

并且可以使用标准高斯积分公式进行数值计算。

6.6　穿孔消声器有限元方程

为了使用有限元法计算含有穿孔元件消声器的声学性能,需要将消声器划分成两个声学域 V_1 和 V_2,如图 6.6.1 所示。两个声学域内的声波控制方程仍为亥姆霍兹方程,分别用 p_1 和 p_2 表示区域 V_1 和 V_2 中的声压。

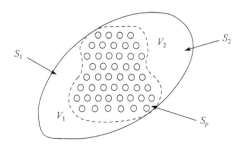

图 6.6.1　声学域的划分

含有穿孔元件消声器的边界可以分成以下四种类型。

(1) 刚性壁面:

$$u_n = 0 \tag{6.6.1a}$$

(2) 法向质点振速已知:

$$u_n = \bar{u}_n \tag{6.6.1b}$$

(3) 法向声阻抗已知:

$$p/u_n = \rho_0 c z_n \tag{6.6.1c}$$

(4) 穿孔壁面:

$$\Delta p/u_n = \rho_0 c \zeta_p \tag{6.6.1d}$$

其中,z_n 为边界上的法向声阻抗率;Δp 为穿孔元件两侧壁面上的声压差;ζ_p 为穿孔声阻抗率。

对于区域 V_1,将上述四个边界条件代入式(6.3.26)得到

$$\left([K_1]_e - k^2 [M_1]_e + \frac{jk}{z_n}[C_1]_e + \frac{jk}{\zeta_p}[D_1]_e\right)\{p_1\}_e - \frac{jk}{\zeta_p}[D_1]_e \{p_2\}_e = -j\rho_0\omega \{F_1\}_e \tag{6.6.2}$$

其中

$$[M_1]_e = \int_{V_e} \{N\}\{N\}^T dV \tag{6.6.3}$$

$$[K_1]_e = \int_{V_e} \{\nabla N\}\{\nabla N\}^T dV \tag{6.6.4}$$

$$[C_1]_e = \int_{S_x} \{N\}\{N\}^T dS \tag{6.6.5}$$

$$\left[D_1 \right]_e = \int_{S_{pe}} \{N\}\{N\}^{\mathrm{T}} \mathrm{d}S \tag{6.6.6}$$

$$\{ F_1 \}_e = \int_{S_{ue}} \bar{u}_n \{N\} \mathrm{d}S \tag{6.6.7}$$

为单元 e 的系数矩阵，S_u、S_z 和 S_p 分别代表法向质点振速已知的边界表面、法向声阻抗已知的边界表面和穿孔壁面。

将区域 V_1 中的所有单元进行组装后得

$$\left(\left[K_1 \right] - k^2 \left[M_1 \right] + \frac{\mathrm{j}k}{z_n} \left[C_1 \right] + \frac{\mathrm{j}k}{\zeta_p} \left[D_1 \right] \right) \{ p_1 \} - \frac{\mathrm{j}k}{\zeta_p} \left[D_1 \right] \{ p_2 \} = -\mathrm{j}\rho_0 \omega \{ F_1 \} \tag{6.6.8}$$

其中，$\left[M_1 \right]$、$\left[K_1 \right]$、$\left[C_1 \right]$、$\left[D_1 \right]$ 和 $\{ F_1 \}$ 是由相应的单元系数矩阵和向量经组装后形成的广义矩阵和广义向量。

对于区域 V_2，同样可以得到

$$\left(\left[K_2 \right] - k^2 \left[M_2 \right] + \frac{\mathrm{j}k}{z_n} \left[C_2 \right] + \frac{\mathrm{j}k}{\zeta_p} \left[D_2 \right] \right) \{ p_2 \} - \frac{\mathrm{j}k}{\zeta_p} \left[D_2 \right] \{ p_1 \} = -\mathrm{j}\rho_0 \omega \{ F_2 \} \tag{6.6.9}$$

联合式 (6.6.8) 和式 (6.6.9) 可以得到如下矩阵方程：

$$\begin{bmatrix} \left[K_1 \right] - k^2 \left[M_1 \right] + \dfrac{\mathrm{j}k}{z_n} \left[C_1 \right] + \dfrac{\mathrm{j}k}{\zeta_p} \left[D_1 \right] & -\dfrac{\mathrm{j}k}{\zeta_p} \left[D_1 \right] \\[2mm] -\dfrac{\mathrm{j}k}{\zeta_p} \left[D_2 \right] & \left[K_2 \right] - k^2 \left[M_2 \right] + \dfrac{\mathrm{j}k}{z_n} \left[C_2 \right] + \dfrac{\mathrm{j}k}{\zeta_p} \left[D_2 \right] \end{bmatrix} \begin{Bmatrix} \{ p_1 \} \\ \{ p_2 \} \end{Bmatrix}$$

$$= -\mathrm{j}\rho_0 \omega \begin{Bmatrix} \{ F_1 \} \\ \{ F_2 \} \end{Bmatrix} \tag{6.6.10}$$

当消声器的进出口边界条件给定时，即可求解有限元方程 (6.6.10)，从而得到各个节点处的声压值。

6.7　阻性消声器有限元方程

图 6.7.1 为几种典型的阻性消声器结构。为保护吸声材料以免被气流吹出，阻性消声器中通常使用穿孔管或穿孔板作为护面层。考虑到阻性消声器内部存在空气和吸声材料两种介质，为使用有限元法计算其声学性能，需要将声学域划分成两个区域：空气域 V_a 和吸声材料域 V_b。将吸声材料作为等效流体，并且用复阻抗和复波数（或复密度和复声速）来描述其声学特性，于是两个声学域内的声波控制方程为

$$\nabla^2 p_a + k_a^2 p_a = 0, \quad \text{在 } V_a \text{ 内} \tag{6.7.1}$$

$$\nabla^2 p_b + k_b^2 p_b = 0, \quad \text{在 } V_b \text{ 内} \tag{6.7.2}$$

其中，p_a 和 p_b、k_a 和 k_b 分别为空气和吸声材料中的声压、波数。于是，可以应用与

6.6 节相似的方法获得两个域内的有限元方程。

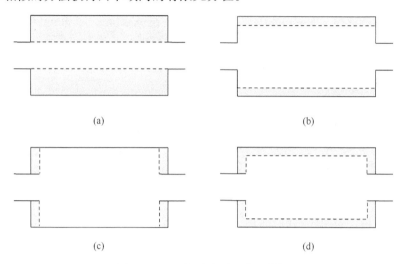

(a)　　　　　　　　　　　　　　　(b)

(c)　　　　　　　　　　　　　　　(d)

图 6.7.1　阻性消声器的典型结构

阻性消声器的边界可分为进口、出口、刚性壁面和穿孔壁面四种类型，分别用 S_i、S_o、S_w 和 S_p 来表示。

对于空气域 V_a，相应的边界条件可以表示如下。

（1）在进口边界上，设法向质点振速为已知，即

$$u_{na} = \bar{u}_{in} \tag{6.7.3}$$

（2）在出口边界上，设法向声阻抗为已知，即

$$p_a / u_{na} = \rho_a c_a z_n \tag{6.7.4}$$

（3）在刚性壁面上，法向质点振速为零，即

$$u_{na} = 0 \tag{6.7.5}$$

（4）在穿孔壁面上，两侧的声压差与法向质点速度间的关系可以表示为

$$(p_a - p_b) / u_{na} = \rho_a c_a \zeta_p \tag{6.7.6}$$

其中，ρ_a 为空气的密度；c_a 为空气中的声速；ζ_p 为穿孔声阻抗率。

将上述边界条件代入式(6.3.26)可以得到

$$\left([K_a]_e - k_a^2 [M_a]_e + \frac{jk_a}{z_n} [C_a]_e + \frac{jk_a}{\zeta_p} [D_a]_e \right) \{p_a\}_e - \frac{jk_a}{\zeta_p} [D_a]_e \{p_b\}_e = -j\rho_a \omega \{F_a\}_e \tag{6.7.7}$$

其中，单元 e 的系数矩阵：

$$[M_a]_e = \int_{V_e} \{N\}\{N\}^{\mathrm{T}} \mathrm{d}V \tag{6.7.8}$$

$$[K_a]_e = \int_{V_e} \{\nabla N\}\{\nabla N\}^{\mathrm{T}} \mathrm{d}V \tag{6.7.9}$$

$$[C_a]_e = \int_{S_{oe}} \{N\}\{N\}^{\mathrm{T}} \mathrm{dS} \qquad (6.7.10)$$

$$[D_a]_e = \int_{S_{pe}} \{N\}\{N\}^{\mathrm{T}} \mathrm{dS} \qquad (6.7.11)$$

$$\{F_a\}_e = \int_{S_{ie}} \bar{u}_{\mathrm{in}} \{N\} \mathrm{dS} \qquad (6.7.12)$$

对于吸声材料域 V_b,相应的边界条件可以表示如下。

(1) 在刚性壁面上,法向质点振速为零,即

$$u_{na} = 0 \qquad (6.7.13)$$

(2) 在穿孔壁面上,两侧的声压差与法向质点速度间的关系用式(6.7.6)来表示。考虑到穿孔两侧的法向质点速度连续,于是有

$$(p_b - p_a)/u_{nb} = \rho_a c_a \zeta_{\mathrm{p}} \qquad (6.7.14)$$

将上述两个边界条件代入式(6.3.26)可以得到

$$\left([K_b]_e - k_b^2 [M_b]_e + \frac{\mathrm{j} k_a}{\zeta_{\mathrm{p}}} \frac{\rho_b}{\rho_a} [D_b]_e\right) \{p_b\}_e - \frac{\mathrm{j} k_a}{\zeta_{\mathrm{p}}} \frac{\rho_b}{\rho_a} [D_b]_e \{p_a\}_e = \{0\}_e$$

$$(6.7.15)$$

其中,ρ_b 为吸声材料的等效密度;

$$[M_b]_e = \int_{V_e} \{N\}\{N\}^{\mathrm{T}} \mathrm{dV} \qquad (6.7.16)$$

$$[K_b]_e = \int_{V_e} \{\nabla N\}\{\nabla N\}^{\mathrm{T}} \mathrm{dV} \qquad (6.7.17)$$

$$[D_b]_e = \int_{S_{pe}} \{N\}\{N\}^{\mathrm{T}} \mathrm{dS} \qquad (6.7.18)$$

将区域 V_a 和 V_b 中的所有单元进行组装后可以得到如下矩阵方程:

$$\begin{bmatrix} [K_a] - k_a^2[M_a] + \dfrac{\mathrm{j}k_a}{z_n}[C_a] + \dfrac{\mathrm{j}k_a}{\zeta_{\mathrm{p}}}[D_a] & -\dfrac{\mathrm{j}k_a}{\zeta_{\mathrm{p}}}[D_a] \\[4mm] -\dfrac{\mathrm{j}k_a}{\zeta_{\mathrm{p}}}\dfrac{\rho_b}{\rho_a}[D_b] & [K_b]_e - k_b^2[M_b] + \dfrac{\mathrm{j}k_a}{\zeta_{\mathrm{p}}}\dfrac{\rho_b}{\rho_a}[D_b] \end{bmatrix} \begin{Bmatrix} \{p_a\} \\ \{p_b\} \end{Bmatrix}$$

$$= -\mathrm{j}\rho_a\omega \begin{Bmatrix} \{F_a\} \\ \{0\} \end{Bmatrix} \qquad (6.7.19)$$

当消声器的进出口边界条件给定时,求解有限元方程(6.7.19)即可得到各个节点处的声压值。

6.8 伴流声场计算的有限元法

实际的进排气管道和消声器内均存在气体流动。当气流速度较低时,气体流动的运流效应对消声器声学性能的影响可以忽略不计,于是可以按照静态介质中的声场问题来处理,使用前面介绍的有限元法计算消声器声学性能。然而,当气流

速度较高时,为精确计算消声器的声学性能,运流效应需要加以考虑。下面介绍流动介质中声场问题计算的有限元法。

1. 流场控制方程

内燃机进排气消声器内的气流马赫数通常小于 0.3,可视为不可压缩流体。对于不可压缩流体的无旋流动,连续性方程为

$$\nabla \cdot \boldsymbol{U} = 0 \tag{6.8.1}$$

流体的矢量速度可以用速度势来表示,即

$$\boldsymbol{U} = -\nabla \phi^F = -\left\{ \frac{\partial \phi^F}{\partial x}, \frac{\partial \phi^F}{\partial y}, \frac{\partial \phi^F}{\partial z} \right\} \tag{6.8.2}$$

将式(6.8.2)代入式(6.8.1),得到流场的控制方程,即拉普拉斯方程

$$\nabla^2 \phi^F = 0 \tag{6.8.3}$$

2. 声场控制方程

相对于环境状态,声扰动通常可以看作小幅扰动。对于流体介质,在没有声扰动时环境状态可用压力(P_0)、速度($\boldsymbol{U}$)和密度(ρ_0)来表示,这些表示状态的变量满足流体动力学方程。在有声扰动时,状态变量可表示为

$$\tilde{p} = P_0 + p, \quad \tilde{\boldsymbol{U}} = \boldsymbol{U} + \boldsymbol{u}, \quad \tilde{\rho} = \rho_0 + \rho \tag{6.8.4}$$

其中,p、$\boldsymbol{u}$ 和 ρ 分别是声压、质点振速和密度变化量,它们代表声扰动对压力、速度和密度场的贡献。在各向同性介质中,状态变量 $\tilde{p}$、$\tilde{\boldsymbol{U}}$ 和 $\tilde{\rho}$ 满足连续性方程和动量方程

$$\frac{\partial \tilde{\rho}}{\partial t} + \nabla \cdot (\tilde{\rho} \tilde{\boldsymbol{U}}) = 0 \tag{6.8.5}$$

$$\tilde{\rho} \frac{\mathrm{D} \tilde{\boldsymbol{U}}}{\mathrm{D} t} + \nabla \tilde{p} = 0 \tag{6.8.6}$$

考虑到声学量远小于流体量,即 $p \ll P_0$,$\boldsymbol{u} \ll \boldsymbol{U}$,$\rho \ll \rho_0$。将式(6.8.4)代入式(6.8.5)和式(6.8.6),忽略二阶以上声学量,得到如下线性化声学方程:

$$\frac{\mathrm{D} \rho}{\mathrm{D} t} + \rho_0 \nabla \cdot \boldsymbol{u} = 0 \tag{6.8.7}$$

$$\rho_0 \frac{\mathrm{D} \boldsymbol{u}}{\mathrm{D} t} + \nabla p = 0 \tag{6.8.8}$$

声扰动满足的第三个方程为等熵方程,即

$$p/\rho = c^2 \tag{6.8.9}$$

将式(6.8.9)代入式(6.8.7)得

$$\frac{1}{c^2}\frac{\mathrm{D}p}{\mathrm{D}t}+\rho_0\ \nabla\boldsymbol{\cdot}\boldsymbol{u}=0 \tag{6.8.10}$$

质点振速用声速度势 $\tilde{\phi}^A$ 来表示,即

$$\boldsymbol{u}=-\nabla\tilde{\phi}^A \tag{6.8.11}$$

将式(6.8.11)代入式(6.8.8),得

$$p=\rho_0\ \frac{\mathrm{D}\tilde{\phi}^A}{\mathrm{D}t} \tag{6.8.12}$$

将式(6.8.11)和式(6.8.12)代入式(6.8.10),得

$$\nabla^2\tilde{\phi}^A-\frac{1}{c^2}\frac{\mathrm{D}^2\tilde{\phi}^A}{\mathrm{D}t^2}=0 \tag{6.8.13a}$$

或

$$\nabla^2\tilde{\phi}^A-\frac{1}{c^2}\frac{\partial^2\tilde{\phi}^A}{\partial t^2}-2\ \frac{1}{c}\frac{\partial}{\partial t}(\boldsymbol{M}\boldsymbol{\cdot}\nabla\tilde{\phi}^A)-\boldsymbol{M}\boldsymbol{\cdot}\nabla(\boldsymbol{M}\boldsymbol{\cdot}\nabla\tilde{\phi}^A)=0 \tag{6.8.13b}$$

其中,$\boldsymbol{M}=\boldsymbol{U}/c$ 为气流马赫数。式(6.8.13)称为运流波动方程。

对于简谐声波,声速度势可以表示成

$$\tilde{\phi}^A=\phi^A\mathrm{e}^{\mathrm{j}\omega t} \tag{6.8.14}$$

将式(6.8.14)代入式(6.8.13b)得

$$\nabla^2\phi^A+k^2\phi^A-2\mathrm{j}k(\boldsymbol{M}\boldsymbol{\cdot}\nabla\phi^A)-(\boldsymbol{M}\boldsymbol{\cdot}\nabla)(\boldsymbol{M}\boldsymbol{\cdot}\nabla\phi^A)=0 \tag{6.8.15}$$

式(6.8.15)即为三维势流中稳态声场的控制方程。将式(6.8.15)展开,并且忽略所有含有马赫数一阶导数项后得

$$(1-M_x^2)\frac{\partial^2\phi^A}{\partial x^2}+(1-M_y^2)\frac{\partial^2\phi^A}{\partial y^2}+(1-M_z^2)\frac{\partial^2\phi^A}{\partial z^2}-2M_xM_y\frac{\partial^2\phi^A}{\partial x\partial y}$$

$$-2M_xM_z\frac{\partial^2\phi^A}{\partial x\partial z}-2M_yM_z\frac{\partial^2\phi^A}{\partial y\partial z}-2\mathrm{j}kM_x\frac{\partial\phi^A}{\partial x}-2\mathrm{j}kM_y\frac{\partial\phi^A}{\partial y}-2\mathrm{j}kM_z\frac{\partial\phi^A}{\partial z}+k^2\phi^A=0$$

$$\tag{6.8.16}$$

其中,M_x、M_y、M_z 分别为马赫数 $\boldsymbol{M}$ 在 x、y、z 方向上的分量。

声压 p 和质点振速 $\boldsymbol{u}$ 与声速度势 ϕ^A 之间的关系为

$$\boldsymbol{u}=-\nabla\phi^A \tag{6.8.17}$$

$$p=\rho_0(\mathrm{j}\omega\phi^A-\nabla\phi^F\boldsymbol{\cdot}\nabla\phi^A) \tag{6.8.18}$$

由于稳态声场控制方程中含有介质流动马赫数,为获得三维势流中的声压分布,首先需要求解式(6.8.3)得到流场信息,然后将结果代入式(6.8.16)求出声场信息。

3. 流场有限元方程

使用伽辽金加权余量法建立稳态流场计算的有限元方程。将流场控制方程

(6.8.3)两侧同乘加权函数 W,然后在控制域内 V 进行积分,得

$$\int_V W \nabla^2 \phi^F dV = 0 \qquad (6.8.19)$$

使用格林公式,得到

$$\int_V \nabla W \nabla \phi^F dV - \int_S W \frac{\partial \phi^F}{\partial n} dS = 0 \qquad (6.8.20)$$

其中,n 为边界 S 上的单位外法向。

将控制域离散成一系列单元,单元内任意一点处的稳态流速度势使用单元节点处的速度势加以表示,即

$$\phi^F = \sum_{i=1}^{m} N_i \phi_i^F = \{N\}^T \{\phi^F\}_e \qquad (6.8.21)$$

其中,$\{\phi^F\}_e$ 是单元 e 上所有节点处的流速度势组成的列向量;m 是单元 e 上的节点数;$\{N\}$ 是形函数列向量。

对于任意一个单元 e,选择插值函数 N_i 作为加权函数,则有

$$\int_{V_e} \nabla N_i \nabla \phi^F dV - \int_{S_e} N_i \frac{\partial \phi^F}{\partial n} dS = 0 \qquad (6.8.22)$$

将式(6.8.21)代入式(6.8.22),考虑到式(6.8.22)对于每个形函数均成立,于是得到

$$\int_{V_e} \{\nabla N\} \{\nabla N\}^T dV \{\phi^F\}_e - \int_{S_e} \{N\} \frac{\partial \phi^F}{\partial n} dS = 0 \qquad (6.8.23)$$

式(6.8.23)可以改写成如下矩阵形式:

$$[K^F]_e \{\phi^F\}_e = \{F^F\}_e \qquad (6.8.24)$$

其中

$$[K^F]_e = \int_{V_e} [\nabla N][\nabla N]^T dV \qquad (6.8.25)$$

$$\{F^F\}_e = \int_{S_e} \{N\} \frac{\partial \phi^F}{\partial n} dS \qquad (6.8.26)$$

将系统中所有单元的方程进行组装后得到消声器内流场有限元方程为

$$[K^F]\{\phi^F\} = \{F^F\} \qquad (6.8.27)$$

其中,$\{\phi^F\}$ 是由所有节点处的流速度势构成的列向量;$[K^F]$ 由所有单元矩阵 $[K^F]_e$ 组装而成;$\{F^F\}$ 由所有表面单元载荷项 $\{F^F\}_e$ 组装而成。

(1)壁面上法向速度为零,即

$$\frac{\partial \phi^F}{\partial n} = 0 \qquad (6.8.28a)$$

(2)进口设为速度边界条件,即

$$\frac{\partial \phi^F}{\partial n} = -U_n \qquad (6.8.28b)$$

(3) 出口设为速度势边界条件,即

$$\phi^F = \text{constant} \quad (\text{例如},\text{取 } \phi^F = 0) \tag{6.8.28c}$$

将边界条件式(6.8.28)代入式(6.8.27),即可求得各节点处的流速度势。

为求出各节点处的流速,将式(6.8.21)代入式(6.8.2)得到

$$\boldsymbol{U} = -\nabla\phi^F = -\{\phi^F\}_e^{\mathrm{T}}[\nabla N] \tag{6.8.29}$$

4. 声场有限元方程

为了表述方便,引入以下记法:

$$[D] = \begin{bmatrix} D_{xx} & D_{xy} & D_{xz} \\ D_{yx} & D_{yy} & D_{yz} \\ D_{zx} & D_{zy} & D_{zz} \end{bmatrix} = \begin{bmatrix} 1-M_x^2 & -M_xM_y & -M_xM_z \\ -M_yM_x & 1-M_y^2 & -M_yM_z \\ -M_zM_x & -M_zM_y & 1-M_z^2 \end{bmatrix} \tag{6.8.30}$$

$$[G] = \begin{bmatrix} G_{xx} & G_{xy} & G_{xz} \\ G_{yx} & G_{yy} & G_{yz} \\ G_{zx} & G_{zy} & G_{zz} \end{bmatrix} = \begin{bmatrix} \partial D_{xx}/\partial x & \partial D_{xy}/\partial y & \partial D_{xz}/\partial z \\ \partial D_{yx}/\partial x & \partial D_{yy}/\partial y & \partial D_{yz}/\partial z \\ \partial D_{zx}/\partial x & \partial D_{zy}/\partial y & \partial D_{zz}/\partial z \end{bmatrix} \tag{6.8.31}$$

声场控制方程(6.8.16)的加权余量表达式可以写成

$$\int_V \begin{Bmatrix} \partial W/\partial x \\ \partial W/\partial y \\ \partial W/\partial z \end{Bmatrix}^{\mathrm{T}} \begin{bmatrix} D_{xx} & D_{xy} & D_{xz} \\ D_{yx} & D_{yy} & D_{yz} \\ D_{zx} & D_{zy} & D_{zz} \end{bmatrix} \begin{Bmatrix} \partial\phi^A/\partial x \\ \partial\phi^A/\partial y \\ \partial\phi^A/\partial z \end{Bmatrix} \mathrm{d}V$$

$$+ \int_V W \begin{bmatrix} G_{xx} & G_{xy} & G_{xz} \\ G_{yx} & G_{yy} & G_{yz} \\ G_{zx} & G_{zy} & G_{zz} \end{bmatrix} \begin{Bmatrix} \partial\phi^A/\partial x \\ \partial\phi^A/\partial y \\ \partial\phi^A/\partial z \end{Bmatrix} \mathrm{d}V + \mathrm{j}2k\int_V W \begin{Bmatrix} M_x \\ M_y \\ M_z \end{Bmatrix}^{\mathrm{T}} \begin{Bmatrix} \partial\phi^A/\partial x \\ \partial\phi^A/\partial y \\ \partial\phi^A/\partial z \end{Bmatrix} \mathrm{d}V$$

$$- k^2 \int_V W\phi^A \mathrm{d}V - \int_S W \frac{\partial\phi^A}{\partial n} \begin{Bmatrix} n_x \\ n_y \\ n_z \end{Bmatrix}^{\mathrm{T}} \begin{bmatrix} D_{xx} & D_{xy} & D_{xz} \\ D_{yx} & D_{yy} & D_{yz} \\ D_{zx} & D_{zy} & D_{zz} \end{bmatrix} \begin{Bmatrix} n_x \\ n_y \\ n_z \end{Bmatrix} \mathrm{d}S = 0 \tag{6.8.32a}$$

或

$$\int_V \nabla W \cdot ([D]\nabla\phi^A)\mathrm{d}V + \int_V W[I_{13}] \cdot ([G]\nabla\phi^A)\mathrm{d}V + 2\mathrm{j}k\int_V WM \cdot \nabla\phi^A \mathrm{d}V$$

$$- k^2\int_V W\phi^A\mathrm{d}V - \int_S W \frac{\partial\phi^A}{\partial n}\{n\}^{\mathrm{T}}[D]n\mathrm{d}S = 0 \tag{6.8.32b}$$

其中,$[I_{13}]$为1×3的单位矩阵。

在声场有限元计算中,选择插值函数来表示声速度势,即

$$\phi^A = \sum_{i=1}^m N_i\phi_i^A = \{N\}^{\mathrm{T}}\{\phi^A\}_e \tag{6.8.33}$$

其中,$\{\phi^A\}_e$是节点声速度势向量;$\{N\}$是形函数列向量。

与流场有限元法相似,选择插值函数 N_i 作为加权函数,对于单元 e 可以得到

伽辽金有限元公式

$$\int_{V_e} [\nabla N][D][\nabla N]^{\mathrm{T}} \mathrm{d}V \{\phi^A\}_e + \int_{V_e} \{N\}[I_{13}][G][\nabla N]^{\mathrm{T}} \mathrm{d}V \{\phi^A\}_e$$

$$+ \mathrm{j}2k \int_{V_e} \{N\}[M][\nabla N]^{\mathrm{T}} \mathrm{d}V \{\phi^A\}_e - k^2 \int_{V_e} \{N\}\{N\}^{\mathrm{T}} \mathrm{d}V \{\phi^A\}_e$$

$$- \int_{S_e} \{N\}(\{n\}^{\mathrm{T}}[D]\{n\}) \frac{\partial \phi^A}{\partial n} \mathrm{d}S = 0 \qquad (6.8.34)$$

式(6.8.34)可以改写成如下矩阵形式：

$$([K^A]_e + 2jk[D^A]_e \quad k^2[M^A]_e)\{\phi^A\}_e = \{F^A\}_e \qquad (6.8.35)$$

其中

$$[K^A]_e = \int_{V_e} [\nabla N][D][\nabla N]^{\mathrm{T}} \mathrm{d}V + \int_{V_e} \{N\}[I_{13}][G][\nabla N]^{\mathrm{T}} \mathrm{d}V$$

$$(6.8.36a)$$

$$[D^A]_e = \int_{V_e} \{N\}[M][\nabla N]^{\mathrm{T}} \mathrm{d}V \qquad (6.8.36b)$$

$$[M^A]_e = \int_{V_e} \{N\}\{N\}^{\mathrm{T}} \mathrm{d}V \qquad (6.8.36c)$$

$$\{F^A\}_e = \int_{S_e} \{N\}(\{n\}^{\mathrm{T}}[D]\{n\}) \frac{\partial \phi^A}{\partial n} \mathrm{d}S \qquad (6.8.36d)$$

最后,将系统中所有单元的方程进行组装后得到声场有限元方程

$$([K^A] + 2jk[D^A] - k^2[M^A])\{\phi^A\} = \{F^A\} \qquad (6.8.37)$$

其中,$\{\phi^A\}$为由所有节点处的声速度势构成的列向量；$[K^A]$、$[M^A]$和$[D^A]$由所有单元上的矩阵$[K^A]_e$、$[M^A]_e$和$[D^A]_e$组装而成；$\{F^A\}$由所有表面单元载荷项$\{F^A\}_e$组装而成。

消声器声场计算中的边界条件可分为以下几种类型。

(1) 刚性壁面,法向速度为零,即

$$\frac{\partial \phi^A}{\partial n} = 0 \qquad (6.8.38)$$

由此可得

$$\{F^A\}_{re} = \int_{S_{re}} \{N\}(\{n\}^{\mathrm{T}}[D]\{n\}) \frac{\partial \phi^A}{\partial n} \mathrm{d}S = 0 \qquad (6.8.39)$$

(2) 进口设为质点振速已知,这里设为 $u_n = 1$,则有

$$\frac{\partial \phi^A}{\partial n} = -1 \qquad (6.8.40)$$

由此可得

$$\{F^A\}_{ue} = \int_{S_{ue}} \{N\}(\{n\}^{\mathrm{T}}[D]\{n\}) \frac{\partial \phi^A}{\partial n} \mathrm{d}S = \int_{S_{ue}} \{N\}(\{n\}^{\mathrm{T}}[D]\{n\}) \mathrm{d}S = \{F_{\mathrm{in}}\}_e$$

$$(6.8.41)$$

（3）出口设为无反射端，即

$$p/u_n = \rho_0 c \tag{6.8.42}$$

将式(6.8.17)和式(6.8.18)代入式(6.8.42)求出$\partial \phi^A / \partial n$，然后代入式(6.8.36d)得

$$\{F^A\}_{x} = -jk\int_{S_x} \{N\}(\{n\}^{\mathrm{T}}[D]\{n\})\phi^A \mathrm{d}S + \int_{S_x}\{N\}(\{n\}^{\mathrm{T}}[D]\{n\})\boldsymbol{M}\cdot\nabla\phi^A\mathrm{d}S$$
$$= [C_z]_e\{\phi^A\}_e \tag{6.8.43}$$

其中

$$[C_z]_e = -jk\int_{S_x}\{N\}(\{n\}^{\mathrm{T}}[D]\{n\})\{N\}\mathrm{d}S + \int_{S_x}\{N\}(\{n\}^{\mathrm{T}}[D]\{n\})\boldsymbol{M}\cdot[\nabla N]^{\mathrm{T}}\mathrm{d}S$$
$$\tag{6.8.44}$$

上述表达式中，S_{re}、S_{ue} 和 S_x 分别代表刚性壁面、已知法向质点振速边界表面和已知法向声阻抗边界表面上的单元。

结合式(6.8.39)、式(6.8.41)和式(6.8.43)，可以得到

$$\{F^A\} = \{F^A_{\mathrm{in}}\} + [C_z]\{\phi^A\} \tag{6.8.45}$$

其中，$[C_z]$由所有单元矩阵$[C_z]_e$组装而成；$\{F^A_{\mathrm{in}}\}$由所有表面单元载荷项$\{F^A_{\mathrm{in}}\}_e$组合而成。

将式(6.8.45)代入式(6.8.37)，整理可得

$$([K^A] - k^2[M^A] + j2k[D^A] - [C_z])\{\phi^A\} = \{F^A_{\mathrm{in}}\} \tag{6.8.46}$$

值得注意的是，向量$\{F^A_{\mathrm{in}}\}$仅由消声器进口面贡献，$[C_z]$仅由消声器出口面贡献，求解式(6.8.46)即可得到各节点处的声速度势。联合已求得的流场变量，通过式(6.8.18)即可计算出各节点处的声压值。

6.9　四极参数和传递损失计算

由第3章的内容可知，为计算消声器的传递损失、插入损失和噪声衰减量等声学性能，需要求出消声器的四极参数。

由于消声器进口管道和出口管道的截面较小，其截止频率较高，而消声器本体截面较大，其截止频率较低。因此，当声波的频率低于进出口管道的平面波截止频率时，即使消声器内部存在非平面波，仍然可以使用如下传递矩阵来表示进出口面上的声压和质点振速之间的关系：

$$\begin{Bmatrix} p_{\mathrm{in}} \\ \rho_0 c u_{\mathrm{in}} \end{Bmatrix} = \begin{bmatrix} T_{11} & T_{12} \\ T_{21} & T_{22} \end{bmatrix}\begin{Bmatrix} p_{\mathrm{out}} \\ \rho_0 c u_{\mathrm{out}} \end{Bmatrix} \tag{6.9.1}$$

其中，p_{in}、u_{in}、p_{out}、u_{out}分别为进出口面上的平均声压和质点振速。

为了使用有限元法计算消声器的四极参数，可以先后设定两种不同的出口边界条件，分别计算出每种边界条件下进出口面上的平均声压和质点振速，进而求出

四极参数。例如,首先设定出口面上的质点振速为零,求出 T_{11} 和 T_{21};然后令出口面上的声压为零,求出 T_{12} 和 T_{22}。即

$$T_{11}=\frac{p_{\text{in}}}{p_{\text{out}}}\bigg|_{u_{\text{out}}=0}, \quad T_{21}=\frac{\rho_0 c_0 u_{\text{in}}}{p_{\text{out}}}\bigg|_{u_{\text{out}}=0}, \quad T_{12}=\frac{p_{\text{in}}}{\rho_0 c_0 u_{\text{out}}}\bigg|_{p_{\text{out}}=0}, \quad T_{22}=\frac{u_{\text{in}}}{u_{\text{out}}}\bigg|_{p_{\text{out}}=0}$$

$$(6.9.2)$$

将获得的四极参数代入式(3.2.24)即可计算出消声器的传递损失。如果只需计算消声器的传递损失,也可以使用以下声波分解法。

当消声器进出口管道内为平面波时,由平面波理论可知

$$p_{\text{in}}=p_{\text{i}}+p_{\text{r}} \tag{6.9.3}$$

$$\rho_0 c_0 u_{\text{in}}=p_{\text{i}}-p_{\text{r}} \tag{6.9.4}$$

其中, p_{i} 和 p_{r} 分别为消声器进口处的入射声压和反射声压。式(6.9.3)和式(6.9.4)相加得

$$p_{\text{i}}=\frac{p_{\text{in}}+\rho_0 c_0 u_{\text{in}}}{2} \tag{6.9.5}$$

假设消声器出口为无反射端,则有

$$p_{\text{out}}=p_{\text{t}} \tag{6.9.6}$$

其中, p_{t} 为消声器出口处的透射声压。

将式(6.9.5)和式(6.9.6)代入式(3.2.13)得到

$$\text{TL}=20\lg\left\{\left(\frac{S_1}{S_2}\right)^{1/2}\left(\frac{1+M_1}{1+M_2}\right)\left|\frac{p_{\text{in}}+\rho_0 c_0 u_{\text{in}}}{2p_{\text{out}}}\right|\right\} \tag{6.9.7}$$

当 u_{in} 为给定时,使用有限元法求出消声器进出口面上的声压值,代入式(6.9.7)即可计算出消声器的传递损失。

显然,使用四极参数计算消声器的传递损失需要进行两次有限元数值运算,而使用声波分解法计算传递损失则只需要进行一次有限元数值运算,从而节省了计算时间。

6.10 计算实例与分析

为了表明有限元法计算消声器声学性能的适用性和计算精度,本节计算抗性和阻性消声器的传递损失,并与实验测量结果加以比较。

1. 具有外插进出口管的圆形同轴膨胀腔

图 6.10.1 为具有外插进出口管的圆形同轴膨胀腔消声器,其具体尺寸为:膨胀腔长度 $l=282.3\text{mm}$,直径 $D=153.2\text{mm}$,进出口管内径 $d_1=d_2=48.6\text{mm}$,进出口管插入膨胀腔内的长度 $l_1=131\text{mm}$、$l_2=61\text{mm}$。声速为 346m/s。

由于该消声器为轴对称结构,可以使用轴对称有限元法计算其声学性能。这里采用 6 节点三角形单元离散声学域,单元尺寸小于 9mm,有限元网格如图 6.10.2所示。图 6.10.3 为使用轴对称有限元法计算得到的传递损失结果与实验测量结果的比较。可以看出,有限元法计算结果与实验测量结果在整个所关心的频率范围内吻合很好,二者间的微小差别可以认为是由测量误差以及计算模型中忽略了介质的黏性效应等因素所致。

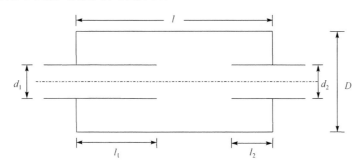

图 6.10.1　具有外插进出口管的圆形同轴膨胀腔消声器

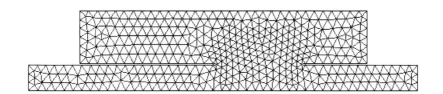

图 6.10.2　具有外插进出口管的圆形同轴膨胀腔消声器:有限元网格

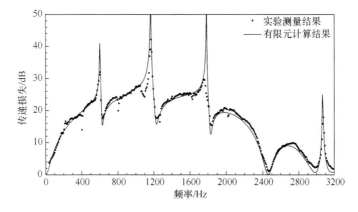

图 6.10.3　具有外插进出口管的圆形同轴膨胀腔消声器的传递损失

2. 端部进口侧面出口的圆形膨胀腔

图 6.10.4 为端部进口侧面出口的圆形膨胀腔消声器,其具体尺寸为:膨胀腔长度 $l=282.3\text{mm}$,直径 $D=153.2\text{mm}$,进出口管内径 $d_1=d_2=48.6\text{mm}$,出口管轴线与右侧端面间的距离 $l_2=80\text{mm}$。声速为 346m/s。

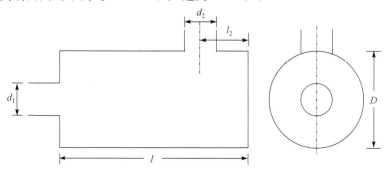

图 6.10.4　端面进口侧面出口的圆形膨胀腔消声器

由于该消声器有一个对称面,在使用有限元法计算时只需将半个声学域离散即可。这里采用 10 节点四面体二次单元离散声学域,单元尺寸小于 13.5mm,有限元网格如图 6.10.5 所示。图 6.10.6 为使用三维有限元法计算得到的传递损失结果与实验测量结果的比较。可以看出,有限元法计算结果与实验测量结果吻合很好。

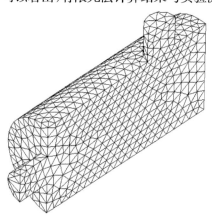

图 6.10.5　端面进口侧面出口的圆形膨胀腔消声器:有限元模型(表面网格)

3. 直通穿孔管消声器

图 6.10.7 为直通穿孔管消声器,其腔体长度和直径分别为 $l=257.2\text{mm}$ 和 $D=164.4\text{mm}$,穿孔管内径 $d=49.0\text{mm}$,壁厚 $t_w=0.9\text{mm}$,穿孔直径 $d_h=4.98\text{mm}$,穿孔率 $\phi=8.4\%$。声速为 342.7m/s。

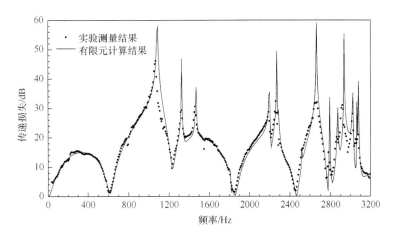

图 6.10.6 端面进口侧面出口的圆形膨胀腔消声器的传递损失

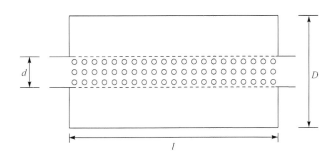

图 6.10.7 直通穿孔管消声器

　　为了应用有限元法计算穿孔管消声器的声学性能,需要对穿孔表面进行模拟。有两种方法可供使用:①详细描述真实孔的几何形状;②使用穿孔声阻抗表达式。

　　从理论上讲,详细描述真实孔的几何形状能够获得最高的精度,然而一些实际因素限制了这种方法的可应用性。首先,穿孔管的管壁通常较薄,为精确描述孔内的声场分布需要使用非常细的网格,这样会大大增加计算时间,当孔的数量较多时,这种处理方法很难得以实施。其次,由于孔附近区域的变化梯度大,确定最小网格尺寸的通用标准很难给出。

　　一种易于实现的替代方法就是使用穿孔声阻抗来表示穿孔表面两侧的声学量(声压和质点振速)。这种处理方法不仅能够获得较精确的计算结果,而且还可大大节省模拟和计算工作量。

　　使用穿孔声阻抗的模型试图充分描述穿孔表面两侧的平均属性,而不是精确描述表面上每一点的真实情况。穿孔表面的平均属性使用如下假设加以描述:在表面上的每一点存在一个局部法向速度,这一速度的幅值与穿孔表面两侧的局部声压差相关,这样的关系被表述为式(3.7.2)。这种处理方法的最大优点是不需要模拟所有孔的几何形状,而是把穿孔表面模拟成一个简单表面。其缺点在于这种处理是基于半经验方法,在某些情况下不能足够精确地表述物理现象。尽管如此,从下面的例子将能看到,这种处理方法仍可以获得足够精确的计算结果,使得这种方法极具实用价值。

由于该消声器具有对称性,这里只对 1/4 结构进行离散化处理。图 6.10.8 为有限元网格图。图 6.10.9 比较了传递损失实验测量结果和有限元法计算结果。在有限元计算中,穿孔声阻抗使用式(3.7.2)~式(3.7.5)。可以看出,使用穿孔声阻抗的有限元法计算结果与实验测量结果吻合良好,二者间的差异可以归结为:①穿孔声阻抗公式不够精确;②计算模型中忽略了介质的黏性效应等因素。

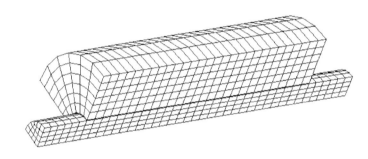

图 6.10.8　直通穿孔管消声器:有限元网格

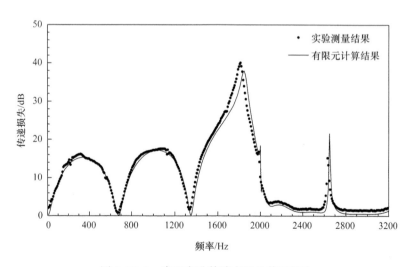

图 6.10.9　直通穿孔管消声器的传递损失

4. 三通穿孔管消声器

为了应用有限元法计算复杂消声器的声学性能,考虑如图 6.10.10 所示的三通穿孔管消声器,其具体尺寸如下:各段长度分别为 $l_a=l_b=27.9\text{mm}$、$l_c=150\text{mm}$、$l_d=102\text{mm}$、$l_p=274\text{mm}$,隔板厚度 $t_a=t_b=12.7\text{mm}$,腔体直径 $D=165.1\text{mm}$,三个穿孔管内径 $d_1=d_2=d_3=48.9\text{mm}$,相互分离 120°且偏离腔体轴线距离为 $\delta_1=\delta_2=\delta_3=39.7\text{mm}$,穿孔管壁厚 $t_w=0.8\text{mm}$,穿孔直径 $d_h=2.34\text{mm}$,穿孔率 $\phi=4.5\%$。声速为 343.7m/s。

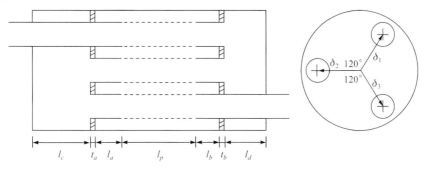

图 6.10.10 三通穿孔管消声器

图 6.10.11 为三通穿孔管消声器三维有限元模型的表面网格图。在有限元计算模型中,仍使用式(3.7.2)~式(3.7.5)来表示穿孔表面两侧的声学量。图 6.10.12 为使用有限元法计算得到的消声器传递损失结果与实验测量结果的比较。可以看出,使用穿孔声阻抗的有限元法计算结果与实验测量结果在整个频率范围内吻合良好,二者间的差异同样可以认为是由穿孔声阻抗公式的精度以及计算模型中忽略了介质的黏性效应等因素所致。

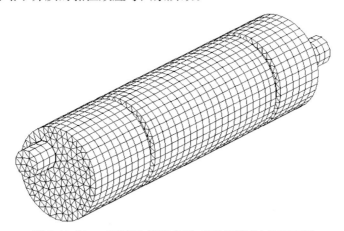

图 6.10.11 三通穿孔管消声器:有限元模型(表面网格)

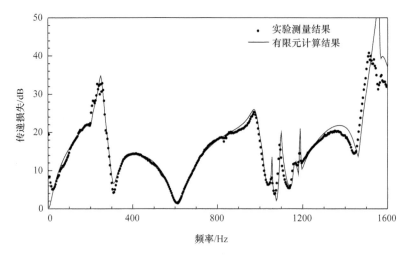

图 6.10.12   三通穿孔管消声器的传递损失

上述两个穿孔管消声器实例的计算结果表明,使用声阻抗模拟穿孔表面构成了一种行之有效的方法来替代模拟孔的真实几何形状。由于这种处理方法能大大节省计算时间,在通常情况下应是优先采用的方法。

在某些特殊情况下,要求高的计算精度或半经验模型可能失效(例如,只有数量不多的大孔,孔的分布不均匀,孔的直径不相等或孔的形状不同)。这时应考虑使用详细模拟孔的真实几何形状的处理方法。

5. 直通穿孔管阻性消声器

图 6.10.13 为直通穿孔管阻性消声器,其腔体长度和直径分别为 $l=257.2\mathrm{mm}$ 和 $D=164.4\mathrm{mm}$,穿孔管内径 $d=49.0\mathrm{mm}$,壁厚 $t_\mathrm{w}=0.9\mathrm{mm}$,穿孔直径 $d_\mathrm{h}=4.98\mathrm{mm}$,穿孔率 $\phi=8.4\%$。吸声材料为玻璃丝绵,填充密度为 $100\mathrm{g/L}$。声速为 $342.7\mathrm{m/s}$。

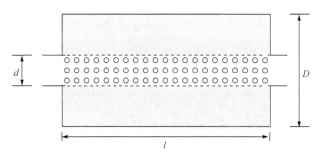

图 6.10.13   直通穿孔管阻性消声器

由于该消声器为轴对称结构,可以使用轴对称有限元法计算其声学性能。这里采用 8 节点四边形单元离散声学域,单元尺寸小于 9.5mm,有限元网格如图 6.10.14所示。另外,该消声器也可以被看作对称性结构,所以也可以使用三维有限元法计算其声学性能,这里只对 1/4 结构进行离散化处理。图 6.10.15 为三维有限元网格图。

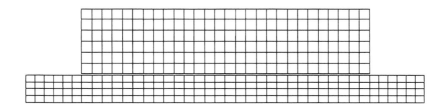

图 6.10.14 直通穿孔管阻性消声器:轴对称有限元网格

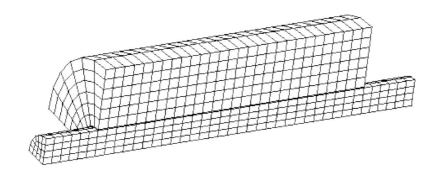

图 6.10.15 直通穿孔管阻性消声器:三维有限元模型

图 6.10.16 比较了该消声器传递损失的实验测量结果和有限元法计算结果。

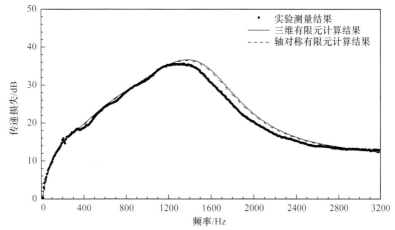

图 6.10.16 直通穿孔管阻性消声器的传递损失

在有限元计算中,穿孔声阻抗率使用式(3.7.16),声阻率使用式(3.7.3),端部修正系数使用式(3.7.5)。可以看出,有限元法计算结果与实验测量结果吻合良好,使用轴对称有限元法和三维有限元法计算得到的传递损失几乎一样。有限元法计算结果与实验测量结果间的差异可以归结为:①吸声材料分布不够均匀;②吸声材料复阻抗和复波数、穿孔声阻抗公式还不够精确;③计算模型中忽略了介质的黏性效应等因素。

6.11　本 章 小 结

有限元计算的第一个准备工作就是单元划分。应该注意的是,单元数量越多,准备工作量越大,所需的计算机内存越大,花费的计算时间越长。也就是说,这些方面与节点数量直接相关。一般来讲,单元上的节点数越多(高次单元),为求解声场所需的单元数量就会越少。另外,由于总体矩阵的大小与节点数成正比,所以使用高次单元所要求的计算时间和内存就会相应地增加。如果独立变量数(即节点数)为 N,那么内存要求与 N^2 成正比,迭代法求解时间与 N^2 成正比,因此在能够保证最高频率计算精度的前提下应尽量使用较少的节点数。单元最大尺寸的一般规则建议为:对于线性单元取 $\lambda_{min}/6$,对于二次单元取 $\lambda_{min}/3$,这里 λ_{min} 是指最短波长,也就是最高频率对应的波长。

与其他数值方法相比,有限元法具有如下优点:

(1) 由于对消声器的几何形状和介质特性没有限制,有限元法是一种比较通用的方法。

(2) 任何精度都可通过增加离散系统的单元数量来实现。

(3) 有限元法产生的是对称的正定带状矩阵,可以使用标准子程序求解,从而可以大大节省计算机的内存和计算时间。

然而,与解析方法相比,有限元法比较烦琐,计算时间长。因此,有限元法只是在消声器内部声场三维波效应起主导作用时才建议使用。

随着计算机技术和计算方法的发展,尤其是商业软件的问世,有限元法在消声器声学性能计算与分析中被广泛使用,已成为工程计算的主要工具。

参 考 文 献

[1] Young C I J, Crocker M J. Prediction of transmission loss in mufflers by the finite element method. Journal of the Acoustical Society of America, 1975, 57(1):144-148.

[2] Kagawa Y, Omote T. Finite-element simulation of acoustic filters of arbitrary profile with circular cross section. Journal of the Acoustical Society of America, 1976, 60(5):1003-1013.

[3] Young C I J, Crocker M J. Acoustic analysis, testing and design of flow-reversing muffler

chambers. Journal of the Acoustical Society of America,1976,60(5):1111-1118.

[4] Craggs A. A finite element method for damped acoustic systems: An application to evaluate the performance of reactive mufflers. Journal of Sound and Vibration,1976,48(3):377-392.

[5] Kagawa Y, Yamabuchi T, Mori A. Finite element simulation of An axi-symmetric acoustic transmission system with a sound absorbing wall. Journal of Sound and Vibration, 1977, 53 (3):357-374.

[6] Young C I J, Crocker M J. Finite element analysis of complex muffler systems with or without wall vibrations. Noise Control Engineering Journal,1977,9(2):86-93.

[7] Craggs A. A finite element method for modeling dissipation mufflers with a locally reactive lining. Journal of Sound and Vibration,1977,54(2):285-296.

[8] Astley R J, Eversman W. A finite element method for transmission in non-uniform ducts without flow: Comparison with the method of weighted residuals. Journal of Sound and Vibration,1978,57(3):367-388.

[9] Astley R J, Eversman W. A finite element formulation of the eigenvalue problem in lined ducts with flow. Journal of Sound and Vibration,1979,65(1):61-74.

[10] Astley R J, Eversman W. The finite element duct eigenvalue problem: An improved formulation with Hermitian element and no-flow condensation. Journal of Sound and Vibration, 1980,69(1):13-25.

[11] Kagawa Y, Yamabuchi T, Yoshikawa T. Finite element approach to acoustic transmission radiation systems and application to horn and silencer design. Journal of Sound and Vibration,1980,69(2):207-228.

[12] Ross D F. A finite element analysis of parallel-coupled acoustic systems. Journal of Sound and Vibration,1980,69(4):509-518.

[13] Astley R J, Eversman W. Acoustic transmission in non-uniform ducts with mean flow. Part II:The finite element method. Journal of Sound and Vibration,1981,74(1):103-121.

[14] Ross D F. A finite element analysis of perforated component acoustic systems. Journal of Sound and Vibration,1981,79(1):133-143.

[15] Peat K S. Evaluation of four-pole parameters for ducts with flow by the finite element method. Journal of Sound and Vibration,1982,84(3):389-395.

[16] Kristiansen U R, Johansen T F. Finite element study on the optimum shape of simple reactive expansion chambers. Journal of Sound and Vibration,1986,105(2):347-350.

[17] Astley R J, Cummings A. A finite element scheme for attenuation in ducts lined with porous material: Comparison with experiment. Journal of Sound and Vibration, 1987, 116 (2): 239-263.

[18] Christiansen P S, Krenk S. A recursive finite element technique for acoustic fields in pipes with absorption. Journal of Sound and Vibration,1988,122(1):107-118.

[19] Craggs A. The application of the transfer matrix and matrix condensation methods with finite elements to duct acoustics. Journal of Sound and Vibration,1989,132(3):393-402.

[20] Sahasrabudhe A D, Anantha Ramu S, Munjal M L. Matrix condensation and transfer matrix techniques in the 3-D analysis of expansion chamber mufflers. Journal of Sound and Vibration, 1991, 147(3): 371-394.

[21] Peat K S, Rathi K L. A finite element analysis of the convected acoustic wave motion in dissipative silencers. Journal of Sound and Vibration, 1995, 184(3): 529-545.

[22] Astley R J, Cummings A. Wave propagation in catalytic converters: Formulation of the problem and finite element solution scheme. Journal of Sound and Vibration, 1995, 188(5): 635-657.

[23] Cummings A, Astley R J. Finite element computation of attenuation in bar-silencer and comparison with measured data. Journal of Sound and Vibration, 1996, 196(3): 351-369.

[24] Peyret C, Elias G. Finite-element method to study harmonic aeroacoustics problems. Journal of the Acoustical Society of America, 2001, 110(2): 661-668.

[25] Tsuji T, Tsuchiya T, Kagawa Y. Finite element and boundary element modeling for the acoustic wave transmission in mean flow medium. Journal of Sound and Vibration, 2002, 255 (5): 849-866.

[26] Treyssede F, Gabard G, Tahar M B. A mixed finite element method for acoustic wave propagation in moving fluids based on an Eulerian-Lagrangian description. Journal of the Acoustical Society of America, 2003, 113(2): 705-716.

[27] Bilawchuk S, Fyfe K R. Comparison and implementation of the various numerical methods used for calculating transmission loss in silencer systems. Applied Acoustics, 2003, 64(9): 903-916.

[28] Barbieri R, Barbieri N, de Lima K F. Application of galerkin-FEM and the improved four-pole parameter method to predict acoustic performance of expansion chambers. Journal of Sound and Vibration, 2004, 276(3-5): 1101-1107.

[29] Mehdizadeh O Z, Paraschivoiu M. A three-dimensional finite element approach for predicting the transmission loss in mufflers and silencers with no mean flow. Applied Acoustics, 2005, 66(8): 902-918.

[30] Barbieri R, Barbieri N. Finite element acoustic simulation based shape optimization of a muffler. Applied Acoustics, 2006, 67(4): 346-357.

[31] Thompson L L. A review of finite-element methods for time-harmonic acoustics. Journal of the Acoustical Society of America, 2006, 119(3): 1315-1330.

[32] 王治国. MSC. ACTRA 工程声学有限元分析理论与应用. 北京: 国防工业出版社, 2007.

[33] Poirier B, Ville J M, Maury C, et al. Bicylindrical model of Herschel-Quincke tube-duct system: Theory and comparison with experiment and finite element method. Journal of the Acoustical Society of America, 2009, 126(3): 1151-1162.

[34] 徐贝贝, 季振林. 穿孔管阻性消声器声学特性的有限元分析. 振动与冲击, 2010, 29(3): 58-62.

[35] 徐贝贝, 季振林. 有三维势流时消声器声学特性预测的有限元法. 内燃机工程, 2010, 31 (5): 97-102.

［36］刘丽媛,季振林. 涡轮增压发动机进气消声器设计与声学性能数值分析. 振动与冲击,
　　　2011,30(10):193-196.

［37］Fang Z,Ji Z L. Finite element analysis of transversal modes and acoustic attenuation charac-
　　　teristics of perforated tube silencers. Noise Control Engineering Journal, 2012, 60 (3):
　　　340-349.

［38］Denia F D, Martínez-Casas J, Baeza L, et al. Acoustic modelling of exhaust devices with
　　　nonconforming finite element meshes and transfer matrices. Applied Acoustics, 2012, 73
　　　(8):713-722.

［39］Hua X, Herrin D W, Wu T W, et al. Simulation of diesel particulate filters in large exhaust
　　　systems. Applied Acoustics,2013,74(12):1326-1332.

［40］Liu C, Ji Z L, Fang Z. Numerical analysis of acoustic attenuation and flow resistance of
　　　double expansion chamber silencers. Noise Control Engineering Journal, 2013, 61 (5):
　　　487-499.

［41］Kirby R, Amott K, Williams P T, et al. On the acoustic performance of rectangular splitter
　　　silencers in the presence of mean flow. Journal of Sound and Vibration, 2014, 333 (24):
　　　6295-6311.

［42］Zienkiewicz O C, Taylor R L. The Finite Element Method. Volume 1: The Basis. 5th Ed.
　　　Singapore: Elsevier, 2005.

第7章 边界元法

边界元法是在边界积分方程法的基础上吸收了有限元法的离散化技术发展起来的一种数值方法,在声学领域得到了广泛应用[1~4]。Chen 和 Schweikert[5]首先将边界积分方程法应用于计算声辐射问题,此后大量研究论文相继发表[6~10]。20世纪 80 年代中期,Tanaka 和 Fujikawa[11]、Seybert 和 Cheng[12]将边界元法引入消声器声学性能计算和分析中,从此边界元法在这一领域内被广泛使用,并有多篇研究论文被发表[13~33]。

边界元法可分为直接边界元法和间接边界元法两种。直接边界元法使用的变量是声压,可以单独求解内部域或外部域中的亥姆霍兹方程,其主要特点是既可以使用连续性单元(如线性和二次单元),也可以使用非连续性单元(如常量单元)。相比之下,间接边界元法使用的变量是边界两侧的声压差,要求在内部域和外部域中联合来求解亥姆霍兹方程,且只能使用连续性单元。一般来讲,间接边界元法比直接边界元法花费较多的 CPU 计算时间形成代数方程组,但方程组是对称的,而直接边界元法所形成的代数方程组是非对称的。本章只介绍直接边界元法。

7.1 边界积分方程的建立

边界元法是把控制微分方程变换成边界上的积分方程,然后进行边界离散并求数值解。为建立积分方程需要应用格林公式把区域 Ω 中的体积积分与边界 Γ 上的面积积分联系起来。假设函数 p 和 p^* 在包含边界在内的整个区域内二阶连续可微,则格林公式可以表示为[1~5]

$$\int_{\Omega}\left[p^* \nabla^2 p - p \nabla^2 p^*\right]\mathrm{d}\Omega = \int_{\Gamma}\left[p^*\frac{\partial p}{\partial n} - p\frac{\partial p^*}{\partial n}\right]\mathrm{d}\Gamma \tag{7.1.1}$$

取 p 为声压,即满足亥姆霍兹方程(1.2.12);p^* 为亥姆霍兹方程的基本解(自由空间的格林函数),即 p^* 满足方程

$$\nabla^2 p^* + k^2 p^* + \delta_i = 0 \tag{7.1.2}$$

其中,δ_i 为 Dirac delta 函数,对于三维问题,

$$p^* = \exp(-\mathrm{j}kR)/(4\pi R) \tag{7.1.3}$$

$$R = \left[(x-x_i)^2 + (y-y_i)^2 + (z-z_i)^2\right]^{1/2} \tag{7.1.4}$$

为源点 (x_i, y_i, z_i) 到场点 (x, y, z) 间的距离。

将式(1.2.12)和式(7.1.2)代入式(7.1.1)可得到如下积分方程:

$$p_i + \int_\Gamma p\,\frac{\partial p^*}{\partial n}\,\mathrm{d}\Gamma = \int_\Gamma p^*\,\frac{\partial p}{\partial n}\,\mathrm{d}\Gamma \tag{7.1.5}$$

积分方程(7.1.5)将区域内 i 点的声压 p_i 和边界上的声压 p 及其外法向导数联系起来,对区域 Ω 内任意点都适用。

为了求出边界上的声压及其导数值,需将 i 点移到边界上。由于当 $R \to 0$ 时,基本解 p^* 及其导数将产生奇异性,为此进行如下处理。

以 i 点为球心,作半径为 ε 的球面,如图 7.1.1 所示,这样 i 点仍是内点。于是可把边界分成两部分考虑,一部分是鼓起部分的球面 Γ_ε,另一部分是其余界面 Γ'。对于新界面 $\Gamma_\varepsilon + \Gamma'$ 来讲,因为 i 是内点,式(7.1.5)仍适用,所以有

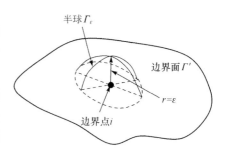

图 7.1.1 i 点在边界上的处理

$$p_i + \lim_{\varepsilon\to 0}\int_{\Gamma_\varepsilon} p\,\frac{\partial p^*}{\partial n}\,\mathrm{d}\Gamma + \lim_{\varepsilon\to 0}\int_{\Gamma'} p\,\frac{\partial p^*}{\partial n}\,\mathrm{d}\Gamma = \lim_{\varepsilon\to 0}\int_{\Gamma_\varepsilon} p^*\,\frac{\partial p}{\partial n}\,\mathrm{d}\Gamma + \lim_{\varepsilon\to 0}\int_{\Gamma'} p^*\,\frac{\partial p}{\partial n}\,\mathrm{d}\Gamma \tag{7.1.6}$$

将基本解式(7.1.3)代入式(7.1.6),考虑 $\varepsilon \to 0$ 时的极限,有

$$\lim_{\varepsilon\to 0}\int_{\Gamma_\varepsilon} p\,\frac{\partial p^*}{\partial n}\,\mathrm{d}\Gamma = \lim_{\varepsilon\to 0}\int_{\Gamma_\varepsilon} p\left[-\frac{\exp(-jkR)}{4\pi R^2}(1+jkR)\right]R^2\,\mathrm{d}\theta = -\frac{\theta'}{4\pi}p_i \tag{7.1.7}$$

其中,θ' 为鼓起部分球面对 i 点所张的立体角;p_i 为 i 点处的声压值。

$$\lim_{\varepsilon\to 0}\int_{\Gamma'} p\,\frac{\partial p^*}{\partial n}\,\mathrm{d}\Gamma = \int_\Gamma p\,\frac{\partial p^*}{\partial n}\,\mathrm{d}\Gamma \tag{7.1.8}$$

$$\lim_{\varepsilon\to 0}\int_{\Gamma_\varepsilon} p^*\,\frac{\partial p}{\partial n}\,\mathrm{d}\Gamma = \lim_{\varepsilon\to 0}\int_{\Gamma_\varepsilon} \frac{\partial p}{\partial n}\left[\frac{\exp(-jkR)}{4\pi R}\right]R^2\,\mathrm{d}\theta = 0 \tag{7.1.9}$$

$$\lim_{\varepsilon\to 0}\int_{\Gamma'} \frac{\partial p}{\partial n}p^*\,\mathrm{d}\Gamma = \int_\Gamma \frac{\partial p}{\partial n}p^*\,\mathrm{d}\Gamma \tag{7.1.10}$$

将式(7.1.7)~式(7.1.10)代入式(7.1.6),得

$$C_i p_i + \int_\Gamma p\,\frac{\partial p^*}{\partial n}\,\mathrm{d}\Gamma = \int_\Gamma p^*\,\frac{\partial p}{\partial n}\,\mathrm{d}\Gamma \tag{7.1.11}$$

将声压的外法向导数 $(\partial p/\partial n)$ 用外法向质点振速 $\boldsymbol{u}$ 来代替,则式(7.1.11)变成

$$C_i p_i + \int_\Gamma p\,\frac{\partial p^*}{\partial n}\,\mathrm{d}\Gamma = -jkz_0\int_\Gamma p^*\boldsymbol{u}\,\mathrm{d}\Gamma \tag{7.1.12}$$

其中,$j = \sqrt{-1}$ 为虚数单位;z_0 为介质的特性阻抗;

$$C_i = 1 - \theta'/(4\pi) = \theta/(4\pi) \tag{7.1.13}$$

为边角系数,取决于 i 点所处的边界情况,θ 为 i 点向区域内所张的立体角。当 i 点在光滑表面上时,$C_i = 1/2$;对于更一般情况,C_i 也可由下式计算:

$$C_i = \int_\Gamma \frac{\partial}{\partial n}\left(\frac{1}{4\pi R}\right)\mathrm{d}\Gamma \tag{7.1.14}$$

式(7.1.12)是边界上的声压及其外法向质点振速之间的关系式,称为边界积分方程。边界元法是在给定的边界条件下数值求解式(7.1.12),由于边界积分方程是分析对象,可以使所考虑的问题降低一维进行处理。

7.2　边界积分方程的离散化

为了数值求解边界积分方程,需要将声学域的边界划分成有限个单元,用这些单元来表示边界的形状。由于三维问题的边界是曲面,离散时需使用二维面单元,常用的二维面单元有三角形和四边形两种。按照插值阶次又可分为常量单元、线性单元、二次单元等。

将边界离散成 N_e 个单元,则边界积分方程(7.1.12)变成

$$C_i p_i + \sum_{e=1}^{N_e} \int_{\Gamma_e} p \frac{\partial p^*}{\partial n}\mathrm{d}\Gamma = -\mathrm{j}kz_0 \sum_{e=1}^{N_e}\int_{\Gamma_e}\boldsymbol{u}p^*\mathrm{d}\Gamma \tag{7.2.1}$$

其中,Γ_e 为单元 e 的边界。

单元内任一点的坐标和变量可用节点处的坐标和变量通过插值来表示,即

$$\begin{cases} x(\xi,\eta) = \sum_{\alpha=1}^n N'_\alpha(\xi,\eta)x_\alpha \\ y(\xi,\eta) = \sum_{\alpha=1}^n N'_\alpha(\xi,\eta)y_\alpha \\ z(\xi,\eta) = \sum_{\alpha=1}^n N'_\alpha(\xi,\eta)z_\alpha \end{cases} \tag{7.2.2}$$

$$\begin{cases} p(\xi,\eta) = \sum_{\alpha=1}^n N_\alpha(\xi,\eta)p_\alpha^{(e)} \\ \boldsymbol{u}(\xi,\eta) = \sum_{\alpha=1}^n N_\alpha(\xi,\eta)\boldsymbol{u}_\alpha^{(e)} \end{cases} \tag{7.2.3}$$

其中,$(x_\alpha,y_\alpha,z_\alpha)$ 为节点 α 处的坐标;$p_\alpha^{(e)}$ 和 $\boldsymbol{u}_\alpha^{(e)}$ 为单元 e 上节点 α 处的声压和外法向质点振速;n 为单元的节点数;$N'_\alpha(\xi,\eta)$ 和 $N_\alpha(\xi,\eta)$ 分别为对坐标和变量所使用的插值函数(或形函数),它们可以取相同的表达式也可以取不相同的表达式,如果 $N'_\alpha(\xi,\eta)$ 和 $N_\alpha(\xi,\eta)$ 取相同的表达式,则这种单元称为等参数单元;(ξ,η) 为单元

内的局部坐标。

对于给定的 i 点,可以得到如下离散化方程:

$$C_i p_i + \sum_{e=1}^{N_e} \sum_{a=1}^{n} h_{ia}^{(e)} p_a^{(e)} = -\mathrm{j}kz_0 \sum_{e=1}^{N_e} \sum_{a=1}^{n} g_{ia}^{(e)} \boldsymbol{u}_a^{(e)} \qquad (7.2.4)$$

其中

$$h_{ia}^{(e)} = \int_{\Gamma_e} N_a \frac{\partial p^*}{\partial n} \mathrm{d}\Gamma \qquad (7.2.5)$$

$$g_{ia}^{(e)} = \int_{\Gamma_e} N_a p^* \mathrm{d}\Gamma \qquad (7.2.6)$$

称为影响系数,体现了节点 i 与单元 e 上节点 a 之间的联系。式(7.2.4)可以整理成

$$C_i p_i + \sum_{j=1}^{N} \hat{H}_{ij} p_j = -\mathrm{j}kz_0 \sum_{j=1}^{N} G_{ij} \boldsymbol{u}_j \qquad (7.2.7)$$

其中,$\hat{H}_{ij}$ 和 G_{ij} 分别为节点 j 处与其有关的 $h_{ia}^{(e)}$ 和 $g_{ia}^{(e)}$ 的系数之和;N 为边界上的节点总数。式(7.2.7)可以进一步表示为

$$\sum_{j=1}^{N} H_{ij} p_j = -\mathrm{j}\rho_0\omega \sum_{j=1}^{N} G_{ij}\boldsymbol{u}_j \qquad (7.2.8)$$

其中

$$H_{ij} = \begin{cases} \hat{H}_{ij}, & i \neq j \\ \hat{H}_{ij} + C_i, & i = j \end{cases} \qquad (7.2.9)$$

对于边界上所有 N 个节点,可得到 N 个方程,用矩阵的形式表示为

$$[H]\{P\} = -\mathrm{j}kz_0[G]\{U\} \qquad (7.2.10)$$

其中,$[H]$ 和 $[G]$ 是 $N \times N$ 阶的系数矩阵;$\{P\}$ 和 $\{U\}$ 是边界节点上的声压及其外法向质点振速组成的列向量。

应用边界条件,若 N 个 p 和 N 个 u 中只有 N 个独立的未知量,便可求解该方程。把所有未知量移到等式左侧,用 x 表示未知量,则有

$$[A]\{X\} = \{F\} \qquad (7.2.11)$$

其中,$[A]$ 为 $N \times N$ 阶的矩阵;$\{X\}$ 和 $\{F\}$ 为 N 阶列向量。求解上述方程组,就可以得到所有边界节点上的 p 和 $\boldsymbol{u}$ 值。

在求得所有边界节点上的 p 和 $\boldsymbol{u}$ 值后,区域内任一点的声压可由积分方程(7.1.5)的离散化形式来计算,u 值可由式(7.1.5)的导数得到,即

$$\boldsymbol{u}_i = \int_{\Gamma} \boldsymbol{u} \frac{\partial p^*}{\partial n} \mathrm{d}\Gamma + \frac{1}{\mathrm{j}kz_0} \int_{\Gamma} p \frac{\partial^2 p^*}{\partial n^2} \mathrm{d}\Gamma \qquad (7.2.12)$$

7.3　影响系数的计算

对于四边形单元和三角形单元,单元内节点的编码应遵循右手法则:即在右手坐标系中,节点的排列按照 1→2→3→…的顺序转动时,拇指应指向声学域的外法向。下面分别给出使用四边形等参数单元和三角形等参数单元离散时影响系数的计算公式。

7.3.1　采用四边形等参数单元时的影响系数

图 7.3.1 为 4 节点四边形单元及其变换,相应的形函数为

$$N_a(\xi,\eta)=\frac{1}{4}(1+\xi_a\xi)(1+\eta_a\eta),\quad \alpha=1,2,3,4 \tag{7.3.1}$$

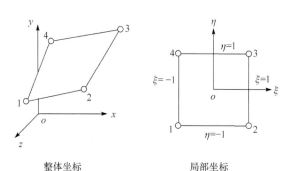

整体坐标　　　　　　　　局部坐标

图 7.3.1　4 节点四边形单元及其变换

图 7.3.2 为 8 节点四边形单元及其变换,相应的形函数为

$$N_a(\xi,\eta)=\begin{cases}\dfrac{1}{4}(1+\xi_a\xi)(1+\eta_a\eta)(-1+\xi_a\xi+\eta_a\eta),&\alpha=1,3,5,7\\[2mm]\dfrac{1}{2}(1+\eta_a\eta+\xi_a\xi)(1-\xi_a^2\eta^2-\eta_a^2\xi^2),&\alpha=2,4,6,8\end{cases} \tag{7.3.2}$$

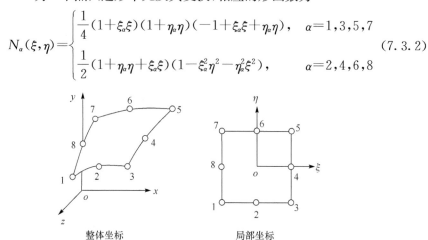

整体坐标　　　　　　　　局部坐标

图 7.3.2　8 节点四边形单元及其变换

图 7.3.3 为 9 节点四边形单元及其变换,相应的形函数为

$$N_a(\xi,\eta)=\begin{cases}\dfrac{1}{4}(\xi_a\xi)(\eta_a\eta)(1+\xi_a\xi)(1+\eta_a\eta), & a=1,3,5,7 \\[2mm] \dfrac{1}{2}(\xi_a\xi+\eta_a\eta)(1+\xi_a\xi+\eta_a\eta)(1-\xi_a^2\eta^2-\eta_a^2\xi^2), & a=2,4,6,8 \\[2mm] (1-\xi^2)(1-\eta^2), & a=9 \end{cases}$$

$$(7.3.3)$$

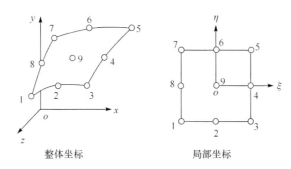

整体坐标　　　　　　　　　　局部坐标

图 7.3.3　9 节点四边形单元及其变换

为了计算影响系数,首先需要把积分变量从整体坐标系变换到局部坐标系。如图 7.3.4 所示,单元上任意点 (ξ,η) 切线矢量为

$$\frac{\partial \boldsymbol{r}}{\partial \xi}=\left(\frac{\partial x}{\partial \xi},\frac{\partial y}{\partial \xi},\frac{\partial z}{\partial \xi}\right) \qquad (7.3.4a)$$

$$\frac{\partial \boldsymbol{r}}{\partial \eta}=\left(\frac{\partial x}{\partial \eta},\frac{\partial y}{\partial \eta},\frac{\partial z}{\partial \eta}\right) \qquad (7.3.4b)$$

于是,外法线方向表示为

$$\boldsymbol{n}_0=\frac{\partial \boldsymbol{r}}{\partial \xi}\times\frac{\partial \boldsymbol{r}}{\partial \eta}=\begin{vmatrix} \boldsymbol{i} & \boldsymbol{j} & \boldsymbol{k} \\[1mm] \dfrac{\partial x}{\partial \xi} & \dfrac{\partial y}{\partial \xi} & \dfrac{\partial z}{\partial \xi} \\[2mm] \dfrac{\partial x}{\partial \eta} & \dfrac{\partial y}{\partial \eta} & \dfrac{\partial z}{\partial \eta} \end{vmatrix}=(g_1,g_2,g_3)$$

$$(7.3.5)$$

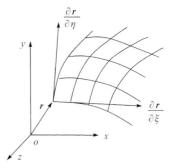

图 7.3.4　三维问题的坐标系

微元面积表示为

$$\mathrm{d}\varGamma=\left|\frac{\partial \boldsymbol{r}}{\partial \xi}\times\frac{\partial \boldsymbol{r}}{\partial \eta}\right|\mathrm{d}\xi\mathrm{d}\eta=|J|\mathrm{d}\xi\mathrm{d}\eta \qquad (7.3.6)$$

其中

$$|J|=(g_1^2+g_2^2+g_3^2)^{1/2} \qquad (7.3.7)$$

因此,外法向单位矢量为

$$\boldsymbol{n} = \boldsymbol{n}_0 / |J| \qquad (7.3.8)$$

把以上关系式代入式(7.2.5)和式(7.2.6),得到局部坐标系(ξ,η)下的影响系数计算公式为

$$h_{ia}^{(e)} = \int_{-1}^{1} \int_{-1}^{1} N_a \frac{\partial}{\partial n} [\exp(-jkR)/(4\pi R)] |J_e| d\xi d\eta \qquad (7.3.9)$$

$$g_{ia}^{(e)} = \int_{-1}^{1} \int_{-1}^{1} N_a [\exp(-jkR)/(4\pi R)] |J_e| d\xi d\eta \qquad (7.3.10)$$

当节点i不在单元e上时,式(7.3.9)和式(7.3.10)的被积函数是非奇异的,可用标准高斯数值积分公式计算。

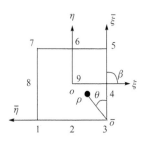

图 7.3.5　单元内的坐标变换

当节点i在单元e上时,即i点是单元e上的一个节点,此时$h_{ia}^{(e)}$的被积函数具有$1/R^2$的奇异性,$g_{ia}^{(e)}$的被积函数具有$1/R$的奇异性,从而产生奇异积分问题,这些奇异积分直接影响边界元法的计算精度,因此必须对其进行妥善处理。下面以9节点单元为例,采用极坐标变换法消除被积函数的奇异性。

把奇异点在局部单元上的编号记为$i1$,将$\xi o \eta$坐标系平移到$i1$点,并旋转β角,然后以$i1$为极点,$\bar{o}\bar{\xi}$为极轴建立极坐标系(以$i1=3$为例,如图 7.3.5 所示),则有

$$\begin{cases} \xi = \xi_{i1} + \rho\cos(\beta+\theta) \\ \eta = \eta_{i1} + \rho\sin(\beta+\theta) \end{cases} \qquad (7.3.11)$$

其中

$$\beta = \mathrm{int}\left(\frac{i1-1}{2}\right)(\pi/2) \qquad (7.3.12)$$

int()表示取截尾整数。将式(7.3.12)代入形函数(7.3.3)得

$$N_a = \begin{cases} \rho\bar{N}_a(\rho,\theta), & \alpha \neq i1 \\ 1 + \rho\bar{N}_{i1}(\rho,\theta), & \alpha = i1 \end{cases} \qquad (7.3.13)$$

将式(7.3.13)代入式(7.2.2)可得

$$\begin{cases} x - x_i = \rho X(\rho,\theta) \\ y - y_i = \rho Y(\rho,\theta) \\ z - z_i = \rho Z(\rho,\theta) \end{cases} \qquad (7.3.14)$$

其中

$$
\begin{cases}
X(\rho,\theta) = -\sum_{a=1}^{9} \overline{N}_a(\rho,\theta) x_a \\[2mm]
Y(\rho,\theta) = -\sum_{a=1}^{9} \overline{N}_a(\rho,\theta) y_a \\[2mm]
Z(\rho,\theta) = -\sum_{a=1}^{9} \overline{N}_a(\rho,\theta) z_a
\end{cases}
\qquad (7.3.15)
$$

由式(7.3.15)及几何意义可知,当 $\rho \to 0$ 时,X、Y、Z 并不同时为零,而 $R \to 0$。

将式(7.3.14)代入式(7.1.4),得

$$
R = \rho \overline{R}(\rho,\theta) \qquad (7.3.16)
$$

其中,$\overline{R}(\rho,\theta) = [X^2 + Y^2 + Z^2]^{1/2}$。这样,式(7.3.9)和式(7.3.10)的积分变为

$$
h_{ia}^{(e)} = \begin{cases}
\displaystyle\iint_{\Gamma'_e} \overline{N}_a f_1(\rho,\theta) |J'_e| \,\mathrm{d}\rho\mathrm{d}\theta, & \alpha \neq i1 \\[3mm]
\displaystyle\iint_{\Gamma'_e} (1/\rho + \overline{N}_a) f_1(\rho,\theta) |J'_e| \,\mathrm{d}\rho\mathrm{d}\theta, & \alpha = i1
\end{cases}
\qquad (7.3.17)
$$

$$
g_{ia}^{(e)} = \int_{\Gamma'_e} N_a f_2(\rho,\theta) |J'_e| \,\mathrm{d}\rho\mathrm{d}\theta \qquad (7.3.18)
$$

其中

$$
f_1(\rho,\theta) = -\exp(-\mathrm{j}kR)(1+\mathrm{j}kR)[X\cos(\boldsymbol{n},x) + Y\cos(\boldsymbol{n},y) + Z\cos(\boldsymbol{n},z)]/(4\pi\overline{R}^3)
$$
$$
\qquad (7.3.19)
$$

$$
f_2(\rho,\theta) = -\exp(-\mathrm{j}kR)/(4\pi\overline{R}) \qquad (7.3.20)
$$

Γ'_e 为变换后的 Γ_e;$|J'_e|$ 为将式(7.3.11)代入 $|J_e|$ 后的结果。

对于 Γ'_e 区域,在进行极坐标变换时,需将其划分成若干个三角形子区域以进行积分计算。当 $i1$ 为角点 1、3、5、7 时,需将 Γ'_e 分成两个三角形子区域,如图 7.3.6(a)所示;当 $i1$ 为边上中节点 2、4、6、8 时,需将其分成三个三角形区域,如图 7.3.6(b)所示;当 $i1$ 为中心节点 9 时,需将其分成四个三角形子区域,如图 7.3.6(c)所示。

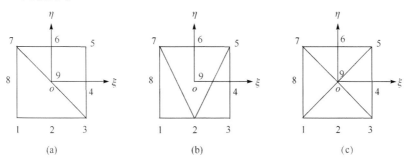

图 7.3.6　9 节点单元的积分区域划分

显然,式(7.3.17)的第一式和式(7.3.18)是没有任何奇异性的常规积分。对于每个三角形子区域,可用下面的高斯数值积分公式计算:

$$\int_a^b \mathrm{d}y \int_0^{g(y)} f(x,y)\mathrm{d}x = \frac{b-a}{2}\sum_{i=1}^n \left\{ \frac{\omega_i}{2}\Big[g\Big(\frac{b+a}{2}+\frac{b-a}{2}\xi_i\Big) \right.$$
$$\left. \times \sum_{j=1}^n \omega_i f\Big(g\Big(\frac{b+a}{2}+\frac{b-a}{2}\xi_i\Big)\frac{1+\zeta_i}{2}, \frac{b+a}{2}+\frac{b-a}{2}\xi_i\Big)\Big]\right\}$$

$$(7.3.21)$$

式(7.3.17)的第二式中的被积函数仍具有 $1/\rho$ 的奇异性,但该项仅对$[H]$的对角元素 H_{ii} 项有贡献,因此可不直接处理此式,而需通过寻找一个满足控制方程的特解来计算 H_{ii},这样也就等于间接地计算了 $h_{ia}^{(e)}$。例如,取

$$p(z)=\exp(-\mathrm{j}kz)$$
$$\boldsymbol{u}(z)=-\frac{1}{\mathrm{j}\rho_0\omega}\frac{\partial p}{\partial n}=\frac{1}{z_0}\exp(-\mathrm{j}kz)\cos(\boldsymbol{n},z)$$

把上述两式代入式(7.2.8),可得

$$H_{ii}=\frac{1}{p_i}\left(-\mathrm{j}kz_0\sum_{j=1}^N G_{ij}\boldsymbol{u}_j - \sum_{j=1,j\neq i}^N H_{ij}p_j\right) \qquad (7.3.22)$$

因为计算 C_i 的目的就是求得系数 H_{ii},现在 H_{ii} 已经得到,所以就没有必要计算 C_i 了。显然,特解法的使用还避免了直接计算边角系数的问题。

对于4节点四边单元,同样可以采用极坐标变换式(7.3.11),取 $\beta=(i1-1)(\pi/2)$。处理方法与9节点单元相同。

对于8节点四边形单元,处理方法与9节点单元的处理方法相同。

7.3.2　采用三角形等参数单元时的影响系数

三角形单元使用面积坐标作为局部坐标。图7.3.7为3节点三角形单元及其变换,相应的形函数为

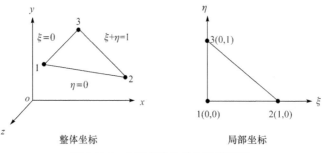

图7.3.7　3节点线性单元及其变换

$$\begin{cases} N_1(\xi,\eta)=1-\xi-\eta \\ N_2(\xi,\eta)=\xi \\ N_3(\xi,\eta)=\eta \end{cases} \tag{7.3.23}$$

图 7.3.8 为 6 节点三角形单元及其变换,相应的形函数为

$$\begin{cases} N_1=(1-\xi-\eta)(1-2\xi-2\eta) \\ N_2=4\xi(1-\xi-\eta) \\ N_3=\xi(2\xi-1) \\ N_4=4\xi\eta \\ N_5=\eta(2\eta-1) \\ N_6=4\eta(1-\xi-\eta) \end{cases} \tag{7.3.24}$$

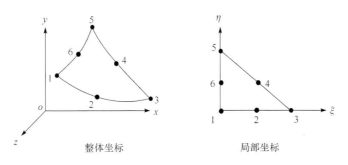

整体坐标　　　　　　　　　　局部坐标

图 7.3.8　6 节点二次单元及其变换

将式(7.3.23)或式(7.3.24)代入式(7.2.5)和式(7.2.6),得到局部坐标(面积坐标)系下影响系数计算公式为

$$h_{ia}^{(e)} = \int_0^1 \int_0^{1-\xi} N_a \frac{\partial}{\partial n} \big[\exp(-\mathrm{j}kR)/(4\pi R) \big] |J_e| \mathrm{d}\xi\mathrm{d}\eta \tag{7.3.25}$$

$$g_{ia}^{(e)} = \int_0^1 \int_0^{1-\xi} N_a \big[\exp(-\mathrm{j}kR)/(4\pi R) \big] |J_e| \mathrm{d}\xi\mathrm{d}\eta \tag{7.3.26}$$

当节点 i 不在单元 e 上时,式(7.3.25)和式(7.3.26)的被积函数是非奇异的,可以使用二维 Hammer 积分公式计算。

当节点 i 在单元 e 上时,即 i 点是单元 e 上的一个节点,此时 $h_{ia}^{(e)}$ 的被积函数具有 $1/R^2$ 的奇异性,$g_{ia}^{(e)}$ 的被积函数具有 $1/R$ 的奇异性。对于奇异积分问题的处理,可以采用极坐标变换法消除被积函数的奇异性,具体处理方法与四边形单元的处理方法相似,在此不再赘述。

7.3.3 棱边和角点的处理

在多数实际问题中存在棱边(两曲面的交线)和角点(三曲面的交点)之类的间断(以下简称为棱角)。在棱角处法线方向是多值的,质点振速不连续,因此有必要对棱角问题进行妥善处理。

处理棱角问题最直接的方法就是在棱角处配置多重节点,这些节点具有相同的坐标,但分别属于不同的边界单元,具有不同的外法线方向和边界条件。

上述处理方法虽然简单,但当棱角较多时,无疑会增加方程组的维数,从而增加求解方程组所需要的时间。下面结合消声器声学问题的特点给出一种处理棱角问题的有效方法。

设节点 m 与三个边界单元相接,由于消声器边界上的声压 p 是连续的,而法向质点振速 u 是不连续的,可将其区分为三个不同的值 $u_m^{(1)}$、$u_m^{(2)}$ 和 $u_m^{(3)}$,分属于三个单元上节点 m 处的 u 值。对于消声器内部声学问题,已知的边界条件是法向质点振速或声阻抗,因此上述四个量中只有一个独立的未知量,这样处理后并不影响问题的求解。于是,式(7.2.10)可以表示成如下形式:

$$
\begin{bmatrix} H_{11} \cdots H_{1m} \cdots H_{1N} \\ \vdots \quad\vdots \quad\vdots \\ H_{i1} \cdots H_{im} \cdots H_{iN} \\ \vdots \quad\vdots \quad\vdots \\ H_{N1} \cdots H_{Nm} \cdots H_{NN} \end{bmatrix} \begin{Bmatrix} p_1 \\ \vdots \\ p_m \\ \vdots \\ p_N \end{Bmatrix} = -\mathrm{j}kz_0 \begin{bmatrix} G_{11} \cdots G_{1m}^{(1)} G_{1m}^{(2)} G_{1m}^{(3)} \cdots G_{1N}^{(1)} \\ \vdots \quad\vdots \quad\vdots \\ G_{i1} \cdots G_{im}^{(1)} G_{im}^{(2)} G_{im}^{(3)} \cdots G_{iN}^{(1)} \\ \vdots \quad\vdots \quad\vdots \\ G_{N1} \cdots G_{Nm}^{(1)} G_{Nm}^{(2)} G_{im}^{(3)} \cdots G_{NN}^{(1)} \end{bmatrix} \begin{Bmatrix} u_1 \\ \vdots \\ u_m^{(1)} \\ u_m^{(2)} \\ u_m^{(3)} \\ \vdots \\ u_N \end{Bmatrix}
$$

$$(7.3.27)$$

其中,$G_{im}^{(1)}$、$G_{im}^{(2)}$ 和 $G_{im}^{(3)}$ 分别为 $u_m^{(1)}$、$u_m^{(2)}$ 和 $u_m^{(3)}$ 所在单元上的 $g_{ia}^{(e)}$ 的总效果。

若节点所在单元的边界条件的类型和数值均相等,则有

$$G_{im}^{(1)}u_m^{(1)} + G_{im}^{(2)}u_m^{(2)} + G_{im}^{(3)}u_m^{(3)} = (G_{im}^{(1)} + G_{im}^{(2)} + G_{im}^{(3)})u_m = G_{im}u_m \quad (7.3.28)$$

尽管 u_m 的方向没有实际意义,但数值上 $u_m^{(1)} = u_m^{(2)} = u_m^{(3)} = u_m$。把式(7.3.28)代入式(7.3.27)后,式(7.3.27)又恢复成式(7.2.10)的形式。

若 $u_m^{(1)}$、$u_m^{(2)}$ 和 $u_m^{(3)}$ 中有两个在刚性边界上,如 $u_m^{(1)}$ 和 $u_m^{(2)}$,则

$$G_{im}^{(1)}u_m^{(1)} + G_{im}^{(2)}u_m^{(2)} + G_{im}^{(3)}u_m^{(3)} = G_{im}^{(3)}u_m^{(3)} \quad (7.3.29)$$

于是式(7.3.27)变成

$$\begin{bmatrix} H_{11} \cdots H_{1m} \cdots H_{1N} \\ \vdots \qquad \vdots \qquad \vdots \\ H_{i1} \cdots H_{im} \cdots H_{iN} \\ \vdots \qquad \vdots \qquad \vdots \\ H_{N1} \cdots H_{Nm} \cdots H_{NN} \end{bmatrix} \begin{Bmatrix} p_1 \\ \vdots \\ p_m \\ \vdots \\ p_N \end{Bmatrix} = -jkz_0 \begin{bmatrix} G_{11} \cdots G_{1m}^{(3)} \cdots G_{1N}^{(1)} \\ \vdots \qquad \vdots \qquad \vdots \\ G_{i1} \cdots G_{im}^{(3)} \cdots G_{iN}^{(1)} \\ \vdots \qquad \vdots \qquad \vdots \\ G_{N1} \cdots G_{Nm}^{(3)} \cdots G_{NN}^{(1)} \end{bmatrix} \begin{Bmatrix} u_1 \\ \vdots \\ u_m^{(3)} \\ \vdots \\ u_N \end{Bmatrix} \quad (7.3.30)$$

这样,$[H]$和$[G]$仍为 $N \times N$ 阶矩阵;$\{P\}$和$\{U\}$仍为 N 维列向量,只是用 $G_{im}^{(3)}$ 代替了 G_{im},用 $u_m^{(3)}$ 代替了 u_m。

显然,这种处理方法只改变了矩阵$[G]$中的列数及某些列中的元素,而没有带来任何附加误差,且内存增加也不多。

7.3.4 对称性的利用

在应用边界元法分析工程问题时,若能充分利用对称性,可以大大减少计算的工作量,提高计算效率。下面利用几何形状和格林函数(基本解)本身的对称性和互易性,推导对称性处理的源点映射法。即由对称面将物体分成基本体和非基本体,通过对基本体上的源点作关于对称面的映射来处理对称性。

将影响系数计算式(7.2.5)和式(7.2.6)表示成如下形式:

$$h_{Pa}^{(e)} = \int_{\Gamma_e} N_\alpha \frac{\partial p^*(P,Q)}{\partial n(Q)} d\Gamma_Q \quad (7.3.31)$$

$$g_{Pa}^{(e)} = \int_{\Gamma_e} N_\alpha p^*(P,Q) d\Gamma_Q \quad (7.3.32)$$

其中,P 表示源点(即 i 点);Q 表示场点;$n(Q) = (n_{Qx}, n_{Qy}, n_{Qz})$ 为 Q 点处的单位外法向。

首先以具有一个对称面的情况为例讨论对称性的利用。

设对称面是垂直于 y 轴的 xoz 平面,则源点 P 和场点 Q 关于对称面的映射点分别为

$$P_1 = (x_P, -y_P, z_P) \quad (7.3.33)$$

$$Q_1 = (x_Q, -y_Q, z_Q) \quad (7.3.34)$$

由基本解 p^* 的对称性和互易性,有

$$\begin{cases} p^*(P,Q_1) = p^*(P_1,Q) \\ \dfrac{\partial p^*(P,Q_1)}{\partial n(Q_1)} = \dfrac{\partial p^*(P_1,Q)}{\partial n(Q)} \end{cases} \quad (7.3.35)$$

其中,$n(Q) = (n_{Qx}, n_{Qy}, n_{Qz})$;$n(Q_1) = (n_{Qx}, -n_{Qy}, n_{Qz})$。

设由对称面分离出来的基本体上的第 e 个单元 Γ_e 关于 xoz 对称面的映射单元为 Γ_{e1},则由单元间的几何对称性和式(7.3.35),可得

$$h_{Pa}^{(e1)} = \int_{\Gamma_{e1}} N_\alpha \frac{\partial p^*(P,Q_1)}{\partial n(Q_1)} d\Gamma_{Q_1} = \int_{\Gamma_e} N_\alpha \frac{\partial p^*(P_1,Q)}{\partial n(Q)} d\Gamma_Q \quad (7.3.36)$$

$$g_{Pa}^{(e1)} = \int_{\Gamma_{e1}} N_a p^*(P, Q_1) \mathrm{d}\Gamma_{Q_1} = \int_{\Gamma_e} N_a p^*(P_1, Q) \mathrm{d}\Gamma_Q \qquad (7.3.37)$$

如定义

$$h_{P_1 a}^{(e)} = \int_{\Gamma_e} N_a \frac{\partial p^*(P_1, Q)}{\partial n(Q)} \mathrm{d}\Gamma_Q \qquad (7.3.38)$$

$$g_{P_1 a}^{(e)} = \int_{\Gamma_e} N_a p^*(P_1, Q) \mathrm{d}\Gamma_Q \qquad (7.3.39)$$

因而,有

$$h_{Pa}^{(e1)} = h_{P_1 a}^{(e)} \qquad (7.3.40)$$

$$g_{Pa}^{(e1)} = g_{P_1 a}^{(e)} \qquad (7.3.41)$$

这就是说,本应在映射单元 Γ_{e1} 上的所有积分,现在可移到基本体单元 Γ_e 上来进行计算,只需将 P 点改写成它的映射点 P_1。

如果边界条件也是对称的,则可进一步得到

$$\bar{h}_{Pa}^{(e)} = h_{Pa}^{(e)} + h_{Pa}^{(e1)} = h_{Pa}^{(e)} + h_{P_1 a}^{(e)} \qquad (7.3.42)$$

$$\bar{g}_{Pa}^{(e)} = g_{Pa}^{(e)} + g_{Pa}^{(e1)} = g_{Pa}^{(e)} + g_{P_1 a}^{(e)} \qquad (7.3.43)$$

这时,式(7.3.42)和式(7.3.43)可取半空间格林函数计算,即

$$\bar{p}^* = \frac{\exp(-jkR)}{4\pi R} + \frac{\exp(-jkR_1)}{4\pi R_1} \qquad (7.3.44)$$

其中

$$R = [(x - x_i)^2 + (y - y_i)^2 + (z - z_i)^2]^{1/2} \qquad (7.3.45)$$

$$R_1 = [(x - x_i)^2 + (y + y_i)^2 + (z - z_i)^2]^{1/2} \qquad (7.3.46)$$

对于有两个对称面和三个对称面的情况,同样可得到

$$h_{Pa}^{(ej)} = h_{P_j a}^{(e)} \qquad (7.3.47)$$

$$g_{Pa}^{(ej)} = g_{P_j a}^{(e)} \qquad (7.3.48)$$

其中,$j = 1, 2, \cdots, 2^s$,s 为对称面的个数($s \leqslant 3$)。

可以看出,上述方法仅需对基本体的原有表面进行离散,不需要对对称面进行任何处理,也不会人为地增加棱角。由于仅需对源点进行映射,所以与单元特性无关。这样处理后,积分计算工作量仅为原来的 $1/2^s$。

7.4　轴对称边界元法

轴对称管道和消声器是常见的结构形式。计算其声学性能虽然可以使用三维边界元法,但是表示成柱坐标系会更加有效,这时算法本身基本上变成了二维情形。因此,轴对称处理可以使边界的离散和计算工作量比通常的三维情形大为减少。下面推导轴对称问题的边界元法计算公式。

7.4.1 轴对称边界积分方程及其离散化

图 7.4.1 为轴对称声学结构示意图。考虑完全轴对称时的情况,即腔体的形状和边界条件都与旋转角度无关。利用轴对称性,可以将表面积分简化成沿腔体母线的线积分和旋转角度上的积分。

应用柱坐标系 (ρ, θ, z),边界积分方程(7.1.12)可简化成

$$C_i p_i + \int_L p \left[\int_0^{2\pi} \frac{\partial p^*}{\partial n} \mathrm{d}\theta \right] \rho \mathrm{d}L = -\mathrm{j}kz_0 \int_L u \left[\int_0^{2\pi} p^* \mathrm{d}\theta \right] \rho \mathrm{d}L$$

$$(7.4.1)$$

其中,L 为边界母线;ρ 为母线上任意点的径向坐标;θ 是旋转角。

定义

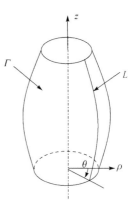

图 7.4.1 轴对称声学结构

$$K^A = \int_0^{2\pi} p^* \mathrm{d}\theta = \int_0^{2\pi} \frac{\exp(-\mathrm{j}kR)}{4\pi R} \mathrm{d}\theta \tag{7.4.2}$$

$$K^B = \int_0^{2\pi} \frac{\partial p^*}{\partial n} \mathrm{d}\theta = \int_0^{2\pi} \frac{\partial}{\partial n} \left[\frac{\exp(-\mathrm{j}kR)}{4\pi R} \right] \mathrm{d}\theta \tag{7.4.3}$$

于是,式(7.4.1)可以改写成

$$C_i p_i + \int_L p K^B \rho \mathrm{d}L = -\mathrm{j}kz_0 \int_L u K^A \rho \mathrm{d}L \tag{7.4.4}$$

式(7.4.4)表明,轴对称问题的边界积分方程被简化成沿腔体母线的线积分。为了数值求解上述方程,只需使用一维线单元离散腔体母线即可。

将边界母线离散成 N_e 个单元,并在单元内对坐标和变量进行等参数插值,有

$$\begin{cases} \rho(\xi) = \sum_{a=1}^{n} N_a(\xi) \rho_a \\ z(\xi) = \sum_{a=1}^{n} N_a(\xi) z_a \end{cases} \tag{7.4.5}$$

$$\begin{cases} p(\xi) = \sum_{a=1}^{n} N_a(\xi) p_a \\ u(\xi) = \sum_{a=1}^{n} N_a(\xi) u_a \end{cases} \tag{7.4.6}$$

其中,(ρ_a, z_a) 为节点 a 的整体坐标;$p_a^{(e)}$ 和 $u_a^{(e)}$ 为单元 e 上节点 a 处的声压及其外法向质点振速;n 为单元的节点数;$N_a(\xi)$ 为形函数;ξ 为局部坐标。

于是,对于确定的 i 点,可以得到如下离散化方程:

$$C_i p_i + \sum_{e=1}^{N_e} \sum_{a=1}^{n} h_{ia}^{(e)} p_a^{(e)} = -\mathrm{j}k z_0 \sum_{e=1}^{N_e} \sum_{a=1}^{n} g_{ia}^{(e)} u_a^{(e)} \qquad (7.4.7)$$

其中

$$h_{ia}^{(e)} = \int_{L_e} N_a K^B \rho \mathrm{d}L \qquad (7.4.8)$$

$$g_{ia}^{(e)} = \int_{L_e} N_a K^A \rho \mathrm{d}L \qquad (7.4.9)$$

其中，L_e 为单元 e 的边界母线。

考虑到边界上所有 N 个节点，可得到与式(7.2.10)相同形式的矩阵表达式。

7.4.2 影响系数的计算

常用的一维线单元有 2 节点线性单元和 3 节点二次单元。

图 7.4.2 为 2 节点线性单元及其变换，相应的插值形函数为

$$\begin{cases} N_1(\xi) = \dfrac{1}{2}(1-\xi) \\ N_2(\xi) = \dfrac{1}{2}(1+\xi) \end{cases} \qquad (7.4.10)$$

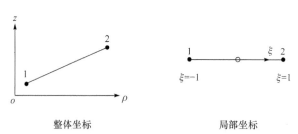

图 7.4.2　2 节点线性单元及其变换

图 7.4.3 为 3 节点二次单元及其变换，相应的插值形函数为

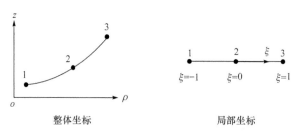

图 7.4.3　3 节点二次单元及其变换

$$\begin{cases} N_1(\xi) = \dfrac{1}{2}\xi(\xi-1) \\[2mm] N_2(\xi) = 1-\xi^2 \\[2mm] N_3(\xi) = \dfrac{1}{2}\xi(\xi+1) \end{cases} \tag{7.4.11}$$

下面给出采用 3 节点二次等参数单元离散时影响系数的计算公式。

与三维情形相似,为计算影响系数,需把积分变量从整体坐标系变换到局部坐标系。

如图 7.4.4 所示,积分按逆时针方向进行,单元上任一点的切线方向为

$$\boldsymbol{\tau} = \left(\frac{\partial \rho}{\partial \xi}, \frac{\partial z}{\partial \xi} \right) \tag{7.4.12}$$

则外法线方向为

$$\boldsymbol{n}_0 = \left(\frac{\partial z}{\partial \xi}, -\frac{\partial \rho}{\partial \xi} \right) \tag{7.4.13}$$

边界母线上的微元长度为

$$\mathrm{d}L = \sqrt{\left(\frac{\partial \rho}{\partial \xi} \right)^2 + \left(\frac{\partial z}{\partial \xi} \right)^2}\, \mathrm{d}\xi = |J|\,\mathrm{d}\xi \tag{7.4.14}$$

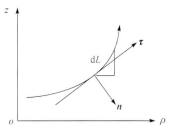

图 7.4.4　曲线边界的几何关系

其中

$$|J| = \sqrt{\left(\frac{\partial \rho}{\partial \xi} \right)^2 + \left(\frac{\partial z}{\partial \xi} \right)^2} \tag{7.4.15}$$

单位外法向矢量为

$$\boldsymbol{n} = \boldsymbol{n}_0 / |J| \tag{7.4.16}$$

把以上关系式代入式(7.4.8)和式(7.4.9),得到局部坐标系下的影响系数计算公式为

$$h_{ia}^{(e)} = \int_{-1}^{1} N_a(\xi) K^B(\xi) \rho(\xi) |J_e(\xi)| \,\mathrm{d}\xi \tag{7.4.17}$$

$$g_{ia}^{(e)} = \int_{-1}^{1} N_a(\xi) K^A(\xi) \rho(\xi) |J_e(\xi)| \,\mathrm{d}\xi \tag{7.4.18}$$

当 i 点不在单元 e 上时,式(7.4.2)、式(7.4.3)、式(7.4.17)和式(7.4.18)是非奇异的正规积分,可用高斯数值积分公式计算。

当 i 点在单元 e 上时,在沿边界进行积分时,源点和场点的重合将由于被积函数的奇异性而产生奇异积分。下面采用解析法和间接法联合的方法来处理这类奇异积分问题。

令

$$g_{ia}^{(e)} = (g_{ia}^{(e)})_1 + (g_{ia}^{(e)})_2 \tag{7.4.19}$$

其中

$$(g_{ia}^{(e)})_1 = \int_{-1}^{1} N_a(\xi) K_1^A(\xi) \rho(\xi) |J_e(\xi)| \, \mathrm{d}\xi \tag{7.4.20}$$

$$(g_{ia}^{(e)})_2 = \int_{-1}^{1} N_a(\xi) K_2^A(\xi) \rho(\xi) |J_e(\xi)| \, \mathrm{d}\xi \tag{7.4.21}$$

$$K_1^A = \int_0^{2\pi} \frac{\exp(-jkR) - 1}{4\pi R} \mathrm{d}\theta \tag{7.4.22}$$

$$K_2^A = \int_0^{2\pi} \frac{1}{4\pi R} \mathrm{d}\theta \tag{7.4.23}$$

式(7.4.20)是非奇异的常规积分,可用高斯数值积分公式计算。式(7.4.21)的被积函数是奇异的,按下面方法来处理。

使用柱坐标系,则式(7.1.4)变为

$$R^2 = (\rho\cos\theta - \rho_i)^2 + (\rho\sin\theta)^2 + (z - z_i)^2 = \bar{R}^2 - 2\rho\rho_i(1 + \cos\theta) \tag{7.4.24}$$

其中

$$\bar{R}^2 = (\rho + \rho_i)^2 + (z - z_i)^2 \tag{7.4.25}$$

把式(7.4.24)代入式(7.4.23),得

$$K_2^A = \frac{1}{4\pi} \int_0^{2\pi} \frac{1}{[\bar{R}^2 - 2\rho\rho_i(1 + \cos\theta)]^{1/2}} \mathrm{d}\theta \tag{7.4.26}$$

作替换

$$\bar{k}^2 = 4\rho\rho_i / \bar{R}^2 \tag{7.4.27}$$

$$\beta = \pi/2 - \theta/2 \tag{7.4.28}$$

将式(7.4.27)和式(7.4.28)代入式(7.4.26),得

$$K_2^A = \frac{1}{\pi\bar{R}} \int_0^{\pi/2} \frac{1}{(1 - \bar{k}^2\sin^2\beta)^{1/2}} \mathrm{d}\theta = \frac{1}{\pi\bar{R}} F(\pi/2, \bar{k}) \tag{7.4.29}$$

其中,$F(\pi/2, \bar{k})$表示第一类完全椭圆积分,可展开为

$$F(\pi/2, \bar{k}) = \ln 4 + \sum_{i=1}^{n} a_i (1 - \bar{k}^2)^i + \ln\left(\frac{1}{1 - \bar{k}^2}\right)\left[\frac{1}{2} + \sum_{i=1}^{n} b_i (1 - \bar{k}^2)^i\right] \tag{7.4.30}$$

而

$$\ln\left(\frac{1}{1 - \bar{k}^2}\right) = \ln(\bar{R}^2) + \ln\left[\frac{1}{(\rho - \rho_i)^2 + (z - z_i)^2}\right] \tag{7.4.31}$$

当源点和场点重合时,式(7.4.31)的第二项是奇异项。可见,被积函数是由非奇异项和奇异项组成,在进行积分时,非奇异项可用通常的高斯数值积分公式计算,而奇异项可用下面的对数高斯数值积分公式计算:

$$\int_0^1 f(x) \ln\frac{1}{x} \mathrm{d}x = \sum_{i=1}^{n} \omega_i f(x_i) \tag{7.4.32}$$

为计算 $h_{ia}^{(e)}$，可采用与上述相似的过程。令

$$h_{ia}^{(e)} = (h_{ia}^{(e)})_1 + (h_{ia}^{(e)})_2 \qquad (7.4.33)$$

其中

$$(h_{ia}^{(e)})_1 = \int_{-1}^{1} N_a(\xi) K_1^B(\xi) \rho(\xi) |J_e(\xi)| d\xi \qquad (7.4.34)$$

$$(h_{ia}^{(e)})_2 = \int_{-1}^{1} N_a(\xi) K_2^B(\xi) \rho(\xi) |J_e(\xi)| d\xi \qquad (7.4.35)$$

$$K_1^B = \int_0^{2\pi} \frac{\partial}{\partial n}\left[\frac{\exp(-jkR)-1}{4\pi R} \right] d\theta \qquad (7.4.36)$$

$$K_2^B = \int_0^{2\pi} \frac{\partial}{\partial n}\left[\frac{1}{4\pi R} \right] d\theta \qquad (7.4.37)$$

式(7.4.34)是非奇异的常规积分，可用高斯数值积分公式计算。式(7.4.35)
的被积函数是奇异的，按下面方法来处理。

$$K_2^B = \int_0^{2\pi} \frac{\partial}{\partial n}\left[\frac{1}{4\pi R} \right] d\theta = \frac{\partial}{\partial n} \int_0^{2\pi} \frac{1}{4\pi R} d\theta = \frac{\partial}{\partial n}\left[\frac{1}{\pi \bar{R}} F(\pi/2, \bar{k}) \right]$$

$$= \frac{1}{\pi \bar{R}^2}\left[\left(\bar{R} \frac{\partial F}{\partial \bar{k}} \frac{\partial \bar{k}}{\partial \rho} - F \frac{\partial \bar{R}}{\partial \rho} \right) \cos(\boldsymbol{n}, \rho) + \left(\bar{R} \frac{\partial F}{\partial \bar{k}} \frac{\partial \bar{k}}{\partial z} - F \frac{\partial \bar{R}}{\partial z} \right) \cos(\boldsymbol{n}, z) \right] \qquad (7.4.38)$$

式(7.4.38)中的微分可从式(7.4.24)和式(7.4.26)中导出，而

$$\frac{\partial F}{\partial \bar{k}} = \frac{E - (1-\bar{k}^2)F}{\bar{k}(1-\bar{k}^2)} \qquad (7.4.39)$$

其中，$E = \int_0^{\pi/2} (1-\bar{k}^2 \sin^2\beta) d\beta$ 为第二类完全椭圆积分。

从而可得到

$$K_2^B = \frac{1}{2\pi \bar{R}\rho}\left\{ E \frac{(\rho_i^2-\rho^2)+(z-z_i)^2 \cos(\boldsymbol{n}, \rho) - 2\rho(z-z_i)\cos(\boldsymbol{n}, z)}{(\rho-\rho_i)^2+(z-z_i)^2} + F\cos(\boldsymbol{n}, \rho) \right\} \qquad (7.4.40)$$

设源点 i 与单元 e 上的某一节点 $i1$ 重合，分如下两种情况加以处理。

(1) 当 $a \neq i1$ 时，$(h_{ia}^{(e)})_2$ 可化成下面的形式：

$$(h_{ia}^{(e)})_2 = \int_{-1}^{1} f(\xi) d(\xi) - \int_{-1}^{1} N_a(\xi) F\cos(\boldsymbol{n}, \rho) |J_e(\xi)| /\bar{R} d\xi \qquad (7.4.41)$$

其中，$f(\xi)$ 是非奇异的。第一项积分可用高斯数值积分公式计算，第二项积分的被
积函数是奇异的，其处理方法与 $(g_{ia}^{(e)})_2$ 的处理方法相同。

(2) 当 $a = i1$ 时，$(h_{ia}^{(e)})_2$ 仍含有奇异性，必须采用 Cauchy 主值积分进行计算。
但此项仅对 $[H]$ 的对角元素 H_{ii} 有贡献，因此可采用 7.3.1 节中的方法，找一个满
足控制微分方程特解来直接计算 H_{ii}。

7.4.3　角点的处理

当边界母线上某点的法向不连续变化时,这一点称为角点。在角点处存在与三维结构相同的问题,对此也可采用 7.3.3 节中的方法进行处理。

7.5　子结构边界元法

实际消声器一般具有复杂的内部结构,对其直接应用边界元法进行计算将耗费大量的计算时间,从计算规模和计算成本来说,仍将受到一定限制。而且传统的单域边界元法不适用于具有奇异边界(如薄壁插入管、薄壁隔板等)的消声器。此外,管道消声系统多为细长结构,对于细长结构直接应用边界元法进行计算时,边界单元对离它较远处的节点的影响变弱,使得影响系数的计算精度受到影响。解决上述问题的一种有效方法就是使用子结构处理。

7.5.1　区域划分法

区域划分法的基本思想是:根据管道和消声器的结构特点,将声学域划分成若干个子区域,对每个子区域应用边界元法建立代数方程组,然后根据交界面上声压和质点振速的连续性条件,将各个子区域的代数方程组联系起来构成系统总的代数方程组,最后结合边界条件求出全部边界和交界面上的未知量。

为简便起见,考虑如图 7.5.1 所示的划分成两个子区域的情况。区域 Ω_1 和 Ω_2 的交界面作为内边界,用 Γ_{I} 表示,外边界分别用 Γ_1 和 Γ_2 表示。

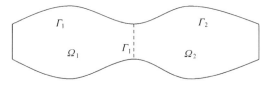

图 7.5.1　区域划分

在区域 Ω_1 和 Ω_2 内分别应用边界元法,可以得到

$$[H^{S_1}, H_{\mathrm{I}}^{S_1}]\left\{{P^{S_1} \atop P_{\mathrm{I}}^{S_1}}\right\} = -\mathrm{j}kz_0[G^{S_1}, G_{\mathrm{I}}^{S_1}]\left\{{U^{S_1} \atop U_{\mathrm{I}}^{S_1}}\right\} \tag{7.5.1}$$

$$[H^{S_2}, H_{\mathrm{I}}^{S_2}]\left\{{P^{S_2} \atop P_{\mathrm{I}}^{S_2}}\right\} = -\mathrm{j}kz_0[G^{S_2}, G_{\mathrm{I}}^{S_2}]\left\{{U^{S_2} \atop U_{\mathrm{I}}^{S_2}}\right\} \tag{7.5.2}$$

其中,P^{S_1}、U^{S_1}、$P_{\mathrm{I}}^{S_1}$、$U_{\mathrm{I}}^{S_1}$ 和 P^{S_2}、U^{S_2}、$P_{\mathrm{I}}^{S_2}$、$U_{\mathrm{I}}^{S_2}$ 分别为区域 Ω_1 和 Ω_2 的外边界和内边界上的声压和外法向质点振速的列向量。

在这两个子区域的交界面上,满足如下连续性条件:

$$P_{I_1}^{S_1} = P_{I_2}^{S_2} \equiv P_I \tag{7.5.3}$$

$$U_{I_1}^{S_1} = -U_{I_2}^{S_2} \equiv U_I \tag{7.5.4}$$

综合式(7.5.1)~式(7.5.4),得到

$$\begin{bmatrix} H^{S_1} & H_I^{S_1} & jkz_0G_I^{S_1} & 0 \\ 0 & H_I^{S_2} & -jkz_0G_I^{S_2} & H^{S_2} \end{bmatrix} \begin{Bmatrix} P^{S_1} \\ P_I \\ U_I \\ P^{S_2} \end{Bmatrix} = -jkz_0 \begin{bmatrix} G^{S_1} & 0 \\ 0 & G^{S_2} \end{bmatrix} \begin{Bmatrix} U^{S_1} \\ U^{S_2} \end{Bmatrix} \tag{7.5.5}$$

结合给定的边界条件,求出外边界和内边界各节点上的声压和外法向质点振速,然后可以分区计算子区域内部的声学量。

7.5.2 阻抗矩阵综合法

区域划分法虽然解决了边界元法在具有奇异边界的消声器声学计算中所遇到的困难,然而当划分子区域较多时,总体矩阵维数会很大,从而花费较多的时间用于求解代数方程组。由于预测消声器的声学特性,只需计算进出口声学量即可,因此上述方法中求出壁面及交界面上的声学量有时是不必要的。下面给出一种处理消声器内部声学问题的子结构边界元-阻抗矩阵综合法。其基本思想是:根据消声器的结构特点,将其划分成若干个声学子结构,对每个声学子结构应用边界元法求出其阻抗矩阵,然后根据子结构间的连续性条件求得系统总的阻抗矩阵,进而求出消声器的四极参数,并计算其声学性能。

1. 单个声学子结构的阻抗矩阵

声学子结构的边界可以分成三种类型:进口、出口和壁面,分别使用下标 i、o 和 w 来表示,使用边界元法可以得到如下矩阵方程:

$$[H_i, H_o, H_w] \begin{Bmatrix} P_i \\ P_o \\ P_w \end{Bmatrix} = -jkz_0 [G_i, G_o, G_w] \begin{Bmatrix} U_i \\ U_o \\ U_w \end{Bmatrix} \tag{7.5.6}$$

壁面上的边界条件可表示为

$$\frac{z_0 u_w}{p_w} = \overline{A} \quad (刚性壁面对应于 \overline{A}=0) \tag{7.5.7}$$

其中,$\overline{A}$ 是声导纳率。将式(7.5.7)代入式(7.5.6),得

$$\begin{Bmatrix} P_i \\ P_o \\ P_w \end{Bmatrix} = -jkz_0 [H_i, H_o, (H_w+jk\overline{A}G_w)]^{-1} [G_i, G_o] \begin{Bmatrix} U_i \\ U_o \end{Bmatrix} \tag{7.5.8}$$

由式(7.5.8)可以得到

$$\left\{\begin{matrix} P_i \\ P_o \end{matrix}\right\} = -jkz_0 [R] \left\{\begin{matrix} U_i \\ U_o \end{matrix}\right\} \tag{7.5.9}$$

或表示成如下形式：

$$\left\{\begin{matrix} P_i \\ P_o \end{matrix}\right\} = z_0 [T] \left\{\begin{matrix} U_i \\ U_o \end{matrix}\right\} \tag{7.5.10}$$

其中

$$[T] = -jk[R] \tag{7.5.11}$$

为该子结构的阻抗矩阵，它反映了进口和出口截面间声波的传递关系。

2. 两个声学子结构串联时的合成阻抗矩阵

对于两个串联的声学子结构（图 7.5.1），将边界元法应用于每个子结构得到如下关系式：

$$\left\{\begin{matrix} P_i^{S_1} \\ P_o^{S_1} \end{matrix}\right\} = z_0 \begin{bmatrix} T_{11}^{S_1} & T_{12}^{S_1} \\ T_{21}^{S_1} & T_{22}^{S_1} \end{bmatrix} \left\{\begin{matrix} U_i^{S_1} \\ U_o^{S_1} \end{matrix}\right\} \tag{7.5.12}$$

$$\left\{\begin{matrix} P_i^{S_2} \\ P_o^{S_2} \end{matrix}\right\} = z_0 \begin{bmatrix} T_{11}^{S_2} & T_{12}^{S_2} \\ T_{21}^{S_2} & T_{22}^{S_2} \end{bmatrix} \left\{\begin{matrix} U_i^{S_2} \\ U_o^{S_2} \end{matrix}\right\} \tag{7.5.13}$$

在两个子结构的交界面上满足声压和质点振速的连续性条件，即

$$\{P_o^{S_1}\} = \{P_i^{S_2}\} \tag{7.5.14}$$

$$\{U_o^{S_1}\} = -\{U_i^{S_2}\} \tag{7.5.15}$$

结合式(7.5.12)～式(7.5.15)可以得到

$$\left\{\begin{matrix} P_i^{S_1} \\ P_o^{S_2} \end{matrix}\right\} = z_0 [T] \left\{\begin{matrix} U_i^{S_1} \\ U_o^{S_2} \end{matrix}\right\} \tag{7.5.16}$$

其中

$$[T] = \begin{bmatrix} T_{11}^{S_1} - T_{12}^{S_1}(T_{11}^{S_2} + T_{22}^{S_1})^{-1} T_{21}^{S_1} & T_{12}^{S_1}(T_{11}^{S_2} + T_{22}^{S_1})^{-1} T_{12}^{S_2} \\ T_{21}^{S_2}(T_{11}^{S_2} + T_{22}^{S_1})^{-1} T_{21}^{S_1} & T_{22}^{S_2} - T_{21}^{S_2}(T_{11}^{S_2} + T_{22}^{S_1})^{-1} T_{12}^{S_2} \end{bmatrix}$$

$$\tag{7.5.17}$$

为两个串联声学子结构的合成阻抗矩阵。

3. 两个声学子结构并联时的合成阻抗矩阵

对于两个并联声学子结构组成的系统（图 7.5.2），很容易得到总的合成阻抗矩阵为

$$[T] = \begin{bmatrix} T^{S_1} & 0 \\ 0 & T^{S_2} \end{bmatrix} \tag{7.5.18}$$

其中, T^{S_1} 和 T^{S_2} 分别为子结构 S_1 和 S_2 的阻抗矩阵。

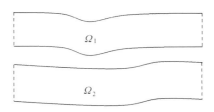

图 7.5.2　两个并联的子结构

　　子结构边界元-阻抗矩阵综合法作为一种基于边界元法计算消声器声学特性的数值方法,其各个声学子结构的阻抗矩阵是由子结构内使用边界元法获得的,系统总的阻抗矩阵是由子结构阻抗矩阵合成得到的。因此,该方法除具有边界元法所具有的一切优点外,还具有自身的特点,具体如下。

　　(1) 使用数值方法分析工程问题时,对计算机内存的要求通常是问题能否求解的关键。边界元法虽然能把问题的维数降低一维,从而大大降低了对计算机内存的要求,使得该方法能够适用于计算三维问题。然而,对于复杂的结构,只离散边界仍会导致计算机内存的不足,致使问题无法求解。无论有限元法还是边界元法,对所需计算机内存起决定性作用的是最后形成的代数方程组中系数矩阵的大小。因此,减少计算中所使用的最大矩阵可以大大降低对计算机内存的要求。子结构边界元-阻抗矩阵综合法中所使用的最大矩阵取决于子结构边界上的节点数,显然,单个子结构边界上的离散节点数远小于整个系统边界上离散的节点数,特别是对于复杂消声器,划分子结构较多时表现最为明显。因此,与整个消声器区域内直接使用边界元法相比,子结构边界元-阻抗矩阵综合法对计算机内存的要求可以大大降低。

　　(2) 边界元法计算时所花的计算时间主要消耗在计算系数矩阵元素的数值积分以及求解代数方程组上,计算所有矩阵元素及求解方程组所需的机时与矩阵的阶次成平方关系,因此矩阵阶次的增加将大大增加所需的机时。子结构边界元-阻抗矩阵综合法以多个较小矩阵的计算代替了一个大矩阵的计算,因而能够明显节省机时。在管道系统较长、计算频率较高时,边界单元和节点数较多,这时应用子结构边界元-阻抗矩阵综合法比直接使用边界元法可以大大节省计算时间。此外,由于相同结构的阻抗矩阵也相同,在对消声器划分子结构时,注意到这一点更可大量节省计算时间。

　　(3) 影响计算结果精度的主要因素是边界离散、物理量插值等引入的误差和计算时的累计误差。此外,系统的几何形状也会影响计算结果的精度。例如,细长结构中,边界单元对离它较远的节点的影响会变弱,从而影响计算精度。由于管道消声系统是由若干粗细不同的管道连接而成的细长结构,因此使用子结构边界元-阻抗矩阵综合法将比直接使用边界元法具有更高的精度。

（4）子结构边界元法适合于具有奇异边界和多种介质存在等情况，而这些情况是无法直接使用传统边界元法进行计算的。

7.6　穿孔消声器计算的边界元法

以图 4.5.3 所示的三通穿孔管消声器为例，介绍使用边界元法计算穿孔管消声器声学性能的处理方法。

由于穿孔管为薄壁结构，为使用边界元法计算该消声器的声学性能，需要使用区域划分法。将该消声器划分成六个声学子结构：进口管 S_1、中心管 S_2、出口管 S_3、中间膨胀腔 S_4、左端腔 S_5 和右端腔 S_6。对于每个子结构应用边界元法，并结合刚性壁面边界条件可以得到

$$\begin{Bmatrix} P_i^{S_j} \\ P_o^{S_j} \\ P_p^{S_j} \end{Bmatrix} = z_0 \begin{bmatrix} T_{11}^{S_j} & T_{12}^{S_j} & T_{13}^{S_j} \\ T_{21}^{S_j} & T_{22}^{S_j} & T_{23}^{S_j} \\ T_{31}^{S_j} & T_{32}^{S_j} & T_{33}^{S_j} \end{bmatrix} \begin{Bmatrix} U_i^{S_j} \\ U_o^{S_j} \\ U_p^{S_j} \end{Bmatrix}, \quad j=1,2,3 \tag{7.6.1}$$

$$\{P_p^{S_j}\} = z_0 [T^{S_j}] \{U_p^{S_j}\}, \quad j=4 \tag{7.6.2}$$

$$\begin{Bmatrix} P_i^{S_j} \\ P_o^{S_j} \end{Bmatrix} = z_0 \begin{bmatrix} T_{11}^{S_j} & T_{12}^{S_j} \\ T_{21}^{S_j} & T_{22}^{S_j} \end{bmatrix} \begin{Bmatrix} U_i^{S_j} \\ U_o^{S_j} \end{Bmatrix}, \quad j=5,6 \tag{7.6.3}$$

结合三个穿孔管，由式（7.6.1）可以得到

$$\begin{Bmatrix} P_i \\ P_o \\ P_p \end{Bmatrix} = z_0 \begin{bmatrix} T_{11} & T_{12} & T_{13} \\ T_{21} & T_{22} & T_{23} \\ T_{31} & T_{32} & T_{33} \end{bmatrix} \begin{Bmatrix} U_i \\ U_o \\ U_p \end{Bmatrix} \tag{7.6.4}$$

其中

$$\{P_i\} = \begin{Bmatrix} P_i^{S_1} \\ P_i^{S_2} \\ P_i^{S_3} \end{Bmatrix}; \quad \{P_o\} = \begin{Bmatrix} P_o^{S_1} \\ P_o^{S_2} \\ P_o^{S_3} \end{Bmatrix}; \quad \{P_p\} = \begin{Bmatrix} P_p^{S_1} \\ P_p^{S_2} \\ P_p^{S_3} \end{Bmatrix};$$

$$\{U_i\} = \begin{Bmatrix} U_i^{S_1} \\ U_i^{S_2} \\ U_i^{S_3} \end{Bmatrix}; \quad \{U_o\} = \begin{Bmatrix} U_o^{S_1} \\ U_o^{S_2} \\ U_o^{S_3} \end{Bmatrix}; \quad \{U_p\} = \begin{Bmatrix} U_p^{S_1} \\ U_p^{S_2} \\ U_p^{S_3} \end{Bmatrix}; \quad [T_{ij}] = \begin{bmatrix} T_{ij}^{S_1} & 0 & 0 \\ 0 & T_{ij}^{S_2} & 0 \\ 0 & 0 & T_{ij}^{S_3} \end{bmatrix}$$

在穿孔面上，引入穿孔声阻抗率 ζ_p，则边界条件可表示为

$$\{U_p^{S_j}\} = -\{U_p^{S_4}\}, \quad j=1,2,3 \tag{7.6.5}$$

$$\{P_p^{S_j}\} - \{P_p^{S_4}\} = z_0 \zeta_p^{S_j} \{U_p^{S_j}\}, \quad j=1,2,3 \tag{7.6.6}$$

由式(7.6.6)可以得到

$$\{P_p\} = z_0 [Z_p - T^{S_4}] \{U_p\} \tag{7.6.7}$$

其中，$[Z_p] = \begin{bmatrix} \zeta_p^{S_1} I_1 & 0 & 0 \\ 0 & \zeta_p^{S_2} I_2 & 0 \\ 0 & 0 & \zeta_p^{S_3} I_3 \end{bmatrix}$，$[I_1]$、$[I_2]$ 和 $[I_3]$ 均为单位矩阵，其阶数分别

与矩阵 $[T^{S_1}]$、$[T^{S_2}]$ 和 $[T^{S_3}]$ 相同。

将式(7.6.7)代入式(7.6.4)，得

$$\begin{Bmatrix} P_i \\ P_o \end{Bmatrix} = z_0 \begin{bmatrix} T_{11} + T_{13} Z T_{31} & T_{12} + T_{13} Z T_{32} \\ T_{21} + T_{23} Z T_{31} & T_{22} + T_{23} Z T_{32} \end{bmatrix} \begin{Bmatrix} U_i \\ U_o \end{Bmatrix} \tag{7.6.8}$$

其中，$[Z] = [Z_p - T^{S_4} - T_{33}]^{-1}$。

在管道与端腔的交界面处，连续性条件可表示为

$$\begin{Bmatrix} P_o^{S_1} \\ P_i^{S_2} \\ P_o^{S_2} \\ P_i^{S_3} \end{Bmatrix} = \begin{Bmatrix} P_i^{S_6} \\ P_o^{S_6} \\ P_o^{S_5} \\ P_o^{S_5} \end{Bmatrix} \tag{7.6.9}$$

$$\begin{Bmatrix} U_o^{S_1} \\ U_i^{S_2} \\ U_o^{S_2} \\ U_i^{S_3} \end{Bmatrix} = -\begin{Bmatrix} U_i^{S_6} \\ U_o^{S_6} \\ U_i^{S_5} \\ U_o^{S_5} \end{Bmatrix} \tag{7.6.10}$$

最后，结合式(7.6.3)和式(7.6.8)~式(7.6.10)，得到三通穿孔管消声器进出口间的传递阻抗矩阵关系式为

$$\begin{Bmatrix} P_i^{S_1} \\ P_o^{S_3} \end{Bmatrix} = z_0 \begin{bmatrix} Q_{11} & Q_{12} \\ Q_{21} & Q_{22} \end{bmatrix} \begin{Bmatrix} U_i^{S_1} \\ U_o^{S_3} \end{Bmatrix} \tag{7.6.11}$$

当进出口的边界条件给定时，求解式(7.6.11)即可获得进出口面上的声压和质点振速，进而计算消声器的声学性能。

7.7　阻性消声器计算的边界元法

阻性消声器(图6.7.1)内部存在空气和吸声材料两种介质，为使用边界元法计算其声学性能，需要划分成两个声学域：空气域 V_a 和吸声材料域 V_b。将吸声材料作为等效流体，并且用复阻抗和复波数(或复密度和复声速)来描述其声学特性，于是声波控制方程为亥姆霍兹方程，即式(6.7.2)。因此，对每个声学域应用边界元法，并结合刚性壁面边界条件得

$$\begin{Bmatrix} P_i^{V_a} \\ P_o^{V_a} \\ P_p^{V_a} \end{Bmatrix} = z_a \begin{bmatrix} T_{11}^{V_a} & T_{12}^{V_a} & T_{13}^{V_a} \\ T_{21}^{V_a} & T_{22}^{V_a} & T_{23}^{V_a} \\ T_{31}^{V_a} & T_{32}^{V_a} & T_{33}^{V_a} \end{bmatrix} \begin{Bmatrix} U_i^{V_a} \\ U_o^{V_a} \\ U_p^{V_a} \end{Bmatrix} \tag{7.7.1}$$

$$\{P_p^{V_b}\} = z_b [T^{V_b}] \{U_p^{V_b}\} \tag{7.7.2}$$

其中，z_a 和 z_b 分别为空气和吸声材料的特性阻抗；下标 i、o 和 p 分别代表进口、出口和穿孔边界。在穿孔面上，引入穿孔声阻抗率 ζ_p，则边界条件可表示为

$$\{U_p^{V_a}\} = -\{U_p^{V_b}\} \tag{7.7.3}$$

$$\{P_p^{V_a}\} - \{P_p^{V_b}\} = z_a \zeta_p \{U_p^{V_a}\} \tag{7.7.4}$$

结合式(7.7.1)～式(7.7.4)，可以得到进出口间的关系为

$$\begin{Bmatrix} P_i^{V_a} \\ P_o^{V_a} \end{Bmatrix} = z_a \begin{bmatrix} T_{11}^{V_a} + T_{13}^{V_a} Z T_{31}^{V_a} & T_{12}^{V_a} + T_{13}^{V_a} Z T_{32}^{V_a} \\ T_{21}^{V_a} + T_{23}^{V_a} Z T_{31}^{V_a} & T_{22}^{V_a} + T_{23}^{V_a} Z T_{32}^{V_a} \end{bmatrix} \begin{Bmatrix} U_i^{V_a} \\ U_o^{V_a} \end{Bmatrix} \tag{7.7.5}$$

其中，$[Z] = [\zeta_p I_p - T_{33}^{V_a} - (z_b/z_a) T^{V_b}]^{-1}$，$[I_p]$ 为与 $[T^{V_b}]$ 阶数相同的单位矩阵。

当进出口的边界条件给定时，求解式(7.7.5)即可获得进出口面上的声压和质点振速，进而计算得到消声器的声学性能。

7.8　四极参数和传递损失计算

当消声器进出口管道内为平面波时，即使腔体内部为非平面波，仍然可以使用如下的传递矩阵来表示进出口面上的声压和质点振速间的关系：

$$\begin{Bmatrix} \bar{p}_{in} \\ \rho_0 c \bar{u}_{in} \end{Bmatrix} = \begin{bmatrix} T_{11} & T_{12} \\ T_{21} & T_{22} \end{bmatrix} \begin{Bmatrix} \bar{p}_{out} \\ \rho_0 c \bar{u}_{out} \end{Bmatrix} \tag{7.8.1}$$

其中，$\bar{p}_{in}$、$\bar{u}_{in}$、$\bar{p}_{out}$、$\bar{u}_{out}$ 分别为进出口面上的平均声压和质点振速。

为使用边界元法计算四极参数可以采用 6.9 节中给出的方法，即首先设定出口面上的速度为零，使用边界元法计算得到进出口面上的平均声压和质点振速，进而求出 T_{11} 和 T_{21}，然后令出口面上的声压为零，求出 T_{12} 和 T_{22}。

消声器的四极参数也可以由系统的阻抗矩阵获得。当消声器进出面上的声波为平面波时，$\{P_i\}$、$\{U_i\}$、$\{P_o\}$、$\{U_o\}$ 中的元素各自相等，分别记为 $\bar{p}_{in}$、$\bar{u}_{in}$、$\bar{p}_{out}$、$\bar{u}_{out}$，于是可得到

$$\begin{Bmatrix} \bar{p}_{in} \\ \bar{p}_{out} \end{Bmatrix} = \rho_0 c \begin{bmatrix} R_{11} & R_{12} \\ R_{21} & R_{22} \end{bmatrix} \begin{Bmatrix} \bar{u}_{in} \\ \bar{u}_{out} \end{Bmatrix} \tag{7.8.2}$$

考虑到进口和出口面的外法向相反，即

$$\bar{u}_{in} = -\bar{u}_{in} \tag{7.8.3}$$

$$\bar{u}_{out} = \bar{u}_{out} \tag{7.8.4}$$

把式(7.8.3)和式(7.8.4)代入式(7.8.2)，并整理成式(7.8.1)的形式，得到

$$T_{11}=R_{11}/R_{21} \tag{7.8.5a}$$

$$T_{12}=R_{12}-R_{11}R_{22}/R_{21} \tag{7.8.5b}$$

$$T_{21}=-1/R_{21} \tag{7.8.5c}$$

$$T_{22}=R_{22}/R_{21} \tag{7.8.5d}$$

将获得的四极参数代入式(3.2.24)即可计算出消声器的传递损失。如果只需计算消声器的传递损失，也可以使用 6.9 节中介绍的声波分解法。

7.9　管口声辐射问题的计算

为预测消声器的插入损失，除需要四极参数外，还需要获得管口的辐射阻抗。3.4 节给出了圆形管道向无限和半无限空间辐射时管口的反射系数和端部修正。对于许多实际的管口形状，无法使用解析方法求出其辐射阻抗，因此需要使用数值计算方法。边界元法特别适用于求解无限域和半无限域问题，是计算管口声辐射问题的最佳方法。本节将介绍使用边界元法计算管口声辐射阻抗、反射系数和端部修正的具体过程。

7.9.1　管口声辐射特性的表述

假设平面波在管道内传播，则管道的负载阻抗可以表示为

$$Z_l=\frac{p_l}{\rho_0 c u_l}=\frac{Z_r\cos(kl)+\mathrm{j}\sin(kl)}{\mathrm{j}Z_r\sin(kl)+\cos(kl)} \tag{7.9.1}$$

其中，l 为管道的长度；Z_r 为管口处的辐射阻抗。由式(7.9.1)可以得到

$$Z_r=\frac{Z_l\cos(kl)-\mathrm{j}\sin(kl)}{\cos(kl)-\mathrm{j}Z_l\sin(kl)} \tag{7.9.2}$$

进而，可以得到管口处的反射系数为

$$R=-|R|\exp(-\mathrm{j}2k\delta)=\frac{Z_r-1}{Z_r+1} \tag{7.9.3}$$

其中，δ 为管道的端部修正。可见，一旦负载阻抗被获得，反射系数的幅值和端部修正就能随之确定。

7.9.2　耦合边界元法

声波在管道内部传播并在管口处向外辐射是一个内外耦合的声学问题。当管道内外的介质特性相同时，原则上可以将其看作声辐射问题，使用单域边界元法计算管道内部和外部的声场。然而，由于管道多为薄壁结构，使用单域边界元法时，格林函数及其导数将出现奇异性，从而导致过大的数值计算误差。解决这一问题

的有效方法就是采用区域划分法,即在管口处把系统划分成内部和外部声学域,分别对内部域和外部域应用边界元法进行数值计算,然后由管口处声压和质点振速的连续性条件加以耦合[34]。

对于内部域,使用前面给出的方法可以得到进出口间的如下关系式:

$$\begin{Bmatrix} P_i^i \\ P_o^i \end{Bmatrix} = \rho_0 c [T^i] \begin{Bmatrix} U_i^i \\ U_o^i \end{Bmatrix} \tag{7.9.4}$$

其中,下标 i 和 o 分别代表管道的进口和出口;$[T^i]$ 为进出口间的阻抗矩阵。

对于无限空间的外部域,边界积分方程可表示为

$$C^e(X) p^e(X) = \int_{\Gamma} \left[G(X,Y) \frac{\partial p^e}{\partial n}(Y) - p^e(Y) \frac{\partial G}{\partial n}(X,Y) \right] d\Gamma(Y) \tag{7.9.5}$$

其中

$$C^e(X) = 1 - \int_{\Gamma} \frac{\partial}{\partial n} \left(\frac{1}{4\pi R} \right) d\Gamma(Y) \tag{7.9.6}$$

将式(7.9.5)离散并且使用数值积分可以得到如下代数方程组:

$$[H^e]\{P^e\} = \rho_0 c [G^e]\{U^e\} \tag{7.9.7}$$

将边界分成出口和壁面,分别用下标 o 和 w 表示,结合刚性壁面边界条件可以得到

$$\{P_o^e\} = \rho_0 c [T^e]\{V_o^e\} \tag{7.9.8}$$

其中,$[T^e]$ 为管口对外部声学域的辐射阻抗矩阵。

当外部域为半无限空间时,边界积分方程可表示为[2,35]

$$C^e(X) P^e(X) = \int_{\Gamma_w + \Gamma_o} \left[G_H(X,Y) \frac{\partial P^e}{\partial n}(Y) - P^e(Y) \frac{\partial G_H}{\partial n}(X,Y) \right] d\Gamma(Y) \tag{7.9.9}$$

其中,Γ_w 为半无限空间外部声学域中的管道壁面;Γ_o 为管口所在的边界;

$$G_H = \frac{\exp(-jkR)}{4\pi R} + \frac{\exp(-jkR_1)}{4\pi R_1} \tag{7.9.10}$$

为半无限空间中的格林函数,R_1 是 Y 点和 X 点关于无限大刚性平面的映射点间的距离;

$$C^e(X) = 1 - \int_{\Gamma} \frac{\partial}{\partial n} \left(\frac{1}{4\pi R} \right) d\Gamma(Y) \tag{7.9.11}$$

Γ 为无限大刚性平面以外的总边界。与自由空间情形相似,半无限空间中的辐射阻抗矩阵 $[T^e]$ 可由式(7.9.9)的离散化和数值积分求出。

对于管口与刚性平面平齐的极限情况,管口上的声压可以表示为[2,35]

$$P^e(X) = \int_{\Gamma_o} \left[\frac{\exp(-jkR)}{2\pi R} \frac{\partial P^e}{\partial n}(Y) \right] d\Gamma(Y) \tag{7.9.12}$$

使用与上述相同的方法可以获得辐射阻抗矩阵$[T^e]$。

在管口处,声压和质点振速的连续性条件为

$$\{P_o^e\} = \{P_o^i\} \tag{7.9.13}$$

$$\{V_o^e\} = -\{V_o^i\} \tag{7.9.14}$$

结合式(7.9.4)和式(7.9.8),以及连续性条件式(7.9.13)和式(7.9.14),得到负载阻抗为

$$Z_l = [T_{11}^i - T_{12}^i (T_{22}^i + T^e)^{-1} T_{21}^i] \tag{7.9.15}$$

将获得的负载阻抗代入式(7.9.2)和式(7.9.3)即可求出管口处的辐射阻抗、反射系数幅值和端部修正。

7.10 计算实例与分析

为表明边界元法计算消声器声学性能的适用性和计算精度,本节计算 5 种典型消声器的传递损失,并与实验测量结果加以比较。作为边界元法在内外耦合声学问题中的应用,本节还将计算管口的声反射系数和端部修正。

1. 具有外插进口的圆形同轴膨胀腔

具有外插进口的圆形同轴膨胀腔消声器如图 6.10.1 所示,具体尺寸为:膨胀腔长度 $l=282.3$mm,直径 $D=153.2$mm,进出口管内径 $d_1=d_2=48.6$mm,进口管插入膨胀腔内的长度 $l_1=80$mm、$l_2=0$。声速为 346m/s。

鉴于该消声器为轴对称结构,使用轴对称边界元法计算其声学性能。由于进口管为薄壁结构,进口管插入膨胀腔内部产生了奇异边界,因此使用子结构边界元-阻抗矩阵综合法计算其传递损失。首先将消声器分割成两个声学子结构:进口管和膨胀腔(包括出口管);然后将两个子结构的母线划分成 3 节点线单元,单元最大尺寸小于 1/6 个波长。图 7.10.1 为使用边界元法计算得到的传递损失结果与实验测量结果的比较。可以看出,边界元法计算结果与实验测量结果吻合很好,计算结果与测量结果间存在微小的差别可以认为是计算模型中忽略了外插管的壁厚和介质的黏性效应所致。

2. 具有端部进口侧面出口的圆形膨胀腔

端部进口侧面出口的圆形膨胀腔消声器如图 6.10.4 所示,具体尺寸和参数均与 6.10 节相同。由于该消声器是一个三维声学结构,应使用三维边界元法计算其声学性能。考虑到该结构有一个对称面,所以可以利用对称性以减少工作量,只需将半个声学域的边界离散即可。采用 8 节点四边形单元和 6 节点三角形单元离散边界表面,单元最大尺寸小于 1/6 个波长。图 7.10.2 为使用三维边界元法计算得

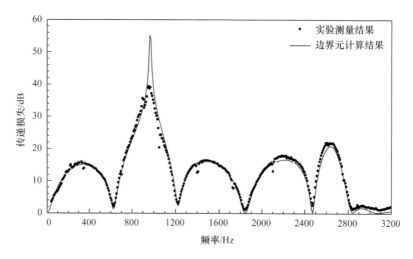

图 7.10.1　具有外插进口的圆形同轴膨胀腔的传递损失

到的传递损失结果与实验测量结果的比较。可以看出,边界元法计算结果与实验测量结果吻合很好。

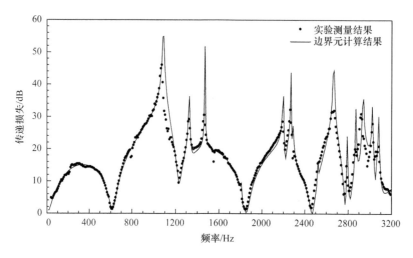

图 7.10.2　端面进口侧面出口的圆形膨胀腔消声器的传递损失

3. 直通穿孔管消声器

直通穿孔管消声器如图 6.10.7 所示,具体尺寸和参数均与 6.10 节相同。图 7.10.3 为直通穿孔管消声器传递损失实验测量结果与边界元法计算结果的比较。在边界元法计算中,穿孔声阻抗使用式(3.7.2)～式(3.7.5)。可以看出,边界元法计算结果与实验测量结果吻合良好。二者间的差异可以认为是穿孔声阻抗公式还不够精确,以及计算模型中忽略了介质的黏性效应所致。

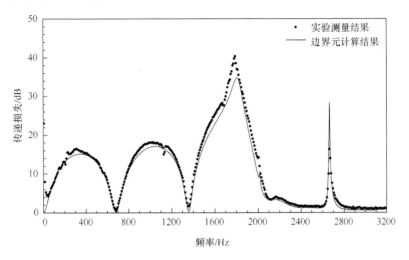

图 7.10.3　直通穿孔管消声器的传递损失

4. 三通穿孔管消声器

三通穿孔管消声器如图 6.10.10 所示,具体尺寸和参数均与 6.10 节相同。图 7.10.4 为使用三维边界元法计算得到的三通穿孔管消声器传递损失结果与实验测量结果的比较。在边界元法计算中,穿孔声阻抗使用式(3.7.2)~式(3.7.5)。可以看出,边界元法计算结果与实验测量结果在所关心的频率范围内吻合很好。

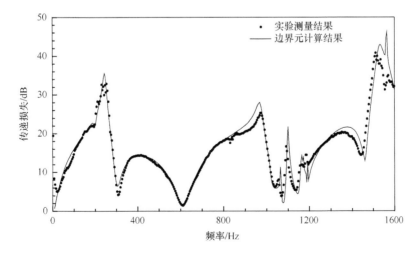

图 7.10.4　三通穿孔管消声器的传递损失

5. 直通穿孔管阻性消声器

直通穿孔管阻性消声器如图 6.10.13 所示,具体尺寸和参数均与 6.10 节相同。图 7.10.5 为直通穿孔管阻性消声器传递损失实验测量结果与边界元法计算结果的比较。在边界元法计算中,穿孔声阻抗使用式(3.7.16),声阻使用式(3.7.3),端部修正使用式(3.7.5)。可以看出,边界元法计算结果与实验测量结果吻合良好。二者间的差异可归结为:①吸声材料分布不够均匀;②吸声材料复阻抗和复波数、穿孔声阻抗公式还不够精确;③计算模型中忽略了介质的黏性效应等因素。

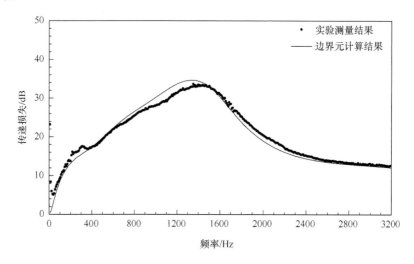

图 7.10.5　直通穿孔管阻性消声器的传递损失

6. 管口反射系数和端部修正

使用 7.9 节中的方法计算圆形管道内声波向无限空间和半无限空间辐射时管口的反射系数和端部修正。对于如图 7.10.6 所示的有限长管道内声波向无限空间中的辐射,研究表明,当 $l/a>2$ 时,在 $ka<3$ 范围内,管道长度对反射系数和端部修正的影响可以忽略[35]。图 7.10.7 比较了管口反射系数和端部修正的边界元法计算结果和 Davies 等[36]给出的近似公式计算结果,可以看出二者吻合良好。

图 7.10.6　无限空间中的管道及端部修正的表示

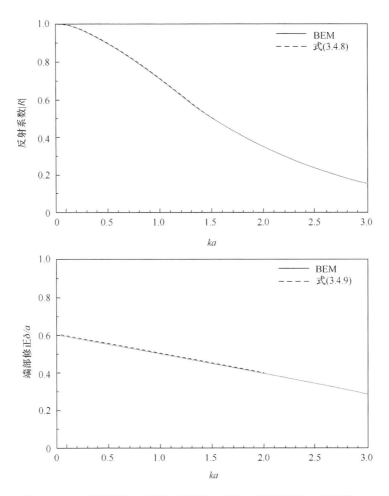

图 7.10.7　圆形管道向无限空间辐射时管口的反射系数和端部修正

接下来计算如图 7.10.8 所示的圆形管道内声波向半无限空间辐射的反射系数和端部修正。图 7.10.9 比较了管道伸出长度对反射系数和端部修正的影响。可以看出,由于管道从无限大刚性壁面伸出了一定长度,管口辐射出的声波到达壁面时被反射,声波叠加的结果使反射系数和端部修正呈现出波动现象。对于

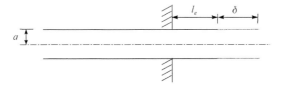

图 7.10.8　半无限空间中的管道及端部修正的表示

$l_e/a=0$的极限情况,边界元法计算结果与 Kergomard 和 Garcia[37],以及 Norris 和 Sheng[38]的结果相吻合。

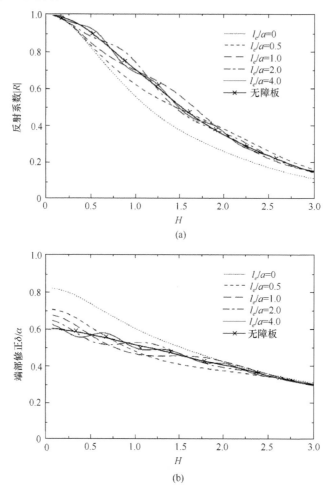

图 7.10.9　圆形管道向半无限空间辐射时管口的反射系数和端部修正

7.11　本　章　小　结

　　和有限元法相似,边界元法计算的第一个准备工作也是单元划分。同样应该注意的是,单元数量越多,准备工作量越大,所需的计算机内存越大,花费的计算时间也越长。一般来讲,单元上的节点数越多(高次单元),为求解声场所需的单元数量就会越少。此外,由于总体矩阵的大小与节点数成正比,所以使用高次单元所要求的计算时间和内存就会相应地增加。因此,在能够保证最高频率计算精度的前提下,应尽量使用较少的节点数。边界单元最大尺寸的一般规则建议为:对于线性单元取 $\lambda_{\min}/6$,对于二次单元取 $\lambda_{\min}/3$。

与有限元法相比,边界元法的优点有:①边界元法只需在边界上进行离散并求解未知量,使问题的维数降低一维,因此大大简化了数据准备工作,也减少了方程的个数;②由于预测消声器的声学性能不需要探求区域内部的声学量,只需获得进出口处的声学量即可,因此边界元法可以用较少的未知量分析同一问题;③边界元法特别适用于求解无限域和半无限域问题,因此可方便地求解管口声辐射特性。

与有限元法相比,边界元法具有其自身的缺点。有限元法形成的是带状矩阵,而边界元法形成的是满秩矩阵。由于求解带状矩阵所花费的时间远远少于求解满秩矩阵所花费的时间,因此当离散单元和节点数较多时,对于同一问题使用边界元法所花费的计算时间有可能会超过使用有限元法所花费的计算时间。当节点数特别多时,边界元法可能无法胜任,从而限制了解题规模。使用多域处理可以大大减少边界元法的计算时间,提高计算效率,并且使大型计算问题得以实现。有限元法适用性较广,可以用于求解非均匀介质问题;而边界元法适用性有限,只能用于计算均匀介质问题。

对于具有奇异边界(如薄壁插入管、薄壁隔板等)的消声器,传统的单域边界元法并不适用,为此需要使用区域划分法或子结构处理(即多域边界元法或子结构边界元法)。考虑到传统多域边界元法的耦合过程烦琐,Wu 等[18,19,23,25~27,33]发展了直接混合体边界元法(the direct mixed-body BEM)用于计算和分析多种类型消声器的声学性能。为了减小矩阵尺寸和缩短计算时间,他们还发展了基于直接混合体边界元法的子结构技术用于计算大型复杂消声器的声学性能。

虽然本章只介绍了静态介质中声场问题计算的边界元法,但目前,边界元法也被扩展到求解均匀流[16,20,24]和低马赫数非均匀流[17]中的声传播问题。近期的研究表明,使用双倒易法可以将边界元法应用于求解非均匀势流中的声传播问题和计算消声器声学性能[39,40]。

传统边界元法的计算过程中形成了满系数矩阵,从而限制了其在处理高频声学和大区域声场问题中的应用。为了提高传统边界元法在节点数目较多时的适用性,快速多极子法(FMM)在近年来得以发展。FMM 是通过多极子展开方法来加速计算大量源点的位势,用于边界积分方程的迭代求解。自 1985 年 Rokhlin[41]提出 FMM 以来,它便作为一种高效的工具得到了迅速发展,将 FMM 引入边界元法,便形成了快速多极子边界元法(FMBEM)。相对于传统边界元法,快速多极子边界元法能极大缩短计算机的处理时间和减小对计算机内存量的需求,所需的内存量和计算量量级均为 $O(N\ln N)$[42,43]。最近,快速多极子边界元法又被成功地应用于消声器声学性能的计算与分析[44,45]。

参 考 文 献

[1] Ciskowski R D, Brebbia C A. Boundary Element Methods in Acoustics. Southampton: Computational Mechanics Publications, 1991.

[2] Wu T W. Boundary Element Acoustics, Fundamentals and Computer Codes. Southampton: WIT Press, 2000.

[3] Gaul L, Kogl M, Wagner M. Boundary Element Methods for Engineers and Scientists. Berlin: Springer-Verlag, 2003.

[4] Ali A, Rajakumar C. The Boundary Element Method, Applications in Sound and Vibration. Leiden: A. A. Balkema Publishers, 2004.

[5] Chen L H, Schweikert D G. Sound radiation from an arbitrary body. Journal of the Acoustical Society of America, 1963, 35(10): 1626-1632.

[6] Schenck H A. Improved integral formulation for acoustic radiation problem. Journal of the Acoustical Society of America, 1968, 44(1): 41-58.

[7] Burton A J, Miller F F. The application of integral equation methods to the numerical solutions of some exterior value problems. Proceedings of Royal Society of London, 1971, A323: 201-210

[8] Seybert A F, Soenarko B, Rizzo F J, et al. Application of the BIE method to sound radiation problems using an isoparametric element. Journal of Vibration, Acoustics, Stress and Reliability in Design, 1984, 106(3): 414-420.

[9] Seybert A F, Soenarko B, Rizzo F J, et al. An advanced computational method for radiation and scattering of acoustic waves in three dimensions. Journal of the Acoustical Society of America, 1985, 77(2): 362-368.

[10] Seybert A F, Soenarko B, Rizzo F J, et al. A special integral equation formulation for acoustic radiation and scattering of axisymmetric bodies and boundary conditions. Journal of the Acoustical Society of America, 1986, 80(5): 1241-1247.

[11] Tanaka T, Fujikawa T. A method for the analytical prediction of insertion loss of a two-dimensional muffler model based on the transfer matrix method derived from the boundary element method. Journal of Vibration, Acoustics, Stress and Reliability in Design, 1985, 107(1): 86-91.

[12] Seybert A F, Cheng C Y R. Application of the boundary element method to acoustic cavity response and muffler analysis. Journal of Vibration, Acoustics, Stress and Reliability in Design, 1987, 109(1): 15-21.

[13] Cheng C Y R, Seybert A F, Wu T W. A multidomain boundary element solution for silencer and muffler performance prediction. Journal of Sound and Vibration, 1991, 151(1): 119-129.

[14] Wang C N, Tse C C, Chen Y N. Analysis of three-dimensional muffler with boundary element method. Applied Acoustics, 1993, 40(2): 91-106.

[15] Wang C N, Tse C C, Chen Y N. A boundary element analysis of concentric tube resonator.

Engineering Analysis with Boundary Elements,1993,12(1):21-27.

[16] Ji Z L,Ma Q,Zhang Z H. Application of the boundary element method to predicting acoustic performance of expansion chamber mufflers with mean flow. Journal of Sound and Vibration,1994,173(1):57-71.

[17] Ji Z L,Ma Q,Zhang Z H. A boundary element scheme for evaluation of four-pole parameters of ducts and mufflers with low Mach number non-uniform flow. Journal of Sound and Vibration,1995,185(1):107-117.

[18] Wu T W,Wan G C. Muffler performance studies using a direct mixed-body boundary element method and a three-point method for evaluating transmission loss. Journal of Vibration and Acoustics,1996,118(3):479-484.

[19] Wu T W,Zhang P,Cheng C Y R. Boundary element analysis of mufflers with an improved method for deriving the four-pole parameters. Journal of Sound and Vibration,1998,217(4):767-779.

[20] Wang C N,Liao C Y. Boundary integral equation method for evaluating the performance of straight-through resonator with mean flow. Journal of Sound and Vibration,1998,216(2):281-294.

[21] Seybert A F,Seman R A,Lattuca M D. Boundary element prediction of sound propagation in ducts containing bulk absorbing materials. Journal of Vibration and Acoustics, 1998,120(4):977-981.

[22] Ji Z L,Selamet A. Boundary element analysis of three-pass perforated duct mufflers. Noise Control Engineering Journal,2000,48(5):151-156.

[23] Lou G,Wu T W. Impedance matrix synthesis for multiply connected exhaust network systems using the direct mixed-body BEM. Journal of Sound and Vibration,2000,238(2):351-362.

[24] Tsuji T,Tsuchiya T,Kagawa Y. Finite element and boundary element modeling for the acoustic wave transmission in mean flow medium. Journal of Sound and Vibration,2002,255(5):849-866.

[25] Wu T W,Cheng C Y R,Zhang P. A direct mixed-body boundary element method for packed silencers. Journal of the Acoustical Society of America,2002,111(6):2566-2572.

[26] Wu T W,Cheng C Y R,Tao Z. Boundary element analysis of packed silencers with protective cloth and embedded thin surfaces. Journal of Sound and Vibration,2003,261(1):1-15.

[27] Lou G,Wu T W,Cheng C Y R. Boundary element analysis of packed silencers with a substructuring technique. Engineering Analysis with Boundary Elements,2003,27(7):643-653.

[28] Ji Z L. Acoustic attenuation performance analysis of multi-chamber reactive silencers. Journal of Sound and Vibration,2005,283(1-2):459-466.

[29] Ji Z L. Boundary element analysis of a straight-through hybrid silencer. Journal of Sound and Vibration,2006,292(1-2):415-423.

[30] Ji Z L. Acoustic attenuation performance of straight through perforated tube silencers and

resonators. Journal of Computational Acoustics,2008,16(3):361-379.

[31] Park Y B,Ju H D,Lee S B. Transmission loss estimation of three-dimensional silencers by system graph approach using multi-domain BEM. Journal of Sound and Vibration,2009,328 (4-5):575-585.

[32] Ji Z L. Boundary element acoustic analysis of hybrid expansion chamber silencers with perforated facing. Engineering Analysis with Boundary Elements,2010,34(7):690-696.

[33] Jiang C,Wu T W,Xu M B,et al. BEM modeling of mufflers with diesel particulate filters and catalytic converters. Noise Control Engineering Journal,2010,58(3):243-250.

[34] Ji Z L,Sha J Z. A boundary element approach to sound transmission/radiation problems. Journal of Sound and Vibration,1997,206(2):261-265.

[35] Selamet A,Ji Z L,Kach R A. Wave reflections from duct terminations. Journal of the Acoustical Society of America,2001,109(4):1304-1311.

[36] Davies P O A L,Bento Coelho J L,Bhattachaya M. Reflection coefficients for an unflanged pipe with flow. Journal of Sound and Vibration,1980,72(4):543-546.

[37] Kergomard J,Garcia A. Simple discontinuities in acoustic waveguides at low frequencies: Critical analysis and formulae. Journal of Sound and Vibration,1987,114(3):465-479.

[38] Norris A N,Sheng I. Acoustic radiation from a circular pipe with an infinite flange. Journal of Sound and Vibration,1989,135(1):85-93.

[39] 王雪仁. 船用柴油机排气消声器声学性能预测的边界元法及实验研究. 哈尔滨:哈尔滨工程大学博士学位论文,2007.

[40] 王雪仁,季振林. 双倒易边界元法应用于预测具有复杂流管道和消声器的声学特性. 声学学报,2008,33(1):76-83.

[41] Rokhlin V. Rapid solution of integral equations of classical potential theory. Journal of Computational Physics,1985,60(2):187-207.

[42] Tetsuya S,Yosuke Y. Fast multipole boundary element method for large-scale steady-state sound field analysis. Part II:Examination of numerical items. Acta Acustica,2003,89(1): 28-38.

[43] Fischer M,Gauger U,Gual L. A multipole galerkin boundary element method for acoustics. Engineering Analysis with Boundary Elements,2004,28(2):155-162.

[44] 崔晓兵. 复杂结构声学特性预测的快速多极子边界元法研究. 哈尔滨:哈尔滨工程大学博士学位论文,2011.

[45] Cui X B,Ji Z L. Fast multipole boundary element approaches for acoustic attenuation prediction of reactive silencers. Engineering Analysis with Boundary Elements,2012,36(7): 1053-1061.

第 8 章   时 域 方 法

前面介绍的平面波理论、三维解析方法、有限元法和边界元法都是在频率域内求解声波控制方程,这些方法称为频域方法。时域方法是计算消声器和穿孔元件声学特性的另一类方法,它采用计算流体力学(CFD)方法求解流场控制方程,以获得消声器上游和下游管道内的压力波动历程,然后通过傅里叶变换将时域压力信号转换到频率域内,进而计算出消声器的传递损失。与频域方法相比,时域方法的优点是能够考虑复杂气流流动、介质黏滞性和热传导、非线性效应对声传播和衰减的影响,因而能获得更加精确的计算结果;其缺点是计算成本高。与频域方法相似,时域方法也可以分为一维时域方法[1~10]、二维和三维时域方法[11~15]。一维时域方法计算速度快,广泛应用于进排气系统的初步设计;然而该方法只是对管道和消声器内的气体流动进行一维求解,从而限制了计算频率只能在平面波截止频率以下。如果消声器内部结构比较复杂,即使在平面波截止频率以下,消声器内部也可能存在局部非平面波,从而影响一维时域法的计算精度。有气体流动时,一维时域法只能考虑沿主流方向上平均流的影响,时域方法的优点没有得到充分体现。因此,本章只介绍消声器声学性能计算的三维时域方法。

8.1   流体动力学控制方程

流体流动受物理守恒定律的支配,基本的守恒定律包括:质量守恒定律、动量守恒定律和能量守恒定律。控制方程是这些守恒定律的数学描述。下面介绍这些基本的守恒定律所对应的控制方程[16,17]。

1. 质量守恒方程

任何流动问题都必须满足质量守恒定律。该定律表述为:单位时间内流体微元体中质量的增加等于同一时间间隔内流入该微元体的净质量。按照这一定律,可以得出质量守恒方程:

$$\frac{\partial \rho}{\partial t} + \mathrm{div}(\rho \boldsymbol{u}) = 0 \tag{8.1.1}$$

其中,ρ 是介质的密度;t 是时间;$\boldsymbol{u}$ 是速度矢量,u、v 和 w 分别是速度矢量 $\boldsymbol{u}$ 在 x、y 和 z 方向上的分量;$\mathrm{div}(\boldsymbol{a}) = \partial a_x/\partial x + \partial a_y/\partial y + \partial a_z/\partial z$ 为散度。

2. 动量守恒方程

动量守恒定律表述为：微元体中流体的动量对时间的变化率等于外界作用在该微元体上的各种力之和。对于牛顿流体，动量守恒方程可以表示为

$$\frac{\partial}{\partial t}(\rho \boldsymbol{u}) + \mathrm{div}(\rho \boldsymbol{u u}) = -\mathrm{grad}(p) + \mathrm{div}[\tau_{ij}] + \rho \boldsymbol{g} \tag{8.1.2}$$

其中，p 是流体微元体上的压力；$\mathrm{grad}(p) = \partial p/\partial x + \partial p/\partial y + \partial p/\partial z$ 为梯度；τ_{ij} 是应力张量；$\boldsymbol{g}$ 为单位重力矢量。式(8.1.2)也被称为纳维-斯托克斯(Navier-Stokes)方程。

3. 能量守恒方程

能量守恒定律是包含热交换的流动系统必须满足的基本定律，可表述为：微元体中的能量增加率等于进入微元体的净热流量加上体力与面力对微元体所做的功。以总能 E 为变量的能量守恒方程为

$$\frac{\partial(\rho E)}{\partial t} + \mathrm{div}(\rho \boldsymbol{u} E) = -\mathrm{div}(p \boldsymbol{u}) + \mathrm{div}([\tau_{ij}] \cdot \boldsymbol{u}) + \mathrm{div}(k \nabla T) + S_h \tag{8.1.3}$$

其中，k 为流体的传热系数；T 为温度；S_h 为化学反应热源或者用户自定义源项。

4. 状态方程

为使上述方程组封闭，还应补充一个联系压力和密度的状态方程。对于理想气体，状态方程为

$$p = \rho RT \tag{8.1.4}$$

其中，R 为气体常量。

5. 湍流的控制方程

当介质流速较高时，消声器内部形成湍流。湍流可以近似认为由大小和方向随机分布的各种不同尺度的涡叠加而成。在充分发展的湍流区，大尺度漩涡破碎后会形成尺度稍小的漩涡，进一步破碎后形成更小的漩涡。与此同时，通过涡间相互作用，能量从大尺度漩涡传递到小尺度漩涡，由于介质的黏性作用使小漩涡耗散消失，进而将能量转化为流体的热能。考虑到湍流流动的复杂性，只能通过数值方法进行模拟。对湍流的模拟主要有直接数值模拟方法和非直接数值模拟方法。直接数值模拟方法就是直接求解瞬态 Navier-Stokes 方程，这种方法没有引入湍流模型等对湍流流动做出的假设，因而数值模拟更加接近真实情况。然而，直接数值模拟方法为了准确模拟湍流的空间结构与脉动特性，对网格尺寸和时间步长有着极高的要求，目前还很难用于真正意义的工程计算。工程中广泛采用的方法是对瞬

态纳维-斯托克斯方程进行时间平均处理,同时补充反映湍流特性的其他方程,如湍动能方程和湍流耗散率方程等。有关湍流模拟和湍流模型将在8.3节介绍。

8.2 计算流体动力学求解方法

流体流动控制方程具有复杂性,需要使用数值方法进行计算,于是形成了计算流体动力学(computational fluid dynamics,CFD)这一数值计算方法。CFD 方法的基本思想可以归结为:把在时间域和空间域上连续的物理量的场,用一系列有限个离散点上的变量值的集合来代替,通过一定的原则和方式建立起关于这些离散点上场变量之间关系的代数方程组,然后求解代数方程组获得场变量的近似值。

CFD 方法的求解过程可用图 8.2.1 表示。如果所求的问题是瞬态问题,则可将该图的过程理解为一个时间步的计算过程,循环这一过程求解下个时间步的解。

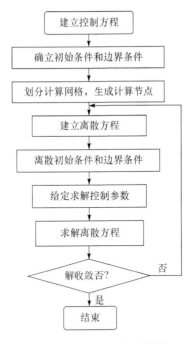

图 8.2.1 CFD 工作流程图

经过几十年的发展,CFD 出现了多种数值求解方法,这些方法之间的主要区别在于对控制方程的离散方式。根据离散方式的不同,CFD 可分成三个分支:有限差分法、有限元法和有限体积法。其中有限体积法本身具有较好的守恒特性,而且离散方程中系数的物理意义明确,基于有限体积格式的守恒方程求解逐渐成为主流,所以本节只介绍有限体积法。

有限体积法(finite volume method,FVM)的基本思路是:将计算区域划分为网格,并使每个网格点周围有一个互不重复的控制体积,将控制微分方程对每一个控制体积积分,从而得到一组包含节点变量值的离散化方程。

1. 网格划分

在微分方程离散化时,需要将计算域划分成许多微小单元,用离散的网格代替求解问题的连续空间。网格生成技术是计算流体力学的一个重要组成部分,是促进 CFD 工程使用化的一个重要因素。网格品质的好坏直接影响到数值解的计算精度。

计算网格按照网格点之间的邻近关系,可以分为结构化网格、非结构化网格和混合网格三类。结构化网格可以用计算机语言中的多维数组存储,网格点之间的邻接关系可以通过相应的数组指标确定,在计算机上数据组织方便。非结构化网格在网格和节点排列方式上没有特定的规则,它的节点和单元分布是任意的。非结构化网格由于处理复杂几何形状时有很大的灵活性,因此成为常用的网格。混合网格是结构化网格和非结构化网格的组合。

对于结构比较简单的消声器(如膨胀腔),可以采用单纯的结构化网格;但是对于有穿孔元件的消声器,则无法采用结构化网格进行划分,必须对模型分块进行处理,将可以用结构化网格划分的区域尽可能地划分出来,剩余区域采用非结构化网格进行划分。

2. 建立离散方程

有限体积法的关键一步是在控制体积上积分控制方程,以在控制体积节点上产生离散方程。在使用有限体积法建立离散方程时,重要的一步是将控制体积界面上的物理量及其导数通过节点物理量插值求出,引入插值方式的目的就是建立离散方程,不同的插值方式对应于不同的离散结果,因此插值方式常称为离散格式。

在空间域上,离散控制方程常用的离散格式有[17]中心差分格式、一阶迎风格式、混合格式、指数格式、乘方格式、二阶迎风格式和对流运动的二次迎风插值(quadratic upwind interpolation of convective kinematics, QUICK)格式等。其中,前五种为低阶离散格式,后两种为高阶离散格式。低阶离散格式的计算效率高,但精度稍差,而高阶离散格式的特点恰好相反。各种不同的离散格式对于不同的问题有不同的适应性。

对于瞬态问题,在时间域上所使用的离散格式(即时间积分方案)有显式方案和隐式方案。在显式时间积分方案中,当前时间步某一控制体积中的待求物理量,如压力、温度等,只与前一个时间步当前控制体积以及邻近控制体积相应物理量的

计算值有关。因此,不需要对方程组进行迭代求解即可求得当前控制体积在当前
时刻的待求物理量。显示时间积分方案在数值上是有条件稳定,时间步长和离散
长度之间必须满足 Courant(柯朗)条件。对于隐式时间积分方案,离散方程组的
左右两端同时存在待求物理量在当前时刻和前一时刻的值,且当前时刻中所有节
点的待求物理量是耦合在一起的,使得离散方程组是非线性的。隐式时间积分方
案要求在当前时刻同时求解所有控制体积和边界中待求物理量的值,通过迭代计
算得到当前时刻待求物理量的收敛解后,再推进到下一个时间步。相比于显示时
间积分方案,隐式时间格式在每一个时间步上花费的计算时间更长,但隐式时间积
分方案无条件稳定性允许采用较大的时间步长。

3. 流场数值计算方法

使用有限体积法建立的离散方程(即代数方程组),通常不能直接用来求解,还
必须对离散方程进行某种调整,并且对各未知量(速度、压力、温度等)的求解顺序
及方式进行特殊处理。流场计算方法的本质就是对离散后的控制方程组的求解,
求解方法可分为耦合式解法和分离式解法。

耦合式解法同时求解离散化的控制方程组,联立求解出各变量(u、v、w、p
等),其求解过程如下。

(1) 设定初始压力和速度等变量,确定离散方程的系数及常数项等。

(2) 联立求解连续方程、动量方程、能量方程。

(3) 求解湍流方程及其他标量方程。

(4) 判断当前时间步上的计算是否收敛。若不收敛,返回第(2)步,迭代计算;
若收敛,重复上述步骤,计算下一时间步的物理量。

分离式解法不直接解联立方程组,而是顺序地、逐个地求解各变量代数方程
组。依据是否直接求解原始变量 u、v、w、p,分离式解法分为非原始变量法和原始
变量法。

非原始变量法主要有涡量-速度法和涡量-流函数法两种典型方法。由于这类
方法不易扩展到三维情况,因此未能得以广泛应用。

原始变量法包含的解法比较多,常用的有解压力泊松方程法、人为压缩法和压
力修正法。目前工程上使用最广泛的流场数值计算方法是压力修正法,其基本思
路如下。

(1) 假定初始压力场。

(2) 利用压力场求解动量方程,得到速度场。

(3) 利用速度场求解连续方程,使压力场得到修正。

(4) 根据需要,求解湍流方程及其他标量方程。

(5) 判断当前时间步上的计算是否收敛。若不收敛,返回第(2)步,迭代计算;

若收敛,重复上述步骤,计算下一时间步的物理量。

压力修正法有多种实现方式,其中压力耦合方程组的半隐式方法(semi-implicit method for pressure-linked equations,SIMPLE)应用最广泛,也是各种商业 CFD 软件普遍采纳的方法。该方法由 Patankar 和 Spalding 于 1972 年提出[18],它的核心是采用"猜测-修正"的过程,在交错网格的基础上计算压力场,从而达到求解动量方程的目的。

SIMPLE 算法的基本思想为:对于给定的压力场(可以是假定的值,或是上一次迭代计算得到的结果),求解离散形式的动量方程,得出速度场。因为压力场是假定的或不精确的,这样,得到的速度场一般不满足连续方程,所以必须对给定的压力场加以修正。修正的原则是:与修正后的压力场相对应的速度场能满足这一迭代层次上的连续方程。据此原则,把由动量方程的离散形式所规定的压力与速度的关系代入连续方程的离散形式,从而得到压力修正方程,由压力修正方程得出压力修正值。接着,根据修正后的压力场,求得新的速度场。然后,检查速度场是否收敛。若不收敛,用修正后的压力值作为给定的压力场,开始下一层次的计算。如此反复,直到获得收敛的解。

SIMPLE 算法自问世以来,在被广泛应用的同时,也以不同的方式不断地得以改善和发展,其中最著名的改进算法有改进的 SIMPLE(SIMPLE revised,SIMPLER)算法、协调一致的 SIMPLE(SIMPLE consistent,SIMPLEC)算法和压力的隐式算子分割(pressure implicit with splitting of operators,PISO)算法。这些改进算法主要是提高了计算的收敛性,从而缩短计算时间。

在 SIMPLE 算法中,压力修正值 p' 能够很好地满足速度修正的要求,但对压力修正不是十分理想。改进后的 SIMPLER 算法只用压力修正值 p' 来修正速度,另外构建一个更加有效的压力方程来产生"正确"的压力场。由于在推导 SIMPLER 算法的离散化压力方程时,没有任何项被省略,因此所得到的压力场与速度场相适应。在 SIMPLER 算法中,正确的速度场将导致正确的压力场,而在 SIMPLE 算法中则不是这样。所以,SIMPLER 算法是在很高的效率下正确计算压力场的,这一点在求解动量方程时有明显优势。虽然 SIMPLER 算法的计算量比 SIMPLE 算法高出 30% 左右,但其较快的收敛速度使得计算时间减少 30%~50%。

PISO 算法与 SIMPLE 和 SIMPLEC 算法的不同之处在于:SIMPLE 和 SIMPLEC算法是两步算法,即一步预测和一步修正;而 PISO 算法增加了一个修正步,包含一个预测步和两个修正步,在完成第一步修正得到 u、v、w、p 后寻求二次改进值,目的是使它们更好地同时满足动量方程和连续方程。PISO 算法由于使用了预测-修正-再修正三步,从而可加快单个迭代步中的收敛速度。SIMPLEC 和 PISO 算法总体上与 SIMPLE 算法具有同样的计算效率,相互之间很难比较优劣,对于不同类型的问题,每种算法都有自己的优势。一般来讲,动量方程与标量方程如果不是耦合在一起的,则 PISO 算法在收敛性方面显得很健壮,且效率较高。而在动量方程与标量方程耦合非常密切时,SIMPLEC 和 SIMPLER 算法的效率可能更好些。

PISO 算法是为瞬态问题所建立的一种无迭代的瞬态计算程序,其精度取决于时间步长,在预测修正过程中,压力修正与动量方程计算所到达的精度分别是 $3(\Delta t^3)$ 和 $4(\Delta t^4)$ 的量级。可以看出,使用越小的时间步长,可取得越高的计算精度。当时间步长较小时,不进行迭代也可保证计算有足够的精度。

4. 离散方程组的解法

无论采用何种离散格式,也无论采用什么算法,最终都要生成离散方程组。由于有限体积法所产生的离散方程组往往是三对角或五对角的方程组,因此有必要寻求简洁的解法。代数方程组的求解可以分成直接解法和迭代法两大类。

最基本的直接解法是 Cramer(克拉默)矩阵求逆法和高斯消去法。克拉默矩阵求逆法只适用于方程组规模非常小的情况。高斯消去法先要把系数矩阵通过消元化为上三角阵,然后逐一回代,从而得到方程组的解。高斯消去法虽然比克拉默矩阵求逆法能够适应较大规模的方程组,但还是不如迭代法效率高。

最基本的迭代法是雅可比迭代法和 Gauss-Seidel(高斯-塞德尔)迭代法,这两种方法均可非常容易地在计算机上实现。但当方程组规模较大时,要获得收敛解,往往速度很慢,因此一般的 CFD 都不使用这类方法。在 CFD 软件中被广泛应用的是一种能快速求解三对角方程组的解法 TDMA(tri-diagonal matrix algorithm),它的最大优点是速度快、占用的内存空间小。后来,该算法又针对不同的问题得到了改进,出现了如循环三对角阵算法(CTDMA)和双三对角阵算法(DTDMA)等。

8.3 湍流数值模拟与湍流模型

流体运动时,相邻两层流体之间具有抵抗变形的性质,这就是流体的黏性作用,黏性应力和变形速率之间存在如下关系[19]:

$$\tau_{ij} = 2\mu\varepsilon_{ij} - \frac{2}{3}\mu\varepsilon_{kk}\delta_{ij} \tag{8.3.1}$$

其中,τ_{ij} 为应力张量;μ 为黏性系数;ε_{ij} 为变形率张量;$\varepsilon_{kk}=\frac{\partial u}{\partial x}+\frac{\partial v}{\partial y}+\frac{\partial w}{\partial z}$ 为体积变形率;δ_{ij} 为克罗内克尔符号。黏性系数是一种物性参数,与流体的物理状态(压力、温度等)有关。真实流体都是具有黏性的。时域法的优点之一就是在计算中可以考虑介质黏性对声传播的影响。

从流动状态来看,流体流动可以分为层流和湍流。层流流动时流体各层之间没有掺混现象,而湍流流动呈现的是一种随机的不定常流动。对于管内流动,可以使用雷诺数 Re 来加以区分。当 $Re \leqslant 2000$ 时,流动处于层流状态,所对应的雷诺数称为下临界雷诺数。而湍流所对应的上临界雷诺数目前还没有一个统一的数值,因为它与壁面粗糙程度和进口边界条件等因素有关。文献[20]认为上临界雷诺数等于 3000,文献[21]和[22]认为是 40000～50000,文献[19]和[23]认为是100000。雷诺数在下、上临界雷诺数之间时,流动处于过渡区域。使用时域法预测无流条件下消声器的声学性能时,声激励信号的传播会引起质点在其平衡位置附近振动,为了较好地考虑介质黏性的影响,应选层流模型。使用时域法计算有流条件下消声器的声学性能时,需要准确模拟消声器内部的流体流动,为此需要选择合适的湍流模型。

湍流数值模拟方法可以分为直接数值模拟方法和非直接数值模拟方法。直接数值模拟方法就是直接求解瞬时湍流控制方程,而非直接数值模拟方法就是不直接计算湍流的脉动特性,而是设法对湍流进行某种程度的近似和简化处理。依赖所采用的近似和简化方法不同,非直接数值模拟方法又可分为统计平均法、雷诺平均法和大涡模拟法三种。

1. 统计平均法

统计平均法是基于湍流相关函数的统计理论,主要用相关函数及谱分析的方法来研究湍流结构,统计理论主要涉及小尺度涡的运动。这种方法在工程中的应用不很广泛,在此不予介绍。

2. 雷诺平均法

雷诺平均法是目前使用最为广泛的湍流数值模拟方法,该方法不直接求解瞬态纳维-斯托克斯方程,而是求解经过平均处理的纳维-斯托克斯方程,从宏观角度来考察湍流流动对流场的影响。时域计算中需要模拟介质的黏性和可压缩性,采用雷诺平均(时间平均)会使纳维-斯托克斯方程变得复杂化。因此,采用 Favre 平均(密度加权平均)进行处理。Favre 平均可以表示为[24]

$$\tilde{\phi} = \frac{\int_{-T}^{T} \rho(t)\phi(t)\mathrm{d}t}{\int_{-T}^{T} \rho(t)\mathrm{d}t} = \frac{\overline{\rho\phi}}{\bar{\rho}} \tag{8.3.2}$$

其一变量 ϕ 可以表示为

$$\phi = \tilde{\phi} + \phi' \tag{8.3.3}$$

其中,符号—、～和′分别代表时间平均值、密度加权平均值和脉动值。将式(8.3.2)和式(8.3.3)代入式(8.1.1)和式(8.1.2)得到:

质量守恒方程为

$$\frac{\partial \bar{\rho}}{\partial t}+\frac{\partial}{\partial x_i}(\bar{\rho}\tilde{u}_i)=0 \tag{8.3.4}$$

动量守恒方程为

$$\frac{\partial(\bar{\rho}\tilde{u}_i)}{\partial t}+\frac{\partial}{\partial x_j}(\bar{\rho}\tilde{u}_i\tilde{u}_j)=-\frac{\partial\bar{p}}{\partial x_i}+\frac{\partial}{\partial x_j}\left[\mu\left(\frac{\partial\tilde{u}_i}{\partial x_j}+\frac{\partial\tilde{u}_j}{\partial x_i}-\frac{2}{3}\delta_{ij}\frac{\partial\tilde{u}_k}{\partial x_k}\right)\right]-\frac{\partial}{\partial x_j}(\overline{\rho u_i'u_j'})$$

$$\tag{8.3.5}$$

对动量方程进行平均处理时,式(8.3.5)中多出了应力项$-\overline{\rho u_i'u_j'}$,使得方程组不封闭。为使方程组封闭,必须对雷诺应力做出某种假定,即建立应力的表达式(或引入湍流模型方程),通过这些表达式或湍流模型,把湍流的脉动值与时均值联系起来。根据对雷诺应力做出的假定或处理方式不同,目前常用的湍流模型有两类:雷诺应力模型和涡黏模型。

在雷诺应力模型方法中,直接构建表示雷诺应力的方程,然后联立求解质量守恒方程、动量守恒方程、能量守恒方程及新建立的雷诺应力方程。通常情况下,雷诺应力方程是微分形式的,称为雷诺应力方程模型。若将雷诺应力方程的微分形式简化成代数方程的形式,则称这种模型为代数应力方程模型。

在涡黏模型方法中,不直接处理雷诺应力项,而是引入湍动黏度(或称涡黏系数),然后把湍流应力表示成湍动黏度的函数,整个计算的关键在于确定这种湍动黏度。湍动黏度的提出来源于 Boussinesq 提出的涡黏假定,该假定建立了雷诺应力相对于平均速度梯度的关系[24],即

$$-\overline{\rho u_i'u_j'}=\mu_t\left(\frac{\partial\tilde{u}_i}{\partial x_j}+\frac{\partial\tilde{u}_j}{\partial x_i}\right)-\frac{2}{3}\left(\bar{\rho}k+\mu_t\frac{\partial\tilde{u}_k}{\partial x_k}\right)\delta_{ij} \tag{8.3.6}$$

其中,μ_t 为湍动黏度;k 为湍动能(turbulent kinetic energy):

$$k=\frac{\overline{u_i'u_i'}}{2}=\frac{1}{2}(\overline{u'^2}+\overline{v'^2}+\overline{w'^2}) \tag{8.3.7}$$

湍动黏度 μ_t 是空间坐标的函数,取决于流动状态,而不是物性参数。可见,引入 Boussinesq 假定后,计算湍流流动的关键就在于如何来确定湍动黏度 μ_t。这里提到的涡黏模型,就是把湍动黏度 μ_t 与湍流时均参数联系起来的关系式。依据确定 μ_t 的微分方程数目,涡黏模型分为零方程模型、一方程模型和两方程模型。目前两方程模型在工程中使用最为广泛,最基本的两方程模型是标准 k-ε 模型(standard k-ε model),即分别引入关于湍动能 k 和湍动耗散率 ε 的方程。该模型是由 Launder 和 Spalding 于 1972 年提出的[25]。在模型中,表示湍动耗散率(turbulent dissipation rate)的 ε 被定义为

$$\varepsilon=\frac{\mu}{\rho}\overline{\left(\frac{\partial u_i'}{\partial x_k}\right)\left(\frac{\partial u_i'}{\partial x_k}\right)} \tag{8.3.8}$$

湍动黏度 μ_t 可以表示成 k 和 ε 的函数,即

$$\mu_t = \rho C_\mu \frac{k^2}{\varepsilon} \qquad\qquad (8.3.9)$$

其中,C_μ 为模型常数。一旦湍动黏度 μ_t 确定后,应力项 $-\overline{\rho u_i' u_j'}$ 以及湍流流动就可以计算了。

　　标准 k-ε 模型是针对充分发展的湍流流动建立起来的,即它是一种针对高雷诺数的湍流计算模型。而当雷诺数较低时,如在近壁区内的流动,湍流发展并不充分,湍流的脉动影响可能不如分子黏性的影响大,在更贴近壁面的底层内,流动可能处于层流状态。因此,对雷诺数较低的流动使用标准 k-ε 模型进行计算时,就会出现问题。这时必须采取特殊的处理方式,以解决近壁区内的流动计算及低雷诺数时的流动计算问题。常用的方法有两种,一种是采用壁面函数法,另一种是采用低雷诺数的 k-ε 模型。

　　将标准 k-ε 模型用于强旋流或带有弯曲壁面的流动时,会出现一定失真,为了弥补标准 k-ε 模型的缺陷,学者提出了对标准 k-ε 模型的修正方案,应用比较广泛的改进方案有 RNG k-ε 模型和 Realizable k-ε 模型。

　　RNG 是 renormalization group 的缩写。在 RNG k-ε 模型中,通过在大尺度运动和修正后的黏度项体现小尺度的影响,而使这些小尺度运动有系统地从控制方程中去除。与标准 k-ε 模型比较,RNG k-ε 模型主要变化是:①通过修正湍动黏度,考虑了平均流动中的旋转及旋转流动情况;②在 ε 方程中增加了一项,从而反映了主流的时变应变率,这样,RNG k-ε 模型中产生项不仅与流动情况有关,而且在同一问题中也是空间坐标的函数。从而,RNG k-ε 模型更好地处理应变率高及流线弯曲程度较大的流动。值得注意的是,RNG k-ε 模型仍是针对充分发展的湍流有效的,即针对高雷诺数的湍流计算模型,而对近壁面的流动,必须使用壁面函数法或低雷诺数的 k-ε 模型来模拟。

　　标准 k-ε 模型对时均应变特别大的情形,可能导致负的正应力。为使流动符合湍流物理定律,需要对正应力进行数学约束。为保证这种约束的实现,湍动黏度计算式中的系数 C_μ 不应是常数,而应与应变率联系起来。从而,提出了 Realizable k-ε 模型。与标准 k-ε 模型比较,Realizable k-ε 模型的主要变化是:①湍动黏度计算公式发生了变化,引入了与旋转和曲率有关的内容;②ε 方程中的产生项不再包含 k 方程中的产生项 G_k,这样,现在的形式更好地表示了光滑的能量转换;③ε 方程中的倒数第二项不具有任何奇异性,即使 k 值很小或为零,分母也不会为零。Realizable k-ε 模型已被广泛应用于各种不同的流动模拟,包括旋转均匀剪切流、包含有射流和混合流的自由流动、管道内流动、边界层流动,以及带有分离的流动等。

3. 大涡模拟法

为了模拟湍流流动,一方面要求计算区域的尺寸应大到足以包含湍流运动中出现的最大涡,另一方面要求计算网格的尺寸应小到足以分辨最小涡的运动。然而,就目前的计算机能力而言,能够采用的计算网格的最小尺度仍比最小涡的尺度大许多。因此,目前只能放弃对全尺度范围上涡的模拟,而只将比网格尺度大的涡通过瞬时的纳维-斯托克斯方程直接计算出来,对于小尺度的涡对大尺度涡的影响则通过建立近似模型来考虑,从而形成目前的大涡模拟法。

总体而言,大涡模拟法对计算机内存和 CPU 速度的要求仍比较高,但低于直接数值模拟方法。大涡模拟法是介于直接数值模拟方法和雷诺平均法之间的一种湍流数值模拟方法。

考虑到消声器内部存在插管和穿孔等结构,会引起气体流动的分离和射流等现象,因此在使用时域方法计算有流条件下消声器的声学特性时,建议使用具有较高计算精度和适中计算成本的 Realizable k-ε 湍流模型来模拟湍动黏度,近壁区域使用标准壁面函数近似处理。

8.4　基于脉冲法的传递损失计算

脉冲法是测量消声器传递损失的一种方法[26],对该方法的具体描述将在9.2.1 节中加以介绍。使用 CFD 方法可以模拟脉冲法中压力脉冲在消声器及其上下游管道内的传播过程,通过合理选取压力监测点及数值计算并对声脉冲信号进行时频域信号分析即可求出消声器的传递损失。

8.4.1　基本原理

时域脉冲法的基本原理就是使用计算流体动力学技术模拟消声器传递损失测量的脉冲方法,计算模型如图 8.4.1 所示。在消声器的上、下游布置很长的直管,由上游管道、消声器和下游管道组成时域脉冲法的计算模型。在上游管道进口布置声源,用于产生声脉冲信号,并在上、下游管道适当位置布置两个压力监测点。压力监测点位置的选取对于入射脉冲与反射脉冲的分离,以及透射脉冲与反射脉冲的分离至关重要。为此,在图 8.4.1 中以上游管道进口作为坐标原点,声脉冲信号开始释放的时刻作为时间零点。t_I 时刻,持续时间为 δ_I 的脉冲信号传播到上游监测点处。t_m 时刻,脉冲信号传播到消声器进口,同时会产生一个持续时间为 δ_R 的反射脉冲向上游管道方向传播。在 t_R 时刻,反射脉冲到达上游监测点。脉冲信号通过消声器时,部分信号直接向下游传播,部分信号会在消声器内部多次反射。透射脉冲到达下游监测点的时间为 t_T,脉冲持续时间为 δ_T。透射脉冲传播到下游管道出口时会形成反射脉冲,反射脉冲传播到下游监测点的时间为 t_e。

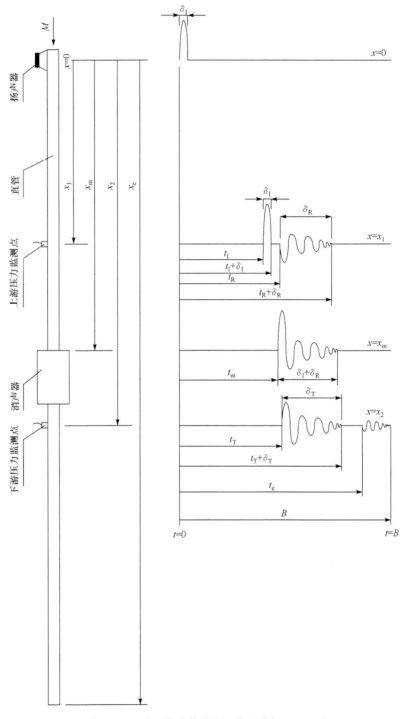

图 8.4.1　基于脉冲激励的三维时域方法原理图

　　由以上分析可知,上游监测点记录的入射脉冲信号可能会被消声器进口处形成的反射信号干扰,下游监测点记录的透射脉冲信号可能会被下游管道出口处形成的反射信号干扰。为此,必须合理选择上下游管道长度和上下游压力监测点的位置,保证两个监测点记录完所需的脉冲信号后,反射信号才能传播到监测点处;这样,也可以在计算结果后处理时,采用比较简单的矩形时间窗函数隔离出单独的时域入射和透射脉冲信号。基于多次尝试性计算发现,为了得到合理的预测结果,上下游管道的长度应该大于消声器长度的 15 倍。之所以使用消声器长度而不是消声器直径作为衡量标准,主要是考虑到透射脉冲持续时间与消声器内声波的多次反射有关,进而与消声器的长度有关。

　　上下游压力监测点的选取遵循以下原则。

　　(1) 在消声器进口处形成的反射信号到达前,上游监测点应该记录完入射脉冲信号,需要满足

$$t_{\mathrm{R}} > t_{\mathrm{I}} + \delta_{\mathrm{I}} \tag{8.4.1}$$

对式(8.4.1)进行展开,可以得到

$$\frac{x_{\mathrm{m}}}{c+U} + \frac{x_{\mathrm{m}} - x_1}{c-U} > \frac{x_1}{c+U} + \delta_{\mathrm{I}}$$

即上游监测点距离消声器入口的长度应满足

$$x_{\mathrm{m}} - x_1 > \frac{1}{2}\delta_{\mathrm{I}} c (1 - M^2) \tag{8.4.2}$$

　　(2) 在下游管道出口处形成的反射信号到达前,下游监测点应该记录完透射脉冲信号,这就要求

$$t_{\mathrm{e}} > t_{\mathrm{T}} + \delta_{\mathrm{T}} \tag{8.4.3}$$

将式(8.4.3)展开得到

$$t_{\mathrm{e}} - t_{\mathrm{T}} = \frac{x_{\mathrm{e}} - x_2}{c+U} + \frac{x_{\mathrm{e}} - x_2}{c-U} > \delta_{\mathrm{I}}$$

即下游监测点距离下游管道出口的长度应满足

$$x_{\mathrm{e}} - x_2 > \frac{1}{2}\delta_{\mathrm{T}} c (1 - M^2) \tag{8.4.4}$$

　　(3) 两个监测点需要完整地记录入射和透射脉冲信号,为此压力信号记录时间 B 应当满足

$$B > t_{\mathrm{T}} + \delta_{\mathrm{T}} \tag{8.4.5}$$

8.4.2　无流条件下传递损失的计算

　　无流条件下使用时域脉冲法计算声脉冲传播时,只需一次计算就可以得到消声器的传递损失。本节使用 Fluent 软件作为计算工具[27],选择压力基隐式求解器进行非定常计算。采用 Laminar 模型模拟声脉冲信号传播过程中介质的黏性作用,压力、密度、动量、湍动能、湍流耗散率和能量均采用二阶精度离散格式,压力-

速度耦合方式选用 PISO 算法。

1. 边界条件的设置

计算模型的边界条件设置如下。

(1) 进口边界条件可以设置为压力进口,也可以设置为质量流量进口,主要是用于施加声脉冲信号。计算中使用正弦波的上半个周期模拟脉冲信号(以下简称为半正弦脉冲信号),正弦波的频率与传递损失计算的最大分析频率有关。图 8.4.2 中展示的时域脉冲信号是由频率为 2000Hz、压力幅值为 20Pa 的正弦波上半个周期近似得到的。图 8.4.3 为相应的幅频曲线。由图可知,半正弦脉冲信号在较宽的频率范围都有能量分布,而声压级随着频率的增加逐渐减小。消声器传递损失的脉冲测试技术要求声脉冲信号在较宽的频率范围内具有平坦的直线频谱,即在时间域上要求脉冲信号的持续时间较短[26]。而在时域脉冲法的仿真计算中,半正弦脉冲信号的持续时间越短,需要的时间步长也就越短,否则会引起迭代计算精度变差。保守起见,参考频响曲线半功率点的概念来确定半正弦脉冲信号的有效频率范围,即半正弦脉冲信号的声压级降低 3dB 时对应的频率为声信号的最高有效频率,该频率值应大于等于消声器声学性能计算的最大分析频率。对于图 8.4.2 和图 8.4.3 中的声脉冲信号,可用于计算的最高频率不超过 2400Hz。

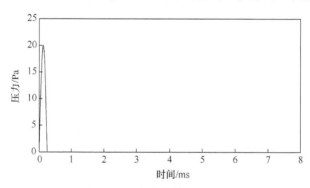

图 8.4.2　声脉冲信号时域图

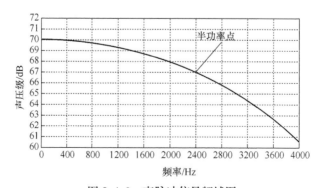

图 8.4.3　声脉冲信号频域图

使用 Fluent 软件作为计算工具时,计算模型的进口也可以使用压力远场边界条件。这是一个无反射边界条件,以马赫数的形式施加声脉冲信号。使用这种边界条件时可以缩短上游管道的长度和计算时间。

(2) 出口边界条件可以选用压力出口,也可以选用压力远场边界。使用压力出口边界条件时,出口压力指定为一个标准大气压。压力远场边界是一个无反射边界条件,透射脉冲传播到下游管道出口时几乎不会产生反射信号,这样可以大大缩短下游管道的长度,减少计算成本[28,29]。

(3) 壁面处设置为静止、绝热、无滑移边界条件。

2. 网格尺寸和时间步长的选取

时域脉冲法的核心内容是基于有限体积法模拟声传播的时域历程,而在计算中,有限体积法存在数值耗散和频散特性。合理的网格尺寸和时间步长可以减小数值误差对计算结果的影响。与此同时,网格尺寸和时间步长又决定着模型的离散误差、迭代误差和计算成本。为此,下面以声脉冲信号在圆形管道中的传播过程为例,研究网格尺寸和时间步长的确定方法。圆管的内径 $d=50$ mm,长度 $l=5$ m,计算模型如图 8.4.4 所示。考虑到圆形管道的对称特性,计算模型采用二维轴对称结构。声激励信号采用 8.4.2 节中的半正弦脉冲信号,最高分析频率 $f=2400$ Hz。计算中,压力监测点距离管道进口 $x=1$ m,采用层流模型模拟介质的黏滞性效应,空气温度 $T=293$ K。

图 8.4.4　圆管计算模型示意图

时间步长暂时固定为 $\Delta t=8\mu s$,使用尺寸为 $\Delta x=1$ mm、2mm、4mm、8mm 和 16mm 的四边形网格离散计算模型,对应于 $f=2400$ Hz 的一个波长内含有的网格数分别为 143、72、36、18 和 9。图 8.4.5 和图 8.4.6 比较了不同网格尺寸时圆管内 $x=1$ m 处计算得到的声脉冲信号时域和频域声压曲线。由图可知,$\Delta x=1$ mm、2mm 和 4mm 时计算得到的声脉冲信号几乎重合,$\Delta x=8$ mm 的计算结果与 $\Delta x=4$ mm 的计算结果很接近,$\Delta x=16$ mm 的计算结果有较大偏差。因此,在当前时间步长下为了得到较高的计算精度,最高分析频率所对应的波长内需要有 36 个网格。

接下来将网格尺寸选定为 $\Delta x=4$ mm,研究时间步长对圆管内声传播计算结果的影响。时间步长为 $\Delta t=1\mu s$、2μs、4μs、8μs 和 16μs,最高分析频率对应的声波在一个周期内分别含有 417、208、104、52 和 26 个时间步。图 8.4.7 和图 8.4.8 为

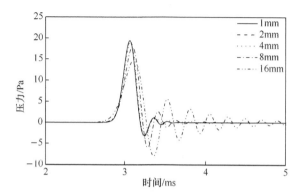

图 8.4.5　不同网格尺寸时 $x=1\mathrm{m}$ 处声脉冲信号时域图

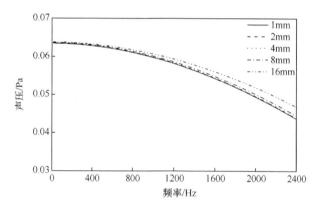

图 8.4.6　不同网格尺寸时 $x=1\mathrm{m}$ 处声脉冲信号频域图

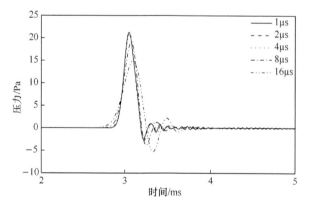

图 8.4.7　不同时间步长时 $x=1\mathrm{m}$ 处声脉冲信号时域图

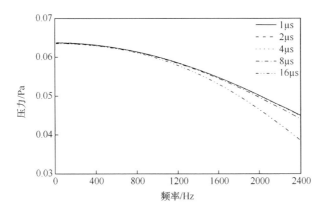

图 8.4.8　不同时间步长时 $x=1\mathrm{m}$ 处声脉冲信号频域图

不同时间步长时圆管内 $x=1\mathrm{m}$ 处计算得到的声脉冲信号时域和频域声压结果比较。通过对比分析可知,时间步长为 $\Delta t=1\mu\mathrm{s}$、$2\mu\mathrm{s}$ 和 $4\mu\mathrm{s}$ 的信号波形几乎重合,$\Delta t=8\mu\mathrm{s}$ 的脉冲信号与上述三个时间步长对应的信号之间稍有偏差。随着时间步长的进一步增加,脉冲信号的波形发生了较大变化。因此,为了得到较高的计算精度,最高分析频率对应的声波在一个周期内需要有 104 个时间步。

3. 时域信号的获取与转换

下面以简单膨胀腔消声器为例,介绍时域脉冲法计算中声信号的提取与转换等相关内容。该消声器的具体尺寸为:膨胀腔长度 $l=257.2\mathrm{mm}$,膨胀腔直径 $D=164.4\mathrm{mm}$,进出口管直径 $d=49\mathrm{mm}$。气流温度为 $T=293\mathrm{K}$。考虑到消声器的对称特性,建立二维轴对称计算模型。计算的上限频率为 3200Hz,为此选用压力幅值为 20Pa、频率为 3200Hz 的正弦波上半个周期作为声脉冲信号。

根据前面讨论的网格尺寸和时间步长的计算方法以及计算资源,初步选定 $\Delta x=4\mathrm{mm}$ 和 $\Delta t=8\mu\mathrm{s}$。共计算 7000 个时间步,这时下游监测点记录的透射脉冲已经衰减到稳定状态。声信号的采样频率 f_s 可以由非定常计算的时间步长得到:

$$f_s=\frac{1}{\Delta t}=125000\mathrm{Hz} \qquad (8.4.6)$$

可见,采样频率值远大于声脉冲信号中最高有效频率的 2 倍,满足奈奎斯特采样定律[30]。

声信号的时频域转换需要使用傅里叶变换,理论上傅里叶变换是针对无限长信号,而实际上两个压力监测点记录的入射和透射脉冲信号会受到反射信号的污染,如图 8.4.9 所示。因此,需要使用窗函数对声信号进行截断以获得单独的入射和透射声压信号。窗函数的选择很重要,因为在时域上对信号进行截断容易导致谱泄漏。考虑到脉冲信号是一个非周期的衰减信号,信号逐渐衰减到一个稳定值(无流条件下,入射和透射脉冲信号都是逐渐衰减到0Pa)。因而,在合理选择上下游管道长度和压力监测点位置后,可以使用简单的矩形窗函数进行数据截断,对时域入射和透射声信号中不足的数据进行补零。进而可以使用快速傅里叶变换进行时频域转换,相应的频域信号绘制于图8.4.10中。

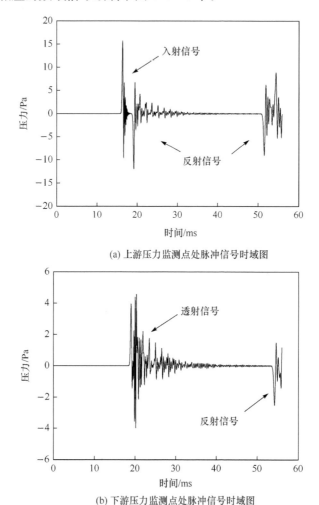

(a) 上游压力监测点处脉冲信号时域图

(b) 下游压力监测点处脉冲信号时域图

图 8.4.9　消声器上下游监测点处时域声信号

4. 传递损失的计算

最后,将频域入射和透射声压代入式(3.2.12)就可以计算得到消声器的传递损失,如图 8.4.11 所示。

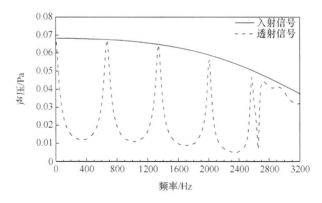

图 8.4.10 频域入射和透射声压信号

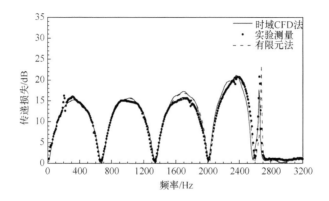

图 8.4.11 简单膨胀腔消声器传递损失结果比较

图 8.4.11 比较了基于脉冲法的时域 CFD 计算结果、实验测量结果[31]和有限元法计算结果。可以看出,采用时域 CFD 方法计算得到的传递损失与实验测量结果吻合良好,而且与有限元法计算结果几乎重合,说明采用时域 CFD 方法可以精确计算无流情况下简单结构消声器的传递损失。在高频范围内时域 CFD 方法和有限元法计算结果之间的微小偏差可以认为是由介质黏性效应和计算误差所致。

8.4.3 有流条件下传递损失的计算

在实际应用中,消声器内部的气体介质都是流动的。为精确预测消声器的消声特性,气体流动的影响应加以考虑。时域脉冲法直接求解流体动力学守恒方程,在计算中可以考虑消声器内部复杂三维流动的影响。下面介绍使用时域脉冲法计算有流条件下消声器传递损失的具体过程。

有流条件下消声器传递损失的计算模型如图 8.4.12 所示,具体过程如下: ①在消声器两端接很长的直管,并在上下游管道适当位置布置两个压力监测点。

②在上游管道进口处施加质量流量边界条件,使用 Fluent 软件进行稳态计算。计算收敛后,可以获得计算模型内的流场分布,这个计算结果将用作接下来两次非定常计算的初始值。③将脉冲信号(声激励信号)叠加在恒定的质量流量基础上施加于上游管道的进口处,通过非定常 CFD 计算获得上下游监测点处压力随时间的变化历程。④由于两个监测点记录的压力值是包含脉冲信号的流场压力值,需要在只施加恒定的质量流量条件下(不施加脉冲信号)对该模型重新计算,并在相同监测点处记录压力的时间历程。⑤同一监测点两次非定常计算结果之差就是相应的时域脉冲信号及其反射信号。通过去除上下游压力监测点中的反射信号,就可以得到单独的入射压力信号和透射压力信号。⑥通过快速傅里叶变换进行声信号的时频域转换,并将入射和透射声压频谱代入式(3.2.12)中就可以计算得到消声器的传递损失。

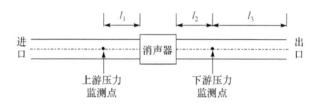

图 8.4.12　有气流存在时消声器传递损失计算模型

脉冲信号进入消声器后,在消声器内会多次反射,使下游压力监测点处透射脉冲信号缓慢衰减趋于稳定。计算模型的出口使用压力出口边界条件时,透射脉冲传播到下游管道出口处会形成反射信号,有可能干扰下游监测点记录的透射脉冲信号。如果下游管道出口使用压力远场边界条件,则没有此问题。上游压力监测点记录入射脉冲时,同样可能会被消声器入口处形成的反射信号干扰。为此,必须合理选择上下游管道长度和压力监测点的位置,保证两个监测点记录完所需的脉冲信号后反射信号才传播到监测点处。这样也可以在计算结果后处理时,采用比较简单的矩形时间窗函数隔离出单独的时域入射和透射脉冲信号。经过多次尝试计算后发现,为了得到合理的结果,进出口管道长度应大于消声器长度的 15 倍。上下游压力监测点位置的选择是根据 8.4.1 节介绍的方法确定的。

为了获得计算模型内流场的初始分布,需要进行稳态计算。压力基隐式求解器用于求解质量、动量和能量守恒方程以及状态方程组成的耦合方程组,压力-速度耦合格式选用 SIMPLEC 算法,空间离散格式为二阶精度,Realizable k-ε 两方程模型用于模拟湍流流动。

消声器内的介质为空气,密度满足理想气体定律,其他物性参数由气体温度决定。边界条件设置如下。

（1）上游管道进口处施加质量流量边界条件。

（2）下游管道出口处施加压力出口边界条件。

（3）壁面处设置为静止、绝热和无滑移边界条件。

（4）对计算模型使用旋转周期边界条件。

计算中，模型的进出口也可以使用压力远场边界条件。这是一个无反射边界条件，以马赫数的形式施加声脉冲信号。使用这种边界条件时可以缩短上下游管道的长度，降低计算成本。

稳态计算收敛后，计算模型内的流场分布被用作初始值进行两个非定常计算。瞬态计算中，时间离散使用二阶隐格式，压力-速度耦合方式选用 PISO 算法。在施加声激励信号的非定常计算中，以频率为 4000Hz、质量流量幅值为 $0.3\text{kg}/(\text{m}^2 \cdot \text{s})$ 正弦波的上半个周期作为脉冲信号，将脉冲信号叠加在恒定的质量流量基础上。声激励信号施加完毕后，管道进口处保持为恒定的质量流量。对于不施加声脉冲信号的非定常计算，边界条件与稳态计算相同。

下面以如图 8.4.13 所示的直通穿孔管消声器为例，说明有气体流动时声信号的提取与处理方法。消声器的具体尺寸为：膨胀腔直径 $D=110\text{mm}$，膨胀腔长度 $l=200\text{mm}$，穿孔管直径 $d=32\text{mm}$，穿孔管壁厚 $t_\text{w}=2\text{mm}$，穿孔直径 $d_\text{h}=4\text{mm}$，穿孔率 $\phi=4.7\%$。

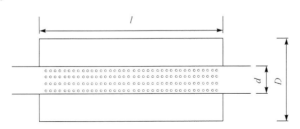

图 8.4.13 直通穿孔管消声器

使用时域脉冲法计算有流条件下穿孔管消声器的消声特性时，网格需要足够小以准确捕捉流体高静压基础上脉冲信号的传播，但这会大大增加网格的数量和计算时间。为了克服这个问题，在计算模型中应用旋转周期边界条件。直通穿孔管消声器的穿孔是均匀分布的，计算模型中只需建立一列穿孔。横流穿孔管消声器的穿孔是交错分布的，因此需要建立两列孔的计算模型。对模型分块划分网格，在感兴趣或梯度变化较大的区域使用密集的网格分布，膨胀腔内的网格尺寸稍稍增加，相对而言，上下游管道的网格尺寸最大。

对于穿孔管消声器，改变网格尺寸的大小主要是改变穿孔管厚度上的网格层数。增加穿孔管厚度方向上的网格层数，就是加密穿孔部分的网格，模型其他部分的网格尺寸也适当减小，与之相匹配来保证网格质量。随着网格的加密，最高分析频率所对应的波长内含有足够的网格数,可以保证时域法的高频计算精度。然而,网格尺寸也不是越小越好。随着网格尺寸减小,模型的离散误差减小,但迭代的累积误差增加,计算精度反而有可能下降。而且增加网格数会增加计算成本,所以网格尺寸不能任意减小。时间步长的选取原则是在非定常计算中能够准确地模拟脉冲信号的传播过程。时间步长也不是越小越好,时间步长过小可能会使监测点处记录的压力值剧烈振荡和计算失真,而且过小的时间步长还会显著地增加计算成本。对于该穿孔管消声器的研究表明[32],在穿孔厚度上布置 9 层网格,时间步长取 $\Delta t = 4\mu s$,能获得比较理想的计算结果。时间步长 $\Delta t = 4\mu s$ 对应的采样频率为 $f_s = 250 \text{kHz}$,远大于声激励信号中最高有效频率的 2 倍,满足奈奎斯特采样定律。

图 8.4.14 和图 8.4.15 为马赫数 $M = 0.1$、气流温度 $T = 288 \text{K}$ 时消声器上下游监测点处记录的入射信号和透射信号。当声激励信号施加在上游管道进口时,两个监测点处压力随时间变化的历程如图 8.4.14(a) 和图 8.4.15(a) 所示。图 8.4.14(b) 和图 8.4.15(b) 为不施加声激励信号时,监测点记录的压力时间历程。同一监测点两次计算结果之差就是相应的时域声信号,如图 8.4.14(c) 和图 8.4.15(c) 所示。

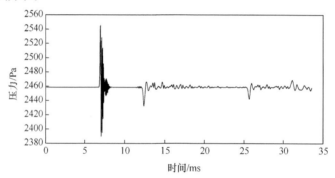

(a) 施加声激励信号时上游监测点的压力时间历程

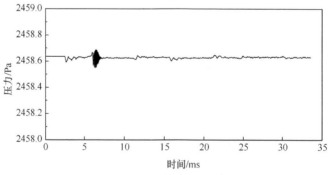

(b) 不施加声激励信号时上游监测点的压力时间历程

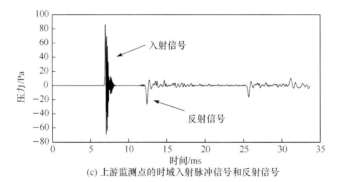

(c) 上游监测点的时域入射脉冲信号和反射信号

图 8.4.14 上游监测点的时域声信号

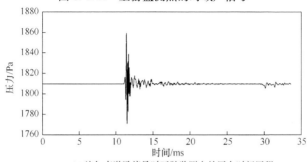

(a) 施加声激励信号时下游监测点的压力时间历程

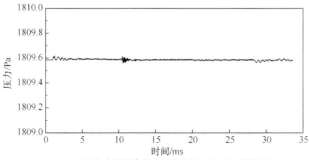

(b) 不施加声激励信号时下游监测点的压力时间历程

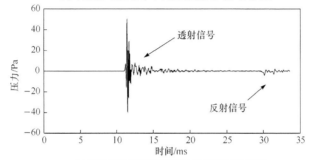

(c) 下游监测点的时域透射脉冲信号和反射信号

图 8.4.15 下游监测点的时域声信号

　　需要注意的是,进行傅里叶变换的时域声压信号不能包括反射信号成分,为此需要使用矩形窗函数对两个监测点的时域声压信号进行截断以获得单独的入射和透射脉冲信号。然后使用 FFT 将时域声信号转换到频率域,结果如图 8.4.16 所示。

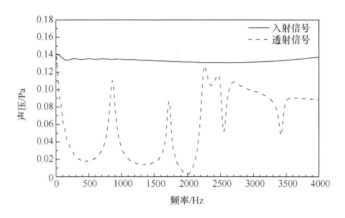

图 8.4.16　频域入射和透射声压信号

　　将频域入射和透射声压代入式(3.2.12)计算得到消声器的传递损失。图 8.4.17 比较了直通穿孔管消声器传递损失的时域脉冲法计算结果、实验测量结果[33]和有限元法计算结果。有限元法计算中使用文献[33]中的穿孔阻抗经验公式近似模拟小孔中的声传播。可以看出,时域法计算结果与实验结果吻合良好,两者之间的差异来自:①多传感器的测量误差;②实验中采取多次平均技术消除流噪声的影响,而在仿真计算中没有采用相应技术。

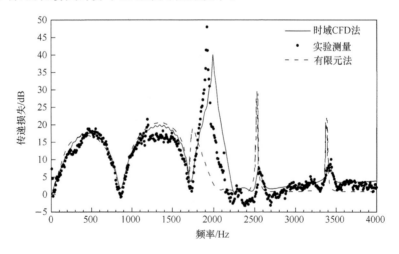

图 8.4.17　直通穿孔管消声器传递损失结果比较 ($M=0.1$、$T=288K$)

8.4.4 计算实例与分析

使用基于脉冲模拟的三维时域 CFD 方法计算外插进出口管膨胀腔消声器、直通穿孔管消声器和横流穿孔管消声器的传递损失,并与实验测量结果进行对比以检验三维时域方法的计算精度。在此基础上,研究气流速度对穿孔管消声器消声特性的影响。

1. 具有外插进出口管的圆形同轴膨胀腔

具有外插进出口管的圆形同轴膨胀腔消声器如图 6.10.1 所示,其具体尺寸为:膨胀腔长度 $l = 282.3$mm,直径 $D = 153.2$mm,进出口管内径 $d_1 = d_2 = 48.6$mm,进出口管插入膨胀腔内的长度 $l_1 = 80$mm、$l_2 = 40$mm。声速为 346m/s。

图 8.4.18 为外插进出口管膨胀腔消声器传递损失的三维时域方法计算结果、实验测量结果和有限元法计算结果比较。在共振频率附近,两种数值方法计算结果都大于实验测量结果,是由计算中没有考虑进出口管的壁厚造成的,但时域方法的计算结果稍稍好于有限元法计算结果,其原因是时域方法考虑了介质黏滞性的影响。

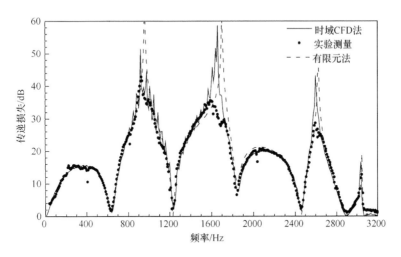

图 8.4.18 具有外插进口的圆形同轴膨胀腔消声器传递损失结果比较

2. 直通穿孔管消声器

将文献[31]中具有实验测量结果的直通穿孔管消声器(图 8.4.13)作为验证算例,来考察三维时域脉冲法计算无流条件下直通穿孔管消声器传递损失的准确性。该消声器的具体尺寸为:膨胀腔直径 $D = 164.4$mm,膨胀腔长度 $l = 257.2$mm,穿孔管内径 $d = 49$mm,穿孔管壁厚 $t_w = 0.9$mm,穿孔直径 $d_h =$

4.98mm,穿孔率 $\phi=8.4\%$。为与 8.4.3 节中使用的直通穿孔管消声器算例加以区别,这里将 8.4.3 节中使用的消声器记为 S1,本算例消声器记为 S0。

为了减少网格数和计算时间,计算模型中使用旋转周期边界条件。由于消声器内的穿孔是均匀布置的,因此在穿孔区域只需建立一列孔,如图 8.4.19 所示。计算模型中分块划分网格,穿孔区域的网格尺寸较小,环形共振腔内的网格尺寸稍稍增加,上下游管道的网格尺寸最大。

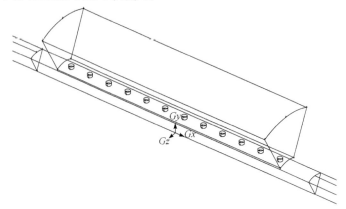

图 8.4.19　直通穿孔管消声器(S0)的计算模型

图 8.4.20 比较了直通穿孔管消声器(S0)传递损失的时域脉冲法计算结果、实验测量结果[31]和有限元法计算结果。有限元法计算中使用的穿孔阻抗经验公式源自文献[34]。由图可知,三维时域方法计算结果、有限元法计算结果均与实验测量结果吻合较好,仅是在两个共振峰附近有偏差。结果表明,三维时域方法可以比较精确地计算无流时直通穿孔管消声器的消声特性。

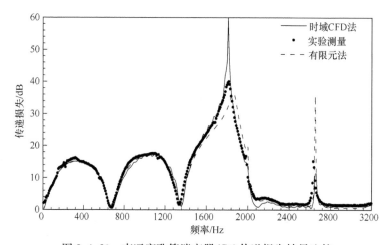

图 8.4.20　直通穿孔管消声器(S0)传递损失结果比较

与图 8.4.17 相对应,图 8.4.21 为 $M=0.2$、$T=288$K 时直通穿孔管消声器 (S1)传递损失的时域脉冲法计算结果、实验测量结果[33]和有限元法计算结果。有限元法计算中使用的穿孔阻抗经验公式源自文献[33]。由图可知,在考虑的频率范围内,时域法计算结果与实验测量值吻合很好,且优于有限元法计算结果。

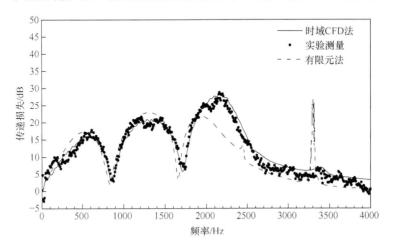

图 8.4.21 直通穿孔管消声器(S1)传递损失结果比较($M=0.2$、$T=288$K)

接下来使用三维时域方法计算并分析穿孔直径和气流速度对直通穿孔管消声器声学性能的影响。考虑三种不同的穿孔形式,但消声器的结构尺寸相同(即 S1 的尺寸)。图 8.4.22 比较了三种流速下直通穿孔管消声器传递损失的影响。穿孔形式主要影响中高频的消声特性。在平面波范围内,流速对直通穿孔管消声器的消声性能影响较小;在高频范围内,传递损失曲线的变化没有明显的规律性可循,总体来看,气流的存在使多数频率下的传递损失有所增加。

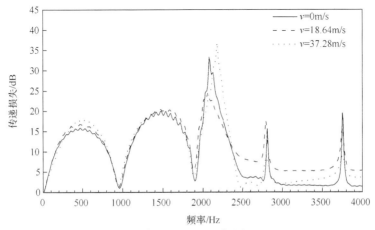

(a) 消声器S1(d_h=4mm、穿孔率ϕ=4.7%)

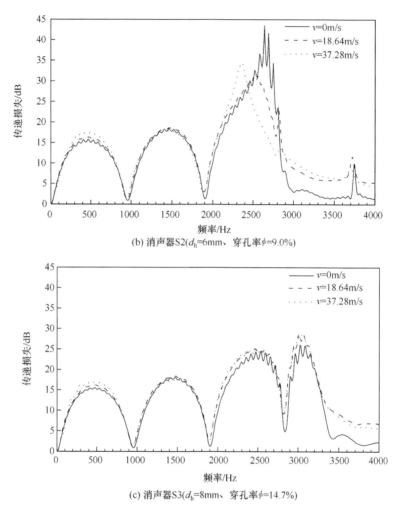

(b) 消声器S2(d_h=6mm、穿孔率ϕ=9.0%)

(c) 消声器S3(d_h=8mm、穿孔率ϕ=14.7%)

图 8.4.22　流速对直通穿孔管消声器传递损失的影响(T=347K)

3. 横流穿孔管消声器

横流穿孔管消声器的结构如图 8.4.23 所示,具体尺寸为:膨胀腔直径 D= 101.6mm，$l_1=l_2$=128.6mm,穿孔管直径 d=49.3mm,穿孔管壁厚 t_w=0.81mm, 左右两侧穿孔管各均匀布置 160 个小孔,穿孔直径 d_h= 2.49mm,穿孔率 ϕ= 3.9%。气体温度 T=293K。

与处理直通穿孔管消声器的方式类似,使用时域脉冲法研究横流穿孔管消声器的声衰减性能时也是建立三维周期模型,内部穿孔结构进行实体建模。由于消声器内的穿孔是交错布置的,因此在穿孔区域建立两列穿孔,如图 8.4.24 所示。计算模型也是分块划分网格,不同区域的网格密度不一样。

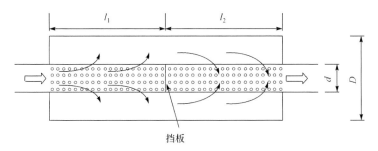

图 8.4.23　横流穿孔管消声器

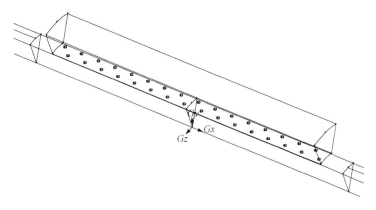

图 8.4.24　横流穿孔管消声器的计算模型

图 8.4.25 为横流穿孔管消声器传递损失的三维时域脉冲法计算结果、实验测量结果[35]和有限元法计算结果比较。其中,有限元法计算中不直接模拟消声器内部的穿孔区域,而是使用文献[35]中提出的穿孔阻抗经验公式。可以看出,在感兴

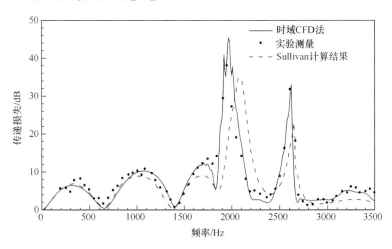

图 8.4.25　横流穿孔管消声器传递损失结果比较

趣的频率范围内,时域脉冲法的计算结果与实验测量结果吻合很好,而且时域脉冲法的计算结果明显优于有限元法计算结果。这是因为在时域计算中不仅考虑了介质的黏性作用,并且对穿孔进行实体建模,避免了穿孔阻抗经验公式可能带来的误差。

图 8.4.26 为 $v=17\text{m/s}$、$T=347\text{K}$ 时横流穿孔管消声器传递损失的时域脉冲法计算结果、实验测量结果[35]和有限元法计算结果比较。有限元法计算中采用 Sullivan 提出的穿孔声阻抗模型[35]近似模拟消声器内的穿孔结构。在所考虑的频率范围内,时域脉冲法的计算结果与有限元法计算结果基本重合,但都与实验测量结果有些偏差,其原因可以归结为:①测量误差;②实验测量中可能存在流体与壁面之间的热传导,这在计算中没有考虑;③实验中流速的测量可能存在误差。

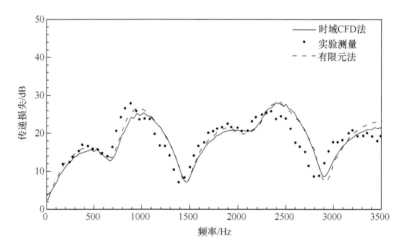

图 8.4.26　横流穿孔管消声器传递损失结果比较($v=17\text{m/s}$、$T=347\text{K}$)

图 8.4.27 比较了不同流速时横流穿孔管消声器传递损失的时域脉冲法计算

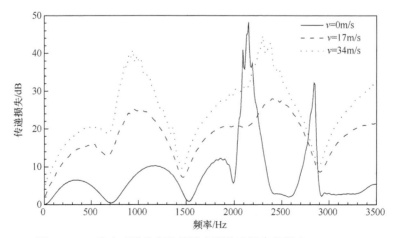

图 8.4.27　流速对横流穿孔管消声器传递损失的影响($T=347\text{K}$)

结果。可以看出,随着流速的增加,多数频率下消声器的传递损失增大,这是由随着流速的增加,穿孔的声阻增大和小孔的有效流通面积减小所致。通过以上分析可知,在存在气体流动时,横流穿孔管消声器具有较好的消声效果,然而较高的压力损失限制了它的应用范围。通过增大穿孔率可以降低横流穿孔管消声器的压力降,同时也会降低消声器的消声性能。

8.5　基于声波分解法的传递损失计算

声波分解法也是测量消声器传递损失的一种常用方法,其具体过程和原理将在 9.2.2 节加以介绍。使用 CFD 方法模拟白噪声在消声器及其上下游管道内的传播过程,然后由声波分解法可以计算出消声器的传递损失。

8.5.1　基本原理

基于声波分解原理的三维时域法计算的总体过程为:在消声器上游管道进口施加白噪声信号,然后通过三维非定常 CFD 计算获得消声器上游两个压力监测点和无反射条件下消声器下游一个压力监测点的压力波动时域历程,由快速傅里叶变换将各监测点处的时域压力信号转换到频域,这样频域透射信号可直接得到,而频域入射信号可由上游两个压力监测点信号进行声波分解得到,进而计算出消声器的传递损失。

8.5.2　计算方法和边界条件设置

求解器以及各参数离散格式与 8.4.2 节相同。边界条件的设置如下:

(1) 进口边界条件。通过施加压力进口边界条件,产生白噪声信号,这种白噪声信号在离散的频率上含有能量成分,同时在要求的频率范围内具有平坦的直线频谱。构造一个伪随机信号,由幅值固定的 N 个简谐波叠加而成,其表达式为

$$p(t) = p_0 + \sum_{n=1}^{N} \Delta p \cdot \sin(2n\pi f_0 t + \varphi_n) \qquad (8.5.1)$$

其中,p_0 为常量,代表管道进口的平均环境压力;Δp 为各简谐波幅值;f_0 为基频;N 为所叠加的简谐波的个数,其值取决于基频及所关心的频率范围。为了达到白噪声的要求,各简谐波的初始相位是随机的,因此 φ_n 取为 $0\sim2\pi$ 内的随机数。图 8.5.1 为一白噪声信号的时域图。图 8.5.2 为其对应的频域图。白噪声信号各参数组成为:$p_0=0\text{Pa}$,$\Delta p=50\text{Pa}$,$f_0=20\text{Hz}$,$N=100$。

(2) 出口边界条件。将出口设置为压力远场边界条件。对于垂直于边界的一维流动,在引入特征变量的基础上,压力远场边界条件是非反射边界条件。对于亚

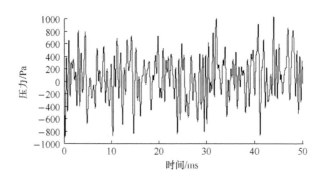

图 8.5.1　白噪声信号时域图

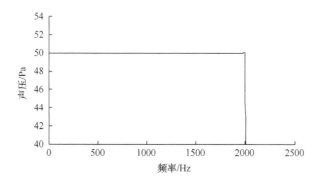

图 8.5.2　白噪声信号频域图

声速流动有两个黎曼不变量符合入射波和反射波：

$$R_\infty = V_{n\infty} - \frac{2c_\infty}{\gamma - 1} \tag{8.5.2}$$

$$R_i = V_{ni} - \frac{2c_i}{\gamma - 1} \tag{8.5.3}$$

其中，V_n 为垂直于边界的速度量；c 为当地声速；γ 为比热比；下标 ∞ 是指应用于无穷远处的条件；下标 i 是指用于内部区域的条件（即相邻与边界表面的单元），将这两个变量相减有如下两式：

$$V_{ni} = \frac{1}{2}(R_i + R_\infty) \tag{8.5.4}$$

$$c = \frac{\gamma - 1}{4}(R_i - R_\infty) \tag{8.5.5}$$

其中，V_{ni} 和 c 变成了边界处应用的垂直速度分量以及声速值。

（3）壁面边界条件。设置壁面处为绝热的无滑移壁面边界条件。

8.5.3　传递损失的计算

计算 8.4.2 节中使用的简单膨胀腔消声器的传递损失,具体计算方案如下:建立消声器二维轴对称模型,上游和下游管道长度均为 0.7m,上游监测点 1 和 2 距消声器进口分别为 0.23m 和 0.2m,对整个模型划分成四边形结构化网格,网格尺寸为 4mm。进口处白噪声信号的组成参数为 $p_0=0\text{Pa}$、$\Delta p=50\text{Pa}$、$f_0=20\text{Hz}$、$N=200$。非定常计算时间步长为 $10\mu\text{s}$,对应的采样频率为 100000Hz,共计算了 22000 个时间步,以使消声器上游管道内的入射波和反射波达到稳定的状态。图 8.5.3 和图 8.5.4 为使用 Fluent 软件计算得到的三个压力监测点处的时域信号。

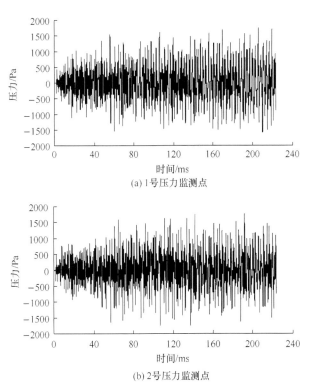

(a) 1 号压力监测点

(b) 2 号压力监测点

图 8.5.3　消声器上游时域压力信号

取后 20000 个压力数据进行时频转换,将其分成 13 个数据段,每段含有 5000 个数据,前后段数据长度的 75% 重合。截取数据选用的窗函数为汉明窗,其表达式为

$$w(k+1)=\frac{1}{2}\left[1-\cos\left(2\pi\frac{k}{N-1}\right)\right],\quad k=0,\cdots,N-1 \qquad (8.5.6)$$

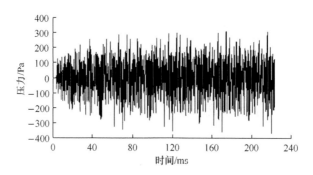

图 8.5.4　消声器下游时域压力信号(3 号压力监测点)

其中,$N=5000$ 为数据段长度。

　　使用 FFT 算法对各数据段进行离散傅里叶变换,取一个数据段变换结果幅值的平方,除以用来做变换的数据个数 5000,得到各信号的自功率谱密度函数的一个估计,将每次功率谱密度函数估计的对应数据累加起来并除以累加的次数 13,就可以得到 3 个位置的自谱,即透射波自谱,如图 8.5.5 所示。信号 1 一个数据段的变换结果乘以信号 2 对应数据段变换结果的共轭,并除以用来做变换的数据的个数,得到信号 1、2 间的互功率谱密度函数的一个估计。同样,将每个估计结果累加后求平均,得到信号 1、2 间的互谱。将信号 1、2 的自谱及互谱,代入式(9.2.1)求得入射信号的自谱,如图 8.5.6 所示。

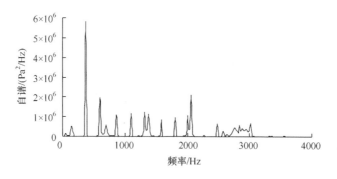

图 8.5.5　透射波自谱

　　将图 8.5.5 和图 8.5.6 中的自谱代入式(9.2.6),得到的消声器传递损失如图 8.5.7所示。可以看出,计算结果与实验测量结果在整个所关心的频率范围内吻合良好,表明这种方法可以比较精确地计算无流情况下简单结构消声器的传递损失。

　　与基于脉冲信号的三维时域方法相比,基于白噪声信号的三维时域方法的优点是消声器上、下游管道长度短,计算网格数量少,每个时间步内计算时间短。其

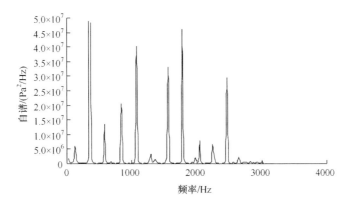

图 8.5.6　入射波自谱

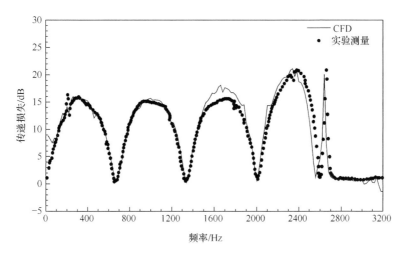

图 8.5.7　简单膨胀腔消声器的传递损失

缺点为:①进口边界条件施加困难,这是因为在进口处施加的压力值与所要求的白噪声各时刻对应值存在微小偏差,而这一偏差是由白噪声信号在相邻的两个时刻对应的压力变化大以及反射波影响进口处压力两个原因造成的;②计算时间长,虽然这种方法每个时间步计算时间短,但是为了使管道内声场稳定,要求计算较多的时间步,使得该方法所花费的总计算时间较前者长;③计算结果波动大,传递损失曲线不光滑,这是由记录的数据少、平均次数不够多、数据后处理过程复杂等原因造成的。

8.6　本章小结

本章介绍了基于脉冲法和声波分解法计算消声器传递损失的三维时域方法的基本原理和实施过程。使用这两种方法计算得到的消声器传递损失与实验测量结果相吻合,表明了三维时域方法预测消声器传递损失的适用性。

与频域方法相比,时域方法的主要优点有:①能够考虑介质黏滞性对消声器声学性能的影响;②经过捕捉脉冲在静压基础上的传播过程,可以预测复杂流动对消声器声学性能的影响;③可以考虑非线性效应对消声器声学性能的影响。时域方法的主要缺点是计算量大、计算时间长,因此对计算机的要求高,目前还只能用于计算简单结构的消声器。鉴于此,将时域方法应用于研究复杂流动和黏滞性对消声器声学性能的影响是有实际意义的。此外,应用三维频域方法计算穿孔元件声阻抗也获得了实质性的进展[36]。

参 考 文 献

[1] Chang I J, Cummings A. A time domain solution for the attenuation, at high amplitudes, of perforated tube silencers and comparison with experiment. Journal of Sound and Vibration, 1988, 122(2): 243-259.

[2] Morel T, Morel J, Blaser D A. Fluid-dynamic and acoustic modeling of concentric-tube resonators/silencers. SAE Technical Paper 910072, 1991.

[3] Selamet A, Dickey N S, Novak J M. A time-domain computational simulation of acoustic silencers. Journal of Vibration and Acoustics, 1995, 117(3A): 323-331.

[4] Onorati A. Non-linear fluid dynamic modeling of reactive silencers involving extended inlet/outlet and perforated ducts. Noise Control Engineering Journal, 1997, 45(1): 35-51.

[5] Dickey N S, Selamet A, Novak J M. Multi-pass perforated tube silencers: A computational approach. Journal of Sound and Vibration, 1998, 211(3): 435-448.

[6] Morel T, Silvestri J, Goerg K, et al. Modeling of engine exhaust acoustics. SAE Technical Paper 1999-01-1665, 1999.

[7] Dickey N S, Selamet A, Novak J M. The effect of high-amplitude sound on the attenuation of perforated tube silencers. Journal of the Acoustical Society of America, 2000, 108(3): 1068-1081.

[8] Dickey N S, Selamet A. Effects of numerical dissipation and dispersion on acoustic predictions from a time-domain finite difference technique for non-linear wave dynamics. Journal of Sound and Vibration, 2002, 259(1): 193-208.

[9] Abd El-Rahman A I, Sabry A S, Mobarak A. Non-linear simulation of single pass perforated tube silencers based on the method of characteristics. Journal of Sound and Vibration, 2004, 278

(1-2):63-81.

[10] Broatch A, Serrano J R, Arnau F J, et al. Time-domain computation of muffler frequency response: Comparison of different numerical schemes. Journal of Sound and Vibration, 2007, 305(1-2):333-347.

[11] Middelberg J M, Barber T J, Leong S S. Computational fluid dynamic analysis of the acoustic performance of various simple expansion chamber mufflers. Proceedings of Acoustics, 2004:123-127.

[12] Broatch A, Margot X, Gil A. A CFD approach to the computation of the acoustic response of exhaust mufflers. Journal of Computational Acoustics, 2005, 13(2):301-316.

[13] Ji Z L, Xu H S, Kang Z X. Influence of gas flow on acoustic attenuation performance of straight through perforated tube reactive silencers and resonators. Noise Control Engineering Journal, 2010, 58(1):12-17.

[14] Liu L Y, Hao Z Y, Liu C. CFD analysis of a transfer matrix of exhaust muffler with mean flow and prediction of exhaust noise. Journal of Zhejiang University—Science A, 2012, 13 (9):709-716.

[15] Liu C, Ji Z L. Computational fluid dynamics-based numerical analysis of acoustic attenuation and flow resistance characteristics of perforated tube silencers. Journal of Vibration and Acoustics, 2014, 136(2):021006.

[16] Versteeg H K, Malalasekera W. An Introduction to Computational Fluid Dynamics: The Finite Volume Method. New York: Wiley, 1995.

[17] 王福军. 计算流体动力学分析——CFD 软件原理与应用. 北京:清华大学出版社, 2004.

[18] Patankar S V, Spalding D B. A calculation procedure for heat, mass and momentum transfer in three-dimensional parabolic flows. International Journal of Heat and Mass Transfer, 1972, 15(10):1787-1806.

[19] 陈懋章. 黏性流体动力学基础. 1 版. 北京:高等教育出版社, 2002.

[20] 丁祖荣. 流体力学(上册). 1 版. 北京:高等教育出版社, 2003.

[21] 普朗特 L,奥斯瓦提奇 K,维格哈特 K. 流体力学概论. 1 版. 郭永怀,陆士嘉,译. 北京:科学出版社, 1981.

[22] 吴望一. 流体力学(下册). 1 版. 北京:北京大学出版社, 1983.

[23] 庄礼贤,尹协远,马晖扬. 流体力学. 1 版. 合肥:中国科学技术大学出版社, 1991.

[24] Hinze J O. 湍流(上册). 黄永念,颜大椿,译. 北京:科学出版社, 1987.

[25] Launder B E, Spalding D B. Lectures in Mathematical Models of Turbulence. London: Academic Press, 1972.

[26] Singh R, Katra T. Development of an impulse technique for measurement of muffler characteristics. Journal of Sound and Vibration, 1978, 56(2):279-298.

[27] Fluent Inc. FLUENT User's Guide Version 6.3.26. New York: Fluent Inc. , 2006.

[28] Torregrosa A J, Fajardo P, Gil A, et al. Development of nonreflecting boundary condition for

application in 3D computational fluid dynamic codes. Engineering Applications of Computational Fluid Mechanics, 2012,6(3):447-460.

[29] Piscaglia F, Montorfano A, Onorati A. Development of non-reflecting boundary condition for multidimensional nonlinear duct acoustic computation. Journal of Sound and Vibration, 2013,332(4):922-935.

[30] 刘卫东. 信号与系统分析基础. 1 版. 北京:清华大学出版社,2008.

[31] Lee I. Acoustic characteristics of perforated dissipative and hybrid silencers. Ph. D. Thesis. Columbus:Ohio State University,2005.

[32] 刘晨. 管道及消声器声学计算的时域脉冲法应用研究. 哈尔滨:哈尔滨工程大学博士学位论文,2014.

[33] Lee S H, Ih J G. Empirical model of the acoustic impedance of a circular orifice in grazing mean flow. Journal of the Acoustical Society of America,2003,114(1):98-113.

[34] 康钟绪,季振林. 穿孔板的声学厚度修正. 声学学报,2008,33(4):327-333.

[35] Sullivan J W. A method for modeling perforated tube muffler components. II. Applications. Journal of the Acoustical Society of America,1979,66(3):779-788.

[36] 康钟绪. 消声器及穿孔元件声学特性研究. 哈尔滨:哈尔滨工程大学博士学位论文,2009.

第9章 声学测量

实验测量是检验理论方法、计算结果和消声器实际消声效果的必要手段。本章首先介绍消声器声学性能分析中最常使用的两项指标——插入损失和传递损失的测量方法。为计算阻性消声器的声学性能,需要获得吸声材料的表面法向声阻抗(对于局部作用模型)或复阻抗和复波数(对于整体作用模型),为了预测消声器的插入损失,还需要获得噪声源的声阻抗,因此本章还将介绍吸声材料声学特性的测量方法和声源阻抗的测量方法。

9.1 消声器插入损失测量

消声器插入损失的测量实际上就是安装消声器前后管口辐射声压级的测量,二者之差即为插入损失。由于消声器的应用领域广泛、结构形式多种多样、尺寸规格范围宽广,设备的工作状态和噪声源特性各不相同,因此测量消声器的插入损失时需要全面考虑各种因素的影响。

1. 背景噪声与测量环境

严格意义上讲,消声器插入损失的测量应在消声室内进行,以避免环境噪声对测量结果的影响。最理想的情况就是把噪声源(如发动机、鼓风机等)安放在消声室外,而只将消声器和连接管道引到消声室内,由于消声室内的背景噪声很低,测量时的噪声主要来源于管口的辐射噪声,因此测量结果精度最高。

在某些情况下,可能无法将噪声源和消声器分离开,并分别将它们安放在消声室外和消声室内(如测量汽车排气消声器在不同转速和负载下的插入损失、进气消声器和空气过滤器的插入损失等),这时只能把整个设备连同消声器一起放在消声室内进行噪声测量。例如,测量汽车排气噪声时,传声器测得的声压级不仅有来自排气口的辐射噪声,还包括其他噪声源传来的噪声(如发动机辐射噪声、进气噪声、轮胎与转毂间的摩擦噪声等)。对于消声器插入损失测量来讲,这些噪声都属于背景噪声,在测量时应尽量降低这些噪声对插入损失测量结果的影响。由 1.7 节的内容可知,在测点处如果排气口辐射噪声比背景噪声高出 10dB,则背景噪声对排气口辐射噪声测量结果的影响小于 0.4dB。因此,在测量消声器的插入损失时,首先需要测量和评价背景噪声,如果被测噪声与背景噪声间的差值小于 10dB,则必须对系统进行隔声处理,否则测量结果不能用于计算消声器的插入损失。

在工程实践中,消声器插入损失的测量往往只能在室外或现场条件下进行。在这种情况下,测试环境更加复杂,测量时必须保证背景噪声满足要求,且除管口辐射噪声外,其他噪声源产生的总声级要低于管口辐射噪声 10dB 以上。另外,测量消声器插入损失时,需要在比较开阔的空间进行,尽量避免反射物的影响。在现场测量时,室外环境(如风速、温度、湿度)对测量结果的精度和稳定性的影响也应加以考虑。

2. 声源特性与工作状态

消声器的插入损失与声源特性密切相关,同一个消声器安装在不同类型的设备上所达到的实际消声效果可能会不相同;同一个消声器安装在同一台设备上,当设备的工作状态(如发动机的转速、负载等)不同时,消声器的插入损失也可能不相同。因此,在测量消声器的插入损失时,必须保证设备的声源特性和工作状态相同。对于变转速的旋转机械,为全面评价消声器的实际消声效果,应在整个转速范围内测量典型转速下消声器的插入损失,即动态插入损失。

3. 测点的选取

图 9.1.1 为消声器插入损失测量示意图。通常情况下,将传声器放置在与轴线成 45°的角度上以避免气流冲击传声器,传声器与管口的距离取决于管道的直径,管径越大,传声器与管口的距离也应越大。通常情况下,传声器与管口间的距离取管道直径的 5～10 倍。

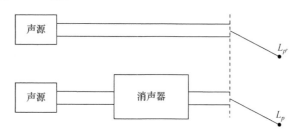

图 9.1.1　消声器插入损失测量示意图

具有两个出口的消声器在汽车排气系统中被经常使用,为测量其插入损失,通常将传声器放置在两个出口管中间的平面上,该平面与两个出口管轴线组成的平面相垂直,传声器的方向与两个出口管轴线组成的平面成 45°。

消声器插入损失的测量应尽量按照国家或行业标准进行[1~3]。

9.2　消声器传递损失测量

消声器传递损失测量方法有脉冲法、声波分解法、两负载法和两声源法。

9.2.1　脉冲法

脉冲法(impulse method)[4,5]是一种瞬态测试方法,测量装置如图 9.2.1 所示。消声器的上下游各连接一段很长的管道。在上游管道进口施加持续时间很短的脉冲信号,由两个传声器捕捉入射脉冲信号和透射脉冲信号,然后将这两个信号进行傅里叶变换即可计算得到消声器的传递损失。脉冲法原理简单,需要的传声器数量少,缺点在于需要很长的上下游管道,以达到入射脉冲信号和透射脉冲信号不被反射波干扰的要求。关于管道长度和测点位置的选取可以参考 8.4.1 节的介绍。

图 9.2.1　脉冲法测量原理示意图

9.2.2　声波分解法

声波分解法(decomposition method)[6~9]是基于平面声波分解原理建立起来的测量方法。图 9.2.2 为声波分解法测量消声器传递损失的原理示意图。其基本思想是:在消声器的上游管道壁面上平嵌两个传声器测量管内声压,由声波分解法从驻波中分离出入射波成分;消声器下游管道末端设置为无反射端,这样,第 3 个传声器直接测得无反射条件下的透射波声压,进而计算出消声器的传递损失。

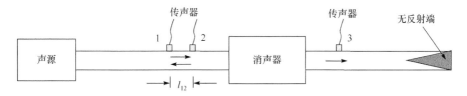

图 9.2.2　声波分解法测量原理示意图

假设消声器上游和下游管道内均为平面波传播。消声器上游管道内入射波的自谱可通过两个传声器 1 和 2 的声压信号分解得到,其表达式为

$$S_{AA} = \frac{S_{11} + S_{22} - 2C_{12}\cos(kl_{12}) + 2Q_{12}\sin(kl_{12})}{4\sin^2(kl_{12})} \tag{9.2.1}$$

其中,S_{11} 和 S_{22} 分别为 1 点和 2 点处的声压自谱;C_{12} 和 Q_{12} 分别为 1 点和 2 点处声压互谱的实部和虚部;k 为波数;l_{12} 为传声器 1 和 2 之间的距离。

消声器下游管道末端为无反射端,这样,第 3 个传声器可以直接测得无反射条件下透射波的自谱 S_{CC}。

入射波和透射波声压的有效值为

$$p_i = \sqrt{S_{AA}} \tag{9.2.2}$$

$$p_t = \sqrt{S_{CC}} \tag{9.2.3}$$

相应地,入射波和透射波的声功率为

$$W_i = \frac{p_i^2}{\rho_0 c} S_i \tag{9.2.4}$$

$$W_t = \frac{p_t^2}{\rho_0 c} S_o \tag{9.2.5}$$

其中,ρ_0 为介质的密度;c 为声速;S_i 和 S_o 分别为消声器上游管道和下游管道的横截面积。将式(9.2.2)～式(9.2.5)代入式(3.2.12),得到消声器的传递损失为

$$\mathrm{TL} = 10\lg\frac{S_{AA}}{S_{CC}} + 10\lg\frac{S_i}{S_o} \tag{9.2.6}$$

声波分解法虽然简单,但其缺点是要求消声器的下游管道末端为无反射端。无反射端通常可以使用长的管道内填充吸声材料或在管道末端加装吸声尖劈来实现。但对于低频噪声测量,完全的无反射端在实验过程中很难做到。

9.2.3　两声源法

两声源法(two-source method)[10~12] 是基于传递矩阵法建立起来的测量方法,通过调整声源的安装位置来建立描述待测消声器上游和下游声压关系的两组方程,进而求出消声器的四极参数和传递损失。

将声源分别放置在管道的两端,如图 9.2.3 所示。对于结构(a)(图 9.2.3(a)),由传递矩阵法得到传声器 1 和 2、3 和 4、2 和 3 之间的关系为

$$\begin{Bmatrix} p_{1a} \\ u_{1a} \end{Bmatrix} = \begin{bmatrix} A_{12} & B_{12} \\ C_{12} & D_{12} \end{bmatrix} \begin{Bmatrix} p_{2a} \\ u_{2a} \end{Bmatrix} \tag{9.2.7}$$

$$\begin{Bmatrix} p_{3a} \\ u_{3a} \end{Bmatrix} = \begin{bmatrix} A_{34} & B_{34} \\ C_{34} & D_{34} \end{bmatrix} \begin{Bmatrix} p_{4a} \\ u_{4a} \end{Bmatrix} \tag{9.2.8}$$

$$\begin{Bmatrix} p_{2a} \\ u_{2a} \end{Bmatrix} = \begin{bmatrix} A_{23} & B_{23} \\ C_{23} & D_{23} \end{bmatrix} \begin{Bmatrix} p_{3a} \\ u_{3a} \end{Bmatrix} \tag{9.2.9}$$

其中，p 和 u 分别为声压和质点振速；A、B、C、D 为四极参数；下标 1、2、3、4 分别代表四个传声器所在的位置。联立式(9.2.7)~式(9.2.9)可以得到

$$\left\{\begin{array}{c} p_{2a} \\ \dfrac{1}{B_{12}}\left(p_{1a}-A_{12}\,p_{2a}\right) \end{array}\right\}=\left[\begin{array}{cc} A_{23} & B_{23} \\ C_{23} & D_{23} \end{array}\right]\left\{\begin{array}{c} p_{3a} \\ \dfrac{D_{34}}{B_{34}}p_{3a}+\left(C_{34}-\dfrac{D_{34}A_{34}}{B_{34}}\right)p_{4a} \end{array}\right\}$$

(9.2.10)

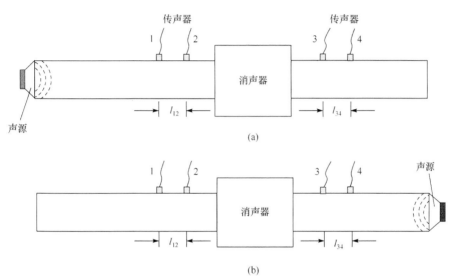

图 9.2.3　两声源法测量原理示意图

　　由式(9.2.10)可以看出，方程中有四个未知数 A_{23}、B_{23}、C_{23}、D_{23}，但只有两个方程，方程组不封闭，因此还需要补充两个方程才能对其进行求解。将声源移动到另一端，即结构(b)(图 9.2.3(b))，建立所需要的另外两个方程。同样，传声器 1 和 2、3 和 4，以及消声器两端 2 和 3 间的传递矩阵可表示为

$$\left\{\begin{array}{c} p_{2b} \\ u_{2b} \end{array}\right\}=\left[\begin{array}{cc} A_{12} & -B_{12} \\ -C_{12} & D_{12} \end{array}\right]^{-1}\left\{\begin{array}{c} p_{1b} \\ u_{1b} \end{array}\right\}=\dfrac{1}{\Delta_{12}}\left[\begin{array}{cc} D_{12} & B_{12} \\ C_{12} & A_{12} \end{array}\right]\left\{\begin{array}{c} p_{1b} \\ u_{1b} \end{array}\right\} \quad (9.2.11)$$

$$\left\{\begin{array}{c} p_{4b} \\ u_{4b} \end{array}\right\}=\left[\begin{array}{cc} A_{34} & -B_{34} \\ -C_{34} & D_{34} \end{array}\right]^{-1}\left\{\begin{array}{c} p_{3b} \\ u_{3b} \end{array}\right\}=\dfrac{1}{\Delta_{34}}\left[\begin{array}{cc} D_{34} & B_{34} \\ C_{34} & A_{34} \end{array}\right]\left\{\begin{array}{c} p_{3b} \\ u_{3b} \end{array}\right\} \quad (9.2.12)$$

$$\left\{\begin{array}{c} p_{3b} \\ u_{3b} \end{array}\right\}=\left[\begin{array}{cc} A_{23} & -B_{23} \\ -C_{23} & D_{23} \end{array}\right]^{-1}\left\{\begin{array}{c} p_{2b} \\ u_{2b} \end{array}\right\}=\dfrac{1}{\Delta_{23}}\left[\begin{array}{cc} D_{23} & B_{23} \\ C_{23} & A_{23} \end{array}\right]\left\{\begin{array}{c} p_{2b} \\ u_{2b} \end{array}\right\} \quad (9.2.13)$$

其中，$\Delta_{12}=A_{12}D_{12}-B_{12}C_{12}$；$\Delta_{34}=A_{34}D_{34}-B_{34}C_{34}$；$\Delta_{23}=A_{23}D_{23}-B_{23}C_{23}$；负号表示振速方向相对于结构(a)相反。联立式(9.2.11)~式(9.2.13)可得

$$\left\{ \begin{array}{c} p_{3b} \\ \dfrac{1}{B_{34}}(\Delta_{34}p_{3b}-D_{34}p_{4b}) \end{array} \right\} = \dfrac{1}{\Delta_{23}} \begin{bmatrix} D_{23} & B_{23} \\ C_{23} & A_{23} \end{bmatrix} \left\{ \begin{array}{c} p_{2b} \\ \left(\dfrac{C_{12}}{\Delta_{12}}-\dfrac{A_{12}D_{12}}{\Delta_{12}B_{12}}\right)p_{1b}-\dfrac{A_{12}}{B_{12}}p_{2b} \end{array} \right\}$$

$$\text{(9.2.14)}$$

联立式(9.2.10)和式(9.2.14)，求得四极参数为

$$A_{23}=\frac{\Delta_{34}(H_{32a}H_{34a}-H_{32b}H_{34a})+D_{34}(H_{32b}-H_{32a})}{\Delta_{34}(H_{34b}-H_{34a})} \tag{9.2.15}$$

$$B_{23}=\frac{B_{34}(H_{32a}-H_{32b})}{\Delta_{34}(H_{34b}-H_{34a})} \tag{9.2.16}$$

$$C_{23}=\frac{(H_{31a}-A_{12}H_{32a})(\Delta_{34}H_{34b}-D_{34})-(H_{31b}-A_{12}H_{32b})(\Delta_{34}H_{34a}-D_{34})}{B_{12}\Delta_{34}(H_{34b}-H_{34a})}$$

$$\text{(9.2.17)}$$

$$D_{23}=\frac{B_{34}(H_{31a}-H_{31b})+A_{12}(H_{32b}-H_{32a})}{B_{12}\Delta_{34}(H_{34b}-H_{34a})} \tag{9.2.18}$$

其中，$H_{ij}=p_j/p_i$ 为传递函数，可由实验测得。

如果管道内为无流情况，那么传声器 1 和 2、3 和 4 之间的传递矩阵为

$$\begin{bmatrix} A_{12} & B_{12} \\ C_{12} & D_{12} \end{bmatrix} = \begin{bmatrix} \cos(kl_{12}) & j\rho_0 c\sin(kl_{12}) \\ j\dfrac{\sin(kl_{12})}{\rho_0 c} & \cos(kl_{12}) \end{bmatrix} \tag{9.2.19}$$

$$\begin{bmatrix} A_{34} & B_{34} \\ C_{34} & D_{34} \end{bmatrix} = \begin{bmatrix} \cos(kl_{34}) & j\rho_0 c\sin(kl_{34}) \\ j\dfrac{\sin(kl_{34})}{\rho_0 c} & \cos(kl_{34}) \end{bmatrix} \tag{9.2.20}$$

其中，l_{12} 为传声器 1 和 2 间的距离；l_{34} 为传声器 3 和 4 间的距离。将获得的四极参数代入相应的公式即可计算出消声器的传递损失。

9.2.4　两负载法

为求式(9.2.10)中的四极参数 A_{23}、B_{23}、C_{23}、D_{23}，需要补充两个方程。两声源法是通过改变声源的安装位置，获得了两个补充方程。如果固定声源位置不动，而改变出口的边界条件，同样可以得到两个补充方程，这种方法就是两负载法(two-load method)[13]。

选用两种不同的末端阻抗 Z_a 和 Z_b，如图 9.2.4 所示，然后使用与两声源法相似的过程，同样可以得到消声器的四极参数。

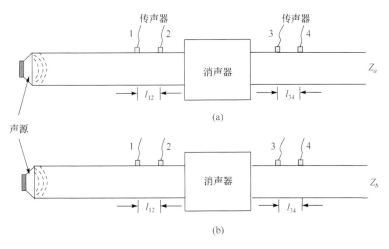

图 9.2.4　两负载法测量原理示意图

图 9.2.5 比较了使用两声源法和两负载法测量得到的双级膨胀腔消声器的传递损失。可以看出,两种方法得到的测量结果相互吻合很好。

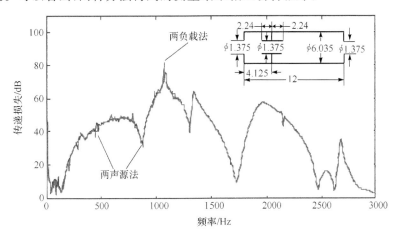

图 9.2.5　双级膨胀腔消声器传递损失测量结果比较[14]

前面介绍的两声源法和两负载法都是基于传递矩阵表示法建立起来的测量方法,分别通过调整声源安装位置和改变出口边界条件来建立描述待测消声器上游和下游间关系的两组方程,进而求出消声器的四极参数和传递损失。下面给出基于行波表示法的测量消声器传递损失基本原理。

假设消声器上游和下游管道内均为平面波传播,上游和下游管道内的前进波和反射波声压 A_u、B_u、A_d、B_d 间的关系可以表示为

$$\begin{Bmatrix} A_u \\ B_u \end{Bmatrix} = \begin{bmatrix} T_{11} & T_{12} \\ T_{21} & T_{22} \end{bmatrix} \begin{Bmatrix} A_d \\ B_d \end{Bmatrix} \tag{9.2.21}$$

根据式(3.2.12),传递损失可表示为

$$TL=20\lg|T_{11}|+10\lg\left\{\left(\frac{S_u}{S_d}\right)\left(\frac{1+M_u}{1+M_d}\right)^2\left(\frac{\rho_d c_d}{\rho_u c_u}\right)\right\}\qquad(9.2.22)$$

其中,M_u 和 M_d 分别为上游和下游管道内的气流马赫数。

实验条件下,消声器下游管道出口的无反射端难以实现,因而为求出 T_{11},可采取两种不同的终端负载建立两组方程。

对于第一种末端负载,即结构(a)(图9.2.4(a)),有

$$\begin{Bmatrix}A_{ua}\\B_{ua}\end{Bmatrix}=\begin{bmatrix}T_{11}&T_{12}\\T_{21}&T_{22}\end{bmatrix}\begin{Bmatrix}A_{da}\\B_{da}\end{Bmatrix}\qquad(9.2.23)$$

对于第二种末端负载,即结构(b)(图9.2.4(b)),有

$$\begin{Bmatrix}A_{ub}\\B_{ub}\end{Bmatrix}=\begin{bmatrix}T_{11}&T_{12}\\T_{21}&T_{22}\end{bmatrix}\begin{Bmatrix}A_{db}\\B_{db}\end{Bmatrix}\qquad(9.2.24)$$

联立以上两式可得

$$T_{11}=\frac{A_{ua}B_{db}-A_{ub}B_{da}}{A_{da}B_{db}-A_{db}B_{da}}\qquad(9.2.25)$$

采用双传声器法分离前进波和反射波成分。如图9.2.4所示,传声器1和2的距离为 l_{12},传声器2和消声器进口的距离为 Δ_2,消声器出口和传声器3的距离为 Δ_3,传声器3和传声器4的距离为 l_{34}。假定管道中存在一维均匀流,不考虑介质的黏性,取消声器进口面为坐标原点,向左为正方向,利用上游两个传声器1和2的声压信号可求得波的成分为

$$A_u(f)=\frac{G_1(f)-G_2(f)\mathrm{e}^{-jkl_{12}/(1-M_u)}}{\mathrm{e}^{jk(l_{12}+\Delta_2)/(1+M_u)}-\mathrm{e}^{jk\Delta_2/(1+M_u)}\mathrm{e}^{-jkl_{12}/(1-M_u)}}\qquad(9.2.26)$$

$$B_u(f)=\frac{G_1(f)-G_2(f)\mathrm{e}^{jkl_{12}/(1+M_u)}}{\mathrm{e}^{-jk(l_{12}+\Delta_2)/(1-M_u)}-\mathrm{e}^{jkl_{12}/(1+M_u)}\mathrm{e}^{-jk\Delta_2/(1-M_u)}}\qquad(9.2.27)$$

其中,k 为波数。

对于下游声波,消声器出口面为坐标原点,向右为正方向,利用传声器3和4的声压信号可以得到

$$A_d(f)=\frac{G_3(f)\mathrm{e}^{jkl_{34}/(1-M_d)}-G_4(f)}{\mathrm{e}^{-jk\Delta_3/(1+M)}\mathrm{e}^{jkl_{34}/(1-M_d)}-\mathrm{e}^{-jk(\Delta_3+l_{34})/(1+M_d)}}\qquad(9.2.28)$$

$$B_d(f)=\frac{G_3(f)\mathrm{e}^{-jkl_{34}/(1+M_d)}-G_4(f)}{\mathrm{e}^{-jkl_{34}/(1+M_d)}\mathrm{e}^{jk\Delta_3/(1-M_d)}-\mathrm{e}^{jk(l_{34}+\Delta_3)/(1-M_d)}}\qquad(9.2.29)$$

其中,$G_1(f)$、$G_2(f)$、$G_3(f)$ 和 $G_4(f)$ 为四个位置传声器信号的傅里叶谱,取传声器1的信号为参考信号,由式(9.2.26)~式(9.2.29)可以得到

$$A_u(f)G_1^*(f)=\frac{G_{11}(f)-G_{12}(f)\mathrm{e}^{-jkl_{12}/(1-M_u)}}{\mathrm{e}^{jk(l_{12}+\Delta_2)/(1+M_u)}-\mathrm{e}^{jk\Delta_2/(1+M_u)}\mathrm{e}^{-jkl_{12}/(1-M_u)}}\qquad(9.2.30)$$

$$B_u(f)G_1^*(f) = \frac{G_{11}(f) - G_{12}(f)\mathrm{e}^{jkl_{12}/(1+M_u)}}{\mathrm{e}^{-jk(l_{12}+\Delta_2)/(1-M_u)} - \mathrm{e}^{jkl_{12}/(1+M_u)}\,\mathrm{e}^{-jk\Delta_2/(1-M_u)}} \qquad (9.2.31)$$

$$A_d(f)G_1^*(f) = \frac{G_{13}(f)\mathrm{e}^{jkl_{34}/(1-M_d)} - G_{14}(f)}{\mathrm{e}^{-jk\Delta_3/(1+M_d)}\,\mathrm{e}^{jkl_{34}/(1-M_d)} - \mathrm{e}^{-jk(\Delta_3+l_{34})/(1+M_d)}} \qquad (9.2.32)$$

$$B_d(f)G_1^*(f) = \frac{G_{13}(f)\mathrm{e}^{-jkl_{34}/(1+M_d)} - G_{14}(f)}{\mathrm{e}^{-jkl_{34}/(1+M_d)}\,\mathrm{e}^{jk\Delta_3/(1-M_d)} - \mathrm{e}^{jk(l_{34}+\Delta_3)/(1-M_d)}} \qquad (9.2.33)$$

其中,$G_1^*(f)$为传声器 1 信号傅里叶谱的共轭复数值;$G_{11}(f)$为传声器 1 信号的自谱;$G_{12}(f)$为传声器 1 和 2 信号的互谱;$G_{13}(f)$为传声器 1 和 3 信号的互谱;$G_{14}(f)$为传声器 1 和 4 信号的互谱。

将两种不同终端负载情况下的 $A_u(f)G_1^*(f)$、$B_u(f)G_1^*(f)$、$A_d(f)G_1^*(f)$ 和 $B_d(f)G_1^*(f)$ 代入式(9.2.25),得

$$T_{11}(f) = \frac{\{A_{ua}(f)G_{1a}^*(f)\}\{B_{db}(f)G_{1b}^*(f)\} - \{A_{ub}(f)G_{1b}^*(f)\}\{B_{da}(f)G_{1a}^*(f)\}}{\{A_{da}(f)G_{1a}^*(f)\}\{B_{db}(f)G_{1b}^*(f)\} - \{A_{db}(f)G_{1b}^*(f)\}\{B_{da}(f)G_{1a}^*(f)\}}$$

$$(9.2.34)$$

将式(9.2.34)代入式(9.2.22)即可计算出消声器的传递损失。

测量有气流存在情况下消声器的传递损失时,需要特别注意气流再生噪声对测量结果的影响。当气流通过消声器时,不仅会改变声波在消声器内的传播规律,从而影响消声器的消声性能,还会在消声器内部产生气流再生噪声,尤其是气流流速较高时,气流再生噪声构成相当强的背景噪声,这种背景噪声会使信噪比降低,从而影响测量精度。检验气流再生噪声强弱的方法是:在给定的气流流速下,打开和关闭声源,由传声器测量管内声压级频谱,视二者之间的差别大小确定影响程度。为了能够准确测量消声器的传递损失,要求声源能够提供强度足够高的声信号,通常要求声源信号的声压级高于背景噪声 10dB 以上。为了提取强背景噪声下的有用信号,可以采用分段的快速正弦扫频信号作为声源信号,同时采用时域信号同步平均技术消减无规的流噪声信号,提高信噪比。

1. 快速正弦扫频信号

为了使声源发出强度足够高的声信号,同时克服以稳定单频正弦信号作为声源信号费时太多的缺点,可以选用分段的快速正弦扫频信号作为声源激励信号。快速正弦扫频信号是一种频率随着时间变化的信号,它可以在很短的时间内产生一定频宽的恒定幅值正弦波频率扫描,以期在需要的频率范围内产生平坦的直线频谱。扫频信号的频率范围是可以根据需要任意设定的。例如,将 $50\sim1600\mathrm{Hz}$ 的频率范围分成若干段进行扫频,以致在所要求的频率范围内能够由声源产生强度足够高的声波,满足消声器传递损失测量要求。

2. 时域同步平均技术

时域同步平均技术是用某个确定信号作为触发信号,控制数据采样的起点,使信号的采集与确定信号的输出同步,对 N 个数据块进行时域平均,可以减小随机信号对确定信号的影响,大幅提高信噪比。利用该技术的具体实现过程描述如下:信号发生器模块发出快速正弦扫频信号作为声源激励信号,同时,该信号作为参考信号同步触发数据采集处理模块采样,一次扫频过程结束后采样过程也结束,储存得到的时域采样结果,多次重复上述过程得到多个时域采样结果,然后将采样结果在时域内平均一定次数(如 1000 次),最后的时域平均结果通过快速傅里叶变换得到频域信号。对于随机流噪声等背景噪声,每次采样开始的相位不定,而对于声源发出的扫频信号有相同的开始相位,所以时域平均可以使背景噪声得到衰减而使有用信号得到保持。一些数据采集系统(如 PULSE)提供了线性平均和指数平均功能。线性平均主要用于分析稳态信号,对参与平均的各次样本取等权重加权,平均将去除外界随机噪声的影响。指数平均主要用于非稳态信号测量,对最近时刻的样本加权权重最大,可用于观察信号的当前趋势。

利用两负载法测量消声器传递损失时必须避免两种出口边界条件相近的情形出现。如果两种出口边界条件相近,测得的数据就会相近,从而造成求解的不稳定。通常情况下,实验中采用的两种末端边界条件可分别设定为完全开口和在出口处安装阻性消声器。

以上介绍的各种测量方法各有优缺点。脉冲法只需要两个传声器即可测量消声器的传递损失,但是为避免反射波的干扰,需要长的上下游管道,数据处理过程相对复杂。声波分解法测量简便,难点在于获得一个良好的无反射端。两声源法和两负载法不仅可以测量得到消声器的传递损失,还可以得到描述消声器声学特性的四极参数,这两种方法不需要管道下游为无反射端,测量较为准确,但是测量过程相对复杂。

9.3　吸声材料表面声阻抗测量

在阻性消声器声学性能计算中,为了简化计算过程可以将吸声材料作为局部作用模型来处理,即使用表面法向声阻抗来表示吸声材料的声学特性。吸声材料的表面法向声阻抗通常使用阻抗管法来测量。测量方法有两种:驻波比法[15]和传递函数法[16~18]。驻波比法是测量吸声材料吸声系数和表面法向声阻抗最原始的方法,需要逐个频率进行测量,测量时间长,目前已很少使用。基于随机激励技术的双传声器传递函数法比驻波比法快捷,只需进行一次测量即可获得所有频率的信息,从而大大节省了测量时间。本节只介绍传递函数法。

　　图 9.3.1 为使用传递函数法测量吸声材料表面法向声阻抗的装置示意图。测试样品装在阻抗管的一端,管道中的平面声波由声源产生。在靠近样品的两个位置上测量声压,求得两个传声器信号的声传递函数,由此计算出样品的法向声阻抗。

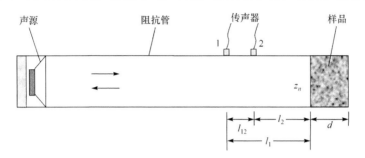

图 9.3.1　阻抗管测量吸声材料表面法向声阻抗原理示意图

　　传声器位置 1 到位置 2 的传递函数定义为

$$H_{12} = p_2/p_1 \tag{9.3.1}$$

传递函数 H_{12} 可以表示为

$$H_{12} = S_{12}/S_{11} \tag{9.3.2a}$$

或

$$H_{12} = S_{22}/S_{21} \tag{9.3.2b}$$

或

$$H_{12} = [(S_{12}/S_{11})(S_{22}/S_{21})]^{1/2} \tag{9.3.2c}$$

其中,$S_{11} = p_1 \cdot p_1^*$ 为传声器位置 1 处的复声压 p_1 的自谱;$S_{22} = p_2 \cdot p_2^*$ 为传声器位置 2 处的复声压 p_2 的自谱;$S_{12} = p_1 \cdot p_2^*$ 为两个传声器位置 1 和 2 处的复声压 p_1 和 p_2 的互谱;上标 * 表示复数共轭。

　　声波法向入射时,反射系数可由两个传声器测得的传递函数 H_{12} 来确定。两个传声器位置处的声压分别表示为

$$p_1 = p_i \mathrm{e}^{jkl_1} + p_r \mathrm{e}^{-jkl_1} \tag{9.3.3}$$

$$p_2 = p_i \mathrm{e}^{jkl_2} + p_r \mathrm{e}^{-jkl_2} \tag{9.3.4}$$

其中,p_i 和 p_r 分别为样品表面入射波和反射波的声压幅值。

　　入射波和反射波的传递函数分别为

$$H_i = p_{2i}/p_{1i} = \mathrm{e}^{-jk(l_1-l_2)} = \mathrm{e}^{-jkl_{12}} \tag{9.3.5}$$

$$H_r = p_{2r}/p_{1r} = \mathrm{e}^{jk(l_1-l_2)} = \mathrm{e}^{jkl_{12}} \tag{9.3.6}$$

其中,$l_{12} = l_1 - l_2$ 为两个传声器间的距离。

　　将式(9.3.3)和式(9.3.4)代入式(9.3.1),并注意到反射系数 $R = p_r/p_i$,得到

$$H_{12} = \frac{p_2}{p_1} = \frac{\mathrm{e}^{jkl_2} + R\mathrm{e}^{-jkl_2}}{\mathrm{e}^{jkl_1} + R\mathrm{e}^{-jkl_1}} \tag{9.3.7}$$

结合式(9.3.5)～式(9.3.7),可以得到反射系数为

$$R=|R|e^{j\phi}=\frac{H_{12}-H_i}{H_r-H_{12}}e^{2jkl_1} \qquad (9.3.8)$$

进而可求出吸声系数

$$\alpha=1-|R|^2 \qquad (9.3.9)$$

和表面法向声阻抗比

$$z_n/z_0=(1+R)/(1-R) \qquad (9.3.10)$$

其中,z_0 为空气的特性阻抗。

使用双传声器传递函数法测定法向入射条件下吸声材料的反射系数、吸声系数和表面声阻抗,涉及信号发生器、阻抗管、两个传声器和数字信号处理系统。要求信号发生器能在所需要的频率范围内产生具有平直谱密度的平稳信号。测试频率应在阻抗管的平面波截止频率以下。测试前要求对传声器之间的相位失配和幅度失配进行补偿。两个传声器间的距离需要合理选择,以避免两个传声器所检测到的信号相近而造成过大的测量误差。对于侧壁安装条件,建议采用声压型传声器;对于安装在管中的传声器,建议采用声场型。信号处理设备由一台放大器和一台双通道快速傅里叶变换分析仪组成,需要测定两个传声器位置的声压,并计算它们之间的传递函数。

9.4　吸声材料复阻抗和复波数测量

均质吸声材料可以使用整体作用的平均声学特性参数(复阻抗和复波数)来描述,这些参数可以使用经验或半经验公式计算得到,如 3.6 节所述。然而,这些公式的精度取决于这种材料与获得这些公式所使用材料的相近程度。获得声学特性参数的另一种途径就是实验测量。吸声材料复阻抗和复波数的测量方法主要有两种:两腔法[17~20]和两声源法[21,22]。

9.4.1　两腔法

两腔法(two-cavity method)是测量吸声材料复阻抗和复波数的一种间接测量方法,它先测出吸声材料的表面声阻抗,然后利用求得的表面声阻抗来计算材料的复阻抗和复波数。

图 9.4.1 为两腔法测量原理示意图。实验可按照 ASTM E1050-98[17]的要求进行。假定扬声器产生平面波并在管道中传播,通过改变活塞的位置来改变吸声材料样品后面空腔的长度,测得两种不同空腔长度情况下的材料表面声阻抗。

对应于结构(a)(图 9.4.1(a))和结构(b)(图 9.4.1(b)),测量得到的吸声材料

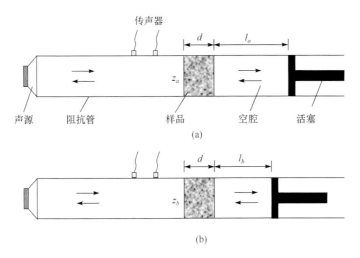

图 9.4.1 两腔法测量原理示意图

表面声阻抗分别用 z_a 和 z_b 表示,由平面波理论可以推导得到吸声材料的复阻抗和复波数表达式为

$$\tilde{z} = \pm \sqrt{\frac{z_a z_b (z'_a - z'_b) - z'_a z'_b (z_a - z_b)}{(z'_a - z'_b) - (z_a - z_b)}} \tag{9.4.1}$$

$$\tilde{k} = \left(\frac{1}{2\mathrm{j}d}\right) \ln \left(\frac{(z_a + \tilde{z})(z'_a - \tilde{z})}{(z_a - \tilde{z})(z'_a + \tilde{z})}\right) \tag{9.4.2}$$

其中,$z'_a = -\mathrm{j}z_0 \cot(kl_a)$ 和 $z'_b = -\mathrm{j}z_0 \cot(kl_b)$ 是长度为 l_a 和 l_b 空腔的声阻抗,z_0 为空气的特性阻抗,k 为空气中的波数;d 为样品的厚度。式(9.4.1)中正负号的选取原则是使复阻抗 $\tilde{z}$ 的实部为正值。

两次测量中空腔长度的差值用于确定实验测量的上限频率:

$$f_u = \frac{c}{2(l_a - l_b)} \tag{9.4.3}$$

当得到吸声材料的复阻抗和复波数之后,复声速和复密度可由下式确定:

$$\tilde{c} = \omega / \tilde{k} \tag{9.4.4}$$

$$\bar{\rho} = \tilde{z} / \tilde{c} \tag{9.4.5}$$

9.4.2 两声源法

两声源法(two-source method)测量吸声材料的复阻抗和复波数与两声源法测量消声器传递损失的原理相似,是基于传递矩阵法建立起来的测量吸声材料整体声学特性参数的方法。

将声源分别放置在阻抗管的两端,形成如图 9.4.2 所示的两种结构。测量装置可以看作由三个声学单元组成：1-2、2-3 和 3-4，使用与 9.2.3 节相同的方法可以得到声学单元 2-3 的四极参数表达式，即式(9.2.15)～式(9.2.18)。

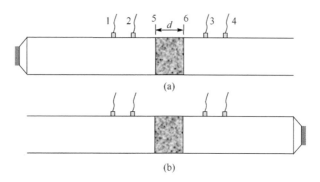

图 9.4.2　两声源法测量原理示意图

单元 2-3 可以进一步划分成三个子单元：2-5、5-6 和 6-3。由传递矩阵法得到

$$\begin{bmatrix} A_{23} & B_{23} \\ C_{23} & D_{23} \end{bmatrix} = \begin{bmatrix} A_{25} & B_{25} \\ C_{25} & D_{25} \end{bmatrix} \begin{bmatrix} A_{56} & B_{56} \\ C_{56} & D_{56} \end{bmatrix} \begin{bmatrix} A_{63} & B_{63} \\ C_{63} & D_{63} \end{bmatrix} \tag{9.4.6}$$

由式(9.4.6)可以得到吸声材料单元 5-6 的四极参数为

$$\begin{bmatrix} A_{56} & B_{56} \\ C_{56} & D_{56} \end{bmatrix} = \begin{bmatrix} A_{25} & B_{25} \\ C_{25} & D_{25} \end{bmatrix}^{-1} \begin{bmatrix} A_{23} & B_{23} \\ C_{23} & D_{23} \end{bmatrix} \begin{bmatrix} A_{63} & B_{63} \\ C_{63} & D_{63} \end{bmatrix}^{-1} \tag{9.4.7}$$

其中，直管单元 2-5 和 6-3 的四极参数已有解析表达式可使用。

吸声材料单元的四极参数可以表示为

$$\begin{bmatrix} A_{56} & B_{56} \\ C_{56} & D_{56} \end{bmatrix} = \begin{bmatrix} \cos(\tilde{k}d) & j\tilde{z}\sin(\tilde{k}d) \\ (j/\tilde{z})\sin(\tilde{k}d) & \cos(\tilde{k}d) \end{bmatrix} \tag{9.4.8}$$

由此求得吸声材料的复波数和复阻抗为

$$\tilde{k} = \frac{1}{d}\arccos A_{56} \quad 或 \quad \tilde{k} = \frac{1}{d}\arccos D_{56} \tag{9.4.9}$$

$$\tilde{z} = \sqrt{B_{56}/C_{56}} \tag{9.4.10}$$

其中，d 为吸声材料测试样品的厚度。

图 9.4.3 比较了使用两声源法和两腔法测量得到的聚酯吸声材料的复波数和复阻抗。可以看出，两种方法得到的测量结果相互吻合很好。

两腔法和两声源法都可用于测量均质吸声材料的复阻抗和复波数。对于吸声系数较高的材料，使用这两种方法得到的测量结果相互吻合，但是如果吸声材料的吸声系数较低，使用两腔法可能会产生测量结果的不稳定，而使用两声源法能够较好地解决这类问题[22]。

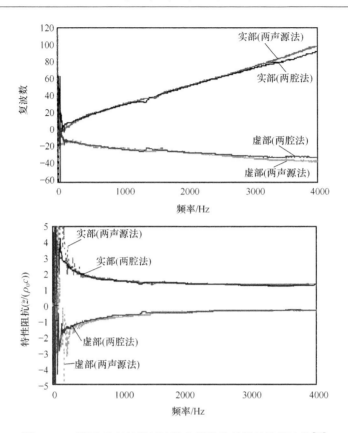

图 9.4.3　聚酯吸声材料复波数和复阻抗的测量结果比较[22]

9.5　声源阻抗测量

由于流体机械噪声源产生的机理极其复杂,存在着诸多物理参数以及它们之间的相互影响,还有可能存在非线性效应,目前解析方法还不能用于计算声源阻抗,因此需要通过实验手段进行测量。按照有无外部附加的声源,实验测量方法可分为直接测量方法和间接测量方法。

9.5.1　直接测量方法

声源阻抗的直接测量方法有驻波比法[23,24]和传递函数法[25,26]。驻波比法使用移动传声器测量管道内的驻波比,从而计算出反射系数的幅值,然后由反射系数计算出给定截面处的声阻抗。由于反射系数是频率的函数,所以对于每一个频率需要进行一次测量。如果噪声源的频带较宽,采用驻波比法测量非常费时。传递函数法使用两个传声器测量管道内两个位置处的声压,由此计算出给定截面处的反射系数和声阻抗。传递函数法的优点是只需进行一次测量即可获得整个频率范围内所需要的数据。

图 9.5.1 为使用双传声器传递函数法测量噪声源声阻抗的原理示意图。这种测量方法要求使用一个外部声源来产生随机信号,两个平嵌在壁面上的传声器拾取声信号。外部声源产生的声波向初级声源入射并被反射,位于初级声源和外部声源之间的两个传声器将拾取到的声信号传输给双通道信号分析仪。由于传声器检测到的是时域信号,经傅里叶变换后便得到了相应的频域信号,于是可计算出各频率下的声学特性参数。

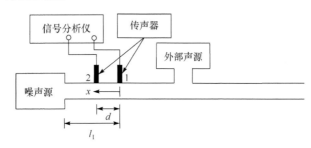

图 9.5.1　传递函数法测量声源阻抗的原理示意图

定义传声器 2 和 1 处的声压之比为传递函数,则任一频率下的传递函数为

$$H_{21} = p_2(\omega)/p_1(\omega) \tag{9.5.1}$$

其中,p_1 和 p_2 分别为经傅里叶变换后传声器 1 和 2 处的声压。将声压用入射和反射分量来表示,取传声器 1 所在的位置为坐标原点,传递函数可表示为

$$H_{21} = (p_1^+ e^{-jkd} + p_1^- e^{jkd})/(p_1^+ + p_1^-) \tag{9.5.2}$$

引入传声器 1 处的反射系数 $R_1 = p_1^-/p_1^+$,则式(9.5.2)变成

$$H_{21} = (e^{-jkd} + R_1 e^{jkd})/(1 + R_1) \tag{9.5.3}$$

由式(9.5.3)可以得到

$$R_1 = (H_{21} - e^{-jkd})/(e^{jkd} - H_{21}) \tag{9.5.4}$$

传声器 1 处的阻抗可以用复反射系数的形式表示为

$$Z_1/Z_0 = (1 + R_1)/(1 - R_1) \tag{9.5.5}$$

其中,Z_0 为管道的特性阻抗。事实上,Z_1 就是在坐标原点处观察到的初级声源的阻抗。因此,必须将 Z_1 转化成声源位置处的阻抗以获得声源阻抗 Z_S,于是有

$$\frac{Z_S}{Z_0} = \frac{(Z_1/Z_0) - j\tan(kl_1)}{1 - j(Z_1/Z_0)\tan(kl_1)} \tag{9.5.6}$$

应用传递函数法进行声学测量时,需要对两个传声器的相位进行修正。为获得更加准确的测量结果,也可使用多传声器法测量声源阻抗[27,28],相应地,需要使用多通道信号分析仪。

值得注意的是,这种直接测量方法需要有一个外部声源产生远高于被测声源的声级,以至于被测声源产生的声级可以忽略不计。对于噪声较低的机械(如风机),这种直接测量方法可以用于测量声源阻抗;但是对于一些噪声很高的机械(如内燃机),很难找到可以在较宽的频率范围内产生高幅声级的声源,即便能够找到这样的声源,由于直接测量方法要求在管道内部测量声压,来自被测声源和外部声源过高的合成声级可能会产生明显的非线性效应,从而导致声源阻抗测量中出现不可预测的误差。此外,实际应用中的管道内均存在气流,所以要求外部声源和传声器能在气流的冲击作用下平稳地工作,使得这种方法的实施更加困难。对于内燃机排气系统而言,由于管道内存在高温气流,且含有碳粒和油垢,所以管内测量方法并不是一种理想方法。

9.5.2　间接测量方法

噪声源的声阻抗也可以使用两个或多个声学负载,分别在给定位置处测量声压或声压级,经计算间接获得。所以,间接测量方法也叫做外接负载法。声压或声压级的测量可以在管内进行,也可以在管外进行。当管道内气体的流速和温度都不是很高时,可以采取管内测量方法,否则应采取管外测量方法。

具有线性非时变特性的管道声学系统可以表示成等效电路的形式,声源可以用压力源也可以用速度源来表示,如图 9.5.2 所示。

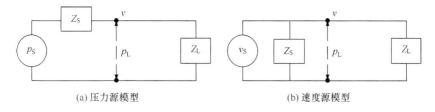

(a) 压力源模型　　　　　　　　　　　　　(b) 速度源模型

图 9.5.2　管道声学系统的等效电路表示

使用压力源模型可以得到

$$p_S Z_L - p_L Z_S = p_L Z_L \tag{9.5.7}$$

或

$$p_S Z'_L - p_L Z'_S = p_L Z'_L \tag{9.5.8}$$

其中,p_S 为压力源强度;Z_S 和 Z_L 分别为声源阻抗和声源截面处的负载阻抗;$Z'_S = Z_S/Z_0$ 和 $Z'_L = Z_L/Z_0$ 为无量纲化的比声阻抗,Z_0 为管道的特性阻抗。

使用速度源模型,可以得到

$$v_S - p_L/Z_S = p_L/Z_L \tag{9.5.9}$$

或

$$Z_0 v_S - p_L/Z'_S = p_L/Z'_L \tag{9.5.10}$$

其中，v_S 为速度源强度。如果声源模型为理想线性且不随时间而变化，则源压和源速度之间的关系为

$$p_S = Z_S v_S \qquad\qquad (9.5.11)$$

对于式(9.5.7)～式(9.5.10)，每种表达式中均含有两个待求的复数未知量（声源强度和声源阻抗），因此至少需要构造两组方程才能求出这两个未知量。如果使用不同负载，声源强度和阻抗不会发生明显变化，则可以通过使用 n 个不同的负载构成 n 个方程，于是可以按照不同的求解策略计算出声源强度和声源阻抗。按照负载的个数可分为两负载法、三负载法、四负载法和多负载法。如果相位信息被保持，至少需要两个负载[29~32]；否则最少需要使用三个或四个负载[32~34]。为了降低测量误差的影响，多负载法经常被使用[35~39]，以起到对超静定系统某种程度的平均。

1. 两负载法

如果声源特性不随时间变化，则声源阻抗和强度可以通过使用两种不同的负载 Z_{L1} 和 Z_{L2} 求出，即两负载法。使用压力源模型可以得到

$$p_S Z'_{L1} - p_{L1} Z'_S = p_{L1} Z'_{L1} \qquad\qquad (9.5.12)$$

$$p_S Z'_{L2} - p_{L2} Z'_S = p_{L2} Z'_{L2} \qquad\qquad (9.5.13)$$

其中，p_{L1} 和 p_{L2} 分别为使用负载 Z_{L1} 和 Z_{L2} 时声源截面处的声压。联合上述两式可以求得

$$Z'_S = \frac{p_{L2} - p_{L1}}{p_{L1} Z'_{L2} - p_{L2} Z'_{L1}} Z'_{L1} Z'_{L2} \qquad\qquad (9.5.14)$$

显然，为求出声源阻抗，需要获得负载阻抗和声源截面处的声压。负载阻抗可以通过计算得到，具体方法已在前面介绍。声源截面处的声压可以通过实验测量得到。值得注意的是，这里用到的声压是复数，为测量复数声压，需要有一个相位参考信号，而在实际机械设备中很难找到一个相位参考信号。

2. 三负载法

使用三个不同的负载和压力源模型可以得到

$$|p_{Ln}| = \frac{|Z'_{Ln}|}{|Z'_S + Z'_{Ln}|}|p_S|, \quad n = 1, 2, 3 \qquad\qquad (9.5.15)$$

由上述三个方程，定义如下比值：

$$\alpha_m = \frac{|p_{L1}|/|Z'_{L1}|}{|p_{Lm+1}|/|Z'_{Lm+1}|} = \frac{|Z'_S + Z'_{Lm+1}|}{|Z'_S + Z'_{L1}|}, \quad m = 1, 2 \qquad\qquad (9.5.16)$$

其中，系数 α_1 和 α_2 可以使用三个负载和声源截面处相应的三个声压测量值计算得到。为了使用管外测得的声压级计算 α_m，必须将管内声压比 $|p_{L1}|/|p_{Lm+1}|$ 适当

地转换成管外给定点处测得的声压比。

对于具有相同管口辐射阻抗的三个负载,使用传递矩阵法可以得到

$$\alpha_m = \frac{|C_1 Z_r + D_1|}{|C_{m+1} Z_r + D_{m+1}|} \frac{|p_1|}{|p_{m+1}|}, \quad m = 1, 2 \tag{9.5.17}$$

其中,$|p_m|$ 为使用第 m 个负载时在管道外距离管口 r 处测得的声压值;C_m 和 D_m 为第 m 个负载的传递矩阵元素;Z_r 为管口处的辐射阻抗。如果使用测得的声压级,式(9.5.17)可以表示成

$$\alpha_m = \frac{|C_1 Z_r + D_1|}{|C_{m+1} Z_r + D_{m+1}|} 10^{(L_{p1} - L_{pm+1})/20}, \quad m = 1, 2 \tag{9.5.18}$$

当得到比值 α_m 和负载阻抗 Z_{Lm} 后,声源阻抗 Z'_S 就可以由式(9.5.16)求出。将 Z'_S 和 Z'_{Lm+1} 表示成复数形式,即 $Z'_S = R'_S + \mathrm{j} X'_S$ 和 $Z_{Lm+1} = R_{Lm+1} + \mathrm{j} X_{Lm+1}$,可得

$$(1 - \alpha_m^2)(R_S'^2 + X_S'^2) + 2(R'_{Lm+1} - \alpha_m^2 R'_{L1}) R'_S + 2(X'_{Lm+1} - \alpha_m^2 X'_{L1}) X'_S$$
$$= \alpha_m^2 (R_{L1}'^2 + X_{L1}'^2) - (R_{Lm+1}'^2 + X_{Lm+1}'^2), \quad m = 1, 2 \tag{9.5.19}$$

求解上述方程,即可获得噪声源的比声阻 R'_S 和比声抗 X'_S。值得注意的是,式(9.5.19)的解有两组,需要从中找出满足实际情况的真解。

3. 四负载法

三负载法需要求解二阶方程组,使用四负载法可以避免这个问题。使用四个不同的负载,可以得到如下关系式:

$$|p_{Ln}| = \frac{|Z'_{Ln}|}{|Z'_S + Z'_{Ln}|} |p_S|, \quad n = 1, 2, 3, 4 \tag{9.5.20}$$

由上述四个方程,定义如下比值:

$$\alpha_m = \frac{|p_{Lm}| / |Z'_{Lm}|}{|p_{Lm+1}| / |Z'_{Lm+1}|} = \frac{|Z'_S + Z'_{Lm+1}|}{|Z'_S + Z'_{Lm}|}, \quad m = 1, 2, 3 \tag{9.5.21}$$

其中,系数 α_1、α_2 和 α_3 可以使用四个负载和声源截面处相应的四个声压测量值计算得到。为了使用管外测得的声压级计算 α_m,必须将管内声压比 $|p_{Lm}| / |p_{Lm+1}|$ 适当地转换成管外给定点处测得的声压比。

对于具有相同管口辐射阻抗的四个负载,使用传递矩阵法可以得到

$$\alpha_m = \frac{|C_m Z_r + D_m|}{|C_{m+1} Z_r + D_{m+1}|} \frac{|p_m|}{|p_{m+1}|}, \quad m = 1, 2, 3 \tag{9.5.22}$$

其中,$|p_m|$ 为使用第 m 个声学负载时在管道外距离管口 r 处测得的声压值;C_m 和 D_m 为第 m 个声学负载的传递矩阵元素;Z_r 为管口处的辐射阻抗。如果使用测得的声压级,式(9.5.22)可以表示成

$$\alpha_m = \frac{|C_m Z_r + D_m|}{|C_{m+1} Z_r + D_{m+1}|} 10^{(L_{pm} - L_{pm+1})/20}, \quad m = 1, 2, 3 \tag{9.5.23}$$

当得到比值 α_m 和负载阻抗 $Z'_{\mathrm{L}m}$ 后,声源阻抗 Z'_{S} 就可以由式(9.5.21)求出。将 Z'_{S} 和 $Z'_{\mathrm{L}m}$ 表示成复数形式为 $Z'_{\mathrm{S}}=R'_{\mathrm{S}}+\mathrm{j}X'_{\mathrm{S}}$ 和 $Z'_{\mathrm{L}m}=R'_{\mathrm{L}m}+\mathrm{j}X'_{\mathrm{L}m}$,于是可得

$$(1-\alpha_m^2)(R_{\mathrm{S}}^{'2}+X_{\mathrm{S}}^{'2})+2(R'_{\mathrm{L}m+1}-\alpha_m^2R'_{\mathrm{L}m})R'_{\mathrm{S}}+2(X'_{\mathrm{L}m+1}-\alpha_m^2X'_{\mathrm{L}m})X'_{\mathrm{S}}$$
$$=\alpha_m^2(R_{\mathrm{L}m}^{'2}+X_{\mathrm{L}m}^{'2})-(R_{\mathrm{L}m+1}^{'2}+X_{\mathrm{L}m+1}^{'2}),\quad m=1,2,3 \tag{9.5.24}$$

求解上述方程,即可获得噪声源的比声阻和比声抗为

$$R'_{\mathrm{S}}=\frac{(c_1-c_2)(b_2-b_3)-(c_2-c_3)(b_1-b_2)}{(a_1-a_2)(b_2-b_3)-(a_2-a_3)(b_1-b_2)} \tag{9.5.25}$$

$$X'_{\mathrm{S}}=\frac{(a_1-a_2)(c_2-c_3)-(a_2-a_3)(c_1-c_2)}{(a_1-a_2)(b_2-b_3)-(a_2-a_3)(b_1-b_2)} \tag{9.5.26}$$

其中,$a_m=2(R'_{\mathrm{L}m+1}-\alpha_m^2R'_{\mathrm{L}m})/(1-\alpha_m^2)$;$b_m=2(X'_{\mathrm{L}m+1}-\alpha_m^2X'_{\mathrm{L}m})/(1-\alpha_m^2)$;$c_m=\{\alpha_m^2(R_{\mathrm{L}m}^{'2}+X_{\mathrm{L}m}^{'2})-(R_{\mathrm{L}m+1}^{'2}+X_{\mathrm{L}m+1}^{'2})\}/(1-\alpha_m^2)$。

使用三负载法和四负载法的最大优点是不需要次级声源,并且可以使用在管道外部测得的声压或声压级计算出噪声源的声阻抗,所以三负载法和四负载法比直接测量方法更具有吸引力。与两负载法相比,三负载法和四负载法不需要相位参考信号。然而,这种方法要求在无反射环境中测量声压级,而且在实际应用中误差通常比较大。此外,三负载法和四负载法对输入数据中的误差非常敏感,这种误差敏感性有时会得到不精确的计算结果,使用最小二乘法和合理的负载组合可以改善计算结果的精度。

4. 多负载法

如果使用 n 个声学负载,则由压力源表示法可以得到

$$\begin{bmatrix} Z'_{\mathrm{L}1} & -p_{\mathrm{L}1} \\ Z'_{\mathrm{L}2} & -p_{\mathrm{L}2} \\ \vdots & \vdots \\ Z'_{\mathrm{L}n} & -p_{\mathrm{L}n} \end{bmatrix} \begin{Bmatrix} p_{\mathrm{S}} \\ Z'_{\mathrm{S}} \end{Bmatrix} = \begin{Bmatrix} p_{\mathrm{L}1}Z'_{\mathrm{L}1} \\ p_{\mathrm{L}2}Z'_{\mathrm{L}2} \\ \vdots \\ p_{\mathrm{L}n}Z'_{\mathrm{L}n} \end{Bmatrix} \tag{9.5.27}$$

可以看出,当 $n>2$ 时,方程的个数大于未知量的个数,于是式(9.5.27)形成了一个超静定方程组。

另一种方法就是使用速度源表示法,对于 n 个声学负载可以得到如下方程:

$$\begin{bmatrix} 1 & -p_{\mathrm{L}1} \\ 1 & -p_{\mathrm{L}2} \\ \vdots & \vdots \\ 1 & -p_{\mathrm{L}n} \end{bmatrix} \begin{Bmatrix} Z_0 v_{\mathrm{S}} \\ 1/Z'_{\mathrm{S}} \end{Bmatrix} = \begin{Bmatrix} p_{\mathrm{L}1}/Z'_{\mathrm{L}1} \\ p_{\mathrm{L}2}/Z'_{\mathrm{L}2} \\ \vdots \\ p_{\mathrm{L}n}/Z'_{\mathrm{L}n} \end{Bmatrix} \tag{9.5.28}$$

如果采用管内测量方法测量声压 p_{L},需要把传声器平嵌在管壁上,为此需要一个参考信号以保证对于使用每个负载时压力-时间历程在同一个特征点开始记录。

对于线性声源,如果超静定方程组的自由度较高,使用上述两种模型得到的声源数据应该收敛于相同的结果。二者之间的偏差可归结为非线性行为。这种多负载法能够降低测量误差和非线性偏差对声源阻抗计算结果的影响,而且还能用于检验声源特性是否为线性系统[40,41]。对于线性非时变声源,从理论上讲,无论使用直接方法还是间接方法,求得的声源阻抗都应该是相同的[42]。

某些实际的噪声源,如内燃机进排气噪声源,由于进排气阀间歇地打开和关闭,它们的真实特性是时变的。对于这种时变声源,使用基于两负载和多负载法的声阻测量结果和数值模拟计算结果中可能会出现一些负值[37,38,43,44],负声阻是没有物理意义的。相比之下,使用直接法所求得的声阻均为正值[45]。使用间接法引起声阻为负值的因素很多,最主要的因素是噪声源的时变特性和不合理的负载组合,以及可能存在的非线性效应[44~48]等。

9.6 管口反射系数测量

双传声器[49]和多传声器[28]声波分解法是管内声学测量所采用的主要方法,也可用于测量管口的反射系数[50~52]。下面介绍基于三传声器声波分解法测量管口反射系数的原理和过程。

实验测量装置原理如图 9.6.1 所示,三个传感器位置处的声压可以表示为

$$p_1(f) = p_1^+(f) + p_1^-(f) \tag{9.6.1}$$

$$p_2(f) = p_1^+(f)\exp(-jk^+ x_2) + p_1^-(f)\exp(jk^- x_2) \tag{9.6.2}$$

$$p_3(f) = p_1^+(f)\exp(jk^+ x_3) + p_1^-(f)\exp(-jk^- x_3) \tag{9.6.3}$$

其中,p_1、p_2、p_3 分别为经傅里叶变换后三个传声器所在位置(x_1、x_2、x_3)处的声压;上标+和-代表沿着 x 正向和反向传播的波,取传声器 1 所在的位置为坐标原点($x_1=0$)。为改善测量精度,在上述表达式中计入热黏性阻尼效应,可以使用 Dokumaci 提出的波数表达式[53]:

$$K^{\pm} = \frac{2\pi f}{c} \frac{K_0}{1 \pm M K_0} \tag{9.6.4}$$

其中,f 为频率;c 为声速;M 为平均流马赫数;

$$K_0 = 1 + \frac{1-j}{\sqrt{2}s}\left(1 + \frac{\gamma-1}{Pr}\right) - \frac{j}{s^2}\left(1 + \frac{\gamma-1}{Pr} - \frac{\gamma}{2}\frac{\gamma-1}{Pr^2}\right) \tag{9.6.5}$$

为修正系数,γ 为比热比,$s = a\sqrt{\rho_0 \omega/\mu}$ 为斯托克斯数,a 为管道半径,ρ_0 为气体密度,μ 为动力黏性系数,$Pr = \mu c_p/\kappa$ 为普朗特数,c_p 为定压比热,κ 为热传导系数。

为降低记录信号中的随机流噪声,比较理想的方法是使用传递函数代替式(9.6.1)~式(9.6.3)中的声压。传递函数 H 在传感器信号和施加在声源的参考电信号之间选取。于是,式(9.6.1)~式(9.6.3)形成了超静定方程组,可以表

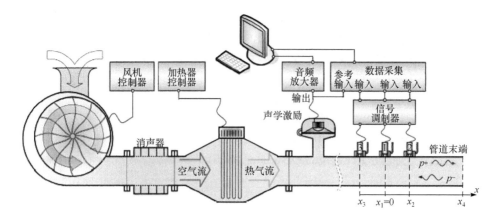

图 9.6.1 实验测量装置示意图

示为

$$
\begin{bmatrix}
\exp(-jk^+s_1) & \exp(jk^-s_1) \\
\exp(-jk^+s_2) & \exp(jk^+s_2) \\
\exp(-jk^+s_3) & \exp(jk^+s_3)
\end{bmatrix}
\begin{Bmatrix} H^+ \\ H^- \end{Bmatrix}
=
\begin{Bmatrix} H_1 \\ H_2 \\ H_3 \end{Bmatrix}
\tag{9.6.6}
$$

或者写成矩阵形式为

$$
[E]\{h\} = \{H\} \tag{9.6.7}
$$

其中,$s_1=0$,$s_2=x_2-x_1$,$s_3=x_1-x_3$ 为传感器之间的距离。式(9.6.7)可以通过使用 Moore-Penrose 伪求逆法求解:

$$
\{h\} = [E]^{-1}\{H\} \tag{9.6.8}
$$

由于能够确定参考截面处的未知量 H^+ 和 H^-,于是可以描述管道内的声场。参考截面($x_1=0$)处的反射系数定义为

$$
R_0(f) = \frac{H_1^-(f)}{H_1^+(f)} \tag{9.6.9}
$$

其中,下标 0 代表参考截面处的量。使用 R_0 得到管端的反射系数为

$$
R_l = R_0 \exp\{j(k^+ + k^-)l\} \tag{9.6.10}
$$

其中,$l = x_4 - x_1$ 为参考截面与管端之间的距离。反射系数 R_l 的相位可以用端部修正来表示。端部修正定义为附加给管道末端一段长度 δ,以获得一个相位角为 π 的反射系数 R_δ:

$$
R_\delta = |R_l| \exp\{-j\theta + j(k^+ + k^-)\delta\} = |R_l| \exp\{-j\pi\} \tag{9.6.11}
$$

其中,θ 代表反射系数的相位。归一化的端部修正表示为

$$
\frac{\delta}{a} = \frac{\theta - \pi}{\mathrm{Re}(k^+ + k^-)a} \tag{9.6.12}
$$

9.7　本 章 小 结

　　管道消声系统及其部件的声学测量可以分为管外测量和管内测量两种。当采取管外测量时,通常需要对声学环境有比较严格的要求,要求背景噪声远低于被测噪声,或者在消声室内进行测量;背景噪声较高时,必须对测试结果进行必要的修正以去除背景噪声的影响。当采取管内测量时,除对传声器有较高要求外,还需要考虑到声场和流场不均匀性的影响,通常需要采用间接测量的手段来提取所需要的声学量,为此需要研究相应的测试方法,如本章所介绍的声源阻抗、吸声材料特性、管口反射等。

　　实际工作状态下,管道消声系统中均伴有气体流动,存在流-声耦合以及气流再生噪声的产生等现象。目前完全准确地模拟管道消声系统或部件的声学特性还很难做到,为此需要开展有流存在时管道消声系统、消声器及其部件的声学测量,以补充理论方法的不足或者用于验证计算方法的正确性和计算结果的精度。考虑气体流动时管道消声系统、消声器及其部件的声学特性测量方法还有待进一步完善和发展。

参 考 文 献

[1] 国家技术监督局. 声学　消声器测量方法. GB/T 4760—1995. 北京:中国标准出版社,1995.

[2] 国家质量监督检验检疫总局,国家标准化管理委员会. 内燃机排气消声器　测量方法. GB/T 4759—2009. 北京:中国标准出版社,2009.

[3] 国家质量监督检验检疫总局,国家标准化管理委员会. 声学　消声器现场测量. GB/T 19512—2004. 北京:中国标准出版社,2004.

[4] Singh R,Katra T. Development of an impulse technique for measurement of muffler characteristics. Journal of Sound and Vibration,1978,56(2):279-298.

[5] Payri F,Desamtes J M,Broatch A. Modified impulse method for the measurement of the frequency response of acoustic filters to weakly nonlinear transient excitations. Journal of the Acoustical Society of America,2000,107(2):731-738.

[6] Seybert A F,Ross D F. Experimental determination of acoustic properties using a two-microphone random excitation technique. Journal of the Acoustical Society of America,1977,61(5):1362-1370.

[7] Chung J Y,Blaser D A. Transfer function method of measuring in-duct acoustic properties,I:Theory. Journal of the Acoustical Society of America,1980,68(3):907-913.

[8] Chung J Y,Blaser D A. Transfer function method of measuring in-duct acoustic properties,II:Experiment. Journal of the Acoustical Society of America,1980,68(3):914-921.

[9] Seybert A F. Two-sensor methods for the measurement of sound intensity and acoustic properties in ducts. Journal of the Acoustical Society of America,1988,83(6):2233-2239.

[10] To C W S,Doige A G. A transient testing technique for the determination of matrix parameters of acoustic systems,1:Theory and principles. Journal of Sound and Vibration,1979,62(2): 207-222.

[11] To C W S,Doige A G. A transient testing technique for the determination of matrix parameters of acoustic systems,2:Experimental procedures and results. Journal of Sound and Vibration, 1979,62(2):223-233.

[12] Lung T Y,Doige A G. A time-averaging transient testing method for acoustic properties of piping systems and mufflers. Journal of the Acoustical Society of America,1983,73(3):867- 876.

[13] Munjal M L,Doige A G. Theory of a two source-location method for direct experimental evaluation of the four-pole parameters of an aeroacoustic element. Journal of Sound and Vibration,1990,141(2):323-333.

[14] Tao Z,Seybert A F. A review of current techniques for measuring muffler transmission loss. SAE Paper 2003-01-1653,2003.

[15] 国家质量监督检验检疫总局,国家标准化管理委员会.声学　阻抗管中吸声系数和声阻抗 的测量,第 1 部分:驻波比法. GB/T 18696.1—2004. 北京:中国标准出版社,2004.

[16] 国家质量监督检验检疫总局,国家标准化管理委员会.声学　阻抗管中吸声系数和声阻抗 的测量,第 2 部分:传递函数法. GB/T 18696.2—2002. 北京:中国标准出版社,2002.

[17] ASTM. Standard Test Method for Impedance and Absorption of Acoustical Material Using a Tube,Two Microphones and a Digital Frequency Analysis System. ASTM E1050-98. West Conshohocken:ASTM,1998.

[18] International Organization for Standardization. Acoustics,Determination of Sound Absorption Coefficient and Impedance in Impedance Tubes,Part 2:Transfer-function Method. ISO-10534-2. Geneva:ISO,1998.

[19] Yaniv S L. Impedance tube measurement of propagation constant and characteristic impedance of porous acoustical material. Journal of the Acoustical Society of America,1973,54(4): 1138-1142.

[20] Utsuno H,Tanaka T,Fujikawa T,et al. Transfer function method for measuring characteristic impedance and propagation constant of porous materials. Journal of the Acoustical Society of America,1989,86(2):637-643.

[21] Song B H,Bolton J S. A transfer-matrix approach for estimating the characteristic impedance and wave numbers of limp and rigid porous materials. Journal of the Acoustical Society of America,2000,107(3):1131-1152.

[22] Tao Z,Herrin D W,Seybert A F. Measuring bulk properties of sound-absorbing materials using the two-source method. SAE Paper 2003-01-1653,2003.

[23] Kathuriya M L,Munjal M L. A method for the experimental evaluation of the acoustic characteristics of an engine exhaust system in the presence of mean flow. Journal of the Acoustical Society of America,1976,60(3):745-751.

[24] Ross D F,Crocker M J. Measurement of the acoustical internal source impedance of an internal combustion engine. Journal of the Acoustical Society of America,1983,74(1):18-27.

[25] Prasad M G, Crocker M J. Acoustical source characterization studies on a multi-cylinder engine exhaust system. Journal of Sound and Vibration, 1983, 90(4):479-490.

[26] Munjal M L, Doige A G. The two-microphone method incorporating the effects of mean flow and acoustic damping. Journal of Sound and Vibration, 1990, 137(1):135-138.

[27] Fujimori T, Sato S, Miura H. An automated measurement system of complex sound pressure reflection coefficients. Proceedings on the Inter-Noise, 1984:1009-1014.

[28] Jang S H, Ih J G. On the multiple microphone method for measuring in duct acoustic properties in the presence of mean flow. Journal of the Acoustical Society of America, 1998, 103 (3):1520-1526.

[29] Kathuriya M L, Munjal M L. Experimental evaluation of the aeroacoustic characteristics of a source of pulsating gas flow. Journal of the Acoustical Society of America, 1979, 65(1):240-248.

[30] Jones A D. Modelling the exhaust noise radiated from reciprocating internal combustion engines—A literature review. Noise Control Engineering Journal, 1984, 23(1):12-31.

[31] Bodén H. Error analysis for the two-load method used to measure the source characteristics of fluid machines. Journal of Sound and Vibration, 1988, 126(1):173-177.

[32] Doige A G, Alves H S. Experimental characterization of noise sources for duct acoustics. Journal of Vibration, Acoustics, Stress and Reliability in Design, 1989, 111(1):108-114.

[33] Prasad M G. A four-load method for evaluation of acoustical source impedance in a duct. Journal of Sound and Vibration, 1987, 114(2):347-356.

[34] Sridhara B S, Crocker M J. Error analysis for four-load method used to measure the source impedance in ducts. Journal of the Acoustical Society of America, 1992, 92(5):2924-2931.

[35] Desmons L, Hardy J. A least squares method for evaluation of characteristics of acoustical sources. Journal of Sound and Vibration, 1994, 175(3):365-376.

[36] Desmons L, Hardy J, Auregan Y. Determination of the acoustical source characteristics of an internal combustion engine by using several calibrated loads. Journal of Sound and Vibration, 1995, 179(5):869-878.

[37] Bodén H. On multi-load methods for determination of the source data of acoustic one-port sources. Journal of Sound and Vibration, 1995, 180(5):725-743.

[38] Jang S H, Ih J G. Refined multiload method for measuring acoustical source characteristics of an intake or exhaust system. Journal of the Acoustical Society of America, 2000, 107(6):3217-3225.

[39] Jang S H, Ih J G. On the selection of loads in the multiload method for measuring the acoustic source parameters of duct systems. Journal of the Acoustical Society of America, 2002, 111(3):1171-1776.

[40] Lavrentjev J, Bodén H, Åbom M. A linearity test for acoustic one-port sources. Journal of Sound and Vibration, 1992, 155(3):534-539.

[41] Bodén H, Albertson F. Linearity tests for in-duct acoustic one-port sources. Journal of Sound and Vibration, 2000, 237(1):45-65.

[42] Munjal M L, Doige A G. On uniqueness, transfer and combination of acoustic sources in one-

dimensional systems. Journal of Sound and Vibration, 1988, 121(1): 25-35.

[43] Gupta V H, Munjal M L. On numerical prediction of the acoustic source characteristics of an engine exhaust system. Journal of the Acoustical Society of America, 1992, 92 (5): 2716-2725.

[44] Peat K S, Ih J G. An analytical investigation of the indirect measurement method of estimating the acoustic impedance of a time-varying source. Journal of Sound and Vibration, 2001, 244 (5): 821-835.

[45] Peat K S. An analytical investigation of the direct measurement method of estimating the acoustic impedance of a time-varying source. Journal of Sound and Vibration, 2002, 256(2): 271-285.

[46] Ih J G, Peat K S. On the causes of negative source impedance in the measurement of intake and exhaust noise sources. Applied Acoustics, 2002, 63(2): 153-171.

[47] Jang S H, Ih J G. Numerical investigation and electro-acoustic modeling of measurement methods for the in-duct acoustical source parameters. Journal of the Acoustical Society of America, 2003, 113(2): 726-734.

[48] Rämmal H, Bodén H. Modified multi-load method for nonlinear source characterization. Journal of Sound and Vibration, 2007, 299(4/5): 1094-1113.

[49] Åbom M, Bodén H. Error analysis of two-microphone measurements in ducts with flow. Journal of the Acoustical Society of America, 1988, 83(6): 2429-2438.

[50] Peters M C A M, Hirschberg A, Reijnen A J, et al. Damping and reflection coefficient measurements at low mach and low Helmholtz numbers. Journal of Fluid Mechanics, 1993, 265: 499-534.

[51] Allam S, Åbom M. Investigation of damping and radiation using full plane wave decomposition in ducts. Journal of Sound and Vibration, 2006, 292(3-5): 519-534.

[52] Tiikoja H, Lavrentjev J, Rämmal H, et al. Experimental investigations of sound reflection from hot and subsonic flow duct termination. Journal of Sound and Vibration, 2014, 333(3): 788-800.

[53] Dokumaci E. A note on transmission of sound in a wide pipe with mean flow and viscothermal attenuation. Journal of Sound and Vibration, 1997, 208(4): 653-655.

第10章 消声器应用与设计

消声器被广泛应用于控制各种类型发动机和流体机械的进排气噪声,由于噪声源特性、工作介质和环境各不相同,而且受安装空间等因素的限制,所以消声器的结构形式多种多样。本章针对几种典型的进排气噪声源,介绍消声器的设计方法、设计过程和结构类型。

10.1 消声器设计要求

消声器设计不仅需要满足声学性能和气体动力性能指标要求,还需要考虑消声器的结构、材料和安装空间等方面的要求。

1. 声学性能

使用消声器的目的是降低管道中的噪声向下游传播或通过管口向外界辐射,因此消声器设计首先需要满足声学(消声)性能指标要求。第3章已经介绍的消声器声学性能评价指标有插入损失、传递损失和减噪量。在消声器设计和实际应用中,声学性能指标确定了消声器应获得的最小消声量,一般以倍频程或1/3倍频程以及总的插入损失来表示。消声器的插入损失是由安装消声器前后测得的声压级确定的,因而未消声前的噪声频谱需要事先获得,以确定消声器所需的消声频率范围和消声量,从而使设计的消声器尽可能地在所要求的频率范围内获得足够高的消声量。在某些情况下,消声器和管道壁面的透声也应加以考虑,特别是对高性能的消声器,虽然它能有效地衰减向下游传播的噪声使得管口辐射声级较低,但如果壁面透射的声级过高,仍然不能满足总体降噪指标的要求。

2. 气体动力性能

气体流过消声器时会产生流动阻力,从而增加了能量损耗。气体动力性能指标确定了允许消声器产生的最大压降(又称为阻力损失,为消声器进口端与出口端之间的静压之差)。对于发动机来讲,所安装的排气系统不能超出制造商所允许的最大排气背压限制是一项基本要求。高背压降低了发动机的效率,或增加油耗,造成过热、停机,甚至造成发动机损坏。在设计发动机进排气系统时,其功率损失都需要被限定在允许的范围之内。如果这两个系统造成的功率损失太大,那么发动机的功率就会大幅度下降。因此,在消声器设计时应尽量降低流动阻力损失。

消声器的阻力损失按其产生的机理可分为摩擦阻力损失和局部阻力损失两类。摩擦阻力损失是由气流与消声器各壁面之间的摩擦而引起的阻力损失。局部阻力损失是指气流通过消声器或管道时,由于截面的变化,使气流的机械能不断损耗,从而产生的阻力损失。消声器的阻力损失为摩擦阻力损失和局部阻力损失之和。一般来讲,阻性消声器以摩擦阻力损失为主,抗性消声器以局部阻力损失为主。无论摩擦阻力损失还是局部阻力损失,都与动压成正比,即与气流速度的平方成正比。如果消声器内气流速度太高,将造成阻力损失过大。此外,如果气体流速过高,还可能会产生较强的气流再生噪声,严重时消声器不仅不能消声,还可能成为新的噪声源。

3. 结构与形状的要求

在很多实际应用中,对消声器的安装空间、几何形状、尺寸和重量都有一定的限制和要求。消声器能够安装的空间通常有限,所以往往是在限定的空间内来设计消声器。例如,重型卡车车架底部有较大的空间,可布置较大的消声器;而轿车车架底部空间很有限,有时消声器不得不做成扁平的形状;拖拉机消声器布置在驾驶员的侧前方,为了不影响驾驶员的视野,外形尺寸要尽可能小。这些限制和要求很大程度上影响了消声器的结构设计。消声器设计除了对外部结构有一定要求外,对内部结构也有一些附加要求,如结构强度和工艺性的考虑等。

4. 机械与材料的要求

由于消声器是在气流环境中工作,气流和温度等因素对消声器的结构和使用的材料是一个考验。例如,发动机排气系统中的温度很高,且存在油雾、碳粒、水气和硫化物等,材料在这样的高温气体环境中很容易腐蚀,因此排气消声器所用的材料(包括吸声材料和金属材料等)应能承受排气高温并耐腐蚀。此外,由于进排气管道和消声器多为薄壁结构,在机械振动和气流冲击下很容易辐射噪声,因此结构设计(包括材料)必须满足一定的刚度和强度要求。

5. 经济性考虑

在实际应用中,成本是一项具有决定性的因素。有些性能很好的消声器因成本太高而不被采用。例如,汽车排气系统中,使用双模式消声器对发动机高转速时的消声和减少功率损失都有好处,但是因成本过高在中低档汽车中不被采用。因此,消声器设计必须做到在满足总体性能指标要求的前提下,使成本最低。经济性考虑包括了采购、材料、制造、运行和保养等费用。

上述各项性能指标和技术要求既互相联系又互相制约。例如,从消声器的声学性能考虑,当然是在所需的频率范围内消声量越高越好,但是同时必须考虑到气体动力性能的要求。在兼顾消声器声学性能和气体动力性能的同时,还必须考虑到结构和强度方面的要求。所以,消声器设计应综合考虑声学性能、气体动力性能、结构和材料等方面的要求,而且还应力求做到结构简单、工艺性好、成本低廉、造型美观、坚固耐用等。

10.2　汽车进气系统噪声及其控制

10.2.1　进气系统概述

汽车进气系统由进气管、空气过滤器、干净空气管、消声器、柔性连接管和控制阀等组成,如图 10.2.1 所示。其作用是吸入外界空气,经过滤后进入发动机气缸。在气缸内空气与燃油混合,点火后燃烧,推动活塞运动,从而带动曲柄连杆机构运动,最后通过动力传递系统驱动汽车行驶[1]。

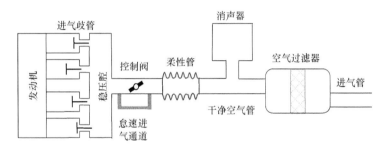

图 10.2.1　进气系统示意图

进气系统的工作原理是:空气从进气管口吸入空气过滤器,空气中的灰尘和杂质被过滤网滤掉,干净的空气流入干净的空气管。进气管上安装空气质量流传感器,传感器控制进入气缸的空气量,这个传感器由发动机电子控制系统来控制,控制系统将利用这个传感器的信号来调节空气与燃油的比例,使其达到最佳。进气控制阀控制着进入气缸的空气流量,从而控制着发动机输出功率的大小。当阀门全关闭时,怠速控制阀工作,来调节发动机的怠速。

10.2.2　进气系统噪声

进气系统噪声是汽车的主要噪声源之一,它不仅会辐射到车外,还会传递到车厢内影响乘客。汽车在低转速和加速过程中,车内和车外噪声很大程度上是由进气系统噪声引起的,所以在设计进气系统时需要采取必要的降噪措施,使噪声既能达到有关法规的要求(如汽车加速行驶通过噪声国家标准[2]),还要满足客户需求。学者对内燃机进气噪声模拟方法、预报方法、测试方法和评价方法进行了系统研究[3~12],对进气系统设计具有指导作用。

进气系统噪声可分为空气动力噪声和结构辐射噪声两类。

1. 空气动力噪声

发动机工作时,进气阀周期性开闭引起高速气流在进气管道各接口处产生气流分离和漩涡,从而产生压力波动,成为进气系统的主要噪声源。进气系统的空气动力噪声主要包括周期性压力脉动噪声、气柱共振噪声、涡流噪声等。这些噪声沿着进气管向外传播,在进气口向外辐射形成管口辐射噪声。

进气噪声的大小与发动机的进气方式(增压进气或自然吸气)、进气门结构尺寸、缸径、凸轮型线等设计因素有关。当上述设计因素确定之后,在各种使用因素中,转速对发动机进气噪声的影响最大。转速增加,进气噪声也相应地增加;不同的转速对应不同的噪声频率;在同一噪声频率上,不同的转速有不同强度的噪声。此外,发动机的负荷对进气噪声也有一定影响,发动机在全负荷时的进气噪声要比低负荷时的进气噪声高。因此,汽车发动机进气噪声控制需要兼顾发动机全转速和全负荷范围的噪声特性,使之满足设计要求。

2. 结构辐射噪声

进气系统绝大多数是用塑料制成的,空气过滤器和进气消声器的板壳都非常薄,当有高速气流流过时,这些薄板结构很容易被激励起来,从而辐射出强烈的噪声。因此,空气过滤器和进气消声器的固有频率一定要高出可能激励的频率。提高结构共振频率的方法有很多。例如,在结构内外增加加强筋,结构尽可能地避免大平面,增加壁的厚度等。由于进气系统的一端与发动机相连,另一端与车体相连,减少发动机和车体传递给进气系统的振动对于降低壳体表面辐射噪声也十分重要。干净空气管道中有一段是用柔软材料制成的管(如橡胶管),形成一个柔性连接。这种柔性管的刚度非常低,因此发动机的振动基本上被隔离,传递到空气过滤器和消声器上的振动非常小。进气系统的某些部件与车体之间可用橡胶垫隔开,这样,车体的振动和进气系统的振动彼此隔开,达到良好的隔振效果。

10.2.3 进气系统声学设计

通常情况下,进气系统的噪声以进气口辐射噪声为主,控制进气口辐射噪声最有效的方法就是在进气系统中安装消声器。从声学意义上讲,空气过滤器本身就是一个进气消声器,其容积越大,消声效果越好。空气过滤器的容积一般要求达到发动机气缸容积的三倍以上,就能达到良好的消声效果。现在市场上比较好的汽车,空气过滤器的容积基本为 5~10L。对于噪声指标要求不高的普通车辆,装上空气过滤器后就能满足噪声指标要求。对于小型高速机、增压柴油机以及高档轿车发动机,为消除低频噪声成分,有时需要增设进气消声器,如亥姆霍兹共振器或四分之一波长管等。

对于进气系统的噪声控制,通常把空气过滤器和共振消声器相结合,按照进气噪声的频谱特性进行设计,主要是针对噪声贡献大的频带进行衰减。

1. 设计考虑

进气系统声学设计需要考虑如下几个问题。

(1) 消声容积。消声容积一般是指空气过滤器和亥姆霍兹共振器的容积之和。对于噪声控制来讲,空气过滤器的容积越大,消声量越高,可调节的消声频带也就越宽。亥姆霍兹共振器的容积越大,可以做到的共振频率就越低。

(2) 管道的横截面积。进气管道的横截面积越小,对于膨胀式消声器来说,膨胀比就越大,消声效果就越好。但是如果管道的横截面积太小,当气体流速过高时,一方面是气流再生噪声增强,另一方面是进气系统中的能量损失也增加。为此需要兼顾消声、减少气流再生噪声和发动机功率损失之间的关系。

(3) 亥姆霍兹共振器的位置。旁支亥姆霍兹共振器应该安放在系统声模态的反节点附近。如果把旁支亥姆霍兹共振器安放在节点处,将达不到消声效果。

(4) 进气口的位置。进气口应尽量远离车厢,使传入车厢内的噪声级尽量低。同时,也要使进气口与隔声结构的距离尽量远,这样隔声效果会更好。此外,进气口的设计还需要考虑避免水、雪和杂质等进入问题。

2. 空气过滤器

空气过滤器的腔体是一个膨胀腔,滤纸是一种吸声材料,能吸收中高频噪声,因此空气过滤器是一个阻抗复合式消声器,其几何形状和尺寸决定了消声特性[10]。在设计空气过滤器时,可以将进气管和出气管插入空气过滤器中以改善总体消声效果。但是由于空气过滤器内有过滤纸或过滤网,进气管和出气管的插入长度往往会受到限制。此外,插入管会增加流动阻力,带来较大的功率损失,所以是否采用插入管,需要权衡降噪量和发动机的功率损失。

3. 进气消声器

在进气系统中,低频噪声成分往往非常高,为控制低频噪声需要使用亥姆霍兹共振器或四分之一波长管。相比之下,亥姆霍兹共振器的消声频带比四分之一波长管宽,亥姆霍兹共振器一般是用来消除低频噪声,而四分之一波长管用来消除中频噪声。如果使用四分之一波长管来消除低频噪声,那么管道必须做得很长,但是太长的管道可能会受到安装空间的限制。

亥姆霍兹共振器用来降低共振频率及其附近的窄频带噪声,共振频率可以通过改变连接管(颈)的直径和长度以及共振腔的体积来实现。当外部空间受到限制时,也可以将连接管插入共振腔内。除了传统的单个腔室结构外,也有两个腔室的亥姆霍兹共振器。两个腔室的亥姆霍兹共振器可以消除两个频率的噪声,如果两个腔室的容积与单个腔室的容积一样,那么两个腔室共振器的传递损失对应的峰值要低些。

影响四分之一波长管消声性能的因素有管道长度和横截面积。管道长度决定了共振频率,而其横截面积与进气管的横截面积之比决定了消声量。四分之一波长管的形状对消声效果影响较小,所以四分之一波长管可以设计成弯管形状。在一个进气系统中,可以使用几个长短不一的管道来消除不同频率的噪声。

10.3　汽车排气系统噪声及其控制

10.3.1　排气系统概述

排气系统是指从发动机排气歧管到排气尾管所有部件的组合,通常由催化转化器、柔性连接管、消声器、中间连接管、尾管、挂钩和挂钩隔振器等部件组成,如图 10.3.1 所示。

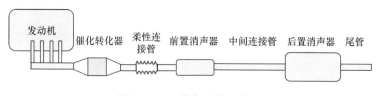

图 10.3.1　排气系统示意图

排气系统可以按照温度的高低分成热端与冷端。离发动机近的部分叫热端,一般包括催化转化器及其连接管等。冷端包括消声器、中间连接管和尾管等。柔性连接管可以在热端,也可以在冷端。

汽车排气系统的基本要求是将发动机燃烧产生的废气引导至适当的位置排放到大气中。此外,排气系统还应具有如下两个重要功能。

(1) 尾气净化。由于发动机排出的尾气中含有 CO、HC 和 NO_x 等有害气体,这些有害气体需要经过处理后才能排放到大气中,因此排气系统中都安装催化转化器。当高温尾气通过催化转化器时,在催化转化器内发生氧化-还原反应,将 CO 氧化成为 CO_2 气体,HC 化合物氧化成水(H_2O)和 CO_2,NO_x 还原成 N_2 和 O_2。三种有害气体变成了无害气体,使尾气得以净化。为提高三种有害气体的转化效率,催化转化器应尽可能靠近发动机。这样,温度高,有利于化学反应。

(2) 降低噪声。发动机在燃烧和排气过程中产生了强烈噪声,是汽车最主要的噪声源,为降低排气噪声向外界的辐射,排气系统中需要有消声器。排气系统中可以采用一级消声,也可以采用两级或三级消声,具体方案取决于排气系统的总体布置和性能指标要求。

10.3.2　排气系统噪声

排气系统噪声可分为气体动力噪声和结构辐射噪声两类。

1. 气体动力噪声

排气系统的气体动力噪声(即排气噪声)是汽车最主要的噪声源,其主要成分包括排气压力脉动噪声、涡流噪声、冲击噪声、气柱共振噪声等。这些噪声沿着排气管道向外传播,由尾管管口向外界辐射形成管口辐射噪声。

(1) 排气压力脉动噪声。

在内燃机每一气缸的排气门刚开启时,气缸内的高压燃气突然喷出,高速气流冲击到排气阀后面的气体,使其产生压力剧变而形成压力波,从而激发出噪声。由于各个气缸排气都是在指定相位上进行的,因而形成周期性的低频噪声,噪声的基频与内燃机的燃烧爆发频率相同,计算公式为

$$f_1 = \frac{nZ}{60\tau} \qquad (10.3.1)$$

其中,n 为发动机转速(r/min);Z 为气缸数;τ 为冲程系数,四冲程 $\tau=2$,二冲程 $\tau=1$。

除基频外,排气噪声中的前几次谐频(即基频的整数倍成分)也很明显,随着阶次的升高,谐频分量的幅值逐渐降低。

(2) 涡流噪声。

涡流噪声是由高速气流通过排气门和排气道时产生的。在排气门刚打开时,气缸内的气体压力远高于排气管内的压力,排气处于超临界状态,气体急速流经气门喉口,从而产生剧烈的涡流运动。随着气门开度的加大,气体的流动变为亚声速流动,由于气体黏滞力的作用,使周围气体发生旋转,形成涡流,辐射出涡流噪声。涡流噪声的频率可以表示为

$$f_v = S_t \frac{v}{D} \qquad (10.3.2)$$

其中,S_t 为斯特哈尔数;v 为气流速度;D 为排气门开启时的等效直径。由于 v 和 D 连续变化,涡流噪声的频谱为连续频谱,且主要是高频。

(3) 冲击噪声。

排气管道内的不稳定气流会对管道产生冲击,从而形成冲击噪声。例如,排气歧管弯曲段的弧度太小,发动机出来的气流会对它产生强烈的冲击,从而发出"砰、砰"的冲击噪声。在管道截面积突变处也会产生冲击噪声。

(4) 气柱共振噪声。

在排气门开启过程中,气缸容积与排气管组成共振系统,产生气柱共振噪声,其共振频率为

$$f_r = \frac{c}{2\pi}\sqrt{\frac{S}{lV}} \tag{10.3.3}$$

其中,c 为废气中的声速;l 和 S 分别为排气管的长度和横截面积;V 为气缸的工作容积。

在排气门关闭过程中,排气管可视为一端封闭、一端开启的管道,产生的气柱共振频率为

$$f_r = (2n-1)\frac{c}{4l}, \quad n=1,2,3,\cdots \tag{10.3.4}$$

气门开启时的气柱共振噪声远大于气门关闭时的共振噪声。

此外,排气噪声中还包括:高速气流与管壁之间产生的摩擦噪声、排气门开启及落座时机械振动产生的噪声、气缸内燃烧压力波动的残余部分所产生的噪声等。

由以上分析可见,内燃机排气噪声的频谱主要呈低频特性,但中、高频噪声也有一定的强度。排气噪声的强度与内燃机的排气量、输出功率、扭矩、平均有效压力等参数有关,随着转速和平均有效压力的提高,排气系统内气流速度加大,排气量增大,排气噪声也增大。

降低排气噪声最有效的方法就是在排气系统中安装消声器,这是目前普遍采用的方法。

2. 结构辐射噪声

排气系统在受到来自发动机和车体的振动激励或者在气流冲击下很容易激起结构振动,一旦某些薄板被激起振动,就会向外界辐射噪声。辐射噪声的大小取决于这些结构的几何尺寸、结构形状、刚度等。辐射噪声的频率与薄板结构振动的频率是一致的。

10.3.3 排气消声器结构形式

排气消声器的结构形式多种多样,不同的设计者有不同的设计思想。下面介绍汽车排气系统中比较常见的几种典型消声器结构。

1. 同轴共振器

由于安装空间的限制,汽车排气系统中使用的共振器多为同轴环状结构,如图 10.3.2所示。图中,结构(a)相当于亥姆霍兹共振器,空腔和两管之间的环形通道分别相当于亥姆霍兹共振器的共振腔和连接管;结构(b)的主管道与外腔之间

安装了两个管套,形成了四分之一波长管。

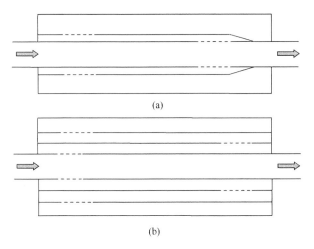

(a)

(b)

图 10.3.2　同轴共振器

2. 直通穿孔管消声器

直通穿孔管消声器如图 10.3.3 所示,中心管可以是全穿孔,也可以是部分穿孔。如果管壁上小孔的总面积非常小,直通穿孔消声器就相当于一个亥姆霍兹共振器,这些小孔就是亥姆霍兹共振器的连接管;如果管壁上小孔的总面积比较大,其功能就是一个膨胀腔消声器。

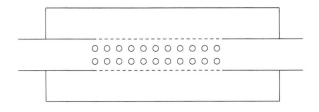

图 10.3.3　直通穿孔管消声器

3. 三通穿孔管消声器

三通穿孔管消声器也称为三管迷路消声器,是汽车排气系统中最常使用的结构形式,如图 10.3.4 所示。气流从管道 1 流入右侧端腔,在右侧端腔内回转后进入管道 2,经管道 2 流入左侧端腔,在左侧端腔内再次回转后进入管道 3,最后流出消声器。在这三个管道壁面上开有许多小孔,气流除了在三个管道中流动外,还可以从小孔流出和流入。声波通过三个管道壁上的小孔进入中间腔,并在其中来回反射达到消声的目的,中间腔起到了膨胀腔的作用,用于消减中频噪声。两个端腔和刚性管(非穿孔管段)构成了两个共振器,用于消减低频噪声。此外,声波通过小孔时,由于气体的黏滞性效应,还能吸收部分高频声能。

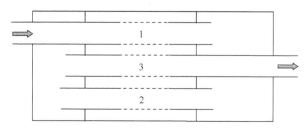

图 10.3.4　三通穿孔管消声器

发动机在低转速时排气噪声的低频成分非常突出,为提高三通穿孔管消声器的低频消声性能,可在端部增加一个共振器,形成有端部共振器的三通穿孔管消声器,如图 10.3.5 所示。

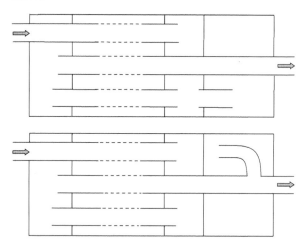

图 10.3.5　有端部共振器的三通穿孔管消声器

4. 阻性消声器

典型的阻性消声器结构如图 10.3.6 所示。膨胀腔内填充多孔吸声材料,声波通过管道上的小孔进入膨胀腔内,声能被多孔材料吸收而转变成热能,从而达到消声的目的。吸声材料在低频时的吸声系数很低,只在频率较高时吸声材料才起作用,因此阻性消声器主要用来消减中高频噪声,而且消声频带较宽。

对于同一种吸声材料,材料密度越高,吸收系数越大,但是随着材料密度提高到一定程度,再增加密度,吸声系数的增加就不明显了。而当密度太高时,吸声材料变得跟固体一样,吸声系数反而下降,甚至丧失吸声能力。如果吸声材料的密度

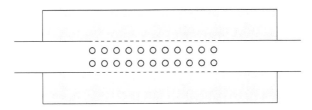

图 10.3.6 阻性消声器

相同,纤维材料的直径越小,吸声系数越高。

5. 阻抗复合式消声器

为了获得从低频到高频良好的消声效果,通常将抗性消声器和阻性消声器相结合,形成阻抗复合式消声器。图 10.3.7～图 10.3.9 为汽车排气系统中经常使用的三种典型的阻抗复合式消声器。

图 10.3.7 所示的消声器相当于单级膨胀腔消声器,吸声材料的填充能够消除通过频率,增强中高频消声能力。图 10.3.8 所示的消声器中填充的吸声材料能够改善中高频消声效果,且能抑制气流再生噪声的产生。图 10.3.9 所示的消声器由三部分组成:亥姆霍兹共振器、三通穿孔管消声器和直通穿孔管阻性消声器,分别用于消减低频(40～200Hz)、中频(200～1000Hz)和高频(1000Hz 以上)噪声。

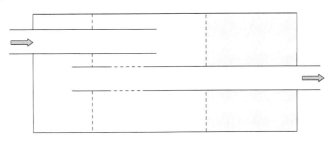

图 10.3.7 两通穿孔管阻抗复合式消声器

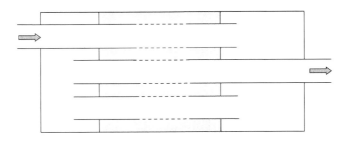

图 10.3.8 三通穿孔管阻抗复合式消声器

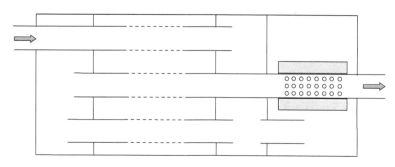

图 10.3.9　有端部共振器的三通穿孔管阻抗复合式消声器

6. 双模式消声器

汽车发动机的转速范围非常宽,在低转速时(通常指 3000r/min 以下)排气噪声以低频成分(点火频率及其谐波)为主,高转速时以高频成分为主。为了在发动机整个转速范围内获得良好的消声效果,消声器的容积必须很大,且消声器结构往往设计得比较复杂,但是复杂的内部结构会使气体流动不通畅,排气背压增加,从而增加了发动机的功率损失和扭矩损失。如果把消声器内部结构设计得简单,虽然可使气体流动比较通畅,阻力损失小,发动机功率损失和扭矩损失也小,但是消声效果就变得不理想。对于汽车排气系统设计,降低排气噪声与减少发动机功率和扭矩损失是一对矛盾,在设计消声器时,需要平衡好这对矛盾。

20 世纪 80 年代末人们提出了双模式消声器来解决这对矛盾[13]。双模式消声器通常使用一个切换阀来改变消声器内部的气体流动通道,从而实现低转速下的高消声和高转速下的低流阻两种工作模式。发动机低速运转时,排气量较小,排气背压较低,排气阻力对发动机的功率和扭矩输出影响很小,此时可以使用较小的气流通道面积,尽可能地降低排气噪声。发动机高速运转时,排气量增大,此时必须使用较大的气流通道面积,以降低消声器内的气流速度和排气阻力,从而尽可能得到最大的发动机功率输出和扭矩输出。

图 10.3.10 为一种双模式消声器[14],其内部安装了一个阀门。发动机在低转速时,阀门关闭,低频消声效果好。当发动机转速高时,在气流的冲击下,这个阀门被打开,此时空气流动阻力减小,因此发动机的排气背压和功率损失降低。双模式消声器的另外一个优点是能够降低消声器内的气流再生噪声。当发动机转速高时,废气流量大,消声器内的气体流速高、流动复杂,易于产生涡流,因而会产生气流再生噪声。即便消声器对上游传来的气体动力噪声具有很好的消声效果,但是由于消声器内部气流再生噪声的产生会使总体消声效果变差,严重时不仅不能消声,还有可能成为新的噪声源。使用双模式消声器能够降低发动机高转速时消声器内的气体流动速度,因而降低了气流噪声,改善了总体消声效果。

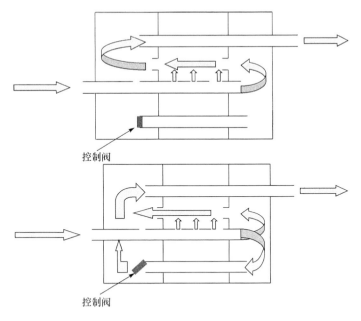

控制阀

控制阀

图 10.3.10   双模式消声器结构示意图

图 10.3.11 表示一个排气系统采用了双模式消声器之后,当阀门开启和关闭时的尾管噪声曲线和压力曲线。从曲线可以看出,在低速时,阀门关闭,尾管噪声低;而在高速时,阀门开启,尾管噪声低,排气压力比阀门关闭时下降了许多。这个速度的转折点一般在 3000r/min 左右。

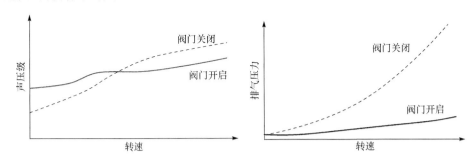

图 10.3.11   双模式消声器的尾管噪声和排气压力

图 10.3.12 是另一种类型的双模式消声器,消声器里面安装了一个根据排气压力利用扭簧自动调节开启角度的阀门。在发动机处于低速运转或者减速时,气体流量小,阀门呈关闭状态,排气一路由穿孔进入左端腔,另一路由穿孔进入中间腔,接着通过连接细管进入左端腔,两路汇合后流入出口管。此时,排气系统中气体流速相对较低,对气体流动性的要求不是特别高。更值得关注的是,对发动机排

气噪声贡献很大的基频噪声,由于其对应的频率很低,因而传统消声器很难兼顾,而此时双模式消声器中的右端腔构成了一个共振腔,能够有效地衰减低频噪声。随着发动机转速的提高,排气量增加且流速变大,右端腔内的排气压力逐渐增大,蝶形阀也逐渐打开,废气主要流经右端腔和上面的连接管进入左端腔后流入出口管,从而大大降低了消声器的阻力损失,减小了气流再生噪声,保证了发动机高速运转时的动力性能。当阀门打开时,消声器结构相当于多级膨胀腔,具有良好的中高频消声性能,从而实现了发动机高转速时的良好消声效果。

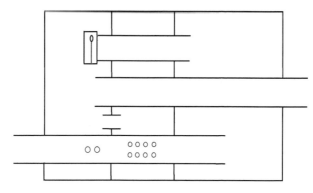

图 10.3.12　双模式排气消声器

　　图 10.3.13 也是一种双模式消声器,消声器内安装了气阀。在发动机处于低速运转或者减速时,气体流量小,阀门呈关闭状态,排气由进气管上的小孔进入中间腔,接着通过连接管进入左端腔,最后由细管导入出气管。当发动机处于高速运转时,气阀打开,多数气体直接从中间腔流入出气管,从而大大降低了消声器的阻力损失,减小了气流再生噪声,保证了发动机高速运转时的动力性能。

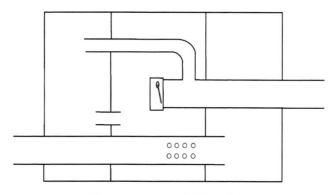

图 10.3.13　双模式排气消声器

　　上述三种双模式消声器都不需要外部的能量供给系统,但是对尾管噪声、排气背压和发动机的功率损失都起到了调节作用。一般来说,如果消声器的容积相等,双模式消声器比一般消声器的降噪效果好、功率损失低。如果噪声与功率损失相等,那么双模式消声器的容积就可以减小。但是由于双模式消声器多了一个控制阀门,因此成本增加、可靠性降低。目前,双模式消声器在多款中高档车中得到应用。

此外,还有主动控制的双模式消声器。发动机转速信号传给控制系统,控制系统推动阀门的开关。在不同的转速下,阀门开关的大小可以由控制系统来操作。

10.3.4　排气系统声学设计

设计排气消声系统时,需要考虑以下几个问题。

(1) 发动机参数和排气噪声特性。包括发动机的功率、气缸数、气缸排列方式,典型转速下的排气温度、废气流量和排气噪声频谱等。

(2) 排气系统总体布置。包括催化转化器的个数和位置、消声器的个数和位置、管道的连接形式、尾管长度等。

(3) 排气噪声和排气背压的目标值。在分析发动机排气噪声时,总是涉及功率损失。人们希望排气噪声越低越好,功率损失越小越好。但是降低排气噪声就会使发动机的功率损失增加。要减小发动机功率损失,就必须减小排气背压。排气背压是指排气歧管出口处的压力与大气压之间的差值,可以通过测量得到。排气背压与发动机功率损失直接相关,因此在设计排气系统时,必须兼顾排气噪声和排气背压两项指标。

(4) 管道横截面积和消声容积。管道的横截面积越小,消声器的消声效果就越好,但是排气背压越高,发动机的功率损失越大。相反,如果管道的横截面积越大,排气背压就越低,发动机的功率损失越小,但是消声器的消声效果就会越差。消声容积是指所有消声元件的容积之和,消声容积决定了消声器的插入损失。通常来讲,消声容积越大,消声效果越好,但是会受到空间和成本的限制。通常情况下,对于自然吸气汽油机,消声容积大约是气缸容积的 10 倍;对于增压汽油机,消声容积大约是气缸容积的 15 倍。

(5) 排气系统的温度分布。排气系统的温度分布不是均匀的,沿着气体流动的方向,排气系统的温度逐渐降低。在排气歧管处,温度可以达到 800℃,甚至更高,而在尾管出口处温度降低到 300℃左右。由于声速与温度直接相关,消声器的频率特性也与温度相关。因此,设计消声器时,需要确定整个排气系统的温度分布,特别是消声器所在位置处的温度。

排气系统声学设计一般可按如下步骤进行。

(1) 测量没有安装消声器时排气口处的噪声(通常称为尾管噪声),然后将这个噪声与目标噪声值进行比较,得到排气系统需要达到的插入损失。

（2）按照排气噪声的频谱特性设计消声器和排气系统，使用前面介绍的方法计算消声器的插入损失，进而计算出尾管出口的辐射声压级。

（3）调整消声器内部结构，使排气系统尾管噪声和排气背压均满足目标值的要求。

下面以一个四缸发动机为例来说明排气系统的设计过程。

首先测量替代管状态下（即消声器用管道替代）的尾管噪声，结果如图 10.3.14 所示。图中还给出了尾管噪声目标限值，这个目标限值的确定不仅对尾管噪声和通过噪声重要，而且对车内噪声也非常重要。这个目标是针对汽车全负荷（WOT，进气阀门全打开）的情况设定的，转速为 1000～6000r/min。比较测量的尾管噪声与目标噪声，二者相差非常大，所以必须在排气管道上安装消声器才能使现有的尾管噪声降低到目标噪声以下。可以看出，这台发动机不仅基频噪声（2 阶）很高，谐频噪声（4 阶）也很高，要求消声器不仅要消除基频噪声，还要尽量降低谐频噪声，使发动机的排气噪声满足设计要求。测量得到的尾管噪声与目标噪声之差就是消声器所需的插入损失最小值。

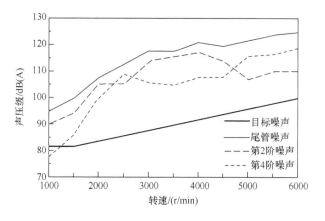

图 10.3.14　替代管状态下的尾管噪声

图 10.3.14 中的尾管噪声是随着转速而变化的，而消声器的插入损失是频率的函数。由于发动机的发火阶次和转速相关，即为式（10.3.1），于是就可以计算出各个转速对应的各阶次噪声分量的频率。将各阶次噪声分量的声压级与目标噪声值相减，两者的差值即为该阶次噪声分量所需的插入损失。表 10.3.1 和表 10.3.2 分别列出了第 2 阶和第 4 阶噪声分量所需要达到的插入损失，其中第 2 阶噪声所要求的插入损失在 100Hz（3000r/min）和 116.7Hz（3500r/min）达到峰值 26dB（A），第 4 阶噪声所要求的插入损失在 166.7Hz（2500r/min）达到峰值 23dB（A）。

表 10.3.1　第 2 阶插入损失

转速 /(r/min)	第 2 阶噪声 频率/Hz	目标噪声 声级/dB(A)	第 2 阶噪声 声级/dB(A)	第 2 阶噪声 插入损失/dB(A)
1000	33.3	82	90	8
1500	50.0	82	94	12
2000	66.7	84	105	21
2500	83.3	86	105	19
3000	100.0	88	114	26
3500	116.7	90	116	26
4000	133.3	92	117	25
4500	150.0	94	114	20
5000	166.7	96	107	11
5500	183.3	98	110	12
6000	200.0	100	110	10

表 10.3.2　第 4 阶插入损失

转速 /(r/min)	第 4 阶噪声 频率/Hz	目标噪声 声级/dB(A)	第 4 阶噪声 声级/dB(A)	第 4 阶噪声 插入损失/dB(A)
1000	66.7	82	78	—4
1500	100.0	82	86	4
2000	133.3	84	100	16
2500	166.7	86	109	23
3000	200.0	88	106	18
3500	233.3	90	105	15
4000	266.7	92	108	16
4500	300.0	94	108	14
5000	333.3	96	116	20
5500	366.7	98	117	19
6000	400.0	100	119	19

然后就是设计消声器,使其消声频带尽量覆盖所需的消声频率范围,并满足所

需要的插入损失。加入消声器后的尾管噪声如图 10.3.15 所示,在 2000r/min 附近尾管噪声仍高于目标值。为此,设计共振频率为 66.7Hz 的共振器,安装共振器后,所有转速下的尾管噪声均在目标噪声线以下,满足了设计要求。

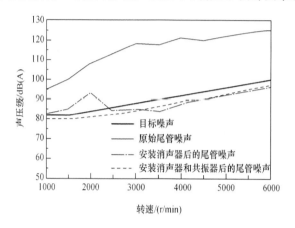

图 10.3.15　安装消声器和共振器后的尾管噪声

10.4　柴油机进气和排气消声器

柴油机被广泛用作汽车、工程机械、船舶、应急电站等的动力装置,进气和排气噪声是柴油机最主要的噪声源。为降低和控制柴油机的进气和排气噪声,在进气和排气系统中安装消声器是一种最有效的措施。由于柴油机的功率范围很广,转速范围也各不相同,所以柴油机进气和排气消声器的结构形式也多种多样。此外,由于不同的应用领域又各有其特点和要求,柴油机的进气和排气消声器通常要求专门设计。本节针对柴油机进气和排气噪声的特性,简要介绍进气和排气消声器的典型结构形式。

10.4.1　进气消声器

柴油机进气噪声主要是由进气门周期性开启与闭合所产生的压力起伏变化而形成的。对于采用涡轮增压的柴油机,由于涡轮增压器的转速一般较高,其进气噪声明显高于非涡轮增压柴油机。涡轮增压器噪声是由叶片周期性地切割空气产生的旋转噪声和高速气流形成的湍流噪声形成的,是一种连续性的中高频噪声,主要分布在 500~10000Hz 的频率范围。涡轮增压器产生的气动噪声与柴油机进气噪声一道在进气管道中传播,并在进气口向外辐射,从而形成较强的管口辐射噪声。

一般情况下,柴油机均安装空气过滤器,进气噪声即可有较大程度衰减,成为次要声源。而当其他声源得到进一步控制后,进气噪声有可能成为主要声源,这时需考虑采用性能良好的进气消声器。柴油机进气消声器多为阻性结构,典型结构如图 10.4.1 所示。

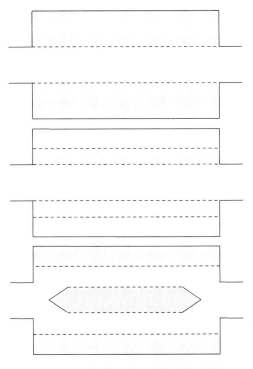

图 10.4.1　柴油机进气消声器典型结构

为节省安装空间,可以将空气过滤器和进气消声器设计成一体式结构,使之既能满足进气滤清方面的要求,又可以使进气噪声得到有效控制,从而实现空气过滤和进气消声双重功能。

10.4.2　排气消声器

柴油机排气噪声以中低频为主。对于涡轮增压柴油机,高频噪声成分也很强,这是因为涡轮增压器中涡轮的高速运转产生了很强的气动噪声,这一噪声与柴油机排气噪声一道在排气管道中传播,并在管口向外辐射,从而形成很强的管口辐射噪声。由于不同类型的柴油机排气噪声的频谱各不相同(图 10.4.2 和图 10.4.3),而且使用条件和性能指标要求也各不相同,所以排气消声器的内部结构多种多样。

柴油机排气消声器多为抗性或阻抗复合结构,由膨胀腔、共振器和吸声材料等组成,各种基本消声元件的合理组合即可形成具有特定消声特性的排气消声器,使

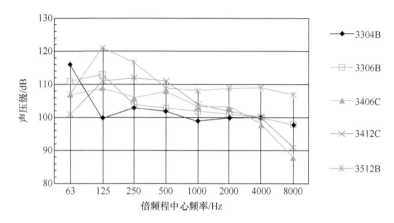

图 10.4.2　Caterpillar 柴油机排气噪声频谱(距出口 1.5m)

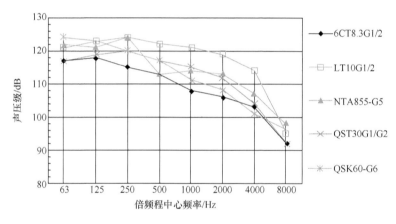

图 10.4.3　Cummins 柴油机排气噪声频谱(距出口 1m)

之在给定的频率范围内获得满足要求的消声量。

　　对于中等功率和大功率柴油机,最典型的排气消声器结构为多级膨胀腔,如图 10.4.4 和图 10.4.5 所示。这些消声器均为抗性结构,通常可获得良好的中低频消声效果,但高频消声能力有限[15]。为了改善高频消声效果,可在消声器内部壳体上和气流通道壁面上贴附一层吸声材料,形成阻抗复合式消声器。为保护吸声材料不被气流吹出,需要使用穿孔护面板(管),穿孔板的穿孔率通常为15%～40%。

　　低速和中速柴油机被广泛用作船舶推进系统的动力装置。为保证发动机的功率输出,通常要求排气系统具有较低的背压,为此,排气消声器可采用直通式结构。由于低速和中速柴油机的低频排气噪声较高,可以使用阻性消声器和共振器组成的复合结构,即如图 10.4.6 所示的结构。第一个消声器使用了孔-腔式共振器,共

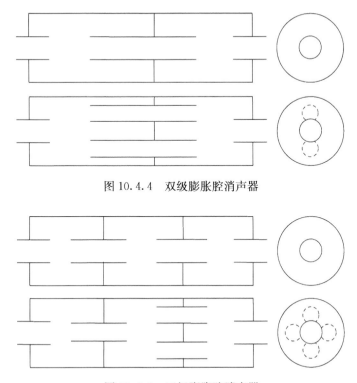

图 10.4.4　双级膨胀腔消声器

图 10.4.5　三级膨胀腔消声器

振频率可以通过改变孔的直径和个数来调整。第二个消声器使用了同轴环形共
振器,共振频率可以通过改变共振器颈管的长度和直径来调整[16]。这两种结构
的消声器均可在一定的频率范围内获得较为理想的消声特性,且流动阻力损失
很低。

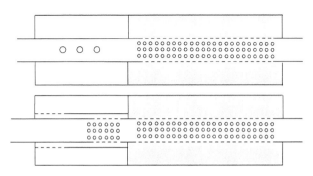

图 10.4.6　直通穿孔管阻抗复合式消声器

10.4.3　火星熄灭消声器

在某些应用场合,从安全防火的角度考虑,要求将柴油机燃烧产生的废气排入大气之前熄灭废气中的火星。为了节省空间,火星熄灭可以在消声器内实现,即设计火星熄灭消声器,它可以实现熄灭火星和排气消声的双重功能。在消声器内部设计旋流结构,使气流产生旋转并使火星撞击到壁面上,进而将火星吹入集碳箱内,从而达到火星熄灭的目的。

图 10.4.7 为一种常见的火星熄灭消声器,通过使用出口向两个相反方向偏转的中间连接管,使气流在第二个膨胀腔内产生旋转以熄灭废气中的火星。还有一种常用的结构就是在气流通道上安装导流叶片,强迫气流改变流动方向,并产生旋转,从而使火星熄灭。无论采用哪种火星熄灭结构,火星熄灭消声器设计的基本原则仍然是需要保证阻力损失不能太高,且满足消声性能指标要求。

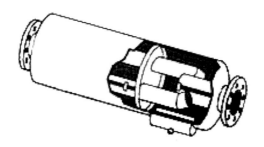

图 10.4.7　火星熄灭消声器

10.4.4　排气净化消声器

柴油机燃烧所产生的废气中的有害成分主要有碳氢化合物(HC)、一氧化碳(CO)、氮氧化物(NO$_x$)、二氧化硫、微粒等。微粒主要包括固态碳基颗粒、可溶性有机物(SOF)及无机物(硫酸盐类)。这些物质是重要的环境污染源,在排入大气之前,必须对其进行净化处理。柴油机排放控制可分为机内控制和机外控制两种。随着柴油机排放法规的日益严格,仅依靠改善发动机的燃烧等机内净化技术已经无法满足要求,必须借助机外控制技术(即采用后处理装置),相应的机外净化技术有催化转化器(CC)和微粒过滤器(DPF)等。催化转化器是利用催化剂加速废气中的有害成分 HC、CO、SOF 和 NO$_x$ 的氧化、还原反应,将有害物转化为 H$_2$O、CO$_2$ 和 N$_2$ 的一种反应器。催化转化器又分为氧化型催化转化器(用于降低 HC、CO 和 SOF 的排放)和还原型催化转化器(用于降低 NO$_x$ 的排放)。催化转化器使用涂有催化剂的陶瓷载体或金属载体,载体由很多个直通小孔道平行排列而成,为通流式。其截面上每平方英寸有几百个通道,各个小孔道由薄壁相隔,小孔通道壁面涂有催化剂层,催化剂主要使用的是铂(Pt)、铑(Rh)、钯(Pd)等贵金属。微粒过滤器用于过滤和除去碳烟微粒。与催化转化器所使用的载体不同,微粒过滤器所使用的载体是由很多个一端开口、一端封闭的小孔道平行排列而成,为横流式。气体从小孔道的开口端进入,由于另一端封闭迫使气体通过壁面上的孔隙流入相邻的小孔道,再从这个小孔道的开口端流出。由于壁面上的孔隙很小,颗粒无法通过,进而在壁面上烧掉或氧化掉,从而实现过滤颗粒的效果。

图 10.4.8 为柴油机尾气净化后处理装置结构图[17,18]。无论是催化转化器还是微粒过滤器,都需要安装在金属壳体之内,因而这种尾气净化后处理装置本身就是一个消声器,具有一定的消声效果。

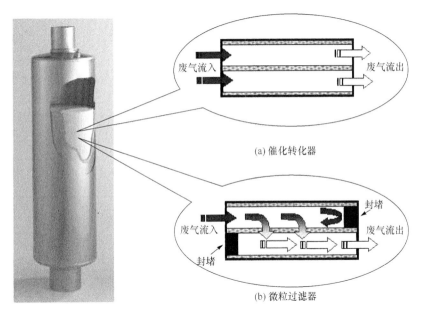

废气流入　　　废气流出
(a) 催化转化器

封堵
废气流入　　　废气流出
封堵
(b) 微粒过滤器

图 10.4.8　柴油机尾气净化后处理装置

为控制柴油机尾气污染和降低排气噪声,需要在排气系统中安装净化器和消声器。为了节省空间,可以将净化器和消声器设计成一体式结构,即排气净化消声器,从而实现柴油机尾气净化和排气噪声控制的双重功能。由于载体细小通道内的气体黏滞性阻尼对高频声能具有一定的衰减作用,这种复合结构的排气净化消声器能够获得比传统排气消声器(无载体)更好的消声效果。

图 10.4.9 为一种车用柴油机排气净化消声器结构示意图,尾气由进气管上的小孔流入左端腔和中间腔,进入中间腔的气体经穿孔隔板进入左端腔,两路气体汇合后流入装有净化器的连接管,在此发生化学反应,使废气得到净化,之后进入右端腔,最后从出气管排出。

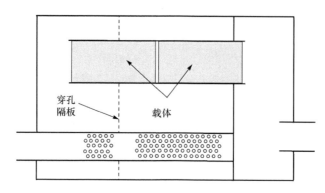

图 10.4.9　车用柴油机排气净化消声器

图 10.4.10 为一种大功率柴油机排气净化消声器结构示意图。双级膨胀腔结构能很好地消减中低频噪声成分,而净化器载体对高频声波具有一定的衰减作用。

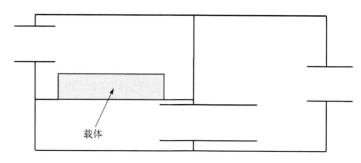

图 10.4.10　大功率柴油机排气净化消声器

10.4.5　排气冷却消声器

废气涡轮增压柴油机是潜艇的主要原动力装置,为满足潜用要求,柴油机上配备了大容积的排气冷却消声器,安装在柴油机左右两排气缸之间的 V 型夹角顶部,通过托盘固定在气缸盖上,如图 10.4.11 所示[19]。由气缸排出的废气先经涡轮增压器做功后再流入排气冷却消声器,之后通过排气内挡板进入潜艇水上或水下排气系统。

排气冷却消声器的功能有:①消减发动机排气的基频和谐频噪声,减小管路中的废气压力和流速的脉动,从而消减水下排气噪声(水噪声);②通过对高温废气的冷却,降低了废气体积流量和流速,减小了废气从水下排气口流出时所产生的强烈扰动,提高了潜艇的隐蔽性;③改善废气涡轮增压柴油机通气管状态下高背压时的启动性能和变背压时的工作稳定性;④降低排气温度,从而降低红外辐射信号的暴露,增强潜艇的隐蔽性。

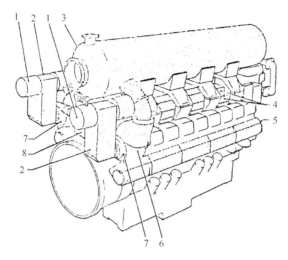

图 10.4.11 增压柴油机进排气系统
1-空气过滤器;2-进气消声器;3-排气冷却消声器;4-增压空气总管;
5-排气管;6-支撑壳体;7-废气涡轮增压器;8-中冷器

图 10.4.12 为一种类型的排气冷却消声器的工作原理图,该消声器由 3 个膨胀腔(P_1、P_2、P_3)和 1 个共振腔(R_1)组成。废气进入消声器后先经过膨胀腔 P_1,而后经环形通道 T_1 流入膨胀腔 P_2,此处还并联着共振腔 R_1,废气接着经环形通道 T_2 流入膨胀腔 P_3,最后废气经排气冷却消声器的排气口排往潜艇排气系统的排气内挡板阀。废气流经环形通道 T_2 时被排气冷却消声器外层冷却水腔的海水强制冷却,从而降低了废气温度。排气冷却消声器的声学性能和阻力损失可以通过数值计算获得[20],进而开展结构优化。

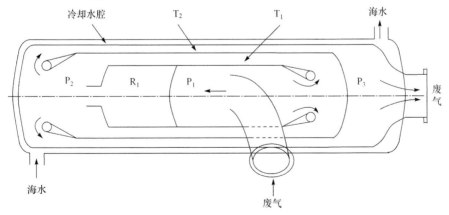

图 10.4.12 柴油机排气冷却消声器

10.5　燃气轮机进气和排气消声器

燃气轮机在发电、船舶、化工、油气开采及输送等领域作为动力装置被广泛使用。燃气轮机由压气机、燃烧室和燃气透平等组成,其工作过程是:压气机连续地从大气中吸入空气并将其压缩,压缩后的空气进入燃烧室,与喷入的燃料混合后燃烧,成为高温燃气,随即流入燃气透平中,推动透平叶轮带动压气机叶轮一起旋转;加热后的高温燃气的做功能力显著提高,因而燃气透平在带动压气机的同时,输出机械功。由于透平叶轮和压气机叶轮的高速旋转,叶片周期性地切割空气产生了极强的旋转噪声和湍流噪声,进而在进气口和排气口向外界辐射,因此燃气轮机进气系统和排气系统均需要进行消声处理以降低管口辐射噪声。由于燃气轮机转速很高,所产生的进排气噪声以中高频成分为主,所以燃气轮机进排气消声器多采用隔板式阻性消声结构,如图 10.5.1 所示。

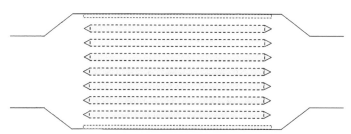

图 10.5.1　燃气轮机进排气消声器结构

图 10.5.2 为燃气轮机及其进排气系统示意图。燃气轮机对进排气系统有比较复杂的要求,包括进气滤清、消声、流动优化和温度管理等。

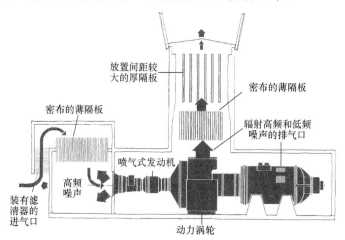

图 10.5.2　燃气轮机及进排气系统

　　进气系统的功能是为燃气轮机正常工作提供干净空气。该系统由空气滤清器、反吹装置、进气管道、消声器、稳压室、压差和温度测量元件、支撑架等组成。进气系统的设计除保证最小的进气压力损失外,还需要满足空气过滤和消声等要求。

　　排气系统的功能是将燃气轮机排气蜗壳排出的燃气排入大气。该系统包括动力涡轮排气蜗壳柔性部分之后的所有部件,由消声器、排气烟道、防雨帽罩和支撑架等组成。排气系统的设计除保证燃气轮机排气的稳定流动外,还需要满足消声和防雨水进入等要求。

10.6　鼓风机进气和排气消声器

　　鼓风机广泛应用于工业生产、气体输送、污水处理等领域。它是利用两个或三个叶形转子在气缸内做相对运动来压缩和输送气体的回转机械。图 10.6.1 为三叶鼓风机工作原理示意图,鼓风机靠转子轴端的同步齿轮使两转子保持啮合。转子上每一凹入的曲面部分与气缸内壁组成工作容积,在转子回转过程中从吸气口带走气体,当移到排气口附近时,将气体输送到排气通道。两转子依次交替工作。这种鼓风机适用于低压力场合的气体输送和加压,也可用作真空泵。

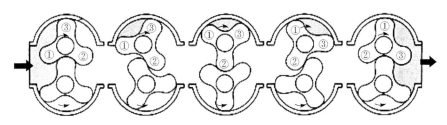

图 10.6.1　鼓风机工作原理示意图

　　由于周期性的吸气和排气造成气流速度和压力的脉动,因而鼓风机会产生很强的气体动力噪声,并在进气口和排气口处向外辐射,形成进气噪声和排气噪声,因此鼓风机进气口和排气口均需安装消声器。

　　图 10.6.2 为某鼓风机在进气口和排气口处测得的噪声频谱。可以看出,进排气噪声频谱极为相似,呈现出连续谱叠加线谱的复杂谱特性。其中,连续谱为涡流噪声,线谱为旋转噪声,即两转子的啮合频率(即基频)和各次谐频,旋转噪声的声压级远高于涡流噪声的声压级。总体来讲,涡流噪声的声压级随频率的升高而逐渐降低,但降幅不大;随着阶次的升高,旋转噪声的高次谐频声压级逐渐降低。

　　鼓风机进排气噪声与转速相关。图 10.6.3 为某鼓风机在三种不同转速下测得的进排气噪声频谱。可以看出,随着转速的升高,进排气噪声频谱曲线向高频方向移动,并且高频噪声增强,总声级随之增大。因此,鼓风机进排气消声器设计应考虑整个工作转速范围内的频谱特性和消声要求。

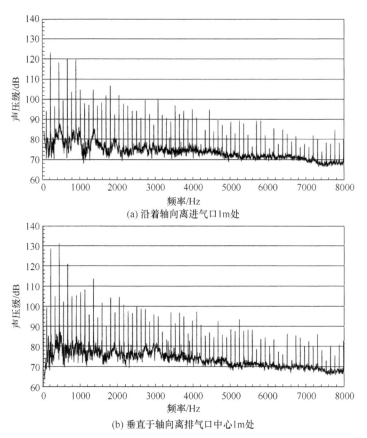

(a) 沿着轴向离进气口1m处

(b) 垂直于轴向离排气口中心1m处

图 10.6.2　某鼓风机进气噪声和排气噪声频谱

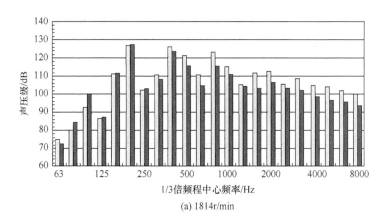

(a) 1814r/min

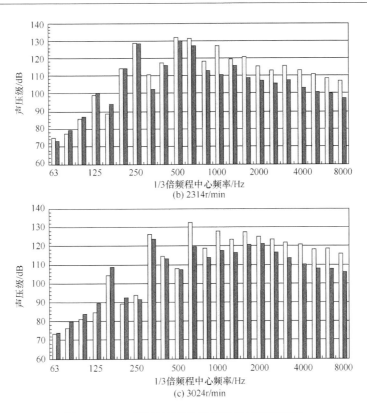

图 10.6.3　不同转速下鼓风机进排气噪声频谱

图 10.6.4 为三种典型的鼓风机进排气消声器结构示意图。如果鼓风机转速

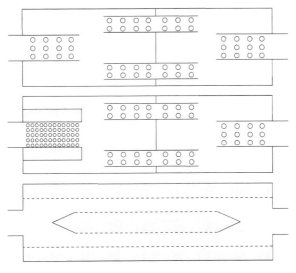

图 10.6.4　鼓风机进排气消声器结构示意图

较低,进排气噪声以中低频成分为主,则可以使用抗性消声器。如果鼓风机转速较高,进排气噪声以中高频成分为主,则可以使用阻抗复合式消声器。对于高速鼓风机,进排气噪声往往是高频成分起主导作用,这时需要使用阻性消声器。

10.7　本 章 小 结

由于设备的工作状态和技术要求各不相同,消声器设计需要综合考虑各种因素的影响、指标要求和限制条件。消声器设计的首要任务就是获取设计输入信息,如发动机的型号、功率、噪声频谱、管道直径、消声器外形尺寸、安装位置、消声器插入损失和阻力损失等技术指标。

在消声器设计过程中,除了需要消声性能计算分析和测量外,还需要开展阶次噪声分析、流场和阻力分析,消声器对发动机动力性和经济学影响分析,振动、应力、强度和可靠性分析等。

为验证消声器的实际消声效果和其他技术指标,通常需要开展必要的实验测量,如各种工况下消声器的插入损失、辐射噪声、阻力损失、振动、应力、疲劳耐久等。

参 考 文 献

[1] 庞剑,谌刚,何华. 汽车噪声与振动——理论与应用. 北京:北京理工大学出版社,2006.

[2] 国家环境保护总局. 汽车加速行驶车外噪声限值及测量方法. GB 1495—2002. 北京:中国环境科学出版社,2002.

[3] Lamancusa J S, Todd K B. An experimental study of induction noise in four-cylinder internal combustion engines. Journal of Vibration, Acoustics, Stress and Reliability in Design, 1989, 111(2):199-207.

[4] Davies P O A L. Piston engine intake and exhaust system design. Journal of Sound and Vibration, 1996, 190(4):677-712.

[5] Davies P O A L, Harrison M F. Predictive acoustic modelling applied to the control of intake/exhaust noise of internal combustion engines. Journal of Sound and Vibration, 1997, 202(2):249-274.

[6] Davies P O A L, Holland K R I C. Engine intake and exhaust noise assessment. Journal of Sound and Vibration, 1999, 223(3):425-444.

[7] Knutsson M. Modelling of IC-engine intake noise. Stockholm: The Royal Institute of Technology, 2009.

[8] Selamet A, Kothamasu V, Novak J M. Insertion loss of a Helmholtz resonator in the intake system of internal combustion engines: An experimental and computational investigation. Applied Acoustics, 2001, 62(4):381-409.

[9] Kim Y S, Lee D J. Numerical analysis of internal combustion engine intake noise with a

moving piston and a valve. Journal of Sound and Vibration,2001,241(5):895-912.

[10] Rusch P A,Dhingra A K. Numerical and experimental investigation of the acoustic and flow performance of intake systems. Journal of Vibration and Acoustics,2002,124(3):334-339.

[11] 杨诚,邓兆祥,阮登芳,等. 进气噪声产生机理分析及其降噪. 汽车工程,2005,27(1):68-71.

[12] 朱廉洁,季振林. 汽车发动机空气过滤器消声特性研究. 汽车工程,2008,30(3):260-263.

[13] Suyama E,et al. Characteristics of dual mode mufflers. SAE Paper 890612,1989.

[14] Liu B Z,Maeno M,Hase S,et al. A study of a dual mode muffler. SAE Paper 2003-01-1647, 2003.

[15] Ji Z L. Acoustic attenuation performance analysis of multi-chamber reactive silencers. Journal of Sound and Vibration,2005,283(1-2):459-466.

[16] Ji Z L. Boundary element analysis of a straight-through hybrid silencer. Journal of Sound and Vibration,2006,292(1-2):415-423.

[17] Wu T W,Cheng C Y R. Boundary element analysis of reactive mufflers and packed silencers with catalyst converters. Electronic Journal of Boundary Elements,2003,1(2):218-235.

[18] Jiang C,Wu T W,Xu M B,et al. BEM modeling of mufflers with diesel particulate filters and catalytic converters. Noise Control Engineering Journal,2010,58(3):243-250.

[19] 王永生. 常规潜艇废气涡轮增压柴油机排气冷却消声器的功用分析. 海军工程学院学报, 1995,35(3):48-53.

[20] 郭小林,季振林. 船用柴油机排气冷却消声器总体性能研究. 哈尔滨工程大学学报,2009, 30(5):518-521.

附录 A 贝塞尔函数及其属性

二阶线性微分方程

$$\frac{\mathrm{d}^2 R(r)}{\mathrm{d}r^2} + \frac{1}{r}\frac{\mathrm{d}R(r)}{\mathrm{d}r} + \left(1 - \frac{m^2}{r^2}\right)R(r) = 0 \tag{A.1}$$

称为 m 阶贝塞尔(Bessel)微分方程,其通解为

$$R(r) = C_1 \mathrm{J}_m(r) + C_2 \mathrm{Y}_m(r) \tag{A.2}$$

其中,$\mathrm{J}_m(r)$ 和 $\mathrm{Y}_m(r)$ 分别为第一类和第二类 m 阶贝塞尔函数(又称为柱函数)。

第一类贝塞尔函数 $\mathrm{J}_m(r)$ 的级数表达式为

$$\mathrm{J}_m(r) = \left(\frac{r}{2}\right)^m \sum_{k=0}^{\infty} \frac{(-1)^k}{k!(m+k)!}\left(\frac{r}{2}\right)^{2k} \tag{A.3}$$

积分表达式为

$$\mathrm{J}_m(r) = \frac{1}{2\pi}\int_{-\pi}^{\pi} \mathrm{e}^{-\mathrm{j}(r\sin\theta - m\theta)}\,\mathrm{d}\theta = \frac{1}{2\pi}\int_{-\pi}^{\pi}\cos(r\sin\theta - m\theta)\,\mathrm{d}\theta \tag{A.4}$$

且满足如下关系:

$$\mathrm{J}_{-m}(r) = \mathrm{J}_m(-r) = (-1)^m \mathrm{J}_m(r) \tag{A.5}$$

$$\mathrm{J}_{m-1}(r) + \mathrm{J}_{m+1}(r) = \frac{2m}{x}\mathrm{J}_m(r) \tag{A.6}$$

$$\mathrm{J}_{m-1}(r) - \mathrm{J}_{m+1}(r) = 2\mathrm{J}_m'(r) \tag{A.7}$$

第二类贝塞尔函数 $\mathrm{Y}_m(r)$ 定义为

$$\mathrm{Y}_m(r) = \frac{\cos(m\pi)\mathrm{J}_m(r) - \mathrm{J}_{-m}(r)}{\sin(m\pi)} \tag{A.8}$$

第三类贝塞尔函数 $\mathrm{H}_m^{(1)}(r)$ 和 $\mathrm{H}_m^{(2)}(r)$ 定义为

$$\mathrm{H}_m^{(1)} = \mathrm{J}_m(r) + \mathrm{j}\mathrm{Y}_m(r) \tag{A.9}$$

$$\mathrm{H}_m^{(2)} = \mathrm{J}_m(r) - \mathrm{j}\mathrm{Y}_m(r) \tag{A.10}$$

任何一类贝塞尔函数 $\mathrm{B}_m(r)$ 具有如下递推关系:

$$\frac{\mathrm{d}}{\mathrm{d}r}\left[r^m \mathrm{B}_m(r)\right] = (r)^m \mathrm{B}_{m-1}(r) \tag{A.11}$$

$$\frac{\mathrm{d}}{\mathrm{d}r}\left[r^{-m}\mathrm{B}_m(r)\right] = -(r)^{-m}\mathrm{B}_{m+1}(r) \tag{A.12}$$

且具有如下积分关系式:

$$\int r B_0(\lambda r) B_0(\mu r) dr = \begin{cases} \dfrac{r}{\lambda^2 - \mu^2} \{\lambda B_1(\lambda r) B_0(\mu r) - \mu B_0(\lambda r) B_1(\mu r)\}, & \lambda \neq \mu \\[2mm] \dfrac{r^2}{2} \{B_0^2(\lambda r) + B_1^2(\lambda r)\}, & \lambda = \mu \end{cases}$$

$$(A.13)$$

$$\int r B_m(\lambda r) B_m(\mu r) dr = \begin{cases} \dfrac{r}{\lambda^2 - \mu^2} \{\mu B_m(\lambda r) B_m'(\mu r) - \lambda B_m(\mu r) B_m'(\lambda r)\}, & \lambda \neq \mu \\[2mm] \dfrac{r^2}{2} \left\{ [B_m'(\lambda r)]^2 + \left[1 - \dfrac{m^2}{\lambda^2 r^2}\right] B_m^2(\lambda r) \right\}, & \lambda = \mu \end{cases}$$

$$(A.14)$$

对于图 A.1 中的几何关系,贝塞尔函数的 Graf 叠加原理表示为

$$J_m(\mu r) \cos(m\theta) = \sum_{p=-\infty}^{\infty} (-1)^p J_p(\mu\delta) J_{m+p}(\mu\rho) \cos[(m+p)\varphi - p\theta_c]$$

$$(A.15)$$

$$J_m(\mu r) e^{-jm\theta} = \sum_{p=-\infty}^{\infty} J_{m+p}(\mu\delta) J_p(\mu\rho) e^{-j(p\varphi + m\theta_c)} \qquad (A.16)$$

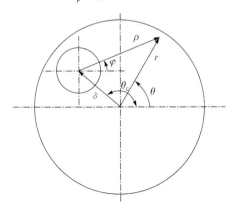

图 A.1　极坐标关系

附录 B 气体的物性参数

表 B.1 标准大气压下空气的物性参数

温度 $T/℃$	密度 $\rho/(\text{kg/m}^3)$	动力黏度 $\mu/(\text{N}\cdot\text{s/m}^2)$	运动黏度 $\nu/(\text{m}^2/\text{s})$	比热比 γ	声速 $c/(\text{m/s})$
−40	1.514	1.57×10^{-5}	1.04×10^{-5}	1.401	306.2
−20	1.395	1.63×10^{-5}	1.17×10^{-5}	1.401	319.1
0	1.292	1.71×10^{-5}	1.32×10^{-5}	1.401	331.4
5	1.269	1.73×10^{-5}	1.36×10^{-5}	1.401	334.4
10	1.247	1.76×10^{-5}	1.41×10^{-5}	1.401	337.4
15	1.225	1.80×10^{-5}	1.47×10^{-5}	1.401	340.4
20	1.204	1.82×10^{-5}	1.51×10^{-5}	1.401	343.3
25	1.184	1.85×10^{-5}	1.56×10^{-5}	1.401	346.3
30	1.165	1.86×10^{-5}	1.60×10^{-5}	1.400	349.1
40	1.127	1.87×10^{-5}	1.66×10^{-5}	1.400	354.7
50	1.109	1.95×10^{-5}	1.76×10^{-5}	1.400	360.3
60	1.160	1.97×10^{-5}	1.86×10^{-5}	1.399	365.7
70	1.029	2.03×10^{-5}	1.97×10^{-5}	1.399	371.2
80	0.9996	2.07×10^{-5}	2.07×10^{-5}	1.399	376.6
90	0.9721	2.14×10^{-5}	2.20×10^{-5}	1.398	381.7
100	0.9461	2.17×10^{-5}	2.29×10^{-5}	1.397	386.9
200	0.7461	2.53×10^{-5}	3.39×10^{-5}	1.390	434.5
300	0.6159	2.98×10^{-5}	4.84×10^{-5}	1.379	476.3
400	0.5243	3.32×10^{-5}	6.34×10^{-5}	1.368	514.1
500	0.4565	3.64×10^{-5}	7.97×10^{-5}	1.357	548.8

注：数据取自 Blevins R D. Applied Fluid Dynamics Handbook. New York: Van Nostrand Reinhold Company Inc.，1984。

表 B.2 标准大气压下某些气体的近似物性参数

气体(20℃)	密度 $\rho/(\text{kg/m}^3)$	动力黏度 $\mu/(\text{N}\cdot\text{s/m}^2)$	运动黏度 $\nu/(\text{m}^2/\text{s})$	气体常量 $R/(\text{J}/(\text{kg}\cdot\text{K}))$	比热比 γ
二氧化碳	1.83	1.47×10^{-5}	8.03×10^{-6}	1.889×10^2	1.30
氦气	1.66×10^{-1}	1.94×10^{-5}	1.15×10^{-4}	2.077×10^3	1.66
氢气	8.38×10^{-2}	8.84×10^{-6}	1.05×10^{-4}	4.124×10^3	1.41
甲烷	6.67×10^{-1}	1.10×10^{-5}	1.65×10^{-5}	5.183×10^2	1.31
氮气	1.16	1.76×10^{-5}	1.52×10^{-5}	2.968×10^2	1.40
氧气	1.33	2.04×10^{-5}	1.53×10^{-5}	2.598×10^2	1.40

附录 C 单 位 转 换

单位名称（单位符号）	换算关系	单位名称（单位符号）
英寸（in）	1in＝2.54cm 1cm＝0.393700787in	厘米（cm）
英尺（ft）	1ft＝0.3048m 1m＝3.280839895ft	米（m）
平方英寸（in²）	1in²＝6.4516cm² 1cm²＝0.15500031in²	平方厘米（cm²）
平方英尺（ft²）	1ft²＝0.0929m² 1m²＝10.76426265ft²	平方米（m²）
立方英寸（in³）	1in³＝16.387064cm³ 1cm³＝0.061023744in³	立方厘米（cm³）
立方英尺（ft³）	1ft³＝0.02831685m³ 1m³＝35.31466247ft³	立方米（m³）
磅（lb）	1lb＝0.4536kg 1kg＝2.204585538lb	千克（kg）
豪巴（mbar）	1mbar＝100Pa 1Pa＝0.01mbar	帕斯卡（Pa）
厘米水柱（cm H₂O）	1cm H₂O(4℃)＝98.0638Pa 1Pa＝0.010197443cm H₂O(4℃)	帕斯卡（Pa）
英寸水柱（in H₂O）	1in H₂O(60℉)＝248.84Pa 1Pa＝0.004018647in H₂O(60℉)	帕斯卡（Pa）
标准大气压（atm）	1atm＝101.325kPa 1kPa＝0.009869233atm	千帕（kPa）
磅力每平方英寸（ppsi）	1ppsi＝6.8948kPa 1kPa＝0.145036839ppsi	千帕（kPa）